节能减排统计研究

朱启贵 著

上海交通大学出版社

内容提要

本书从中国国情出发,借鉴国外经验,综合运用经济学、统计学、计量经济学和生态学等学科的理论与方法,在定性分析和定量分析有机结合中,研究中国节能减排统计体系理论、方法及其应用,建立一套科学、规范、完善、通用的节能减排统计体系,评价中国节能减排的现状,揭示中国节能减排的问题及趋势,分析并展望中国节能减排政策,提出节能减排的对策建议。本书研究成果旨在推进能源—环境—经济综合统计核算体系建设,完善与发展国民经济核算体系,建立健全节能减排的制度与政策体系,打造经济升级版,支撑生态文明与美丽中国建设。

本书主要读者对象包括相关专业的高等学校教师和学生、研究机构的专家学者、政府管理部门及企业管理者。

图书在版编目(CIP)数据

节能减排统计研究/朱启贵著. —上海:上海交通大学出版社,2014
ISBN 978-7-313-10576-9

Ⅰ.节… Ⅱ.朱… Ⅲ.节能—统计指标体系—研究—中国 Ⅳ.TK01

中国版本图书馆 CIP 数据核字(2013)第 268859 号

节能减排统计研究

著　　者:朱启贵
出版发行:上海交通大学出版社　　　　　　　地　　址:上海市番禺路 951 号
邮政编码:200030　　　　　　　　　　　　　电　　话:021-64071208
出 版 人:韩建民
印　　制:常熟市梅李印刷有限公司　　　　　经　　销:全国新华书店
开　　本:787mm×960mm　1/16　　　　　　印　　张:22.25
字　　数:440 千字
版　　次:2014 年 3 月第 1 版　　　　　　　　印　　次:2014 年 3 月第 1 次印刷
书　　号:ISBN 978-7-313-10576-9/TK
定　　价:48.00 元

前　　言

一、生态文明:可持续发展之路

综观人类文明发展史,人与自然的关系经历了人类依赖自然、畏惧自然再到征服自然的变化。在原始文明时期,人类本身是自然长期进化的结果,始终依存于自然。在农业文明时期,人们敬畏自然,主张顺天应时。到了工业文明时期,人们在改造自然的能力迅速增强的同时,走向了自然的对立面,宣称要战胜和征服自然。这种观念导致人们对自然无穷无尽的掠夺,可利用资源日益枯竭,生态环境日趋恶化。

建设生态文明为实现人与自然和谐发展指明了方向。尊重自然,就是强调自然与人处于平等的地位,在处理人与自然的关系时,不绝对化人的主体性,也不无限夸大人对自然的超越性。尊重自然、顺应自然、保护自然,是生态文明理念的核心思想,是生态文明建设和美丽中国建设必须奉行的原则。面对资源约束趋紧、环境污染形势尚未得到根本性扭转、生态系统退化的严峻形势,我们必须重新审视和协调人与自然的关系,把生态文明建设放在全局的战略地位。只有树立起尊重自然、顺应自然、保护自然的生态文明新理念,才能实现人与自然和谐相处,实现人的全面发展,实现人与自然和谐的现代化。

党的十八大报告提出大力推进生态文明建设,以独立篇章系统地提出了大力推进生态文明建设的总体要求,并把生态文明建设放在事关全面建成小康社会更加突出的战略地位,将其纳入社会主义现代化建设总体布局。将生态文明建设放在如此突出、如此重要的地位加以阐述、强调、谋划,这在党的历史上是第一次,具有特别重要的理论价值、重大的现实意义和深远的历史意义。这进一步昭示了党加强生态文明建设的意志和决心,标志着党在对自然规律及人与自然关系再认识上取得了重要成果,揭示了党对经济社会可持续发展的规律,对当今世界和我国发展大势有着深刻把握和自觉认知。

建设生态文明,先进的生态伦理观念是价值取向;发达的生态经济是物质基础;完善的生态制度是重要保障;可靠的生态安全是必保底线;良好的生态环境是根本目的。建设美丽中国,需要积极探索在发展中保护、在保护中发展的环境保护新道路。

党的十八大报告提出,坚持节约资源和保护环境的基本国策,坚持节约优先、保护优先、自然恢复为主的方针。这是推进生态文明建设的基本政策和根本方针。发展是第一要务。而发展的质量和效益决定着发展的脚步能走多远。进入 21 世纪以来,资源环境约束加剧、社会矛盾凸显,我国已经到了以环境保护优化经济发展的新阶段。

　　节约资源和保护环境是基本国策。资源相对短缺、环境容量有限是我国的基本国情。我国人均耕地、林地、草地面积和淡水资源分别仅相当于世界平均水平的43％、14％、33％和28％，主要矿产资源人均占有量占世界平均水平的比例分别是煤67％、石油5.4％、铁矿石17％、铜25％。同时，长期以来我国发展方式粗放，"两高一资"企业比例较高，造成一些地区资源消耗高，环境污染重。

　　数据显示，我国已是世界上能源、钢铁、水泥等消耗量最大的国家，2013年全国能源消费总量37.5亿吨标准煤；十大流域的704个水质监测断面中，劣Ⅴ类水质断面占8.9％。如果继续沿袭粗放发展模式，建设美丽中国的梦想将难以实现。

　　建设生态文明，就是要超越和摒弃粗放型的发展方式和不合理的消费模式，使人类活动控制在自然环境可承受的范围内。因此，必须将合理开发和节约利用资源放到国家发展全局考虑，通过开源节流、节约集约，增强经济社会发展的资源保障能力，促进发展方式转变。

　　保护优先，既是改善我国生态环境的现实需要，也是可持续发展的客观要求。处理好发展与保护的关系，一直是各地在经济社会发展中无法回避的难题。一些地区曾经不顾当地资源环境承载能力肆意开发，导致水体或土壤严重污染，灰霾天气增多等。当前，我们急需贯彻保护优先的指导思想，正确处理经济社会发展与生态建设、自然保护与合理利用及开发、生活和生态之间的关系。要以保护生态环境为基本前提，将区域资源环境承载能力作为开发建设活动的约束条件，严格环境准入，控制人为活动的不利影响。尤其是对水源涵养、水土保持、气候调节等生态功能极为重要的敏感区域，必须加强保护，建立长效机制。

　　党的十八大报告中首次提出"实现国内生产总值和城乡居民人均收入比2010年翻一番"的新指标。要实现这两个目标，今后GDP年均增速仍要达到7.2％，这给我国的资源环境形势带来了严峻的考验。只有坚持节约优先、保护优先、自然恢复为主的方针，把节约环保与调整产业结构、生态保护与优化生产力空间布局等结合起来，形成节约资源和保护环境的空间格局、产业结构、生产方式、生活方式，才能确保实现可持续发展目标。

二、节能减排统计：生态文明的支撑系统

　　工业革命以来，煤炭、石油、天然气等化石能源快速发展，成为经济社会发展的主导能源。能源的开发利用，在创造出巨大物质财富的同时，也带来了空气污染、生态破坏等一系列严重的环境问题，直接威胁着经济社会的可持续发展。改革开放以来，我国经济发展正经历着工业化发展的阵痛，粗放的经济增长方式使得能源生产与能源消费量不断攀升，2008年我国成为第一大能源生产国、第二大能源消费国，二氧化硫、二氧化碳排放量位居世界前列。这样的现实一方面加剧了我国能源的供需矛盾，提高了我国重要能源资源的对外依存度，另一方面造成废水、废气、固体废物排放量不断增多，有害物质进入

到生态系统的数量超过了生态系统本身的自净能力,能源、环境瓶颈日益凸显,国家经济安全和可持续发展面临着严峻挑战。要破解我国经济发展的能源环境发展瓶颈,实现经济社会环境的可持续发展,迫切要求强化能源资源节约意识,运用科学发展观来分析和把握能源资源供求大势,提高能源利用效率,加快建立以较少的能源资源消耗获得最大效益的可持续发展社会。

面对经济社会发展呈现的新的阶段性特征,党中央审时度势,提出了科学发展观和"五个统筹"的战略思路,在《"十一五"规划纲要》中正式提出节能减排政策,致力于促进经济与社会、人与自然的全面协调发展,并且在2006年《"十一五"规划纲要》、2007年《节能减排综合性工作方案》和2008年《政府工作报告》中多次强调建设资源节约型、环境友好型社会,实施有利于资源节约的价格和财税政策。

《节能减排"十二五"规划》提出:"到2015年,全国万元国内生产总值能耗下降到0.869吨标准煤(按2005年价格计算),比2010年的1.034吨标准煤下降16%(比2005年的1.276吨标准煤下降32%)。'十二五'期间,实现节约能源6.7亿吨标准煤。2015年,全国化学需氧量和二氧化硫排放总量分别控制在2347.6万吨、2086.4万吨,比2010年的2551.7万吨、2267.8万吨各减少8%,分别新增削减能力601万吨、654万吨;全国氨氮和氮氧化物排放总量分别控制在238万吨、2046.2万吨,比2010年的264.4万吨、2273.6万吨各减少10%,分别新增削减能力69万吨、794万吨。"

党的十八大报告首次强调"把生态文明建设放在突出地位,融入经济建设、政治建设、文化建设、社会建设各方面和全过程,努力建设美丽中国",首次把"推进绿色发展、循环发展、低碳发展"三大发展理念写入党代会报告。

节能减排作为贯彻落实党的十八大精神和十八届三中全会精神、建设生态文明和美丽中国的重大举措。为了建设生态文明和美丽中国,实现中华民族永续发展,在国民经济建设和社会发展中,我们必须减少能源投入总量,提高能源利用效率,增加能源循环量,减少最终废弃物排放量,走绿色发展、循环发展和低碳发展道路。但是,我国现行的能源核算存在问题,主要表现在:一是能源核算没有反映全社会能源的生产、消费、调入、调出、加工、转换以及市场销售和市场供求的指标,不能有效地提供能源供需、能源管理与效率、能源与生产、能源开发与节能等决策信息,不能全面掌握能源生产、购进、消费、库存情况及发展趋势,对能源节约、能源效益、能源生产与需求缺乏预测,难以满足节能减排的需要。二是新能源与可再生能源和一些污染排放指标尚未被纳入核算范围。三是没有全部覆盖三次产业和居民生活的能源消耗与排放。因此,我们要创新能源核算,建立能源—环境—经济综合核算体系,聚焦环境资源所提供的涵容服务、能源资源的产出服务、环境质量退化和经能源环境调整后的经济指标等议题。

目前,衡量节能减排状况、具有法律约束力的约束性指标主要是单位GDP能耗、主要污染物的排放总量,这两个指标是强化政府责任的指标,是政府对人民的庄严承诺。

然而,仅用这两个指标作为判断我国节能减排状况的衡量标准,其科学性、系统性、全面性有待商榷。因此,以能源、环境系统与经济、社会的协调发展作为研究对象,以国内外能源可持续发展调查分析与对比研究为基础,制定一套规范、科学、通用、更加完善的节能减排统计指标体系,设计一个与之相适应的评价方法,对开展今后工作,制定新的标准,实施新的措施具有重要的现实意义。节能减排统计指标体系一方面有利于判断我国能源利用是否有所提高、能源消费同经济发展是否得到综合优化、能源消费同环境系统是否协调发展等问题,另一方面有利于找出能源、环境系统的短板,发现问题,为提出适应性对策提供数量依据。

三、节能减排统计:美丽中国评价体系的重要构件

2013 年 7 月 18 日,习近平总书记在致"生态文明贵阳国际论坛年会"的贺信中,深刻阐述了我国生态文明建设的理念、意义、内涵、基本国策,强调指出:"走向生态文明新时代,建设美丽中国,是实现中华民族伟大复兴的中国梦的重要内容"。为了加快建设生态文明和美丽中国,实现中国梦,我国需要构建科学的美丽中国评价体系,对不同空间、不同时间下的生态文明和美丽中国建设的总体情况进行科学、客观、准确、定量的评价,支撑决策者把握美丽中国建设的态势,明确进一步发展的目标,制订科学、合理的政策,也为公众参与和监督生态文明和美丽中国建设提供平台和途径。

第一,评价体系必须包含资源消耗、环境损害和生态效益。现有的一系列经济社会发展评价体系尚不完备,它们不能充分反映资源节约、环境友好的社会建设情况,节能减排约束性指标完成情况,生态环境和资源状况,公众参与环保和社会满意度情况等,评价指标体系过于偏重经济总量和增长速度,不能全面反映经济增长的全部社会成本、经济增长方式的适宜程度以及为此付出的资源环境代价,不能全面反映经济增长的效率、效益和质量,不能全面反映社会财富的总积累以及社会福利的动态变化,不能有效衡量社会分配的公平性和不同社会群体享受基本公共服务的均衡性。因此,我们必须在现有基础上,建立包括经济、政治、社会、生态和人的全面发展在内的美丽中国评价体系,尤其要将资源消耗、环境损害、生态效益纳入体系之中,以此来引导正确的行为选择和价值取向,努力把生态文明和美丽中国建设融入经济建设、政治建设、文化建设、社会建设各方面和全过程,实现经济效益、社会效益、资源环境效益的有机统一。

第二,评价体系必须全面反映美丽中国建设的总体效果。美丽中国评价体系要着眼于生态文明和美丽中国建设的全局,从生态系统稳定、资源节约集约利用、环境质量提高、社会发展和谐、生态安全巩固等关键维度,反映美丽中国建设总体效果,并由此把握各级政府在优化区域开发格局、推动发展方式转变、加强资源节约管理、实施生态修复、解决环境问题、完善制度建设等工作对生态文明的贡献。这是生态文明和美丽中国发展理论与实践相结合的切入点。在美丽中国评价体系与制度的选择方面,要以资源环境政

策引导为目的,遵循目标导向的设计思路,在重视中国发展格局与资源环境基础上,强调生态好转与环境改善、资源利用之间的协调发展与良性互动,强调经济社会发展与生态、环境、资源之间的协调可持续性。

第三,评价体系必须综合考虑我国的区域性差异。考虑到我国区域差异较大,生态系统、资源环境流动具有跨区域特征,弄清资源、能源、环境、生态问题的区域差异及演变特征,对科学理解我国生态文明和美丽中国建设格局具有非常重要的意义。现有研究成果所构建的指标体系对生态文明和美丽中国建设具有一定借鉴意义,但也存在一定缺陷,同一对象的评价结论不一致,政策指导性不强。尤其是对区域生态文明水平差异的形成原因与影响关键因子的解释显得不充分,不能回答为什么一些地方的生态文明水平高、不同地区生态文明建设的制约因素是什么、优势在哪里、其政策的着力点应体现在哪些方面等问题。因此,美丽中国评价体系既要考虑国家发展的全局问题,又要顾及区域问题,有重点、有针对性地构建指标集,评价美丽中国建设水平、建设潜力与发展态势。

第四,评价体系必须系统把握生态系统的运行状况。认识生态文明和美丽中国建设的状况是评价美丽中国总体水平的重要内容,就是要在评价体系的设计过程中,在一定时空范围内构成生态系统的生物群落及其所存在环境中,对非生物因素构成的自然综合体发展变化状态进行判断和把握。既从结构要素上评价土地、水、森林等生态系统的生产者、消费者、分解者发生的质、量变化,又要从经济增长的环境影响上,评价其对生态系统自我调节的干扰性作用。科学核算生态系统的抗变能力和恢复能力,正确认识生态系统的运行状况,反映生态产品的供给情况。与此同时,要结合我国国情,以认清我国发展格局的自然性、历史性与现实状态为基础,强调美丽中国建设与绿色发展、循环发展、低碳发展、"两型"社会建设、主体功能区建设、区域协调发展等国家发展战略相结合,科学理解我国发展格局演变的方向性与规律性,保证美丽中国评价的公平性与有效性。

第五,评价体系必须在实践过程中发挥导向与约束作用。美丽中国评价体系需具备目标导向和标准约束两个功能。通过结合评价结果,一方面,提出相应指标的目标值,在宏观上发挥良好的调控作用;另一方面,根据细分领域差异设定不同的指标约束值,使评价内容更加全面且带有强制性。在指标体系设计和运用的过程中,要考虑不同地域、城市、主体功能区地位差别导致的生态文明和美丽中国建设重点的差异,还要将关系美丽中国建设成效的重要现实问题,如区域协调发展、流域生态补偿等纳入考虑范围。

四、节能减排统计:统计研究的重要前沿

国民经济核算体系是20世纪以来经济学领域乃至人类社会最伟大的成就之一。迄今为止,74位诺贝尔经济学奖获得者中,有6位因在国民经济核算研究领域的杰出贡献而获奖,有3位因应用国民经济核算体系研究经济问题而获得诺贝尔经济学奖。国民经济核算体系有两层涵义:第一,它以经济理论为基础,确立一系列核算概念、定义和核算

原则,制定一套反映国民经济运行的指标体系、分类标准和核算方法以及相应的表现形式,形成一套逻辑一致和结构完整的核算标准和规范。第二,它遵循国民经济核算标准和规范对国民经济进行核算的结果,就是一整套国民经济核算资料。它通过国民经济统计指标体系数据,系统地反映从生产、分配到交换、使用的经济循环全过程,以及各部门在社会再生产中的地位、作用和相互联系,因而是国家宏观经济决策和调控的重要依据。没有它,经济学不可能有今天这样繁荣;没有它,宏观经济管理与调控就无从谈起。历史上,联合国等国际组织推荐两种国民经济核算体系:一是国民经济账户体系(System of National Accounts,简称 SNA),它建立在市场经济理论的基础上,为市场经济国家宏观经济调控与管理服务。二是物质产品平衡表体系(System of Material Product Balance,简称 MPS),它为计划经济国家经济管理服务。20 世纪 80 年代后期,随着计划经济国家纷纷转向市场经济和改革开放,尤其是苏联解体和经互会(The Council of Mutual Economic Assistance,简称 CMEA)解散,MPS 失去了生存的土壤和发展的空间,逐步走向消亡。因此,国民经济核算体系的国际一体化局面形成,世界普遍实行了 SNA 模式的国民经济核算体系。

纵观国民经济核算体系发展历程,我们可以发现,发展观决定一国国民经济和社会发展的战略及其运行模式,发展观需要与之相适应的国民经济核算体系。随着发展观的演进,国民经济核算体系不断创新发展,从而形成了四个版本的 SNA:第一,适应经济增长观需要的 SNA—1953;第二,适应社会发展观需要的 SNA—1968;第三,适应可持续发展观需要的 SNA—1993;第四,适应包容性增长观需要的 SNA—2008。

人类对能源利用的关注,已经拓展到经济、社会和环境综合的领域,相应衡量能源可持续发展的统计指标研究自上世纪 80 年代以来就从未间断。在国民经济核算体系(SNA)的基础上,以能源为主题汇集数据,形成专业化功能的 SNA-E,它包括了若干能源卫星核算账户:能源领域生产与收入的核算、能源领域国民支出的使用与效益的核算(同时考虑转移与其他资金提供方式)以及能源生产者的完整账户等。随后考虑环境因素,联合国等国际组织在国民经济核算体系基础上,设计了综合环境与经济核算体系(System of Integrated Environmental and Economic Accounting,简称 SEEA),它包括四个主要综合模块:其一,将环境资产纳入国民经济核算的经济资产概念;其二,记录环境系统与经济系统之间的实物流量,反映环境资产的经济利用过程;其三,核算资源消耗价值和环境退化价值以反映经济过程的环境资产消耗;其四,对国民经济核算的总量进行调整,得到绿色 GDP 指标。期间,通过伦敦核算小组、奥斯陆核算小组分别重点讨论综合环境与经济核算体系—能源(SEEA-E)和国际能源统计的新建议 IRES。另一方面,欧盟成立的"一致性行动"(Concerted Action)的"协调账户计划"(ConAccount)有力推动了物质流核算(Material Flow Accounts,简称 MFA)的发展,2001 年欧盟统计局(EUROSTAT)出版的《经济系统物质流账户及派生指标——方法指南》(Economy-wide

Material Flow Accounts and Derived Indicators—A Methodological Guide)规定了成套的账户和表格,统一物质流核算的定义、概念和方法。MFA利用整体的分析方法构造出一个人类经济社会系统与生态系统之间的物质交换的综合信息系统。

在能源核算不断发展的同时,各国际机构也在不断构建与可持续发展能源相关的统计指标体系,具有代表性的指标体系有:国际原子能机构(IAEA)可持续发展能源指标体系(EISD);世界能源理事会(WEC)能源效率指标体系;全球能源可持续观察团可持续能源指标体系;欧盟(EU)能源效率指标体系;波罗的海地区可持续发展能源指标体系;拉丁美洲及加勒比海地区(LAC)可持续发展能源指标体系等。

我国在节能减排统计方面也做了许多有益的尝试,如国家发改委、统计局和环保部分别会同有关部门制订《单位 GDP 能耗统计指标体系实施方案》、《单位 GDP 能耗监测体系实施方案》、《单位 GDP 能耗考核体系实施方案》和《主要污染物总量排统计办法》、《主要污染物总量减排监测办法》、《主要污染物总量减排考核办法》,中国科学院可持续发展指标体系中就包含与能源及排放相关的 21 个指标,等等。但在理论方法、内容、数据来源和实际应用上,我国节能减排统计上与国际前沿沿有差距。考虑到我国国民经济统计与核算制度和节能减排的实际情况,如果完全照搬国外统计指标体系,不仅能源环境统计数据无从保证,而且指标的适用性也有待商榷。国内现有的研究又往往存在指标设定不足、涉及范围有限、重点关注传统能源的能源效率指标、研究处理方法简单、可操作性不强等问题。为了加快建设生态文明,推进美丽中国建设的进程,实现中国梦,我国迫切需要建立健全节能减排统计体系。我认为节能减排统计体系建设的重要任务包括三个方面:一是改革和完善国民经济核算体系;二是建立节能减排统计指标体系;三是构建节能减排统计评价体系。

综上所述,构建科学的节能减排统计体系是实践的需要和理论的任务,它是国民经济统计与核算的重要前沿和任务,已经并将继续受到国内外统计界的高度重视。

目　　录

第一章 绪 论

自工业革命以来,人类社会的劳动生产率有了大幅度的提高,随之而来的是社会经济的快速发展。与此同时,人类活动对其赖以生存的能源及环境却造成了不可忽视的影响。近年来,强台风、沙尘暴、高温干旱、极端降水、过度严寒等全球极端天气频频发作,危害日益严重。究其原因,碳基燃料消耗过大造成的全球气候变暖负有不可推卸的责任。极端天气折射出能源消耗、污染排放等全球急需面对的严肃问题。我国作为世界上最大的发展中国家,在经济快速增长的同时也付出了巨大的资源和环境代价,经济发展与资源环境的矛盾日趋尖锐,群众对环境污染问题反应强烈。这种状况与经济结构不合理、增长方式粗放直接相关。如果再不加快调整经济结构、转变增长方式,导致能源支撑不住,环境容纳不下,社会承受不起,经济发展最终也将难以为继。只有坚持节约发展、清洁发展、安全发展,才能实现经济又好、又快、稳步向前。一国政府的节能减排政策不仅会直接影响国内的能源、环境、经济行为,同时也会对全球的减排工作合作产生重大影响。面对减排承诺,中国政府是负责任的。2009年11月26日,我国政府正式对外宣布控制温室气体排放的行动目标,决定到2020年单位国内生产总值(GDP)二氧化碳排放量比2005年下降40%～45%,致力于在未来把中国从目前的低效能源使用者变成高效能源使用者。党的十七届五中全会强调,要坚持把建设资源节约型、环境友好型社会作为加快转变经济发展方式的重要着力点,这充分显示了节约资源与保护环境在转变发展方式中的重要地位,充分体现了党中央对节约资源与保护环境的高度重视与巨大决心,充分表明了我国未来发展将更加重视节能减排,促进人与自然的和谐发展。

近年来,我国全面加强节能减排工作,不断完善政策法规措施,加大节能环保领域的投资力度,努力淘汰高耗能、高污染产业,大力倡导绿色低碳经济模式和消费方式,使节能减排的理念深入人心。这些举措,成功扭转了由于工业化、城镇化加快发展出现的单位GDP能耗和主要污染物上升的趋势,节能减排取得了重要进展。因此,本书试图构建一套科学、统一的节能减排统计指标体系,正确、全面、系统地描述我国能源的开采、转换、输配、消费、利用等各环节的效能改善过程,衡量能源系统与经济系统、生态系统、社会系统间的协调发展状况,从而为描述我国节能减排工作所取得的成绩及不足,为制定未来有针对性的政策和措施,为实现能源与社会、经济和环境的协调可持续发展提供科学的定量化依据。

第一节　研究背景及意义

一、节能减排：国家战略

能源是人类社会赖以生存和发展的重要物质基础。纵观人类社会发展的历史,人类文明的每一次重大进步都伴随着能源的改进和更替。能源的开发利用在国民经济和社会发展中起到了基础性的作用。能源为经济发展提供动力,是农业经济走向现代工业经济以及服务型经济的关键因素。同时,能源是居民生活所必需的,是消除贫困、增加社会经济福利和提高生活水平的重要因素。因此,国际上往往以能源人均占有量、能源构成、能源利用效率及其对环境的影响,来衡量一个国家或区域的现代化程度。

能源是通过组成能源系统,并与更大范围的经济社会系统交互关联,从而发挥作用。首先,一次能源在一定时间内的供应、消耗及其结构比例,决定着社会总体和各个部门对各种能源的消费数量和比例,从而影响到国民经济的结构、规模和发展速度。其次,煤炭、石油和天然气等化石能源作为重要的工业原料可以转化为二次能源,能按需要经过机械、物理、化学或生化的方法进行加工,依靠储运、调配来连接和调节挖掘、加工、转换、分配和使用的各个过程,最终到达能源消费终端用户。能源终端消费又涉及各种设备、技术、产品、流程和管理。与此同时,能源在其开发、消费、利用等诸多过程中都会产生环境污染。如煤炭在开采时会产生地表塌陷、煤矿废水、固体废物;石油在开采中会对地表水、地下水、海洋产生污染;燃烧石化能源会排放烟尘和有害气体。因此,能源既是重要的必不可少的经济发展和社会生活的物质前提,其生产和消费又是现实的重要污染来源。节约能源与保护环境之间有着十分密切的关系。

可持续发展的重要思想之一就是能源、经济与环境系统的协调发展,它是人类社会发展的重要课题。可持续发展,一方面要求保障能源供应安全,以满足经济社会发展所需;另一方面要求转变经济发展方式,使经济发展从主要依靠资源的投入转向资源效用的提高,扭转高耗能倾向,逐步使单位 GDP 能耗不断降低,促进经济的持续健康发展。在可持续发展的道路上,人类面临着艰巨的开拓新能源领域以及节能减排的重任。

我国政府也早已意识到能源已成为经济可持续发展的瓶颈问题,因此提出了全面、协调、可持续的科学发展观和"五个统筹"的战略思路,致力于促进经济与社会、人与自然的全面协调发展,并且在 2006 年《"十一五"规划纲要》、2007 年《节能减排综合性工作方案》和 2008 年《中央政府工作报告》中多次强调建设资源节约型、环境友好型社会,实施有利于资源节约的价格和财税政策。2009 年 11 月 25 日,温家宝同志主持召开国务院常务会议,研究部署应对气候变化工作。会议决定,到 2020 年我国单位国内生产总值二氧化碳排放比 2005 年下降 40%～45%,并将其作为约束性指标纳入国民经济和社会发展中长期规划,同时制定相应的国内统计、监测、考核办法。会议还决定,通过大力发展可再生能源、积极推进核电建设等行动,到2020年我国非化石能源占一次能源消费的比重达到15％左右;加强对节能、提高能效、洁净煤、可再生能源、先进核能、碳捕集利用与封存等低碳和零碳技术的研发和产业化投入,加快建设以低碳为特征的工业、建筑和交通体系。

党的十八大提出把环境保护、节约优先、保护优先、自然发展、低碳发展等作为以后工作重点,形成节约资源和保护环境的空间格局、产业结构、生产方式、生活方式,从源头上扭转生态环境恶化趋势,为人民创造良好生产生活环境,为全球生态安全作出贡献。这无疑是让天更蓝,地更绿,水更静的美好憧憬。根据党的十八大精神,要树立加快推进生态文明建设的思想,增强优化环境和保护生态意识,优化国土空间开发格局,促进生产空间集约高效、生活空间宜居适度,生态空间山清水秀,给自然更多修复空间,给农业更多良田,让天更蓝、地更绿、水更静。党的十八大报告指出,要节约集约利用资源,推动资源利用方式根本转变,加强全过程节约管理,大幅降低能源、水、土地消耗强度,提高利用效率和效益。要严守耕保护红线,严格土地用途管制,加强矿产资源勘查、保护和合理开发,发展循环经济,促进可再生能源发展,促进生产、流通、消费过程的减量化、再利用和资源化。从而优化资源结构,优化自然生态体系架构,增强生态产品生产能力,推进生态文明建设。

党的十八大以来,习近平总书记对生态文明建设和环境保护提出了一系列新思想新论断新要求,特别是在中央政治局第六次集体学习以及中央政治局常委会听取《大气污染防治行动计划》汇报、参加河北省委常委班子党的群众路线教育实践活动专题民主生活会时的重要讲话,为进一步加强环境保护,建设美丽中国,走向生态文明新时代,指明了前进方向。李克强总理对生态环境保护提出了很多明确要求。党的十八届三中全会作出《中共中央关于全面深化改革若干重大问题的决定》,要求紧紧围绕建设美丽中国深化生态文明体制改革,加快建立生态文明制度,健全国土空间开发、资源节约利用、生态环境保护的体制机制,推动形成人与自然和谐发展现代化建设新格局。中央在经济工作会议和城镇化工作会议上,再次对生态文明建设和环境保护作出部署。

总体而言,党和政府对加强节能减排工作,推进生态文明建设和美丽中国建设,认识上更加清醒,态度上更加坚定,内容上更加丰富,要求上更加明确。具体来说,主要集中在以下几个方面。

第一,探索环境保护新路。事实证明,破坏环境的老路不能再走了,也走不通了。用生态文明的理念来看环境问题,其本质是经济结构、生产方式和消费模式问题。要从宏观战略层面切入,搞好顶层设计,从生产、流通、分配、消费的再生产全过程入手,制定和完善环境经济政策,形成激励与约束并举的环境保护长效机制,探索走出一条环境保护新路。李克强总理强调,决不能以牺牲结构和环境换速度,在保护生态中实现经济发展和民生改善。

第二，划定并严守生态红线。生态红线观念一定要牢固树立起来，全国必须严格遵守，决不能逾越。习近平总书记还指出，要让透支的资源环境逐步休养生息，扩大森林、湖泊、湿地等绿色生态空间，增强水源涵养能力和环境容量。要把城市放在大自然中，把绿水青山保留给城市居民。《决定》提出，要划定生态保护红线，建立国土空间开发保护制度，严格按照主体功能区定位推动发展，有序实现耕地、河湖休养生息。

第三，健全生态文明制度。要加强生态环境保护，推进制度创新，努力从根本上扭转环境质量恶化趋势。李克强总理强调，要完善生态补偿机制，实行最严格的源头保护制度、损害赔偿制度、责任追究制度，切实做到用制度保护生态环境。要抓紧修订相关法律法规，提高相关标准，加大执法力度，对破坏生态环境的要严惩重罚。加快环境保护税立法，提高主要污染物排污费标准。

第四，解决关乎民生的大气污染等突出环境问题。政府要把环境保护作为保障和改善民生的一项重要任务。现在，雾霾天气多发频发，既是环境问题，也是重大民生问题，发展下去也必然是重大政治问题。因此，要加大环境治理和生态保护工作力度、投资力度、政策力度。以解决损害群众健康突出环境问题为重点，坚持预防为主、综合治理，强化水、大气、土壤等污染防治，着力推进重点流域和区域水污染防治，着力推进重点行业和重点区域大气污染治理。《大气污染防治行动计划》是生态文明建设的重要举措，提出明确的落实要求：一要积极调整能源结构；二要大幅提高煤炭清洁利用水平；三要切实落实环境污染防治责任。李克强总理强调，冰冻三尺非一日之寒，治理雾霾也非一日之功。一定要让群众感到，我们决心大、措施硬，雷声大、雨点急，只要坚持不懈做下去，一定能收到实实在在的成效。必须采取稳、准、狠的措施，重拳出击、重点治污，把环境治理同经济结构调整、创新驱动发展结合起来，努力实现环境效益、经济效益和社会效益的多赢。

第五，狠抓节能减排。要加强污染物减排，减少主要污染物排放总量，不断改善环境质量。李克强总理强调，继续推进"十二五"规划确定的工业、建筑、交通和公共机构节能，实施节能、循环经济、环境治理三大类重点工程，推进企业清洁生产。国有企业要带头保护环境、承担社会责任。大力发展节能环保产业，注重运用价格机制和市场办法推进节能减排。张高丽副总理指出，节能减排是硬任务、硬指标，必须切实完成，把能效提上去，把排污总量降下来。

第六，严格考核问责。习近平总书记强调，再也不能简单以国内生产总值增长率论英雄，要把资源消耗、环境损害、生态效益等体现生态文明建设状况的指标纳入经济社会评价体系，建立体现生态文明要求的目标体系、考核办法、奖惩机制。对那些不顾生态环境盲目决策、造成严重后果的人，必须追究其责任，而且应该是终身追究。中央组织部印发了《关于改进地方党政领导班子和领导干部政绩考核工作的通知》，要求完善政绩考核评价指标，不搞地区生产总值及增长率排名。

综上所述,节能减排是国家战略,是建设生态文明和美丽中国、实现中华民族永续发展的必然选择。中国节能减排战略至少应考虑两方面的内容:一是如何确保经济合理的持续的能源供应和高效使用能源;二是如何同时解决与能源过程有关的环境问题。

二、节能减排:形势严峻

(一) 新任务对节能减排提出新要求

(1) 全面建成小康社会和城镇化需要能源保障。党的十八大提出 2020 年全面建成小康社会,实现国内生产总值和城乡居民人均收入比 2010 年翻一番。如果继续延续目前的能源增长态势,按人均能源消费 3.8 吨标准煤计算,能源消费总量将达到 53 亿吨标准煤,比 2010 年增加 20.5 亿吨,增长 63%。同时,城镇化意味着生产、生活和交换方式发生根本性变化,与之相适应的住房、交通、基础设施建设也将消耗大量钢铁、水泥,增加能源消费。因此,未来我国能源供应保障压力很大。能源、资源和环境约束必然要求我们转变经济发展方式,优化升级产业结构,走集约、智能、绿色、低碳的新型城镇化道路;必然要求我们在加强能源资源勘探开发、增加供给的同时,有效控制能源消费总量,支持新能源和可再生能源发展,提高能源利用效率和效益,推动能源生产和消费革命。

(2) 建设生态文明和美丽中国需要转变能源发展方式。党的十八大把生态文明建设列入中国特色社会主义总布局,提出建设美丽中国的新要求。能源生产消费与生态文明建设密切相关。我国煤炭开采造成的采空区土地塌陷累计达 100 万公顷左右,主要产煤省情况更为严重。全国每年因煤炭开采,破坏地下水资源超过 80 亿吨。二氧化硫排放量达到 2200 万吨,其中燃煤电厂排放量占到了 40%。近年来,我国大气污染情况愈加严重,越来越多的地区频繁出现雾霾天气,严重影响人们生活和健康。空气中的固体颗粒物,尤其是 PM2.5 绝大部分是由能源生产消费活动造成的。随着人们对生态环境的重视,炼油、核电、水电、电网、风电等项目建设与环境的关系越来越引起社会关注。处理好增加能源生产和消费与保护和改善环境的关系,是能源发展必须解决的大问题。

(3) 应对全球气候变化需要加大节能减排力度。气候变化促使世界能源消费结构呈低碳化、清洁化趋势。近年来,由温室气体排放引发的全球气候变化问题,使得建立低碳社会、发展绿色经济逐步成为国际社会共识。各国纷纷将注意力转向发展清洁能源产业以降低能耗和减少排放,以风能、核能、生物能、太阳能等为代表的新能源获得快速发展,世界能源消费低碳化、清洁化趋势逐渐显现。根据 2009 年哥本哈根会议上我国对国际社会的承诺,到 2020 年我国单位国内生产总值的二氧化碳排放量要比 2005 年下降 40%～45%。为实现这一减排目标,国务院决定要通过大力发展可再生能源、积极推进核电建设等行动,到 2020 年使我国非化石能源占一次能源消费的比重达 15% 左右。实现这一目标,必须大力推进能源发展方式的转变。

（二）节能减排面临的问题

作为世界第一大能源生产国,中国主要依靠自身力量发展能源,能源自给率始终保持在 90% 左右。中国能源的发展,不仅保障了国内经济社会发展,也对维护世界能源安全作出了重大贡献。今后一段时期,中国仍将处于工业化、城镇化加快发展阶段,能源需求会继续增长,能源供应保障任务更加艰巨。

（1）能源资源浪费严重。近几年来,我国火电利用小时数持续偏低,高效环保机组不能满发多发,新能源和可再生能源有时不得不为拥有计划电量的高煤耗机组"让路",每年为此要多消耗电煤数千万吨。部分能源基地受输电通道建设滞后的影响,时常出现"窝电"、"弃电"现象,据统计,内蒙古每年都有近 700 亿度的电输送不出去,2012 年弃风电量超过 200 亿千瓦时,2013 年云南一个省弃水电量将达 200 亿千瓦时。我国的空调比世界平均水平多耗能 1/5;我国国有大型煤矿的平均回采率大约在 40% 左右,而乡镇、集体和个体小煤矿的平均回采率只有 10%～20% 左右,由于开采方法不科学,我国西部产煤区的自燃现象十分普遍。

（2）能源效率明显偏低。我国每创造百万美元国内生产总值的能源耗费是美国的 2.5 倍,是欧盟的 5 倍,几乎是日本的 9 倍;我国 1 吨煤所产生的效益仅相当于美国的 28.6%,欧盟的 16.8%,日本的 10.3%,也低于巴西、墨西哥等一些新兴工业化国家。能源密集型产业技术落后,第二产业特别是高耗能工业能源消耗比重过高,钢铁、有色、化工、建材四大高耗能行业用能占到全社会用能的 40% 左右。据建设部统计,目前高耗能建筑在全国既有建筑中的比例超过 95%,建筑能耗已占全国总能耗的 27.5%。

（3）能源资源约束矛盾突出。中国人均能源资源拥有量在世界上处于较低水平,煤炭、石油和天然气的人均占有量仅为世界平均水平的 67%、5.4% 和 7.5%,淡水仅为 28%,耕地为 43%,铁矿石为 17%,铝土矿为 11%。虽然近年来中国能源消费增长较快,但目前人均能源消费水平还比较低,仅为发达国家平均水平的三分之一。随着经济社会发展和人民生活水平的提高,未来能源消费还将大幅增长,资源约束将不断加剧。矿产资源方面,2010 年我国国内生产总值占世界的比重不到 10%,但消耗了全球约 53% 的水泥,47% 的铁矿石,45% 的钢,44% 的铅,41% 的锌,40% 的铝,38% 的铜和 36% 的镍。而工业化和城镇化步伐加快,主要矿产资源供需矛盾将更加突出。

（4）环境压力不断增大。我国生态环境总体恶化趋势没有得到根本扭转,化石能源特别是煤炭的大规模开发利用,对生态环境造成了严重影响。大量耕地被占用和破坏,水资源污染严重,二氧化碳、二氧化硫、氮氧化物和有害重金属排放量大,臭氧及细颗粒物（PM2.5）等污染加剧。一些地方生态环境承载能力已近极限,水、大气、土壤等污染严重,固体废物、汽车尾气、持久性有机物、重金属等污染持续增加。未来相当长时期内,化石能源在中国能源结构中仍占主体地位,保护生态环境、应对气候变化的压力日益增大,迫切需要能源绿色转型。从温室气体排放看,近年来,我国碳强度实现了显著降低,但温室气体排放总量增长较快。在全球温室气体排放增量部分中,我国所占的比重较大,人均排放量也在不断上升。高消耗、高排放是造成环境污染和生态破坏的主要原因,发达国家200多年工业化进程中分阶段出现的环境问题在我国集中出现。只有加强节能减排工作、大力发展循环经济,才能尽快扭转我国生态环境总体恶化的趋势。

（5）能源安全形势严峻。中国能源安全正在面临结构性危机,能源结构的不合理性首先表现在过分依靠煤,中国是世界上唯一以煤为主的能源消费大国,煤在中国现有的能源消费结构中占68%。根据国际能源机构的预测,2030年煤仍会占到中国能源消费总量的60%。能源结构的不合理性还表现在石油对外依存度过大,从本世纪初的32%上升至目前的58%。由于中国原油产量的增长大大低于石油消费量的增长,造成中国石油供应短缺、进口依存度飙升,加之石油海上运输安全风险加大,跨境油气管道安全运行问题不容忽视,国际能源市场价格波动增加了保障国内能源供应难度。能源储备规模较小,应急能力相对较弱。与此同时,我国油气进口来源相对集中,受地缘政治和军事力量影响,进口通道受制于人,远洋运输能力不足,能源储备规模较小,能源保障能力脆弱。

（6）体制机制存在问题。中国能源安全还面临制度性困境,从20世纪80年代末开始,中国能源管理机构处于不断调整和改革的进程中,能源体制机制深层次矛盾不断积累,价格机制尚不完善,行业管理仍较薄弱,能源普遍服务水平亟待提高,体制机制约束已成为促进能源科学发展的严重障碍。国家发改委、国土资源部、环境保护部等部门权限和职责还有待进一步理清,与能源管理相关的职能在不断开发和研究中,如果缺乏有效的能源安全管理体制,就难以出台统一协调的政策措施。能源市场的垄断行为也不可忽视,能源行业改革与发展的最大障碍是行业内的垄断经营和区域市场分割等违反市场经济规律的行为。

（7）国际谈判压力不断增加。随着更多发展中国家加快工业化进程,未来全球能源资源需求将继续大幅增长,围绕能源资源、气候变化等问题的国际博弈日趋激烈,全球资源环境问题会更加突出。我国处于工业化快速发展阶段,在应对气候变化的国际谈判中,温室气体排放增量大、增速快,日益成为国际社会关注的焦点,这要求我国承担更大、更多的责任,压力不断在增加。德班会议虽然已就落实巴厘路线图和坎昆协议达成一揽子成果,但各方在一些关键问题上分歧依旧。发达国家要求我国承担国际减排责任,2020年后承担具有法律约束力的减排承诺。随着谈判进入更加实质的阶段,我国面临的谈判形势不容乐观。

中国节能减排工作面临的这些问题,是由国际能源竞争格局、中国生产力水平以及所处发展阶段决定的,也与产业结构和能源结构不合理、能源开发利用方式粗放、相关体制机制改革滞后密切相关。中国必须大力推动能源生产和利用方式变革,不断完善政策体系,努力实现能源与经济、社会、生态全面协调可持续发展。

三、节能减排:任务艰巨

按照"新三步走"战略发展规划,未来几十年是我国能源发展战略机遇与挑战并存的关键时期。根据国家中长期规划,到 2020 年,我国能源保障能力显著增强,能源结构优化初见成效,能源市场体系和科技创新体系基本建成,资源节约型、环境友好型的能源生产与消费格局初步形成。到 2030 年,我国能源供应保障能力进一步提高,能源结构优化取得突破性进展,能源科技自主创新能力基本达到世界先进水平,能源市场体系已经形成,能源利用效率显著提高,资源节约型、环境友好型的能源生产与消费格局进一步完善。要实现这些目标,我们面临着艰巨的任务。

(一) 构建能源安全指标体系,应对新时期的新挑战

我国新时期能源安全指标体系的构建,必须适应应对新挑战的战略需要。既要考虑国家经济社会发展的需要,又要考虑国际能源环境的可能变化。这一指标体系应是具有中国特色的现代化能源安全体系。根据国内权威研究机构的研究成果,该体系应当包括高效合理的能源利用体系、安全稳定的现代能源产业体系、及时灵活的能源预警与应急响应体系、复合多元的世界能源资源开发利用协同保障体系。核心目标应是,全面提升持续稳定的能源供应能力、合理需求调控能力、风险规避与应对能力、国际能源市场影响能力。为此,需要进一步完善国家能源发展战略与能源外交战略,深化能源管理体制改革,健全能源安全保障机制;推动能源生产方式的变革,优化能源消费结构,实行能源消费总量与强度的"双控制";加强国际能源合作,打造符合现代化、国际化要求的能源发展与能源外交人才队伍。

(二) 加强供应能力建设,保障能源安全

能源的安全可靠供应是保障经济社会长期平稳较快发展的重要基础。加强大型能源基地建设,打造山西、鄂尔多斯盆地、蒙东、西南、新疆等五大国家综合能源基地。综合考虑目标市场,产业布局调整,煤电、风电、核电、天然气发电、抽水蓄能等电源点建设和进口能源,以及资源地的水和生态环境承载力等因素,加快西煤东运、北煤南运铁路运输能力建设,发展适应大规模跨区输电和新能源发电并网要求的现代电网体系,完善国内油气区域主干管网,推进油气进口战略通道建设。统筹资源储备和国家储备、商业储备,加强应急保障能力建设,完善原油、成品油、天然气和煤炭储备体系。

(三) 发展非化石能源,优化能源结构

保护生态环境、应对气候变化、实现能源可持续发展,必须大力调整能源结构,逐步降低化石能源比重。推动传统能源清洁高效发展,建设大型现代化煤矿,建设高参数、大容量清洁燃煤机组,有序建设燃气电站。积极发展非常规能源,抓好页岩气发展规划的落实,加大煤层气勘探开发力度。大力发展新能源与可再生能源,发现和使用新的替代

能源。在做好环境保护和移民安置的前提下积极发展水电,安全高效发展核电,有序发展风电,加快太阳能多元化利用,积极发展生物质能、地热能等其他新能源,促进分布式能源系统的推广应用,让新能源和可再生能源在能源结构调整中发挥更加突出的作用。

(四)实施能源民生工程,提高能源公平水平

加强能源民生工程建设,对于统筹城乡发展,促进社会和谐稳定,全面建成小康社会具有重要意义。加强农村电网建设,实施完成新一轮农网升级改造工程。加快无电地区电力建设,在 2015 年前全面解决无电人口用电问题。发展农村可再生能源,因地制宜地建设绿色能源示范县和太阳能示范村。加强边疆地区能源建设,积极支持西藏、新疆跨越式发展。改善居民用能条件,让老百姓使用上更多的清洁低碳能源。减少污染物和温室气体排放,为人民生产、生活创造良好环境。

(五)实施能源总量强度双控制,建设节能型国家

实施能源消费强度和消费总量双控制,严格落实控制能源消费总量工作方案,完善配套政策措施,尽快建立促进经济发展方式转变的倒逼机制,形成节约资源和保护环境的空间格局、产业结构、生产方式、生活方式。根据我国的国情和各地区实际,逐步建立起合理控制能源消费总量的机制,一是要推动经济结构战略性调整,优化产业结构和布局;二是要强化用能管理,重点抓好工业、建筑、交通运输和公共机构等领域节能;三是要树立绿色能源消费理念,倡导全民节能。

(六)推动全球能源治理,维护国际能源市场稳定

全方位开展国际能源合作,既是维护国家能源安全的需要,也是稳定全球能源市场的需要。加强与俄罗斯、中亚、中东、非洲、南美等周边国家和重要资源国的合作,既能保证稳定的海外能源供应,又能促进当地经济社会发展,造福当地人民。加强与欧盟、美国、日本等发达经济体的合作,引进借鉴先进的能源技术、法规、政策、标准及管理经验。加强与能源出口国、消费国、过境国和主要国际能源机构的对话交流,积极参与全球能源治理,共同担负起维护全球能源市场稳定和确保世界能源安全的重任。

(七)扎实推进节能减排,减轻对资源环境的压力

节能减排是转变发展方式的重要途径。"十二五"规划纲要对节约能源明确提出,要实施能源消耗强度和总量双控制,具体要求单位 GDP 能耗在"十一五"降低 19.1% 的基础上继续降低 16%。但 2011 年并没有完成规定指标,总能耗增长 7.1%。2012 年由于放缓了 GDP 增幅,节能减排有所好转,总能耗增长 4%。必须坚持不懈进一步加强措施力度,将 GDP 增速控制在 7.5% 左右的预期值之内,使能源消费弹性系数由 0.7 降到 0.5 以下,以使能源消费总量年增速控制在 4% 以下,这样 2015 年总能耗才有望控制在 40 亿吨标煤之内,"十二五"确定的环保指标和二氧化碳排放强度降低指标才可能完成。这就要把节能减排的措施落实到工业、交通、建筑以及人民生活各个层面。其中占全社会总

能耗73％的工业生产要科学合理用能、节约生产、清洁生产,发展循环经济,实现绿色、低碳发展仍有相当大的差距和潜力,工业要为实现生态文明作出贡献。

(八) 加快能源创新,迎接第三次工业革命

目前,第二次工业革命已经走到尽头,人类即将步入一个"后碳"时代。要想产生新的工业革命,新通信技术必须和新能源体系结合,就像历史上的每次重大经济革新一样,互联网信息技术与可再生能源的出现与融合让我们迎来了第三次工业革命。在这次革命中,人们的思维方式、生产方式和消费方式需要进行大的调整,而能源革命的核心就在于生产方式和消费方式的革命。传统化石能源的生产和消费方式过于粗放,没有充分考虑其负外部性和环境成本,从而带来了巨大的经济问题、社会问题、环境问题乃至地缘政治冲突。因此,能源革命既包含增加新能源投资,改善能源消费结构,又包含人类对传统化石能源的生产方式和消费方式的革命。未来,我国必须逐步减少以煤炭为主的化石能源消耗,提升风电、光伏发电等清洁能源的比重,发挥电网作为基础能源配置平台的作用。根据国家转变能源发展方式的紧迫性、重要性和战略性的要求,从生态文明建设、世界能源版图变化、第三次工业革命机遇等方面深入分析和研究新型能源生产和消费方式,制定新的能源发展战略迫在眉睫。

与杰里米·里夫金《第三次工业革命》提到的趋势相对应的是,目前欧盟各国在发展新兴产业方面都把新能源和信息技术作为两大重点。从各主要国家和地区的战略决策中可以看出,以核能、风电、太阳能、生物质能为代表的新能源技术将持续突破,可再生能源发电成本的下降速度极可能大大超出预测,以智能电网、大规模储能电池为代表的配套技术的良好预期将进一步拉动新能源,提高其在能源结构中的份额。美国发起的"能源新政"及其"绿色产业革命",对于维持其全球霸主地位起到了重要作用。

2012年以来美国"能源独立"成为世界能源领域最热门的话题,页岩气的成功开发已经改变了美国的能源前景,带来了一场全球性的能源革命,改变世界能源版图。这说明,尽管地球的资源是有限的,但人类的创造力量是无限的,科技进步将大大提高对能源资源的开发与利用。这样的能源革命需要更多的创新,而且是非同寻常、史无前例的创新。能源革命和创新需要准确把握能源技术变革的大趋势。我国在未来或将取代美国成为最大的能源进口国,因此,必须持续推进能源创新发展,加快实现能源革命。只有通过技术创新和制度创新,抢占能源革命的制高点,我国才能拥有更先进的生产力,才能使能源转型与发展跟上经济发展的步伐,才能使经济保持稳中求进、创新发展。

(九) 加强顶层设计,深化能源体制机制改革

创新与改革是促进能源可持续发展的两个强大驱动力。实施创新驱动发展战略,推动科技和经济紧密结合,建立和完善重大技术研究、重大技术装备、重大示范工程及技术创新平台"四位一体"的国家能源创新体系。坚持以企业为主体、市场为导向、产学研相结合,推动创新成果向现实生产力转化。将高效配置和综合集成创新资源,更大程度地

凝聚全社会的智慧和力量,投入到能源创新发展上来。加强顶层设计和总体规划,增强改革的系统性、整体性、协同性。完善宏观调控和行业管理,健全能源市场体系,更大程度更广范围地发挥市场机制作用。毫不动摇地巩固和发展公有制经济,毫不动摇地鼓励、支持、引导非公有制经济发展。完善能源价格形成机制,建立资源有偿使用和生态补偿制度。深化电网、油气管网等能源基础服务领域体制改革,建立惠及城乡居民的能源普遍服务体系。理顺能源价格、财税和投融资体制,加快完善有利于科学发展的政策体系。转变政府职能,加强行业管理,完善法律、法规和标准,形成决策科学、责权一致、服务高效、监督有力的政府。

四、节能减排统计:战略实施之工具

节能减排统计指标体系是指运用一系列有内在联系并互相补充的统计指标,按一定的目的和意义系统地结合在一起,用以说明节能减排的总量和结构特征所形成的体系。节能减排统计指标体系建立在节能减排系统流程的基础上,通过统计指标间的有机联系,全面、系统、动态地反映出能源系统与环境系统的内在联系、数量关系、总体特征和发展规律。

健全的节能减排统计指标体系能够提供广泛的统计指标备择选项,从而为能源统计和环境统计的创新提供支撑,有助于完善我国能源资源供应、转换、输配、消费与排放统计核算体系,有助于促进国民经济核算理论与方法的发展和制度的创新,也有助于落实节能减排国家政策,贯彻科学发展观,建设生态文明和美丽中国。指标体系一经制定,一方面要力求其保持相对稳定,以便积累历史资料,进行系统的比较分析。通过统一的指标体系框架和保持统计口径的一致,不同区域能得以对比,从而为经验交流和学习提供信息。另一方面,随着社会经济的发展适当变化,指标体系要能反映能源可持续发展程度的变化及其发展规律。因此,节能减排统计指标体系是公众、政府和研究机构进行能源、经济和环境的发展问题沟通、研究和管理的重要工具。

建立指标体系评估方法的优势还在于能够结合边际分析和系统分析的优点,揭示能源系统的内在联系、数量关系、总体特征和发展规律,并为进一步的计量分析提供数据的基础。节能减排指标数据不仅是能源、经济与环境研究的基础,也是政府管理部门制定和完善节能减排政策的依据,帮助公众和政府选择与节能减排相关的政策和行动,同时是评估节能减排政策目标达成程度的工具。

第一,推进学科交叉,促进节能减排理论与方法的发展。节能减排涉及经济、生态、环境、社会、科技、制度等领域,是复杂的国民经济大系统。节能减排理论及实践研究需要应用经济学、管理学、统计学、环境科学、生态学、系统科学和计算机科学等学科的理论与方法,离不开多学科专家学者的协调配合。本书的研究可有效实现多学科交叉融合,促进协同创新。节能减排的理念和理论主要源于三方面:一是中国古代"天人合一"的智慧,成为现代的天人合一观;二是马克思主义自然辩证法,成为现代的唯物辩证法;三是可持续发展,成为现代工业文明的发展观。本书一方面基于可持续发展角度,讨论节能减排的理论,以此扩展或巩固节能减排的理论基石;另一方面对人口、生态、环境、资源、经济、技术与社会之间综观发展理论研究,揭示节能减排的理论内涵与外延,建立和完善节能减排的宏观、复合理论思维体系,以此促进节能减排理论与方法的发展。

第二,发展绿色国民经济核算,完善国民经济核算体系。国民经济核算体系是宏观经济调控与管理的重要依据和进行国际比较的工具与语言,是经济学、管理学、生态环境学等学科研究的重要支撑系统。绿色国民经济核算是当今世界国民经济核算的重大任务。现有节能减排统计及评价工作尚待起步,其统计指标体系构建不全,判断标准不统一,尚不能适应进行系统科学的评价和决策需要。而绿色国民经济核算注重对环境资源的经济价值、非经济价值进行定量化研究,特别是对生态系统服务功能的定量化研究,揭示了环境资源的价值构成。因此,绿色国民经济核算研究更需借助能源、环境和生态等多方面的统计指标,从而推进资源环境领域相关核算的发展,有利于改革与发展国民经济核算体系。

第三,完善国民经济分析系统,促进节能减排政策体系研究。节能减排的发展,不仅需要从理论上明确界定其内涵、范畴,也需要分析其政策工具和体系。节能减排有一定的发展模式和路径,是一国中长期发展战略之一。分析节能减排政策,按内容可分为产业政策、能源政策、财政政策等;按时间可分为短期、中期和长期。节能减排政策的设计,包括它们之间的关系研究,不仅是为了实现短期经济均衡、中期总供给和总需求的均衡,更重要的是为了实现长期经济增长。合理、完善的节能减排统计体系,不仅有利于单个政策内部的合理组合、协调提供,还有利于多个政策之间的合理配合。合理的政策组合为区域、流域、国家产业结构升级和绿色经济区划、规划乃至科学技术发展纲要提供了理性、科学与可持续发展的参考程序。

第四,支撑宏观管理决策,转变经济发展方式。节能减排是推进社会主义生态文明建设和美丽中国建设的重要步骤,是建设资源节约型、环境友好型社会的必然选择。对节能减排统计的理论研究,将进一步明确节能减排的内涵,强调其以市场为导向,加快推进传统产业向绿色产业转变。对节能减排统计的实践研究,用具体统计指标及数据来判断节能减排的程度与进程,作为国家总体或区域差异的数据基础。统计工作力求在政策层面形成发展战略的导向作用,满足中国加快转变经济发展方式的政策需求,为国家或地区决策提供依据,为考核地方发展绩效提供参考。

第五,完善经济社会信息系统,拓展应用领域。节能减排统计指标体系的数据基础源于绿色国民经济核算体系,因此既提供绿色经济活动的货币量指标,又提供实物量,这将有利于我们完善社会信息系统。同时,节能减排统计研究结果为国际组织、政府决策部门、企业、科研机构以及普通大众等广大的用户所需要,可以广泛应用于国际贸易与气候变化谈判、国家能源使用及安全的监测、绿色产业发展规划、节能技术推广计划、绿色投资、环境统计等。任何经济活动都要考虑其投入产出比,节能减排统计研究将为多种经济活动提供对应的效应评价。譬如对为国内投资者准确、便捷地寻找到恰当的投资机会,展开国际绿色项目合作提供帮助。

第六,聚焦社会公众对资源环境的关注,鼓励其参与绿色活动。节能减排统计研究的理论及实践研究,将通过其具体研究成果,如绿色综合评价、绿色效率比较、绿色指标数据库等展现给公众,以此提高社会公众对绿色发展的认知,将过去概念化的环境、资源、气候话题转化为更显性化的数字或图表,有效吸引民众关注,由此激励民众参与绿色活动的热情,推动中国绿色发展的进程。

第二节　研究范围与方法

一、节能与减排的内涵

能源也称能量资源或能源资源,是指可产生各种能量(如热量、电能、光能和机械能等)或可作功的物质的统称,是指能够直接取得或者通过加工、转换而取得有用能的各种资源,包括煤炭、原油、天然气、煤层气、水能、核能、风能、太阳能、地热能、生物质能等一次能源和电力、热力、成品油等二次能源,以及其他新能源和可再生能源。

对于节能含义的理解有两个极端:一个是直接节约能源,节约使用煤炭、石油、电力、天然气等能源,一般认为这就是狭义的节能;另一个是经济发展的去物质化,包括能量载体以及其外部的所有物质。生态经济学认为,社会代谢过程中物质的转换和空间移动需要能量提供动力,能量可以增加物质的易得性和物质的使用效率,所以经济发展的去物质化也就是减少对能源的依存。在这个广义的节能概念里,并非只是节约物质和能量,还要考虑经济发展,强调物质利用效率和效益,是个综合的能源效率概念。

在这两个极端之间,存在很多节能的理解,构成节能含义的一个频谱。其中,具有代表性的是世界能源委员会的定义:采用技术上可行、经济上合理、环境和社会可以承受的措施,提高能源资源的利用效率。这个定义要求在能源开采、加工、转换、储运、分配和使用过程中,利用经济、技术、法律、行政、宣传和教育的一切措施,消除不必要的浪费,提高二次能源回收利用水平,提高能源利用效率,实现经济社会的可持续发展。这个定义并没有将经济发展与能源节约对立起来,而是强调两者的统一:在满足发展的需要情况下减少相应的能源消耗。虽然这里的重点还是在于能源的节约、回收和能源效率的提高,我们发现这个定义里出现了环境的概念,意味着和"减排"含义的交叉。

污染废物按照排放去向分为排入空气的废弃物、排入水体中的废弃物和固体废弃物,每种去向又有许多污染物分类。不同区域一般有不同的污染重点,有针对性的减排重点当然也不相同。参照全球能源可持续观察团的说法,各地的污染源可能是固定的采掘基地、能源炼制厂、电厂或使用能源矿产的工业,也可能是流动的交通运输车辆。最主要的排放物可能是引起酸雨的二氧化硫(SO_2)、引起水体富营养化的化学需氧量(COD),或者是引起全球气候变暖的二氧化碳(CO_2);污染影响最大的可能是居民健康或当地的特定环境,比如人体的呼吸系统、循环系统、内分泌系统、生殖系统或森林、湖泊河流、农业、野生动物、渔业及基础设施等。

减排有"前端"、"中端"、"末端"减排之说。末端减排侧重于点源治理,多采用工程技术方法,针对污染物产生后的污染治理。中端减排指的是在社会经济运行过程中,工业行业实施全过程技术管理,通过技术进步和清洁生产减少污染,提高经济发展水平和质量。前端减排是指转变生产方式、优化经济结构(产业结构、产品结构、消费结构、能源结构等)、发展绿色低碳经济、循环经济,加强生态保护,从源头上减少污染排放产生。减排的这三个观点对应于国际上环境保护的三个阶段,从上世纪 70 年代前的环境污染治理阶段到 70 年代至 90 年代的环境管理阶段,再到 90 年代以后的综合决策阶段,人类认识到节能减排单靠技术治理和环境管理不能奏效,必须从社会、环境、经济多个方面考虑决策的科学性和合理性。随着减排从末端走向前端,费效比增大,减排更加成为一种全社会参与、全过程管理的社会经济活动。

二、节能与减排的联系

从节能与减排的内涵来看,两者之间相辅相成,节能减排是一个有机的总体。从节能、减排分开的定义来看,两者所面临的问题的深层原因是相互交叉、甚至是一致的,我们可以挖掘这两者一致的关注点:减少社会经济发展对于资源、环境的压力,实现社会、经济和环境的可持续发展。因此,我们有必要将节能与减排两者组合起来,避免孤立地看待节能和减排问题,更多关注两者的相互关联,拓宽可持续发展的策略选择。

首先,将节能与减排结合起来,拓宽了能源可持续发展的策略选择。除了各种节能的措施,还可以考虑能源替代,比如发展可再生能源及新能源。能源替代是一种能源资源对于另外一种能源资源的替代,不是严格意义上的节能。但是可再生能源,如水电、风能、太阳能,对化石能源的替代有助于降低化石能源资源的耗竭速度,节约化石能源,因此具有显著的减排意义。一些优质能源比如天然气,对于较劣质能源比如原煤,具有更好的燃烧性能并能减少排放,这样的能源替代具有节能、减排两方面的意义。生物质能在减少化石能源的依存的同时,侵占了耕地面积,危害粮食安全,但是在减排方面具有一定意义。

其次,将节能与减排结合起来,推进可持续发展。从减排的前端和中端观点来看,节能是实现减排的基本手段之一。能源利用是产生污染排放的重要原因,所以,减少能源消费,加强能源二次利用,能够保证减少能源利用引起的污染排放,提高能源利用效率则能保证单位经济增长消耗更少的能源,并且排放更少的污染物。工业行业为了实现减排的目标,所采取的措施在很多情况下同时考虑到了节能的可能性。所以,归根到底节能减排是个可持续发展的问题。

三、节能减排统计研究的范围

在我国,节能探讨的是能源的节约问题,而污染排放主要发生的领域是在能源领域,所以抓住了能源的可持续发展问题也就大致上解决了节能减排的问题。本书对于节能减排指标体系处理的方法是放大了节能减排关注的领域,除了经济面对节能和环境面对减排外,加入经济面、环境面及其他可持续发展的关注面(如能源多元化、能源健康、能源安全等),另外还加入了能源对于社会层面可持续发展的影响的指标维度;同时缩小了可持续发展的关注面,将其集中到能源这个领域。这样,本书的节能减排指标体系就和国外可持续发展的能源指标体系的概念相近。这样的处理,一方面是和国际接轨了,另一方面和现在的统计体系比较适应,有利于指标数据的收集和整理。

四、节能减排统计研究的方法

节能减排统计研究是一个理论与实践相结合的综合性研究课题,它不仅涉及经济学、统计学、管理学、哲学、环境科学、资源科学、生态科学和系统工程等学科的基本理论,而且更多地涉及到生态文明建设和美丽中国建设背景下节能减排所面临的现实问题。因此,节能减排统计研究要坚持科学发展观,遵循生态规律、经济规律和系统论思想,系统研究我国节能减排统计体系的理论、方法及应用。在研究中,注重国外经验与国情、规范研究与实证研究、静态分析与动态分析、总量分析与结构分析的结合,既有理论研究,又有实际应用。

(1) 国民经济核算方法。统计指标来源于国民经济核算与统计体系,节能减排统计指标体系需要与之相适应的国民经济核算与统计体系。由于传统的国民经济核算与统计体系基于市场交易的原则,主要核算经济领域的交易活动,所以满足不了节能减排统计指标体系的需要,因此,必须创新与发展国民经济核算体系。本书应用国民经济核算体系的方法,研究与分析国民经济核算体系——能源主题、综合环境与经济核算方法(SEEA)——能源核算、物质流核算(MFA)和能源流核算(EFA),旨在为建立节能减排统计体系提供核算基础。

(2) 学科交叉方法。由于节能减排工作涉及经济、资源、环境、生态、政治、文化、制度和技术等方方面面,所以节能减排统计研究离不开经济学、统计学、管理学、哲学、环境科学、资源科学、生态科学、系统工程等多学科的理论与方法。因此,本书将将多学科理论与方法升华凝练,用新的理论思想和理念研究节能减排统计理论与方法,并寻求节能减排的路径和政策措施。

(3)项目管理方法。节能减排统计指标体系的建立按照项目管理方法分步骤开展。首先,参考联合国、经济合作与发展组织、世界银行、国际原子能机构和欧盟等国际组织构建可持续发展指标体系及可持续发展能源指标体系的模式,如"压力—状态—反应"(PSR)模式,运用循环经济学方法、资源与环境经济学方法、国民经济核算方法和经济统计学方法,建立节能减排统计指标集。然后,在全面考虑统计信息的可获性、政策制定的导向性和区域发展的特殊性的基础上,建立我国节能减排统计指标体系。

(4)系统论方法。节能减排统计评价体系研究主要基于认识论和系统论的观点,综合运用主观的层次分析法(AHP)和客观的熵值法,计算节能减排统计指标的权重,实现不同度量单位节能减排统计指标的加权平均数,继而作出节能减排的综合统计评价与分析。

(5)计量分析方法。节能减排统计体系应用研究主要包括能源流分析、SEEA—E流量账户分析和能源效率变化的影响因素分析,前两方面应用研究运用国民经济核算和统计方法,第三方面应用研究运用计量分析方法——Log Mean Divisia,以衡量能源的结构效应及部门强度效应。

第三节　研究思路与框架设计

一、研究思路

本书广泛参考国际和国内相关研究,总结构建节能减排指标体系的理论及统计核算基础,分析国内节能减排的现实压力,随后依据国际原子能机构(IAEA)可持续发展能源指标体系(EISD)的方法和框架,结合美国可持续发展圆桌会议能源矿产指标体系有益的成分,建立一套符合我国经济社会发展特点的节能减排统计体系。指标的选择充分体现政策导向的设计思路,指标的设置争取契合能源生命周期阶段性特征(涉及能源生产、转换、消费、排放和循环使用全过程),指标的处理尽量融合能源平衡表、物质与能量流核算和 SEEA-E 核算方法。本书在充分揭示指标体系内涵的基础上,设定我国 2010 年节能减排多项指标目标实现值,搜集 2006—2010 年能源、环境与经济发展主要指标,形成多维时间数列,进行节能减排综合水平测算;应用节能减排统计体系,进行能源消费的能源流分析、能源效率因素分解和 SEEA-E 流量核算等,拓展体系应用领域。最后,根据节能减排统计综合评价结果,分析与展望中国节能减排政策,提出节能减排对策建议。

二、研究路径

根据科学研究的规则和研究逻辑,我们设计了本书的研究路径。其逻辑顺序是:第一章讨论研究背景及意义,谋划全书结构,设计研究思路,凝练研究的主要观点、创新与对策建议。第二章评述国内外节能减排统计指标体系研究成果,并比较与归纳这些研究成果。第三章研究节能减排统计的理论基础,主要研究可持续发展、循环经济、低碳经济、生态文明等理论。第四章研究节能减排统计的核算基础,论述国民经济核算体系及其发展、物质流核算、国际能源统计核算标准的演进,分析发达国家能源统计核算工作。第五章研究中国节能减排所面临的严峻形势,分析我国节能减排统计的现状与问题。第六章结合国外已有可持续发展能源统计指标体系(EISD)的方法和框架,构建符合我国国情的节能减排统计指标体系,研究多指标综合评价方法,描述与评价我国近年来能源利用及污染物排放的现状。第七章研究节能减排统计体系的应用,主要分析能源消费的能源流和能源效率变化的影响因素,结合上海市节能减排工作情况,分析 SEEA-E 流量账户。第八章考察我国节能减排政策的演变,展望节能减排政策的发展。第九章基于以前各章的研究成果及我国节能减排的实际情况,提出相关对策建议。研究路径如图 1.1 所示。

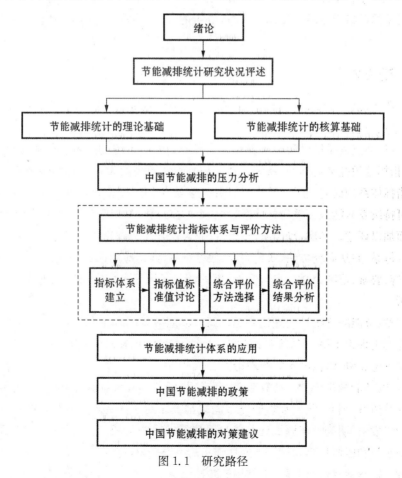

图 1.1　研究路径

三、研究特色

（1）整体与个体结合。能源系统是国民大系统的一个组成部分，节能减排统计指标体系的构建必然涉及经济、社会、环境等方面，要遵守整体与个体的关系。因此，本书研究由国民经济核算到综合环境与经济核算、再到物质与能源流核算，然后研究节能减排统计指标体系与评价方法，充分体现整体与个体的关系。

（2）理论与实际结合。本书研究从中国国民经济核算和能源统计的实际情况出发，综合应用统计学、经济学、资源环境经济学等学科的理论与方法，系统构建中国节能减排统计指标体系，确立评价方法，并将理论与方法应用于实际。

（3）国情与国外经验结合。本书以科学发展观为指导，从中国能源统计方法和制度的实际情况出发，借鉴国外经验，设计中国节能减排统计指标体系及其支撑系统。

（4）定性与定量结合。本书研究坚持定性与定量相结合，在定性分析的基础上，研究节能减排体系指标体系，然后应用定量分析的方法，将节能减排统计指标体系应用于实际。

四、研究内容

第一章：绪论。主要讨论研究背景和意义、研究范围、研究方法、研究思路、框架设计、主要观点与创新等。

第二章：节能减排统计研究状况评述。考虑到能源系统的发展变化规律，以时间为脉络，以指标使用范围为标准，系统评述国内外有关可持续发展能源指标体系和节能减排统计指标体系的研究成果。首先，以国际、区域、国家、行业为划分标准讨论形式各异的国外可持续发展能源相关指标体系，并从目的多样化、框架设计特色化、构建原则合理化三方面加以评述。其次，以国家、省市、行业为划分标准讨论各具特色的国内节能减排相关指标体系，并从研究方法、研究内容、数据资料、操作应用四方面加以评述。最后，从目标、内容、要素、范围、数据、参与度、结果、制度、评价等多角度对国内外相关研究进行归纳分析。

第三章：节能减排统计的理论基础。研究节能减排的理论基础，为节能减排统计体系的构建奠定理论支撑。本章主要研究可持续发展理论、循环经济理论、气候变化理论、低碳经济理论、环境库兹涅茨曲线理论等。

第四章：节能减排统计的核算基础。统计指标离不开统计数据，而数据的源泉是国民经济核算体系，因此，我们必须研究节能减排统计的核算基础。本章以统计支撑及数据保证为出发点，明确了能源统计与能源可持续发展的关联；论述国际机构在促进各国官方能源统计和能源核算发展等方面所作出的不懈努力，特别简述了国际能源统计核算标准的发展历程；系统论述国际上常用的几种能源统计核算理论和方法：一般能源统计、物质与能量流核算、国民经济核算体系（SNA）、综合环境与经济核算体系（SEEA）等；最后总结了国外发达国家在能源统计核算中的先进经验，如设置专项能源统计核算机构、开发重点能源统计核算项目，分析符合国家特点的能源核算及账户等。

第五章：中国节能减排的压力分析。本章首先对我国主要能源（石油、煤、天然气）的生产、消费总量及结构和能源利用效率等方面进行基本统计分析。其次对大气、水、固体废弃物等环境排放物状况进行基本趋势分析。以多年时间序列反映我国在节能减排领域方面面临的潜在压力。最后研究由于能源环境统计工作的滞后，引发节能减排统计工作面临的现实阻力，由此展开后续讨论。

第六章：节能减排统计指标体系与评价方法。本章主要用项目管理方法构建节能减排统计指标体系。首先，主要参考国际上一些可持续发展能源指标体系（如 IAEA 可持续发展的能源指标体系、欧盟能源效率指标体系等）所包括的指标内容，构建一个包容性强的可持续发展的能源指标集，以此反映能源系统生产、转换、消费、排放和循环使用全过程，以及能源系统同生态、社会、经济层面的复杂勾连和平衡关系。其次，以数据可获得性及政策导向性为原则，确定五层指标体系：第一层为我国节能减排状况综合评价层，即目标层；第二层、第三层为节能减排的中间层（或准则层），具体有 2 个一级准则，即节能与减排（一级准则层节能下设能源生产、能源供应、能源消费、能源利用效率、能源安全5 个二级准则，一级准则层减排下设大气、水、土地 3 个二级准则）；第四层为三级准则层，包括能源生产总量、能源生产结构、能源储采比例、能源加工转换效率、能源消费总量、能源消费结构、综合生产效率、产业及部门能源使用效率、高耗能产品综合能耗、进口、战略燃料储备、可支付性、不平等、气体污染物排放、气体污染物治理、空气质量、水系污染物排放、水系污染物治理、水系质量、水资源节约、土地资源质量、土地资源污染物治理；第五层为节能减排的指标层，共包含 64 个具体指标。再次，在考虑评价指标、评价标准、权重设置、评价结果的相对性的基础上，正确认识评价方法；随后结合国外能源可持续发展经验及我国节能减排工作阶段安排，确定 64 个具体指标的 2010 年参考标准值，运用熵值法及变异系数法确定客观权重，以无量纲数据为基础，综合计算得出我国节能减排实现状况得分。最后，对综合评价结果加以分析，发现"十一五"期间，我国节能减排实现状况呈现"前快后慢"的基本特征。

第七章：节能减排统计体系的应用。本章运用节能减排统计体系分析研究能源消费、能源使用效率等重要方面。首先，运用能源流核算方法，比较研究全国与长三角地区在能源供应、能源对外依存、能源加工转换、能源输配等方面的差异。其次，利用 Log Mean Divisia 效应分解法验证了单位 GDP 能耗指标中的结构效应及部门强度效应。最后，以上海市 2007 年数据为例，利用 SEEA-E 流量核算方法，编制并分析上海市 SEEA-E 流量账户。

第八章：中国节能减排的政策。本章以时间为维度，分别讨论在节能减排方面，我国政府制定的相关政策及演进过程。其中,节能政策以《节能法》颁布为重要界限,分为三个阶段描述,包括具体的政策、法规、通知等;环保政策则以可持续发展观的提出作为划分界限,也分为三个阶段,同样论述了与之相关的各项政策、法律法规的实施情况。最后,讨论国外节能减排政策及其对中国的启示,展望中国节能减排政策走向。

第九章:中国节能减排的对策建议。根据上述研究,本章提出了一系列对策建议,主要包括:第一,改革和发展国民经济核算体系,将建立能源—环境—经济综合核算体系;第二,改革和完善财政政策和金融政策,建立适合节能减排的财政税收体系,构建碳金融制度;第三,全社会高度重视绿色低碳经济发展,建设生态文明;第四,释放改革红利,打造中国经济的升级版,以迎接第三次工业革命的浪潮。

第四节　主要观点与创新及对策建议

一、主要观点

(1) 加强能源统计改革与国际能源统计合作。单位 GDP 能耗指标由于不宜进行国际对比和历史对比,不能区分等热值能源与等价值能源,不能反映我国能源效率全貌等原因,无法全面概括能源统计状况。节能减排统计指标有利于反映能源生命周期、能源市场化程度、节能技术变迁程度,有利于促进中国进一步深化能源统计改革,完善能源宏观调控体系,改善能源发展环境。同时,中国是国际能源合作的积极参与者,在能源政策、信息数据等方面与世界许多能源消费国和生产国都开展了广泛的沟通与交流。完善国内能源统计工作,健全的节能减排统计指标可以作为描述中国国际义务及承诺的重要数据依据。

(2) 加快推进能源统计核算体系的发展。能源核算是统计指标的基础,而我国现行的国民经济核算体系只在附属表中涉及自然资源核算,基本没有涉及能源核算,《中国能源统计年鉴》提供的数据有限,不能适应节能减排工作的需要,因此,需要加快推进能源统计核算研究。当前,国际上能源统计核算的最新发展是借鉴物质流核算方法(MFA)而建立的物质与能量流核算(MEFA)和在综合环境与经济核算体系(SEEA)基层上建立的能源核算(SEEA-E)。我国要立足国情,研究能源统计核算的最新发展,加快能源统计核算体系的发展。

(3) 构建科学合理、全面系统的节能减排统计指标体系。能源统计是国民经济核算与统计的重要组成部分,它既反映能源的总量平衡,又体现能源的生产结构、消费结构、消费方向和污染排放。建立科学、完整、统一的节能减排统计数据和指标体系是开展能源经济研究的基础,是客观真实评价能源发展趋势的保证。因此,国外十分重视可持续发展能源指标体系的建设及应用。当前,我国能源统计的不足在于:一是能源统计没有反映全社会能源的生产、消费、调入、调出、加工、转换以及市场销售和市场供求的指标，不能有效地提供能源供需、能源管理与效率、能源与生产、能源开发与节能等决策信息，不能全面掌握能源生产、购进、消费、库存情况及发展趋势，对能源节约、能源经济效益、能源生产与需求缺乏预测，使各级能源的社会管理部门在制定能源发展规划和考核能源消耗控制目标时欠缺依据。二是新能源与可再生能源和一些污染排放指标尚未被纳入统计范围。三是没有全部覆盖三次产业和居民生活的能源消耗与排放。因此，我国要从实际出发，借鉴国外经验，从生产、转换、消费、排放和循环使用全过程，构建一个包容性强的节能减排统计指标体系，以全面反映能源系统运行以及能源系统同生态、社会、经济层面的复杂勾连和平衡关系，揭示能源公平、能源消费及生产模式、能源安全和环境污染等情况。

（4）应用 SEEA-E 核算分析能源—环境—经济的关系。根据我国能源平衡表的分类方式，编制能源产品实物供给表、能源产品使用表、能源二氧化碳排放表、3E 对应表；分析能源的供应结构与消费结构、能源利用的二氧化碳排放结构、能源消费、经济产出与二氧化碳排放结构；衡量能源消费和二氧化碳排放的效率或密度，并解释能源消费、经济产出与二氧化碳排放结构的差异。

（5）建立节能减排综合评价体系。基于节能减排统计指标体系，应用多学科理论与方法，综合评价我国节能减排状况，揭示我国能源可持续发展的程度，分析能源生产及消费、污染物排放及治理状况，探究能源安全及能源公平性等问题。

二、主要创新

（1）明确节能减排与能源的可持续发展之间的相互关联。节能减排不仅仅是表面的节约能源、减少污染物排放，而是全面描述如何减少社会经济发展对于能源、资源、环境的压力，实现社会、经济和环境的可持续能源发展之路。因此，本书的节能减排统计指标体系接近于国外可持续发展能源指标体系。这样的处理一方面便于与国际接轨，另一方面便于适应现有统计体系，有利于指标数据的收集和整理。

（2）理清能源统计核算发展脉络。能源统计经历了传统能源统计核算、物质—能量流核算、SEEA-E 核算的主要发展过程。这些核算形式在时间上具有渐进性，在内容上分属不同分类。其中，传统能源统计核算以服务经济为目标，主要描述能源在经济系统的供应、输配和消费，旨在分析经济对能源的需求以及能源对经济发展的推动。物质与能量流核算基于生态学观点，以分析经济对环境的压力，以及环境变化对经济的影响为出发点，偏重于环境和经济交界面的流入流出核算，对于经济活动物质能量的转换表达采用实物单位。SEEA-E 试图综合上述两个方面，兼顾经济和生态的观点，既分析经济系统内的能源流，也分析环境与经济之间的能源流；既使用实物单位，也使用货币单位。

（3）构建我国节能减排统计指标体系。首先，构建一个涵盖社会、经济、环境、制度与科技因素的能源统计指标集。这个能源指标集一方面反映了能源系统生产、转换、输配、消费、排放和循环利用的全过程,另一方面体现了能源系统同生态、社会、经济层面的复杂勾连和平衡关系。建立能源统计指标集的目的是提供一种理想版本的全面覆盖的指标体系方案,为统计范围的扩展提供方向,为特定目标导向的指标体系的数据提供大背景的信息,并为其他形式的可持续发展能源指标体系提供备择指标清单等。其次,从政策优先原则及信息的可获得性出发,从能源统计指标集中选出符合条件的 64 个核心指标,形成包括主题层—分主题层—项目层—指标层—变量层,自上而下五个层次的指标体系。其中,总体评价层综合表达某个年份节能减排程度的综合评估;主题层主要反映节能、减排实现程度;分主题层按政策管理主题划分为能源生产、能源供应、能源消费、能源利用效率、大气主题、水主题、土地主题;分主题层下设置指标层,要素层下面设置 1 个以上的评价项进行可持续程度评价。

(4) 建立 SEEA-E 流量账户。首先,参考我国能源平衡表的分类方式,利用上海市 2007 年数据,编制上海市 2007 年能源产品实物供给表、能源产品使用表、能源二氧化碳排放表、3E 对应表;其次,对能源产品供应来源结构、能源产品使用去向结构、能源利用的二氧化碳排放结构、生产的能源消费、经济产出与二氧化碳排放结构进行结构分析;再次,通过构建能源消费、二氧化碳排放与 GDP 或人口比例的强度指标,衡量能源使用和二氧化碳排放的效率或密度,分行业的能源和二氧化碳排放强度指标可以解释生产的能源消费、经济产出与二氧化碳排放结构差异。

(5) 综合评价我国节能减排状况。系统刻画近年来我国能源消费、经济发展与环境变化情况,综合评价我国节能减排总体状况。本书在参考国家"十一五"规划、2000 年世界中等收入国家相关指标的平均水平的基础上,特别提出了 2010 年我国节能减排指标体系中各指标的达标标准值,给后期进程监测研究留有一定空间。综合评价结果表明我国节能减排程度呈逐年改进的态势,其中能源生产及消费、污染物排放及治理方面有明显的改善,而在能源安全及能源公平性等问题上还有待进一步加强。

三、对策建议

(1) 聚焦节能减排工作,推进可持续发展。可持续发展千头万绪,需要分清轻重缓急,并寻找合适的突破口,以节能减排为抓手、循序渐进推进可持续发展。随着阶段性问题的解决,环境、经济和社会情况的变化,新问题会不断出现,阶段性的重点和难点会不断出现,从而需要创新性的政策重点和综合评价的比重结构。比如:随着优质能源的需求高涨,我们将会更重视优质能源的供应安全问题;国内二氧化碳排放绝对量的增加、气候问题的恶化以及来自国际膨胀的压力,对二氧化碳污染排放的控制问题很快就会进入政策的重点领域。

(2) 提升产业能级,打造经济升级版。中国经济现在的版本是一种以外延增长为主,以低劳动成本、低原材料价格为基础,主要依靠投资拉动的速度型、外向依赖型的经济增长版。经济呈现"高投入、高能耗、高排放、低效益"的粗放型发展模式,资源消耗巨大、要素配置效率低下、产业结构不合理、环境污染日益严重等问题始终让国人担忧经济增长的可持续性。从整体上看,能源瓶颈制约矛盾仍相当突出,环境状况总体恶化趋势没有得到根本遏制。这些问题一方面引发国内对能源环境问题的强烈关注,另一方面也面临越来越多的国际舆论压力。打造中国经济升级版,就是要改变粗放的经济发展方式,调整不合理的经济结构,加快提升产业能级,发展绿色清洁能源,推进经济的转型升级,实现经济增长由要素驱动转向创新驱动和消费驱动,让经济的质量和效益、就业和收入、民生、环境保护和资源节约等方面有新的大幅度提升。

（3）完善政策体系,发展绿色低碳经济。以科学发展观为指导,结合国际经验,不断完善覆盖能源和环境问题的可持续发展体制。可以通过完善环境税收制度,注重综合运用环境税收工具与其他政策工具,明确税收对象、税收用途和相应的税收尺度,努力提高公众的认知度和参与度。运用金融理论,创新金融制度,发展碳金融体系,推行能源效率贷款。广泛开展国际合作,认真履行温室气体排放义务;借鉴国际排污权交易制度,总结排污权交易试点工作的经验,研究建立温室气体交易所和气体交易公司的可行性和框架设计,加快将排污权交易法制化。努力健全环境能源法制,大力加强环境和能源立法工作。

（4）构建能源核算,推进节能减排。国民经济核算体系是20世纪以来最伟大创新之一,是国家宏观经济决策和调控的重要依据,为人类社会发展作出了巨大贡献。纵观国民经济核算体系发展历程,我们可以发现,发展观决定了一国国民经济和社会发展的战略及其运行模式,发展观需要与之相适应的国民经济核算体系。改革开放以来,中国国民经济核算体系取得了较大的进步,但与国际最新标准相比,与发达国家相比,与政府管理部门、社会公众和国际社会日益增长的需求相比,还存在较大的差距,特别是不适应科学发展观的要求。因此,我们要立足国情,借鉴国外经验,推进国民经济核算体系的科学发展,以满足创新驱动、转型发展的需要。

能源统计核算数据为国家能源安全的监测、能源产业发展和节能技术推广的计划、环境统计、经济决策、国际组织以及普通大众等目的和用户所需要。节能减排是中国绿色低碳发展的重点,它要求国民经济和社会发展中必须做好四个方面工作:第一,减少能源投入总量;第二,提高能源利用效率;第三,增加能源循环量;第四,减少最终废弃物排放量。中国现行的国民经济核算体系满足不了低碳发展的需要,主要表现在:一是能源统计核算没有反映全社会能源的生产、消费、调入、调出、加工、转换以及市场销售和市场供求的指标,不能有效地提供能源供需、能源管理与效率、能源与生产、能源开发与节能等决策信息,不能全面掌握能源生产、购进、消费、库存情况及发展趋势,对能源节约、能源经济效益、能源生产与需求缺乏预测,使各级能源的社会管理部门在制定能源发展规划和考核能源消耗控制目标时欠缺依据。二是新能源与可再生能源和一些污染排放指标尚未被纳入统计核算范围。三是没有全部覆盖三次产业和居民生活的能源消耗与排放。这就给国民经济统计核算理论研究和实际工作提出了新课题和高要求。为了推进节能减排工作,我国要完善能源核算体系,建立能源—环境—经济综合核算体系。

中国能源—环境—经济综合核算体系的构建要遵循国民大系统理论,建立能源实物型资产账户、能源价值型资产账户、能源实物型和价值型混合流量账户、污染排放账户等,实现能源核算账户、环境核算账户与国民经济核算账户的协调和统一。在能源—环境—经济综合核算体系基础上,建立健全能源环境统计指标体系及其综合评价体系、能源效率分析体系、碳排放投入产出核算系统、绿色社会核算矩阵(SAM)和可计算一般均衡模型(CGE)。根据中国能源—环境—经济综合核算,研究中国绿色低碳发展评价体系,为绿色低碳发展提供支撑系统,保障能源可持续发展,服务经济发展方式的转变,促进国民经济科学发展。

(5)提升全社会生态文明意识,建设资源节约型环境友好型社会。要实现绿色发展、循环发展、低碳发展,推进生态文明建设,我们必须提升全社会生态文明意识,将生态文明作为经济社会发展的基本准则。为此,第一,各级政府要将生态文明建设作为重要任务,把生态文明建设纳入发展战略与目标,并落实到一切工作之中。第二,广泛开展生态文明建设的教育和宣传,增强全民节约意识、环保意识、生态意识,形成合理消费的社会风尚,营造爱护生态环境的良好风气,力求每位公民都能认识到保护生态环境是一项基本义务。生态文明教育是一项基本国策,必须常抓不懈,要编写生态文明建设的普及性读物,尤其要在中小学教材中加强有关生态环境保护的内容。第三,加大对生态文明建设的投入,建设绿色环保工程。第四,树立生态伦理理念,把人们行为对环境和生态的影响纳入道德规范,加快推进生态文明建设。总之,建设生态文明和美丽中国、实现绿色低碳发展是一项宏伟的系统工程,需要全社会的积极参与和共同努力。

第二章　节能减排统计研究状况评述

在所有能源的开发利用过程中,都会对生态和环境产生不同程度的负面影响。不同能源的生产、转化、流通和使用对地球环境有着不同的影响,进而影响人类经济生活和社会生活。因此,节能减排必然包括能源与环境、经济、社会的多重考量。由于人们对于能源系统的变化特征、认识规律、空间差异具有相对性,因此基于系统发展变化的节能减排统计指标体系也就具有相对性,会随着系统的变化发展不断修改及补充,以确保其评价指标的有效性及可靠性。所以,讨论研究国内外已有研究成果对我国节能减排统计体系的建立具有重要的借鉴意义。

第一节　国外节能减排统计指标体系研究现状

20世纪80年代以来,可持续发展成为一种世界潮流。鉴于能源对于环境、经济、社会可持续发展的重要性,国际社会对能源可持续利用高度重视,纷纷在一些可持续发展指标体系中加大了对能源与排放统计指标的关注,旨在测度和评估能源可持续发展的状态和能力,促进能源与环境、经济、社会的协调发展。

一、国际层面节能减排统计指标体系

(一)综合可持续发展指标体系中的能源与排放指标

1. 联合国可持续发展委员会(UNCSD)可持续发展指标体系

UNCSD提出的指标体系是以"社会、经济、环境和制度四大系统"与"驱动力—状态—响应"概念模型(DFSR)为基础,以《21世纪议程》有关章节内容为脉络而建立起来的,共由134个指标构成。其中涉及节能减排的指标包括:人均年能源消耗、能源使用强度、可再生能源消耗份额、温室气体排放量、氧化硫排放量和氧化氮排放量、废水处理范围、温室气体扩散、硫氧化物扩散、氮氧化物扩散、工业及城市固体废弃物数量、有毒物质产生量等[1]。

2. 经济合作与发展组织(OECD)可持续发展指标体系

OECD更多关注环境指标的构建,国民经济中多个部门(如运输、农业、能源等)依据"压力—状态—反应"(PSR)模式,将环境指标分为环境压力指标、环境状态指标和社会响应指标3类,主要用于跟踪、监测环境变化的趋势。其中涉及节能减排的指标包括:能量使用效率、能源密集度、能源供给和结构、温室气体排放量、二氧化碳排放量、氟氯碳化

物消耗量、造成环境酸化的物质指标、氮氧化物及硫氧化物的排放量、酸雨浓度、毒性物质排放量、废弃物排放等[2]。

3. 联合国统计司(UNSTAT)可持续发展指标体系

UNSTAT 从"社会经济活动、事件"、"影响与结果"、"对影响的响应"、"存量、背景条件"4 个方面组织指标,指标数目达 88 个,关注了经济问题、大气与气候、资源、废弃物等方面的问题。其中涉及节能减排的指标包括:二氧化硫排放量、氮氧化物排放量、二氧化碳排放量、消耗臭氧层物质的消费、废弃物的处置、工业及市政废弃物的产生、有害废弃物的产生等[3]。

4. 联合国统计司"综合环境与经济核算体系"(SEEA)

考虑到自然资源稀缺和环境质量下降问题,联合国统计司于 1993 年开始研究国民经济账户体系(System of National Accounts,SNA)的卫星账户体系——综合环境与经济核算体系(System of Integrated Environmental and Economic Accounting,SEEA)。SEEA 是一个旨在研究环境与经济之间关系的数据信息系统,主要内容包括自然资源存量账户、物质和能源流量账户、环境保护支出账户等,并将其作为卫星账户对传统的国民经济核算账户进行了扩展[4]。

5. 联合国环境问题科学委员会(SCOPE)可持续发展指标体系

SCOPE 利用人类活动和环境相互作用的概念模型,很好地阐释了人类活动和环境存在的 4 个方面的相互作用,同时选取了 25 个指标构建可持续发展指标体系,其中节能减排指标包含:能源净消耗、气候变化、臭氧层消耗、酸雨化、有毒废物的扩散和需处置固体废弃物等[5]。

6. 欧盟统计局(EUROSTAT)可持续发展指标体系

EUROSTAT 在"向更可持续的欧洲前进的进展测评"报告中描述了可持续发展战略的 4 个支柱——经济、社会、环境和机制。该指标体系包括 65 个指标,涉及节能减排的指标包括:工业用途和家庭用途的电力价格、工业用途和家庭用途的天然气价格、温室气体排放、经济能源密度、可再生能源所占份额等[6]。

7. 世界银行可持续发展指标体系(WDI)

世界银行于 1997 年提出的可持续发展指标体系从淡水使用量、能源使用量、能源效率依存度及污染排放、都市化程度 4 个角度衡量环境维度。其中涉及节能减排的指标包括:商业能源的生产与使用量、每人每年的商业能源使用量、传统燃料的使用量、每人电力生产量及成长率、每单位能源使用的真实 GDP、商业能源中进口能源比例、每单位真实 GDP 的二氧化碳排放量等[7]。

(二)专门的能源与排放指标体系

以上这些指标体系,大多偏重于环境方面的可持续性,即使包含一些能源指标,也比较零散。因此,一些国际机构开发或联合开发了专门针对可持续发展能源指标的研究。

1. 国际原子能机构(IAEA)可持续发展能源指标体系(EISD)

国际原子能机构(IAEA)于 1999 年启动了"可持续发展能源指标(EISD)"项目,期间联合国经济和社会事务部(UNDESA)、国际能源署(IEA)、欧洲统计局(Eurostat)以及欧洲环境机构(EEA)的专家都参与了该能源指标体系的构建。最终于 2005 年完成了该可持续发展能源指标体系的建立。EISD 涉及社会、经济和环境三大领域,各个领域包含了主题—子主题—指标自上而下 3 个层次,30 个核心指标。具体包括:人均能源消费、单位GDP 能源消费、能源转换和配送效率、产量/储量比、产量/资源量比、工业能耗强度、农业能耗强度、服务业/商业能耗强度、家庭能耗强度、交通能耗强度、能源和电力的燃料结构、能源和电力中无碳能源比率、能源和电力中可再生能源比率、不同燃料不同领域的末端能源价格、能源进口依赖度、战略燃料储备量/相应燃料消耗量、单位人口单位 GDP 的由于能源生产和消费引起的温室气体排放、城市大气污染物浓度、能源系统的大气污染物排放量、能源系统的液态排污量(包括油的排放)、土壤酸化超过临界负载值的土壤面积、由于能源使用引起的森林消失、固体废弃物产生速度/产出的能源单位、经适当处理的固体废弃物量/固体废弃物总量、固体放射性废弃物量/产出的能源单位、待处理的固体放射性废弃物量/固体放射性废弃物总量等[8]。

2. 世界能源理事会(WEC)能源效率指标体系

世界能源理事会(WEC)能源效率指标体系主要包括测度能源效率的经济性指标和测度子行业、终端用能的能源效率的技术经济性指标,共 23 个指标。具体指标包括:一次能源强度、不计传统燃料的一次能源强度、终端能源强度、主要行业按 GDP 结构的终端能源强度、按 EU 平均经济结构调整后的终端能源强度、工业能源强度、制造业能源强度、化工行业能源强度、钢单耗、交通能源强度、每标准小汽车公路交通平均能耗、货物吨公里能耗、家庭能源强度、家庭人均电耗、户均电耗、电气化家庭平均电耗、家庭照明及家用电器平均电耗、服务业能源强度(按增加值)、服务业电力强度(按增加值)、服务业每个雇员单位能耗、服务业每个雇员单位电耗、农业能源强度(按增加值)等[9]。

3. 全球能源可持续观察团可持续能源指标体系

全球能源可持续观察团开发的可持续能源指标体系,选取了 8 个指标,反映 4 个方面的内容(环境、经济、社会、技术)。为了使不同类型的指标能利用同一尺度进行对比,该体系对每一项指标进行了主观赋值。具体指标包括:全球环境影响、当地环境影响、用农村家庭可以接触到电力供应的比例表示的农村电气化水平、每投资 100 万美元创造的能源部门的直接就业人数、抗击外部影响的能力(即能源效率)、能源投资的负担、能源生产力、可持续的能源利用等[10]。

二、区域层面节能减排统计指标体系

(一) 欧盟(EU)能源效率指标体系

欧盟(EU)建立的能源效率指标体系包括能源强度、单位能耗、能效指数、调整指标、扩散指标和目标指标 6 类宏观能源效率指标,反映和评价一个国家、一个行业的能源效率。具体指标包括:工业能源强度、制造业能源强度、服务业能源强度、工业分项单耗、交通分项单耗、家庭分项单耗、服务分项单耗、国家能源效率、欧盟分行业能源效率、交通能源效率、低排放 GALZING 的应用、保温材料在新建房屋的应用、节能灯的应用、太阳能热水器的应用、技术进步指标、工业二氧化碳节约量、民用部门二氧化碳节约量、每个住所二氧化碳节约量、服务业二氧化碳节约量等[11]。

(二) 波罗的海地区可持续发展能源指标体系

波罗的海 21 世纪议程的重点是地区合作和环境保护,包括综合经济核心指标、农业核心指标、工业核心指标、旅游核心指标、交通核心指标和能源核心指标等,其中能源核心指标包括:二氧化硫排放量、氧化氮排放量、二氧化碳排放量、能源产量、基本能源供应总量、最终能源消费总量、人均 TFC、单位 GDP 的 TPES、集中转换与转移的效率、CHP—热能/总热能、单位 TPES 可再生能源用量、可再生能源/总电能、单位 TPES 天然气用量等[12]。

(三) 拉丁美洲及加勒比海地区(LAC)可持续发展能源指标体系

近 30 年来,拉丁美洲及加勒比海地区国家的能源政策经历了 3 个发展阶段:发展、规范、调整。其能源政策对经济、社会、环境等方面的可持续发展作出了突出贡献。1996 年在拉丁美洲及加勒比海地区经济委员会(ECLAC)、德国技术合作局(GTZ)的共同参与下,拉丁美洲能源部门(OLADE)建立了一套衡量可持续发展能源指标,涉及政策、经济、社会、环境 4 个维度。主要指标包括:石油生产量、天然气生产量、煤生产量、可再生能源生产量、非水利发电可再生能源生产量、林地能源生产量、植物茎藤能源生产量、水利发电量、地热生产量、核能生产量、附加能源强度、单位资本电力消费量、石油探明储存、天然气探明储存、煤探明储存、无线电波发射量、单位资本能源消费量、能源覆盖率、氧化氮排放量、二氧化碳排放量、单位资本氧化氮排放量、单位资本二氧化碳排放量等[13]。

三、国家层面节能减排统计指标体系

(一) 英国可持续发展能源指标

英国政府于 1994 年建立了可持续发展指标体系,包括 4 个一般指标(即健康的经济要有利于保护和提高人的生活质量和生存环境、最合理地利用非再生资源、可持续地利用再生资源、把经济活动对人类健康的危害和对环境承载力的破坏减少到最低限度)和 100 多个关键指标。这套指标在环境领域遵循了"压力—状态—响应"的 PSR 模式,将指标渗入其中,方便人们更好地掌握可持续发展机理。其中涉及节能减排的指标包括:消耗的化石燃料、核能和可再生燃料的储量、初次和最终能源消费、能源生产与消费、工业和商业部门消费量、道路运输能源使用量、全球温室气体排放强度、温室气体排放量、电站排放的二氧化碳等[14]。

此外,英国能源部门专门开发了可持续能源指标,共分 4 个"主要指标"、28 个"支持指标",包括:低碳(下属 11 个支持指标)、可靠性(下属 7 个支持指标)、竞争力(下属 5 个支持指标)、燃料贫困(下属 5 个支持指标),"背景性指标"有 12 个条目,每个条目下有若干个指标。这个指标体系作为重要的能源政策分析和决策支持工具,在实践中得到了较好的应用[15]。

(二) 加拿大可持续发展能源指标

加拿大国家环境与经济圆桌会议(NRTEE)的可持续发展监测课题组设计了一种新的、系统的方法和模型来建立指标体系。NRTEE 的指标体系强调评估 4 个方面的问题:生态系统的状况和完整性;广义上的人类福利和自然、社会、文化与经济等属性的评价;人类和生态系统间的相互作用;以及以上 3 方面的整合及其相互间的关联[16],其中涉及部分节能减排相关指标。

加拿大能源部门也设计了可持续能源指标,包括 3 个维度:经济发展、环境管理以及社会福利,选取了 17 个相关指标,具体指标包括:生产期间的燃料转化、能源的资产投资、生产期间的能源效率收益、影响居民能源消费的因素、影响工业能源消费的因素、影响商业能源消费的因素、影响交通运输能源消费的因素、国内生产总值的温室气体排放指数和基本能源消费、期间温室气体的绝对排放量、风电碳氧化物的排放、氢氧化物的排放、挥发性有机化合物的排放、微粒的排放、能源部门与总体工业的周薪对比、家庭能源支出占全部可支配收入的比例、能源储备期等。

此外,加拿大在国民经济核算中增强了环境账户的核算,如增加的能源和矿产资源存量账户,记录了当年具有经济价值的能源和矿产储量;能源和矿产资源流量账户,涉及 100 多个产业部门、政府和住户部门,以投入产出核算为基础,核算温室气体排放、能源、水资源、金属和木材、污染排放 5 个方面的流量问题等[17]。

(三) 美国可持续发展能源指标

1994 年,美国可持续发展总统委员构建了一套可持续发展指标,其中谈及了能源的利用效率问题,涉及节能减排的指标包括:人均能源消费量、核能燃料使用量、臭氧层状态、温室效应气候反映指数、温室效应气体排放量、废弃物管理等[18]。

美国可持续矿产圆桌会议从资本的角度对能源和矿产的可持续性作了解释,认为能源和矿产资源的"可持续性意味着以一种在整个生命周期中,对于资本的净贡献都是正值的方式,维持能源和矿产提供的收益流"。具体内容包括:评价能源满足现在和将来需求的能力;能源和采矿部门对环境的影响,包括对空气、地表水、地下水和土地的影响以及采掘,加工和运输到冶炼及精炼;提供可以被用来评价同美国能源活动相关的社会经济效益和影响方面的信息;描述能源活动所处的总体的法律、法规和政策框架等。

(四) 荷兰可持续发展能源指标

地球之友荷兰分会(Milieudefensie),1992 年提出"环境空间"的概念,认为地球上的环境资源或因其存量有限或因其使用后的副产物对人类生存的环境有所威胁,在可持续发展的前提下,须限制其耗用量。其中,涉及节能减排的指标包含:二氧化碳排放量、能源耗用量、再生能源耗用量、石化燃料耗用等[19]。

荷兰相关部门设计了一套反映国家环境规划实施情况的指标体系,共设 6 个系统:气候变化、环境酸化、环境富营养化、有毒物质的扩散、固体废弃物的处理和当地环境的破坏。这些系统多涉及节能减排的排放环节。具体指标包括:二氧化碳排放量、甲烷排放量、氮氧化物排放量、氟氯甲烷排放量、氟氯碳化合物的溴化物排放量、磷酸盐排放量、硝酸盐排放量、有害物质(镉、汞和二氧呬哚等)排放量、放射性物质排放量等[20]。

此外,很多欧盟国家在设计本国的可持续发展指标环境因素时,都考虑到了节能减排指标的比例,比如德国可持续发展指标中包含 8 个,瑞士绿色标题指标中包含 9 个等[21]。

四、行业层面节能减排统计指标体系

不同行业对能源使用的种类、数量、强度、效率各有差别,这也就吸引了部分学者从行业角度设计节能减排指标。

Rosemary Montgomerya 等(2002)对法国有色金属业进行了能源消费的长期趋势介绍,利用焦炭消费量、非再生能源消费量、石化燃料消费量、氧化氮排放量、二氧化碳排放量、NMVOC 排放量、污染物生成量等指标分析结果,发现在 1986—1991 年之间法国有色金属行业生态效率有所改善[22]。Neelis(2006)利用二氧化碳排放量对荷兰化工行业进行了环境评估,此后他又先后利用设计的物理指标衡量了 1993—2005 年荷兰工业的能源使用效率问题[23~25]。Lex Roes 等(2008)从能源使用(电力使用、燃料使用)、能源效率(电力使用效率、燃料使用效率(按 EEI 指标))等角度对荷兰的 7 个行业进行了定量化研究,试图监测不同行业的节能问题,为国家产业政策提供一定依据[26]。Chantal Block 等(2007)依据 PSR 模式,利用能源效率、环境管理系统(EMS)的有界性、环境消费、可持续能源发展、电力生产的环境成本、环境升级成本、投诉数量等指标反映评估佛罗里达州工业及能源部门环境表现,这些指标基于可持续发展的 1—D、2—D、3—D 要素,侧重于响应(Response)指标的描述[27]。

MIRA-T(2004)也对佛罗里达州工业及能源部门进行了能源环境相关指标的测算,并对 1990—2004 年数据进行了纵向对比,其中一般工业指标包括:单位能源消费下的产品产量、单位水消费下的产品产量、单位废弃物下的产品产量、单位温室气体排放下的产品产量、单位酸物质下的产品产量、单位 COD 下的产品产量、单位重金属下的产品产量;能源部门使用的指标包括:单位能源消费下的能源产量、单位水消费冷却的能源产量、单位温室气体排放下的能源产量、单位臭氧对应的能源产量、单位酸物质下的能源产量；文章并对化工、金属、食品、纺织、造纸等行业中符合能源环保标准的企业进行了总附加值的测算[28]。

　　Christina Galitsky(2004)介绍了发达国家工业节能方面所做的努力，包括立法、政策引导、合理奖惩、财政支持等方法。其中发达国家普遍采用设定节能环保指标的方法促进工业节能的标准化执行，具体指标包括：年消耗燃料量、设备能效、能源及二氧化碳排放量等[29]。Kristina Dahlstrom 等(2005)对英国的钢铁及制铝业进行了生态效能的测算，利用能源效率、能源生产率、能源材料率、能源强度、每单位能源消耗下的碳排放、单位产出污染密度、单位产出碳排放密度、单位能耗下的原材料生产率等指标分析发现，英国钢铁及制铝业资源利用效率提高，但单位能耗下的经济产出却下降了。作者希望借助技术发展给产业带来持久性发展[30]。Lee Schipper 等(2001)认为能源指标作为联系能源使用和人类活动的工具而被发展，他们简单回顾了一些指标，包括各种常规能源的数量、单位能耗下的 GDP、相关物质排放量、能源密度、能源价格、能源设备物理效率等指标，并应用于欧洲及北美洲国家的部分行业(交通、制造业、家政)。通过研究，作者认为能源指标的设定有益于碳减排工作及经济目标的实现[31]。

五、国外节能减排统计指标体系研究评述

(一) 对国际层面的研究评述

　　综合可持续发展指标体系反映了可持续发展的方方面面，能源消耗与排放指标仅是其中的一部分，所以它难以全面细致地反映能耗与排放情况。因此，在应用中受到了限制。

　　借鉴我国学者周伏秋关于国际层面能源评价指标的评价[32]，总结专业化可持续发展能源指标体系的特点如下：

　　(1) 具体目的多样化。国际组织的能源指标体系的具体目的由于开发主体及背景的差异而不尽相同。例如，IAEA 能源指标体系的目的是为成员国的政策制定者提供能源、经济和环境以及社会方面的数据与信息，以便进行对比、趋势分析，以及在必要的情况下进行内部政策评价。EU 能源效率指标体系旨在测度成员国的能源效率水平、变化趋势，以及进行国际比较。WEC 建立的能源效率指标体系则旨在进行能源效率及节能政策的国际比较。

　　(2) 框架设计特色化。EU 能源效率指标体系为分类设计，WEC 能源效率指标体系和 IAEA 可持续发展能源指标体系为单层设计。

　　(3) 构建原则合理化。一是具有较好的系统性、引导性；二是突出定量指标与定性指标相结合，以定量指标为主，IAEA 可持续发展能源指标体系、EU 能源效率指标体系、WEC 能源效率指标体系等，基本上采用的是定量指标；对于每一个指标均给出了适当的

解释和定义；三是具有可比性和可操作性，WEC 为使能源效率的国际比较有意义，将 GDP、增加值均转换为购买力平价。

国际层面的指标研究在使用范围上虽然广泛，但由于开发背景的复杂性、评价主体的差异性，使得各种可持续发展能源指标在设定分类、标准选择、计量单位、计算方法上各具差异，部分指标在应用于不同国家或地区时还会受到数据的可获性等方面的限制。

(二) 对区域及国家层面的研究评述

(1) 研究国家相对集中，多数为发达国家。对能源可持续发展研究最早、最多的是欧美等发达国家。目前这些国家由于经济发展的阶段性，使得其在节能减排指标设计中所关注的侧重点发生变化，对经济增长指标已不是很看重，而对能源发展对社会福利和环境的影响、生态问题投入更多关注，强调能源与经济、社会、环境的关系。如英国设定能源行业指标体系就关注了低碳的环境影响、社会影响的可靠性等。

(2) 研究领域结合实际，体现具体情况。在具体指标的选择上，较好地考虑了作为评价对象的国家或区域能源统计工作的实际状况，这使得这些指标体系在实际应用时，在统计上有相应的数据和资料作为保障。但对指标缺乏适当评价，即使谈论，也只是对某一指标的评价特性给出一点建议。如英国能源指标就将 OECD 国家能源等指标纳入背景指标内；加拿大能源指标中就包含风能、核能等新能源项目。

(3) 参与人员更加广泛，部分指标体系中加入了主观指标。这使得研究更加注重公众的参与，而不是仅仅局限于专家学者，这样有利于节能减排指标的广泛接受，从而提高公众的可持续发展意识，同时确保指标建立与实施政策目标高度相关，重点突出、内容务实。例如 Eurobarometer Survey、The Eurostat Survey 等公益性调查就为欧盟能源指标的确定提供数据支持。

区域及国家层面的指标研究虽然结合了地区特点，但由于经济实力的差异，明显呈现出实际应用不均衡的特点。在多指标转化为综合指标过程中存在较大的主观性，权重设置方法不统一，容易遗失部分重要信息。指标体系实施成本相对较高，民众素质要求较高。

(三) 对行业层面的研究评述

(1) 研究行业较集中，多数研究关注工业节能问题。由于国民经济中与节能减排相关性较大的行业多数为工业及能源部门，这些部门使用能源种类多、数量大、时间长、对环境影响大。因此，国外研究者更多关注工业节能方面的探讨。

(2) 研究内容较集中，多数研究关注传统能源的利用效率。在传统能源使用中，以石油、天然气、煤、水电为主要研究对象，具体研究内容侧重于能源利用效率指标、主要排放物指标、单位能耗产能等。

行业层面的指标研究虽然研究重点明确、研究内容清晰，但考虑到全社会的和谐发展，节能减排指标研究不能局限于工业，应在全社会各行业各领域中广泛推广，如农业节能减排、建筑节能减排、交通节能减排、家庭节能减排等,这些行业如何突出自身特点、归纳共有特征以构建独立或统一指标体系有待进一步扩展。此外,考虑到新能源的不断创新,对新能源(包括太阳能、风能、核能、生物能等)的开发、生产、流通、利用等一系列问题的衡量指标也值得思考。

第二节 国内节能减排统计指标体系研究现状

自 1979 年起,我国开始开展有关节能统计工作,由于各方面原因,尚未建立一套完整的能源统计指标体系,难以全面反映节能工作的成效。我国能源与环境统计还比较薄弱,更无法满足节能减排的需要,因此,近年来,节能减排统计指标相关研究受到了全社会的高度关注,研究力度不断加大。

一、国家层面节能减排统计指标体系

(一) 国家统计局制定的标准和手册

1987 年,国家统计局工业交通物资统计司组织辽宁、湖北、北京、上海等省市统计局,并特邀国家计委、经委和有关部委编写了《能源统计工作手册》。该手册中首次较为系统地提出了我国能源统计指标体系,并对每个指标作了较为详细的指标解释。1990 年,我国制定了一系列关于能源统计的国家标准,包括:综合能耗计算通则(General principles for calculation of total production energy consumption)(GB2589-90);产品单位产量能源消耗定额编制通则(General principles of stipulation of energy consumption norm for unit product)(GB12723-91);企业节能量计算方法(Method of calculation energy saved in industrial enterprise)(GB/T13234-91)等。这些国家标准的制定为建立能源统计指标体系奠定了基础。1995 年,国家统计局再次组织力量,编写了《能源经济统计指南》一书,根据我国经济社会发展情况,增加了部分新的指标,进一步完善了能源统计指标体系,成为我国最具权威的能源统计指标体系。

(二) 国家科技部"中国可持续发展指标体系"中能源与排放指标

国家科技部组织相关组织联合组成课题组,对中国可持续发展指标体系进行了初步研究,借鉴国外经验,提出了中国可持续发展指标体系的初步设想。该体系基于国家统计资料,将指标体系分为目标层、基准层 1、基准层 2 和指标层,其中描述性指标共计 196 个,评价性指标共计 100 个,涵盖多个节能减排指标。

(三) 中国科学院可持续发展指标体系中能源与排放指标

中国科学院可持续发展指标体系由五大体系组成:生存支持系统、发展支持系统、环境支持系统、社会支持系统、智力支持系统,每个体系分为总体层、系统层、状态层、变量层和要素层 5 个等级。采用 208 个指标构成了指标体系的最基本要素。其中涵盖节能减排的指标包括：NPP 密度、人均 NPP、主要原材料消耗系数、万元产值能耗、万元产值废水排放、万元产值废气排放、万元产值固体废弃物排放、人均废气排放、废气排放密度、人均废水排放、废水排放密度、人均固体废弃物排放、固体废弃物排放密度、人均二氧化硫排放、二氧化硫排放密度、人均烟尘排放、烟尘排放密度、污染治理投资占 GDP 比例、废水排放达标率、废气处理率、固体废弃物综合利用率等[33]。

(四) 国家颁布与节能减排相关的文件法规

国家发改委、统计局和环保总局分别会同有关部门制订《单位 GDP 能耗统计指标体系实施方案》、《单位 GDP 能耗监测体系实施方案》、《单位 GDP 能耗考核体系实施方案》和《主要污染物总量减排统计办法》、《主要污染物总量减排监测办法》、《主要污染物总量减排考核办法》，旨在将节能减排完成情况纳入各地经济社会发展综合评价体系，作为政府领导干部综合考核评价和企业负责人业绩考核的重要内容，实行严格的问责制，强化政府和企业责任，确保节能减排目标的完成[34]。

1. 单位 GDP 能耗统计指标体系

单位 GDP 能耗统计的总体思路是根据各级能源消费总量的核算方法，从能源供应统计和消费统计两个方面建立健全能源统计调查制度。以普查为基础，根据国民经济各行业的能耗特点，建立健全以全面调查、抽样调查、重点调查等各种调查方法相结合的能源统计调查体系。主要工作是要逐步建立和完善国家能源统计制度，各地区建立适合本地能源统计核算和节能降耗工作需要的地方能源统计制度，各级政府部门、协会、能源产品生产经营企业建立有关能源统计制度，做好各项能源指标统计。各有关部门加强能源统计业务建设，充分利用现代化信息技术，加快建立安全、灵活、高效的能源数据采集、传输、加工、存储和使用等一体化的能源统计信息系统。各社会用能单位要从仪器仪表配置、商品检验、原始记录和统计台账等基础工作入手，全面加强能源利用的计量、记录和统计，依法履行统计义务，如实提供统计资料。

其一，能源生产统计。主要是完善现有规模以上（年销售收入 500 万元以上）工业企业能源产品产量统计制度，增加能源核算所需要能源产品的中小类统计目录。建立规模以下（年销售收入 500 万元以下）工业企业煤炭、电力等产品产量统计制度。调查内容有煤炭生产量、销售量、库存量、发电量。调查范围包括规模以下的煤炭生产企业和电力企业。煤炭产品产量调查的范围按照安全监管总局核定的颁发煤炭生产许可证的规模以下煤炭生产企业名单确定。

其二，能源流通统计。以能源省际流入与流出统计为重点，建立健全能源流通统计。

(1) 煤炭。将现有煤炭省际流入与流出统计范围由重点煤矿扩大到全部煤炭生产和流通企业。

(2) 原油。省际流入与流出量可根据现有海关统计和工业企业能源统计报表中有关指标计算取得。

（3）成品油。成品油省际流入与流出量通过建立"批发与零售企业能源商品购进、销售与库存"统计制度取得。

（4）天然气。省际天然气流入与流出量分别由三大石油公司天然气管理机构提供。

（5）电力。电力的省际输配数量，由中国电力企业联合会提供。

（6）其他能源品种。洗煤、焦炭、其他焦化产品、液化石油气、炼厂干气、其他石油制品、液化天然气等产品地区间流入与流出调查，采用与原油相同的方法进行核算，即利用海关进出口资料和工业企业能源消费统计报表中的有关指标计算取得。

其三，能源消费统计。通过建立健全能源消费统计，反映能源消费结构，为市（地）、县（市）进行能源核算提供基本数据支持，对能源供应统计无法取得的资料以能源消费统计予以补充。近期重点加强各级能源消费数据核算基础，建立分地区能源消费核算制度和评估制度。完善现有规模以上工业企业能源购进、消费、库存、加工转换统计调查制度，增加可再生能源、低热值燃料、工业废料等调查目录，增加余热余能回收利用统计指标。建立规模以下工业企业和个体工业能源消费统计制度。规模以下工业企业、个体工业能源消费约占全部工业能源消费的10%左右，这部分企业生产工艺、设备比较落后，能耗高，调查其能源消费对于指导淘汰落后产能工作、反映节能减排成果具有重要意义。建立农林牧渔业生产单位、建筑业、第三产业能源消费统计制度和居民生活用能统计制度，建立建筑物能耗统计、能源利用效率统计、新能源可再生能源统计制度等。

2. **主要污染物总量减排统计办法**

主要污染物排放量是指化学需氧量（COD）和二氧化硫（SO_2）排放量。环境统计污染物排放量包括工业源和生活源污染物排放量，COD和SO_2排放量的考核是基于工业源和生活源污染物排放量的总和。

统计调查按照属地原则进行，即由县级政府环境保护主管部门负责完成，省、市（地）级环境保护监测部门的监测数据应及时反馈给县级政府环境保护主管部门。工业源污染物排放量根据重点调查单位发表调查和非重点调查单位比率估算；生活源污染物排放量根据城镇常住人口数、燃料煤消耗量等社会统计数据测算。工业源和生活源污染物排放量数据审核、汇总后上报上级政府环境保护主管部门，并逐级审核、上报至国务院环境保护主管部门。

重点调查单位污染物排放量采用监测数据法、物料衡算法、排放系数法进行统计。重点调查单位原则上都应采用监测数据法计算排污量。物料衡算法主要适用于火电厂二氧化硫排放量的测算，测算公式如下：燃料燃烧二氧化硫排放量＝燃料煤消费量×含硫率×0.8×2×（1－脱硫率）。排放系数法主要适用于化学原料及化学品制造、造纸、金属冶炼、纺织等行业排污量的估算。非重点调查单位污染物排放量，以非重点调查单位的排污总量作为估算的对比基数,采取"比率估算"的方法,即按重点调查单位总排污量变化的趋势(指与上年相比,排污量增加或减少的比率),等比或将比率略做调整,估算出非重点调查单位的污染物排放量。

生活源 COD 排放量计算公式为:

生活源 COD 排放量＝城镇常住人口数×城镇生活 COD 产生系数×365－城镇污水处理厂去除的生活 COD

其中,城镇生活 COD 产生系数优先采用各地区的 COD 产生系数或实测数据并予以说明;没有符合本地实际排放情况的系数,则统一采用国家推荐的 COD 产生系数,全国平均取值为 75 克/人·日,北方城市平均值为 65 克/人·日,北方特大城市平均值为 70 克/人·日,北方其他城市平均值为 60 克/人·日,南方城市平均值为 90 克/人·日。

生活源 SO_2 排放量计算公式为:

生活源 SO_2 排放量＝生活及其他煤炭消费量×含硫率×0.8×2

(五) 相关学者设计的国家层面节能减排指标

1. 以能源效率为核心指标

由于国际上普遍用能源效率反映节能情况,因此,我国部分学者将能源效率指标研究作为节能减排指标研究的突破口。王庆一(2003)认为能源效率指标可分为经济能源效率和物理能源效率两类。经济能源效率指标又可分为单位产值能耗和能源成本效率(效益);物理能源效率指标可分为物理能源效率(热效率)和单位产品或服务能耗[35]。史丹(2006)在能源效率指标的基础上设计了节能潜力指标,用以判断全国各省市的能源节约潜力问题[36]。王珊珊(2007)以能源投入到生产产出再到污染物排放为能源效率的作用主线,将能源效率分为能源利用效率及能源环境效率,下设 10 个指标,用以研究我国主要能源及主要污染物排放情况在时间上的纵向发展趋势和横向国家间的比较[37]。刘征福(2007)归纳了影响能源消耗的因素:机制、技术、管理、结构、素质,在此分析基础上建立了能源利用效率评价指标体系,共 5 大类 37 项指标,其中产业结构指标 9 项,能源结构指标 4 项,经济效率指标 8 项,能源技术效率指标 5 项,单位经济总量能耗及降低率指标11 项[38]。

2. 多维度综合指标体系

荆克晶等(2004)综合考虑经济方面和环境方面,从能源效益、能源结构、产业结构等3 个方面设计了 13 个指标,评价能源规划环境影响,并对指标选取原因进行简要说明[39]。李继文等(2006)针对与能源利用相关的问题,选取了单位 GDP 能耗、能源结构、能源消费弹性系数、污染物排放强度等指标作为能源利用状况评估指标的初步方案,目的是为政府制定能源发展战略、规划和政策提供依据[40]。张鹤丹(2006)等人借鉴国外经验设计的我国城市能源指标体系包括城市规模、强度和可持续性 3 个主题,8 个次主题和 22 个具体指标[41]。刘书俊(2007)利用淘汰落后产能、十大重点节能工程、水污染治理工程建设、燃煤电厂二氧化硫治理、水资源节约利用、节能环保发电调度等指标对比了2007年及"十一五"期间我国节能减排的目标任务,验证环境库兹涅茨曲线在中国的应用[42]。宋马林(2008)从不同的角度对节能减排各项指标进行了分类,结合国内外节能减排的实践拟订了评价指标体系,以投入、产出两个方面简单设计了9个指标[43]。孙霄凌等(2008)综合国内外相关的能源可持续发展水平评价方法,从能源的利用程度、能源市场发展、能源行业发展水平以及能源利用对环境的影响5个方面19项指标构建可持续发展能源指标体系,并根据2005年各省、区、市的相关数据,采用主成分因子分析法、聚类分析法和方差分析法,对能源可持续发展水平评价模型进行实证分析[44]。王彦鹏(2009)依据综合性、代表性、针对性、独立性等原则,通过对各个预选指标的可行性量化分析,确定工业及重点领域能源消耗、能源效率与结构、用水节水、污染物排放、污染物治理与利用5个方面39项指标及其标准,构建节能减排指标体系[45]。

二、省级层面节能减排统计指标体系

(一)浙江省节能减排指标相关研究

何斯征和黄东风(2007)以IAEA的EISD为基础,结合浙江省重点能源问题和统计口径,确定了浙江省可持续发展能源指标体系,具体包括生产和消费中的能源消耗总量、结构、人均量、强度,能源生产和使用引起的人均及单位GDP的温室气体排放、城市的大气污染物浓度、森林覆盖率等共17个指标[46]。

(二)上海市节能减排指标相关研究

郝存(2007)从能源供给、消费、流动等角度分析了上海市的能源利用现状,并计算能源效率指标,定量分析上海市各行业的节能潜力,提出了相应的对策建议。文中涉及了煤炭、石油、天然气、电力的供应及消费指标,并按我国目前的能源平衡表及国外能源平衡表对比分析了上海市能源平衡状况,测算过程中注意能源总量、加工及转化、终端消费等问题的中外差距[47]。

(三)湖北省节能减排指标相关研究

张小丽(2007)以投入产出分析为基础,将环境保护活动从传统产业部门分离出来,形成新的虚拟环保产业部门(资源恢复部门、污染治理部门),具体构造了一张相对完整的绿色投入产出表,并分析了各部门能源消耗所排放的污染物量,其中涉及节能减排相应账户部门的指标有:煤生产总量、石油生产总量、天然气生产总量、水电生产总量、煤消费量、石油消费量、天然气消费量、节煤系数、节油系数、节气系数、单位GDP耗煤量、单位GDP耗油量、单位GDP耗气量、废气治理费用等[48]。李爱军(2007)利用情景分析法对能源消费弹性系数进行计算,使用工业用能率、万元GDP能耗、人均生活能耗、能源自给率若干指标对不同GDP增长率下的能源需求情景进行了预测[49]。

(四) 台湾地区节能减排指标相关研究

庞元动(1998)在总结分析国际可持续发展指标体系的基础上,设计了具有台湾特色的可持续发展指标体系,其中与节能减排相关的指标包括:进口能源依存度、能源密集度、能源消费总量、每年人均能源消费量、分类能源消费增长率、各部门占总能源消费比例、分类能源消费占总能源消费比例、空气品质状况、固体垃圾处理等。我国台湾地区科学委员会可持续发展专项课题组,设计了可持续台湾的评估指标体系,结合台湾特色,在环境领域包括温室气体排放浓度、空气品质、酸雨浓度、重金属排放、废弃物成长率、废弃物处理率、废弃物资源回收率、核废料管理等指标,经济领域包括核能发电量、火力发电量、能源使用效率、再生能源比例等指标。这些指标的设定说明台湾地区对于节能减排也给予了相当的关注[50]。

三、行业层面节能减排统计指标体系

(一) 综合行业节能减排指标研究

吴国华等(2007)在评析我国现行节能考评指标局限性的基础上,界定了城市节能评价范围,认为要客观评价城市节能状况,其范围至少应包含工业节能、建筑节能、交通节能和生活节能4个基本领域。他们研究建立了包括工业、建筑业、城市交通、生活消费4个领域、3个层次、27个指标的城市节能评价指标体系,并构建了评价模型[51]。蔡升等(2007)提出从能源技术效率、能源经济效率、能源社会效率和能源财务效率四类指标构建企业能源综合利用评价体系[52]。

(二) 工业节能减排指标研究

段鈫(2005)认为工业企业应以重点能耗设备和重点节能行业(电力、钢铁、水泥、化工)为主,指标体系分为结果指标与过程指标。对不同行业而言,结果指标相同、过程指标各有不同[53]。李虹(2007)在构建工业企业循环经济评价指标体系时,涉及了节能减排相关理念,其中资源利用及环境保护等方面利用能源利用率、原材料利用率、资源消耗降低率、单位产值废水总量排放、单位产值废气总量排放、单位产值固体废弃物总量排放、工业废水排放达标率等指标衡量[54]。杨华峰等(2008)从资源消耗、污染物排放、综合利用、无害化以及支撑能力5个方面,提出了15项指标,构建了企业节能减排效果评价指标体系[55]。张旭等(2008)在对能耗、废气排放量、二氧化硫排放量、烟尘排放量、粉尘排放量、水耗量、废水排放量、固体废弃物生产量等指标的分析基础上,运用环境学习曲线分析我国不同时段电力工业的环境负荷和节能减排潜力[56]。张慧颖(2009)认为能源消费总量分为终端能源消费量、能源加工转换损失量和损失量3部分,她从山西省工业行业的能源消耗出发来分析本省对能源的利用效率,选择了原煤、洗精煤、其他煤炭、焦炭、原油、汽油、煤油、柴油、燃料油和热力10个能反映能源消耗的指标对山西省工业行业的能源消耗进行定性定量分析,以反映山西省工业对能源利用的效率[57]。

(三) 建筑、交通及其他行业节能减排指标研究

杨新秀(2008)基于系统工程的观点对道路运输行业节能减排进行了综合分析,结合湖北省道路运输行业节能减排工作的实际,构建了地方道路运输管理部门和道路运输企业的节能减排评价指标体系,并运用德尔菲法、层次分析法确定相应权重[58]。陈华敏(2009)以"3R"原则为指导,从减量化、资源化、无害化 3 个角度提出了 16 项指标构建建筑节能指标体系,运用层次分析法计算相应指标的权重[59]。樊耀东(2009)从电信运营业特点出发,分析电信运营业节能减排因素,构建了电信运营业的节能减排指标体系,可分为节能减排核心指标体系和前瞻性指标体系,其中核心指标体系又分为现状指标、成果指标、投入指标和效益指标。每一个综合指标又包含若干个能源、排放的具体指标[60]。

四、国内节能减排统计指标体系研究评述

我国对节能减排指标体系的研究尚处于起步阶段。国内在追踪国际理论前沿的同时,注意加强指标层次性、开放性和可操作性等问题,各省区和行业的指标体系研究方面既注重反映区域间的差距,又注重突出行业的特色。但在理论方法、研究内容、数据来源和实际应用上,国内研究总体上与国际前沿尚有差距。

(一) 从理论和方法上看,延续可持续发展指标的理论和方法

从获得的资料可知,很多不同层次、尺度、专题的节能减排指标的研究思路、方法、模式都与传统的社会经济统计指标研究相关。多数研究都基于可持续发展的系统变化思路,借鉴"压力—响应"模式等构建节能减排综合指标体系,如中科院可持续发展体系包含的 21 个节能减排指标就出现在其环境支持系统、发展支持系统之中,以驱动力、状态表现、反应因素等形式反映节能减排指标在环境、经济、社会的影响。由于受现有能源统计方法的限制,统计资料无法反映一些人们普遍关注的热点问题。例如,目前,上海的高层建筑不断增加,建筑节能问题越来越受到社会各方的关注,但现有的能源统计是以各种登记注册类型、各行业的机关、企(事)业法人单位作为统计调查对象,因此,统计分组只能实现对相关标志值的反映,如按国民经济行业分组、按登记注册类型分组等,在建筑方面,能够反映建筑施工企业的能耗情况,但却无法反映建筑物的能源使用情况。

此外,国家相关部门出台了若干文件,推行了部分节能减排指标,衡量方法开始由单一指标向综合指标体系过渡。但由于我国开展节能减排工作时间不长,造成指标设定不足、涉及范围有限、处理方法简单。而学者就国家、省域、行业开展的研究,由于个人侧重点的偏好,在指标设置、标准度量、方法衡量上也是仁者见仁。

(二) 从内容上看,关注传统能源的能源效率指标的研究

由于国际上普遍用能源效率来反映节能情况,因此,我国学者将能源效率指标研究

作为节能减排指标研究的重点,国家出台的相关文件也多重视能源效率指标。考察获得的资料,可知绝大部分成果涉及能源效率指标,或将其作为综合指标体系中的组成部分,或构建模型单独衡量(将能源量作为投入、排放量作为产出,从单投入—单产出、多投入—单产出、多投入—多产出等角度构造模型分析)。可见,我国节能指标研究内容集中、重点明确;但在能源供需、能源开发、能源生产、能源管理、能源效率、污染物排放等环节还有待加强,以便增强节能减排指标体系的系统性、全面性。此外,研究涉及的能源类型多为传统能源—煤炭、石油、天然气、水电,新能源、可再生能源和一些污染排放指标尚未被纳入统计核算范围,研究内容有限。涉及的行业领域研究,主要研究工业节能,对建筑、交通、电信行业等虽有所涉足,但可以看出行业之间缺乏统一的衡量角度,有的指标体系过多注重行业特点,指标通用性差、兼容性不足。我国节能指标研究还缺少一些反映能源使用情况的统计指标,这一问题集中体现在一些大中城市的能源统计上。

(三) 从数据上看,资料来源要求范围广泛

近年来,随着市场经济的深入发展以及国际环境的不断变化,国内外对我国能源统计信息的需求越来越大,要求也越来越高。这就暴露出我国现有的能源统计指标体系存在指标不完善、数据收集基础薄弱等一系列不足之处。由于数据收集的基础相当薄弱,使得部分能源统计指标在具体的统计实施过程中存在障碍。我国的能源统计基本以全面调查为主,调查频率为季报,实行超级汇总制度,即通过现有的统计网络(一般延伸到街道、乡镇一级),收集基层企(事)业的统计数据,在审核通过后将基层数据逐级上报。这样的统计制度对基层单位的统计基础要求较高,但随着市场经济发展,基层单位的管理模式也从原先单纯的行政管理转向资产运作管理,企业更重视本身的经济效益,而忽略了能源统计等基础管理工作的建设,这就导致了基层企业能源统计数据的准确性较差,特别是对一些技术要求较高的指标数据填报难度加大。

目前,已构建的节能减排指标体系的指标涉及能源生产、利用、国际流通等国民经济核算的诸多环节和能源、环境、经济等多个部门,因此数据范围要求广泛。而我国现行的国民经济核算体系仅在附属账户中涉及资源环境核算,且内容有限,基础资料难以获得或者不够齐全;有的基础资料不完全可靠,水分较大,影响分析结果的客观性和准确性;各部门之间不衔接,同国际也不接轨,难以方便地运用国际上的某些算法。这使得指标资料来源缺口大、统计口径不一致,从而导致我国节能减排指标体系更多停留在理论层次,难以将理论应用于实际。

(四) 从应用上看,指标体系应用可操作性不强

指标体系的研究多集中于专门的研究机构、学术组织、学者个人,公众参与程度低,理解能力有限,难以投入实际应用,可操作性不强。近年来,随着"西气东输"、"西电东送"工程的投入使用,极大地推动了上海等一些大中城市能源结构的调整和多元化能源供应体系的形成。但现有的能源统计指标体系很难反映能源结构调整的程度以及多元

化能源供应体系形成的进程。此外,部分已有实证研究对节能减排的决策支持能力不强,使得理论研究难以服务社会经济生活,由于在指标含义、统计口径、计量单位等方面与国际惯例不衔接,因此,与国际数据比较时,部分指标缺乏可比性。总之,尽管我国对节能减排指标研究很重视,但各学科间缺乏有效的协调,研究者也从各自的立场出发,设计出的指标缺乏兼容性。可见,我国节能减排指标体系的研究还处于一种争鸣状态,需要让其"协调"发展。

第三节 国内外节能减排统计指标体系研究比较及启示

一、国内外节能减排统计指标体系研究比较

对比以上国内外研究所得节能减排相关指标及指标体系,我们从目标、内容、要素、范围、数据、参与度、结果、制度、评价等多角度对国内外相关研究进行归纳分析(见表2.1)。

表 2.1 国内外节能减排统计指标体系研究比较

	国外研究	国内研究
明确的目标	国际比较、展现实力、预警未来、政策决策及评价	和谐社会与资源节约型环境友好型社会构建要求、国际承诺、政策决策
全面的内容	能源与环境、经济、社会关系,PSR、DFSR、DFPSIR[驱动力(压力)—状态—反映及其扩展模式]	主要为能源与环境、能源与经济、环境与经济,强调经济作用
基本的要素	能源的可持续发展、环境保护、生态效率、社会效益	能源效率(节能)、污染物排放(减排)
足够的范围	研究起点早、历时时间久、涉及国家广泛,注重动态及空间比较	研究存在滞后、研究时间短、主要为本国内部分析,国际比较较少
有效的数据	联合国统计司、欧盟统计局、众多国际机构,部分为主观数据,多为统计调查数据、观测数据	国家统计局、各相关部委机构调查数据
广泛的参与	民众参与度较高,专项网站较多、专项在线调查较多	民众参与度较低,国家主导、研究人员参与
公开的结果	结果公开,国际机构组织多形成年度报告、学者研究公开发表、机构数据公开	结果半公开,国家机构、组织公布结果、原始数据提供不完全(或为有偿供给)、学者研究公开发表或半公开上报
合理的制度	建立资料搜集、维护,完善数据及文档处理的能力,委派体系建设任务	指标体系建设探索期,制度初建中
体系的评价	包含指标多、大多介绍选取指标原因、涉及范围广泛、适当分类、指标标准不定	包含指标较少、较少介绍选取指标原因、指标标准不定、涉及范围有待拓宽、适当分类

二、国外可持续发展能源指标体系的启示

由上表可以发现,国外可持续发展能源指标体系相对于国内已有指标体系而言具有某些方面的优势,可以提供借鉴。以下针对范围和目标的相对性、数据基础与指标分解以及尝试使用核算体系导出指标体系的角度进行讨论。

(一) 目标导向与指标范围的相对性

一般可持续发展能源指标体系会有一定的目标或导向。IAEA 可持续发展能源指标体系的基本目的是为政策制定者提供经济和环境以及社会方面能源的指标信息,指标设置强调政策相关性的各种主题与分主题。英国制定的能源行业指标体系目标指向更加明确,旨在评价 4 大能源发展目标(环境友好、能源供应的可靠性、消除家庭能源贫困、建立竞争性的能源市场)所取得的具体进展。欧盟能源效率指标体系则用于评价和反映一个国家或行业的能源效率。由于目标的界定,可持续发展能源指标体系的指标选定一般要求具有目标的针对性、选择的代表性、数据的可操作性。

上述要求限制了指标体系提供信息的全面性、系统性、客观性和整体性,这是目前国内外可持续发展能源指标体系的缺陷。全面性的损害显而易见,全面性的散失有时是因为数据可得性的原因,有时是由于依据指标选择标准筛选的结果。关于制度层面的影响因素和机制没有共识、信息很难量化,往往制度指标被忽略了,指标设计者还省略了与其目标没有直接关联的很多变量,比如 IAEA 可持续发展能源指标体系没有涵盖能源科技的相关信息、能源行业与企业的市场信息等。除了数据的准确性外,客观性的损害主要是由于指标选择的主观性。指标设计者会根据他们的标准判断重要性,并根据重要性来进行指标选择,这些标准可能是基于他们对于可持续发展机制的认识,很难说这种认识是正确的。由于全面性和客观性的问题,指标体系并不能形成反映现实的模拟系统,所以系统性也成了问题。由于指标体系构成的信息系统的偏差,整体性也无法保证,一个简单的例子是局部的能源效率不能代表整体的能源效率,整体的能源效率又可能与整体能源服务的品质相矛盾,可持续发展的整体应该包括各种分类融合的方面。

这些缺陷造成不能综合考察能源的生产、流通、加工转换、库存、消费到综合利用的系统,不能完全揭示能源、经济、社会和环境之间的交织联系,使得可持续发展能源指标体系的功能受到很大的限制。因此,在目标导向的可持续发展能源指标体系之外,应该有一个更加全面的指标集作为背景信息,这个指标集所提供的信息应该是相对全面的、系统的、客观的和整体的。这里只能用到"更加全面",是因为认知的局限,人们还不能做到最好,只有不断努力完善,做到更好。

(二) 数据基础与指标分解的重要性

自 1995 年以来,国际能源署为将能源使用与经济、人类活动相关联,已开发出多个能源指标集。其中的指标是来自经济和人类活动结构的基本数据,以及用于这些活动的

能源测量或估计数据。国际能源署所倡导的指标体系采用相对的分类分解方法以便于对能源部门进行可持续性问题分析,有助于揭示人类活动、经济与能源的使用和排放之间的因果联系。

采用指标分解的做法,能源使用和二氧化碳排放量可以按照因素进行分解。比如,终端能源使用的变化可以从3个组成部分进行观察:经济活动、结构和能源强度,这样可以显示出经济、技术驱动因素以及人的因素的影响。在现实经济生活中,不同部门的经济活动可能以附加值、每公里乘客数、每公里吨或人数的方式进行衡量。分离能源使用变化的经济活动、结构和强度影响对于政策分析是至关重要的,因为大多数与能源有关的政策通过鼓励燃料多样化组合、新技术发展促进能源强度和效率的改善。指标分解方法要成为有效的分析研究工具,取得分解的、高质量、前后连续一贯的时间序列数据是关键,很多发展中国家包括中国都没有深入使用这个方法的数据基础。

目前,国际能源署业已建立了十多个国家的时间序列数据,还确定了不同的组件、功能用来区分不同国家的能源使用和二氧化碳排放。由于减少二氧化碳排放是减轻不良气候变化的一个重要途径,这些指标将帮助联合国气候变化框架公约缔约各方执行这项任务,这也使得对指标分解方法感兴趣的国家数量日益增加,从而促进世界范围内能源数据的充实和健全。我国政府应积极参与国际能源组织,增强与全球和区域层面的国际能源组织的合作关系,充实能源基础数据。

(三) 统计核算体系与指标体系的相关性

基于统计核算体系框架的指标体系,所有的指标都来自于一个单一的数据库,允许部门加总以及使用一致的分类和定义。有关资源环境方面的统计核算体系主要有两个,即物质流核算(Material Flow Accounting, MFA)和联合国综合环境与经济核算体系(SEEA)[61,62]。

MFA是欧盟官方统计核算制度的重要部分。MFA和物质平衡的统计方法在20世纪70年代已经制定。全经济总物质流核算和平衡(而不是单物质流核算)也在70年代得以应用,90年代初期得以复兴并投入统计实践。将物质流核算的方法延伸至能量领域,物质流核算拓展为物质—能量流核算[63],综合利用物质—能量流指标作为环境压力和可持续发展程度的一种示踪指标,可以研究经济活动中物质—能量资源的新陈代谢,反映资源利用随时间的变化;将资源利用指标同GDP和其他经济社会指标相关联可以得到一套资源生产力和生态效率的指标。全经济物质—能量流分析遵循质量守恒定律,以实物的质量为单位,测度人类经济活动过程中对自然资源和不同物质的开发、利用和废弃程度。物质—能量流方法采用弱可持续的概念,认为物质—能量之间可以替代,实物(或卡路里)指标将不同类型物质的重量(或能量)进行相加,避免了货币计量绿色GDP面临的资源消耗和环境损失估价的困难;同时还测度了非直接进入经济系统却对环境造成影响的物质—能量,这些物质—能量往往因无货币价值而被忽略。目前,国际上许多国家、地区和国际组织将物质—能量流核算摆在重要的政策议程上。

SEEA 又称绿色国民经济核算体系,它由联合国统计委员会与国际货币基金、世界银行、欧盟委员会和经合组织联合开创的重要核算体系,旨在为可持续发展战略服务。SEEA 通过卫星账户系统将 SNA 延伸到资源环境领域。SEEA 账户既包括货币项目,也包括实物项目。它可以以一致的方式,从一个共同的数据库中,提取一些最常见的经济、环境领域的可持续发展指标。SEEA 正被一些国家所利用,被认为是将成为一个国际性的统计标准。SEEA 还没能考虑到可持续发展四大支柱中的两个:社会和制度。然而,其中的问题正在通过各种努力得以应对:通过增加人力资本账户扩大该体系;探讨将综合国民经济核算框架与社会核算矩阵(Social Accounting Matrix,SAM)相衔接的可能性。

执行 SEEA 会改善资本框架和主题框架的可持续发展指标体系。在资本框架情景内,SEEA 将使资本测度的指标建模和数据估计更加方便。在专题框架情景内,如果指标是用于监测和评价可持续发展战略,SEEA 将特别有用。以一致的数据库为基础,可以得到有意义的部门和区域分解指标,一个战略内的特定目标和跨部门(或区域)的影响可以得以一致地持续评估。第三版的联合国可持续发展委员会指标体系进一步加强了与 SEEA 的联系,采用更多的 SEEA 定义和分类,并利用标准分类进行部门分析。其中,SEEA-E 很适合产生能源行业管理需要的指标体系。

第三章 节能减排统计的理论基础

没有坚实的理论与现实基础,构建任何统计体系都犹如空中楼阁。20世纪五六十年代,人们在经济增长、城市化、人口、资源环境所形成的压力下,对"增长＝发展"的模式产生怀疑并展开了讨论。1962年,美国生物学家雷切尔·卡逊发表了一部环境科普著作《寂静的春天》,该书引发了世界范围内关于发展观念的争论。1972年,罗马俱乐部委托德内拉·梅多斯、乔根·兰德斯和丹尼斯·梅多斯研究撰写了《增长的极限》一书,这本书给世界敲响了警钟,引发了人们对传统发展模式的思考[64]。20世纪70年代的两次石油危机,使发达国家开始真正认识到能源安全的重要性,由此拉开了减少能源消耗、提高能源使用效率、保障本国能源安全等能源战略的大幕。20世纪80年代以后,可持续发展思想和理论得到广泛认可,其中重要内容就是节约能源和减少温室气体排放。各种与之相关的理论应运而生,包括可持续发展理论、循环经济理论、环境库兹涅茨理论、低碳经济发展理论、气候变暖假说等一系列理论,为建立节能减排统计体系提供强有力的理论基础。

第一节 可持续发展理论

"可持续发展"(Sustainable Development)一词最早出现于1950年由国际自然保护同盟制订的《世界自然资源保护大纲》。1987年,联合国世界环境与发展委员会的报告《我们共同的未来》中,明确定义了可持续发展的概念:可持续发展是指"既满足当代人的需要,又不对后代人满足其需要的能力构成危害的发展",这一定义得到了世界各国的广泛接受。1989年联合国环境发展会议专门为"可持续发展"的定义和战略通过了《关于可持续发展的声明》,主要分4点:第一,走向国家和国际平等;第二,要有一种支援性的国际经济环境;第三,维护、合理使用并提高自然资源基础;第四,在发展计划和政策中纳入对环境的关注和考虑[65]。而在《21世纪议程》中则开宗明义地指出:"本世纪以来随着科技进步和社会生产力的极大提高,人类创造了前所未有的物质财富,加速推进了文明发展的进程。与此同时,人口剧增、资源过度消耗、环境污染、生态破坏和南北差距扩大等问题日益突出,成为全球性的重大问题,严重地阻碍着经济的发展和人民生活质量的提高,继而威胁着全人类的未来生存和发展。在这种严峻形势下,人类不得不重新审视自己的社会经济行为和走过的历程,认识到通过高消耗追求经济数量增长和'先污染,后治理'的传统发展模式已不再适应当今和未来发展的要求,而必须努力寻求一条人口、经济、社会、环境和资源相互协调的,既能满足当代人的需求又不对满足后代人需求的能力构成危害的可持续发展道路。"

一、可持续发展的内涵

可持续发展从一开始注重生物方面,扩展到注重包括生态环境、经济、社会等各个相关因素,并使之相互协调发展。可以说它是生态—经济—社会三维复合系统整体的可持续发展。可持续发展的核心思想就是:健康的经济发展应建立在生态可持续能力、社会公正和人民积极参与自身发展决策的基础之上;可持续发展所追求的目标是既使人类的各种需要得到满足,个人得到充分发展,又要保护资源和生态环境,不对后代人的生存和发展构成威胁;衡量可持续发展主要有经济、环境和社会3方面的指标,缺一不可。可持续发展包括可持续经济、可持续生态与可持续社会3个方面的和谐统一。也就是说,人类在发展中不仅仅追求经济效率,还追求生态和谐和社会公平,最终实现全面发展。因此,可持续发展是一项关于人类社会经济发展的全面性战略,内涵具体包括:

(一) 经济可持续发展

可持续发展鼓励经济持续增长,而不是以保护环境为由忽视经济增长。当然经济持续增长不仅包含数量的增长,同样包含质量的增长,如改变"高投入,高消耗,高污染"粗放式的经济增长,实现"提高效益,节约资源,减少污染"集约式的经济增长。经济的可持续增长即会带来实际的国力增强、人民生活水平和质量的提高,也会为具体理论发展应用提供必要的现实依据,防止可持续发展只停留在口号上。

(二) 生态可持续发展

可持续发展要求发展与有用的自然承载能力相协调,对资源环境的需求应该是有限制的。这种限制主要是指对未来环境需要的能力构成危害的限制,这种能力一旦被突破,必将危及支持地球生命的自然系统,如大气、水体、土壤和生物。此外,这种限制还是一种代际间的协调,使人们不会为了短期存在需要而被迫耗尽自然资源。因此,生态的可持续性是可持续发展的前提,同时通过可持续发展能够实现生态的可持续发展。

(三) 社会可持续发展

可持续发展强调社会公平,没有社会公平,就没有社会的稳定,无论对什么样的国家、区域或地区,在不同时期可持续发展的具体目标是不同的,但本质是改善人类生活质量,提高人类健康水平,创造一个人人平等、自由和免受暴力,人人享有教育权和发展权的社会环境。特别注重保护和满足社会最脆弱人群的基本需要,为全体人民,特别是为贫困人民提供发展的平等机会和选择自由。总之,在人类可持续发展系统中,经济可持续是基础,生态可持续是条件,社会可持续是目的。

(四) 可持续发展经济观

可持续发展道路的本质是生态文明的发展观。这就是把现代经济在内的整个现代发展建立在节约资源、增强环境支撑能力及生态环境良性循环的基础之上,实现社会可持续发展。从广义来说,可持续发展道路旨在谋求人与人和人与自然之间的和谐统一与协调发展。而现代经济发展的实践表明,现代经济发展应该把协调人与自然之间的发展关系摆在首位,通过协调人与人的发展关系,达到人与自然之间的和谐统一与协调发展。因此,经济可持续发展的实现过程,应该是经济与生态,社会与环境,人、社会与自然的全面进步过程。它在现实生活中的实现形态,就是实施以保证满足人的全面需要与最终实现人的全面发展为总体目标的经济发展战略;建立资源节约型的生态与经济协调互促的经济发展模式,探索一条人口、经济、社会与资源、环境、生态相互协调的经济发展道路,即既能满足当代人的需求又不对满足后代人需要的能力构成危害的可持续经济发展道路。

这种体现可持续发展经济观的经济发展战略、经济发展模式、经济发展机制等的经济发展道路有 3 个特点:一是必须坚持在不损害生态环境承受能力可以支撑的前提下,解决当代经济发展和生态环境发展的协调关系;二是必须在不危及后代人需求的前提下,解决当代经济发展与后代经济发展的协调关系;三是必须坚持在不危害全人类整体经济发展的前提下,解决当代不同国家、不同地区以及各国内部各种经济发展的协调关系,从而真正把现代经济发展建立在坚持以生态环境良性循环为基础,确保实现由不可持续经济发展向可持续经济发展的转变,最终达到经济可持续发展。

二、可持续发展的原则

可持续发展是一种全新的人类生存方式,它不仅涉及以资源利用和环境保护为主的环境生活领域,而且涉及作为发展源头的经济生活和社会生活领域。可持续发展并不否定经济增长,尤其是发展中国家的经济增长,毕竟经济增长是促进经济发展、促使社会物质财富日趋丰富、人类文化和技能提高从而扩大个人和社会的选择范围的原动力。但是需要重新审视实现经济增长的方式和目的。可持续发展反对以追求最大利润或利益为取向,以财富悬殊和资源掠夺性开发为代价的经济增长,它所鼓励的经济增长应是低消耗和高质量的。它以保护生态环境为前提,以可持续性为特征,以改善人民的生活水平为目的。通过资源替代、技术进步、结构变革和制度创新等手段,使有限的资源得到公平、合理、有效、综合和循环的利用,从而使传统的经济增长模式逐步向可持续发展模式转化。

可持续发展以自然资源为基础,同环境能力相协调。可持续发展的实现,要运用资源保护原理,增强资源的再生能力,引导技术变革,使再生资源替代非再生资源成为可能,并起用经济手段和制定行之有效的政策,限制非再生资源的利用,使其利用趋于合理化。在发展的过程中,必须保护环境,包括改变不适当的以牺牲环境为代价的生产和消费方式,控制环境污染,改善环境质量,保护生命支持系统,保持地球生态的完整性,使人类的发展保持在地球承载能力之内。否则,环境退化的成本将导致人类发展的崩溃。

可持续发展以提高生活质量为目标,同社会进步相适应,这一点与经济发展的内涵及目的是相同的。经济增长不同于经济发展已成为人们的共识。经济发展不只意味着GDP 的增长,还意味着贫困、失业、收入不均等问题的解决和社会经济结构的改善。可持续发展追求的正是这些方面的持续进步和改善。对发展中国家来说,实现经济发展是第一位的,因为贫困与不发达正是造成资源与环境恶化的基本原因之一。只有消除贫困,才能形成保护和建设环境的能力。世界各国所处的发展阶段不同,发展的具体目标也各不相同,但发展的内涵均应包括改善人类生活质量,保障人类基本需求,并创造一个自由、平等及和谐的社会。

可持续发展从理论推向实践必须根据可持续发展的内涵来制定能够在国家或区域实施的方针政策、对策措施等。如何在准确把握可持续发展内涵的基础上,首先把它转化成具有不同资源禀赋和处于不同发展水平的国家或地区都能够参照的法则或标准就显得十分重要。《保护地球》一书提出了可持续发展的 9 条原则;《里约宣言》更列出了 27项原则。依据以上可持续发展的众多原则,将其归纳为 6 条主要原则:

(一) 公平性原则

经济学上讲的公平是指机会选择的平等性。可持续发展所追求的公平性原则,包括3 层含义:一是本代人的代内公平即同代人之间的横向公平,可持续发展要满足全体人民的基本需求和给全体人民机会以满足他们要求较好生活的愿望。要给世界以公平的分配和公平的发展权,要把消除贫困作为可持续发展进程特别优先的问题来考虑。二是代际间的公平,即世代人之间的纵向公平性。人类赖以生存的自然资源是有限的,本代人不能因为自己的发展与需求而损害人类世世代代满足需求的条件——自然资源与环境。要给世世代代以公平利用自然资源的权利。三是公平分配有限资源。联合国环境与发展大会通过的《里约宣言》已把这一公平原则上升为国家间的主权原则,即各国拥有着按其本国的环境与发展政策开发本国自然资源的主权,并负有确保在其管辖范围内或在其控制下的活动不致损害其他国家或在各国管辖范围以外地区环境的责任。公平性在传统发展模式中没有得到足够重视,传统经济理论与模式往往是为增加经济产出(在经济增长不足情况下)或经济利润最大化而思考与设计的,没有考虑或者很少考虑未来各代人的利益。可持续发展不仅要实现当代人之间的公平,而且也要实现当代人与未来各代人之间的公平,向当代人和未来世代人提供实现美好生活愿望的机会。这是可持续发展与传统发展模式的根本区别之一。

(二) 可持续性原则

可持续性是指人类的经济活动和社会的发展不能超过自然资源与生态环境的承载力。可持续发展要求人们根据可持续性的条件调整自己的生活方式,在生态可能的范围内确定自己的消耗标准。“发展”一旦破坏了人类生态的物质基础,“发展”本身也就衰退了。可持续原则的核心就是指人类的经济和社会发展不能超过资源与环境的承载能力。

(三) 共同性原则

可持续发展作为全球发展的总目标,所体现的公平性与可持续性原则是共同的,并且实现这一总目标,必须采取全球共同的联合行动。《里约宣言》中提到:"致力于达成既尊重所有各方的利益,又保护全球环境与发展体系的国际协定,认识到我们的家园——地球的整体性和相互依存性。"可见,从广义上说,可持续发展的战略就是要促进人类之间及人类与自然之间的和谐。如果每个人在考虑和安排自己的行动时,都能考虑到这一行动对其他人(包括后代人)及生态环境的影响,并能真诚地按"共同性"原则办事,那么人类内部及人类与自然之间就能保持一种互惠共生的关系,只有这样,可持续发展才能够实现。

(四) 质量性原则

可持续发展更强调经济发展的质,而不是经济发展的量。因为经济增长并不代表经济发展,更不代表社会的发展。经济发展比经济增长的内容要丰富得多。可持续发展站得更高,它充分考虑了经济增长中环境质量及整个人类物质和精神生活质量的提高。

(五) 系统性原则

可持续发展是把人类及其赖以生存的地球看成一个以人为中心,以自然环境为基础的系统,系统内经济、社会、自然和政治因素是相互联系的。系统的可持续发展有赖于人口的控制能力、资源的承载能力、环境的自净能力、经济的增长能力、社会的需求能力、管理的调控能力的提高,以及各种能力建设的相互协调。评价这个系统的运行状况,应以系统的整体和长远利益为衡量标准,使局部利益与整体利益,短期利益与长期利益,合理的发展目标与适当的环境目标相统一。不能任意片面地强调系统的一个因素,而忽视其他因素的作用。同时,可持续发展又是一个动态过程,并不要求系统内的各个目际齐头并进。系统的发展应将各因素及目标置于宏观分析的框架内,寻求整体的协调发展。

(六) 需求性原则

人类需求是一种系统,这一系统是人类的各种需求相互联系、相互作用而形成的一个统一整体。人类需求是一个动态变化过程,在不同的时期和不同的发展阶段,需求系统也不相同。传统发展模式以传统经济学为支柱,所追求的目标是经济的增长(主要是通过 GDP 来反映)。它忽视了资源的代际配置,根据市场信息来刺激当代人的生产活动。这种发展模式不仅使世界资源环境承受着前所未有的压力而不断恶化,而且人类的一些基本物质需要仍然不能得到满足。可持续发展坚持公平性和长期的可持续性,以满足所有人的基本需求,向所有的人提供美好生活愿望的机会为目标。

总之,可持续发展的目标是社会福利的不断改善,约束条件是资源与环境的承载力,核心是经济的可持续发展,基础是人与自然的协调,原则是公平性、持续性、共同性、系统性与需求性,关键是有利于可持续发展的制度创新和技术进步。

三、可持续发展的"里约+20"峰会

(一) 制定前进目标,启动发展进程

联合国可持续发展大会("里约+20"峰会)于 2012 年 6 月 20~22 日在巴西里约热内卢隆重举行。包括 100 多位国家元首和政府首脑在内的共约 1.2 万人参加了正式的峰会,还有约 3 万人参加了将近 3 000 个有关的边会和活动。这次峰会上,各国围绕"可持续发展和消除贫困背景下的绿色经济"和"促进可持续发展的体制框架"两大主题展开讨论,全面评估 20 年来可持续发展领域的进展和差距,重申政治承诺,应对可持续发展的新问题与新挑战。

193 个国家的代表在闭幕式上通过了会议最终成果文件——《我们憧憬的未来》(The Future We Want)。联合国秘书长潘基文说,大会通过的文件为实现可持续发展奠定了坚实基础。他同时强调,此次会议不是终点而是起点,世界将由此沿着正确的道路前进。

(二) 首次就制定可持续发展目标达成共识

大会决定启动可持续发展目标讨论进程,就加强可持续发展国际合作发出重要和积极信号,为制订 2015 年后全球可持续发展议程提供了重要指导。会议成果文件开宗明义地写道,"消除贫穷是当今世界面临的最大的全球挑战,是可持续发展不可或缺的要求。"成果文件中强调指出:"消除贫穷、改变不可持续的消费和生产方式、推广可持续的消费和生产方式、保护和管理经济和社会发展的自然资源基础,是可持续发展的总目标和基本需要。"会员国决定建立一个有关可持续发展目标的包容各方的、透明的政府间进程,以期制定全球可持续发展目标,供联合国大会审议通过。这是我们首次就制定可持续发展目标达成共识。显然,千年发展目标有固定的期限,但可持续发展目标永远都不会过期。现在这个进程已经启动。

(三) 重申里约原则,坚持共同但有区别的责任

成果文件重申了里约原则,特别是"共同但有区别的责任"原则,避免了国际发展合作指导原则受到侵蚀,维护了国际发展合作的基础。20 年前在里约举行的联合国环境与发展大会通过了《关于环境与发展的里约宣言》,提出了一系列涉及可持续发展的核心原则,其中包括对发展中国家来说至关重要的"共同但有区别的责任"原则。在这次会议召开之前的谈判阶段,这些原则是否仍然适用于当今世界的现实是发达国家与发展中国家争论的一个焦点。各国在最终的成果文件中就这一问题达成了共识,这也是一个重要进展。他们重申了 1992 年里约会议的全部原则,包括"共同但有区别的责任"原则。这听上去似乎毫无新意,只是重申了过去的原则,但大家在许多年来一定听到过这样的言论,

即世界变了,局势变了,这些原则已经不再切合实际了,特别是"共同但有区别的责任"原则,因为许多发展中国家已经变成了中等收入国家。然而,这次会议重申了所有这些原则的有效性。

文件重申要求发达国家履行承诺,向发展中国家提供占其国内生产总值 0.7% 的官方发展援助,以优惠条件向发展中国家转让环境友好型技术,加强发展中国家能力建设,决定启动有关政府间进程。

对这个成果,也有一些表示质疑或者遗憾的声音。古巴国家领导人劳尔·卡斯特罗提到,成果文件虽然重申了早在 20 年前就达成的"里约原则",但文本并没有对技术转让和发达国家的资金支持等内容进行详细明确的规定。在发达国家的坚持下,文件删除了发展中国家此前提出的建立 300 亿美元的全球援助基金。

(四) 认可绿色经济是实现可持续发展的重要手段之一

关于绿色经济,成果文件要求尊重各国主权、国情及发展阶段,重视消除贫困问题,敦促发达国家对发展中国家提供支持。尽管会议没有明确阐述"绿色经济"的定义,但是面对这一全新领域,与会者对概念的外围进行了必要限定,例如文件申明,可持续发展和消除贫困背景下的绿色经济政策应该考虑到发展中国家的需要,特别是处境特殊的国家的需要;加强国际合作,包括向发展中国家提供财政资源,帮助其能力建设,转让技术;切实避免官方发展援助和供资附加不必要的条件;采取一切适当措施,帮助缩小发展中国家与发达国家的技术差距,减少发展中国家的技术依赖性等。这些限定条件的提出,基于各国特别是发展中国家对于未知规则的疑虑,也从一个侧面体现了发展中国家在发展问题上不断提升的话语权。

(五) 取得建立高级别政治论坛等其他成果

成果文件决定建立高级别政治论坛,取代现有的联合国可持续发展委员会,为各国实施可持续发展,统筹经济、社会发展和环境保护提供指导。此外,各国承诺加强联合国环境规划署的作用,加强环境规划署在联合国系统内的发言权及其履行协调任务的能力。这次会议期间,各国政府、联合国机构、企业、科研机构、非政府组织和其他团体纷纷承诺将为可持续发展提供资金支持,捐资承诺总计大约 700 个,总额达 5 130 亿美元。会议的其他成果还包括:通过了关于可持续消费和生产方式的 10 年方案;明确提出了海洋、能源、消除贫困、小岛屿发展中国家、可持续农业等 25 个应重点关注的主题领域或跨部门问题;强调了促进民间社会、私营部门等各方的参与对于可持续发展的重要作用等。

(六) 发展银行创立可持续性运输系统

包括亚洲开发银行、世界银行和其他 6 家多边发展银行在内的世界上 8 家最大的发展银行于 2012 年 6 月 20 日在巴西里约热内卢宣布,在今后 10 年当中将投资 1 750 亿美元,支持创立具有可持续性的运输系统。为了配合"里约+20"峰会,"可持续低碳运输伙伴关系"发起了这项推动运输业致力于可持续发展的倡议。联合国机构、商业组织、多边发展银行和其他的发展组织纷纷做出了积极回应。除上述 8 家最大的发展银行做出承诺外,还有 13 个组织就可持续性运输做出了另外的 16 项自愿承诺。

(七) UNDP 提出"可持续发展指数"概念

以发布年度《人类发展报告》而为世人所熟悉的联合国开发计划署(UNDP)在"里约＋20"峰会开幕当天,提出了"可持续发展指数"的概念,要求以一种更为全面的方式衡量社会发展。

作为对传统的以国民生产总值(GNP)为标准衡量发展进程观念的挑战,UNDP 在《1990 年人类发展报告》中采用了人类发展指数,以衡量联合国各成员国经济社会的发展水平。目前的人类发展指数由预期寿命、成人识字率和人均国内生产总值的对数 3 项指标构成,以期通过人的长寿水平、知识水平和生活水平反映社会的发展水平。

20 多年来,UNDP《人类发展报告》中的人类发展指数排名已受到各国政府、媒体、民间社会和世界各地的专家的广泛关注。

UNDP 署长海伦·克拉克强调指出,"可持续发展指数"的概念尚需与各国政府、民间社会、学术界专家以及其他联合国机构和多边机构等进行多方商讨。

(八) 世界银行推出"自然资本核算行动"

世界银行通过了一个叫做"财富核算和生态系统服务估值"(WAVES)的全球伙伴关系。这一伙伴关系旨在将包括空气、清洁水资源、森林和其他生态系统在内的自然资本价值纳入商业决策和国家的国民核算体系。逾 50 个国家和 86 家私营企业在"里约＋20"峰会上均对这一倡议表示支持。

全球 57 个国家和欧盟委员会对这个号召各国政府、联合国系统、国际金融机构和其他国际组织加大世界各地自然资本核算实施力度的行动予以支持。荷兰政府、法国政府分别承诺并倡议提供 200 万欧元和 100 万美元的支持费用。

哥斯达黎加总统金吉拉、加蓬总统翁丁巴、挪威首相斯滕伯格以及众多企业领导人出席了由世界银行主持的活动。私营企业和金融机构,如沃尔玛、伍尔沃斯控股、联合利华、渣打银行等也对倡议表示赞同,再次重申承诺在全球范围开展合作,考虑将自然资本纳入决策过程中。

(九) 女元首呼吁将性别平等纳入可持续框架

来自各国的近 10 位女性国家元首和政府首脑在"里约＋20"峰会上共同发出呼吁,要求将性别平等和增强妇女权能纳入所有可持续发展的框架。在"里约＋20"峰会期间举行的一个高级别活动上,包括巴西总统罗塞夫、澳大利亚总理吉拉德以及联合国妇女署执行主任巴切莱特在内的近 10 位国家元首、政府首脑以及联合国机构的女性领导人共同签署了这项呼吁。

联合国妇女署指出,各国领导人在 1992 年举行的里约地球峰会上曾就促进两性平等达成这样一个共识:没有两性平等就不可能实现可持续发展。然而 20 年后的今天,全球数以亿计的妇女和女童仍持续挣扎在贫困、饥饿的边缘,被疾病、缺乏教育、工作机遇等与性别相关的全球性问题所困扰。

与此同时,促进两性平等可使社会和经济发展变得更为健康、公平和可持续的看法,得到了更多的认同。研究表明,可持续的发展方式,可使妇女的生活得到极大改善,不仅可以减少女性的贫困,节省她们的时间,还可使她们免受暴力和不利环境的影响。

四、科学的可持续发展观

发展观是对发展的本质、规律、动力、目的和发展的标志等问题的基本看法。中共中央第十六届三中全会上通过的《中共中央关于完善社会主义市场经济体制若干问题的决定》明确指出:"坚持以人为本,树立全面、协调、可持续的发展观,促进经济、社会和人的全面发展。"并提出了"五个统筹"的目标和任务。其中可持续发展观是科学发展观的基本内容之一。

(一) 增长不等于发展

传统的发展观通常把经济增长与经济发展等同起来,现实的经验教训使人们逐渐认识到,经济增长不等同于经济发展。经济增长是手段,经济发展是目的。经济增长是经济发展的基础,经济发展是经济增长的结果。经济发展是一个动态的变化,内涵较广,它包括数量、经济和社会体系。增长与发展的这种区别表明,要实现经济的持续增长,必须实现增长方式的转变,由单纯依靠有形要素投入转到依靠技术进步、结构优化、体制优化和提高效益的轨道上。因此,经济发展不只是一种经济现象,它包括了经济、社会、环境等方面的内容。可持续发展涉及人类社会的各个领域,它是生态—经济—社会复合系统的均衡和和谐的进步。其中经济系统的可持续发展处于主导地位,对生态和社会系统的可持续性起着主导性的调节作用。它不仅有必要,而且有可能为实现和保持生态和社会的可持续性创造物质基础和基本条件,从而促进自身的发展。

(二) 持续增长也不等于可持续发展

持续增长要求经济在一个较长的时期保持较高的经济增长速度,但是与可持续发展的含义和要求有很大的区别。一是持续增长没有指出为实现持续增长所支付的代价,特别是自然资源的耗费。从许多发展中国家谋求经济增长的现实看,为了谋求高速度发展,资源开发过度,生态平衡遭到破坏,环境受到严重污染,其结果是人类的生存条件遭到破坏。这种付出了沉重代价的经济增长是不可持续的。二是可持续发展不仅仅强调持续增长,还有公平要求。相当部分的自然资源具有可耗竭及不可再生的特点。这些资源为了实现本代人的福利而被滥用、被耗竭,就会牺牲后代人的发展条件,因而牺牲后代人的福利。这种以牺牲后代人的发展条件为代价的增长,显然也是不可持续的。

（三）可持续发展观的要求

（1）可持续发展观是一种新的发展观，是对单纯追求经济增长的"工业化实现观"的否定。它要求人们以全新的目光，重新审视经济增长和经济发展，抛弃"无发展的增长"，它使人们在注重经济发展的同时，意识到经济、社会和环境协调发展的重要性，并形成了全球共谋可持续发展战略的良好开端。

（2）可持续发展观是能够使经济、社会、生态环境沿着健康轨道长期持续协调的发展观。实施可持续发展战略将有效控制人口增长，改善人们的资源利用状况，降低环境成本，提高资源与环境对长期发展的支撑力。而且，可持续发展是要人们改变传统的对自然界的态度，建立新的伦理与道德标准，实现人与自然的和谐，这可以说是人类文明史上一个伟大的变革。从长远来看，它将使人类社会以一种崭新的、高层次的方式进行发展。

（3）可持续发展观是科学发展观的重要内容。科学的发展观是可持续的发展观。在发展过程中，不仅要重视经济规律，更要倍加重视自然规律，充分考虑资源和生态环境的承载能力，积极转变粗放型经济的增长方式，不断加强生态建设和环境保护，合理开发和节约使用各种自然资源，坚持速度与结构质量、效益相统一。经济发展与人口、自然、环境相适应，努力建设低投入、少排污、可循环的国民经济和节约型社会，促进人与自然的和谐，实现可持续发展。

五、可持续发展的评价体系

早在 20 世纪 90 年代初，国外关于可持续发展评价体系的研究就已经展开。联合国开发计划署（UNDP）（1990）创立的以预期寿命、教育水准和生活质量三项基础变量所组成的综合指标——人类发展指数（Human Development Index, HDI）是对可持续发展进行度量的著名指标[66]。其不足在于：一是指标只考虑了经济和社会因素，没有考虑环境因素，因而不适宜作可持续发展的质量尺度。二是它在测算中用发达国家贫困线水平的平均收入作为最大值是缺乏科学的理论基础的。联合国统计司（UNSTAT）（1994）对联合国的"环境统计发展框架"加以修改，创建了一个由 31 个指标构成的可持续发展指标体系框架（FISD），FISD 在指标的分类上很像压力—状态—响应模式，即社会和经济活动对应于"压力"，影响、效果与储量、存量及背景条件对应于"状态"，对影响的反应对应于"响应"。该指标体系存在的不足就是，该指标体系过于注重对于环境方面的评价，而对社会、经济等方面的评价稍显不足，而且指标的分类上比较混乱，指标间内在的逻辑关系有待加强。

Clifford Cobb 等（1995）提出了真实发展指标 GPI（Genuine Progress Indicator），该指标包含社会、经济和环境 3 个账户，这个指标可以用来衡量一个国家或地区拥有的真实财富存量及其随时间的动态变化[67]。联合国可持续发展委员会（UNCSD）（1996）根据《21

世纪议程》中的相关章程,从可持续发展的 4 个主要方面——经济、社会、环境和制度着手设计了"驱动力—状态—响应"(DSR)的指标体系,共有 134 个指标。由于该体系突出了环境受到的压力与环境退化之间的因果联系,因此与可持续的环境目标之间的联系较为密切,但是这种分类方法对于经济、社会指标来说,具有一定的缺陷,因为压力指标与状态指标之间没有必然的逻辑联系,有些指标属于"驱动力指标"还是"状态指标"的界定不尽合理。虽然该体系存在着一些上述不完善的地方,但不妨碍其已成为当前各类可持续发展评价指标体系研究和构建的框架和基础的事实。

联合国环境问题科学委员会(SCOPE)和联合国环境规划署(UNEP)(1996)合作提出了一套综合程度较高的指标体系,即主要由反映经济、社会、环境 3 方面情况的指标构成,具体提出了一套包括 25 个指标的可持续发展指标体系,采用层次分析评价方法[68]。但该指标体系存在的主要问题在于指标的综合方法因各国的可持续发展目标不同而产生歧义。美国著名生态学家 H. T. Odum 撰写并发表了关于能值理论(ESIISDI)的文章,该研究提出的能值理论被分解为能值产出率(EYR)、环境负载率(ELR)、能值交换率(EER)3 个指标来测算整个评价系统,这个系统主要考虑了产出效率、系统过程的环境影响、系统的交换效益等方面。2000 年,美国耶鲁大学和哥伦比亚大学合作开发了环境可持续性指数 ESI(Environmental Sustainability Index),对不同国家的环境状况进行系统化、定量化的比较,包含 5 个组成部分、21 个指标和 64 个变量,测试结果于当年 1 月在瑞士达沃斯举办的世界经济论坛(WEF)上公布。该指数是一项整合性指标系统,包括自然资源、过去与现在的污染程度、环境管理努力、对国际公共事务的环保贡献,以及历年来改善环境绩效的社会能力,用来评价各国或地区的环境可持续发展水平。在 2000 年以后,国外关于可持续发展评价指标体系的研究已经日趋丰富,在这一时期建立的指数更多的是注重环境、发展、经济和社会的某一个领域,研究的对象也更为具体,如联合国 2000 年在《千年宣言》中提出了千年发展目标,国际可持续发展研究院在 2001 年建立的一个在国际上颇具影响的可持续评价仪表板,世界经济论坛在 2002 年建立的环境可持续发展指数和环境表现指数,南太平洋地球科学委员会在 2005 年建立的环境脆弱性指数以及 Kerk 和 Manuel 在 2008 年建立的可持续社会指数等。

国内的相关研究也开展较早,牛文元(1994)提出了可持续发展评价模型独立的理论框架,构造了包含资源的承载能力、区域的生产能力、环境的缓冲能力、进程的稳定能力和管理的调节能力的 5 大指标的可持续发展体系。国家统计局科研所和中国 21 世纪议程管理中心(1998)基于经济、社会、人口、资源、环境、科教 6 个领域维度,共选取了 83 个指标。其中经济发展是前提和基础,节约资源、保护环境、控制人口是关键,科技进步和教育是动力。该指标体系简单明了、信息全面,同时考虑了各领域之间的协调程度。

朱启贵(1999)在其著作《可持续发展评估》中,论证了自然资源与环境的价值理论,提出了自然资源与环境的估价方法,研究构建中国综合资源与经济核算体系的框架,提出必须从国民大系统的角度改革与发展国民经济核算体系,在可持续发展条件下构建国民大核算体系,并且给出国民大核算体系的发展模式与发展阶段,在自然资源与环境核算理论与方法的基础上,修正现行的国民经济指标,从绿色国民生产总值指标、绿色国民生产净值指标、绿色国民财富和经济福利指标等多个维度,建立适合中国国情的可持续发展评估指标体系与综合测算方法,系统设计了中国可持续发展社会经济政策体系。中国科学院可持续发展战略研究组于 2000 年编制了一套由资源承载能力、发展稳定性、经济生产能力、环境缓冲力和管理调控能力构成的大型可持续发展评价体系,并建立了相应数据库,每年发布一份不同主题的研究报告。

张学文等(2002)在对黑龙江省区域资源、经济、环境、生态、人口、社会和管理子系统以及区域关系、世代关系的实际进行研究的基础上,提出了"要素关系—功能状态—发展能力"概念模型,构建了区域可持续发展评价指标体系和数学模型,并对黑龙江省区域可持续发展的能力和发展水平进行了综合性的评价[69]。赵多等(2003)研究应用主成分分析法,收集浙江省 1990—2000 年的数据,对评价指标进行初步筛选,同时采用德尔斐法进行专家咨询,得到评价指标的分层排序。最后从初选的 54 个评价指标中,根据主成分分析法、专家咨询法的指标筛选结果,结合有关国家及地方生态环境建设规划,建立了由 40 个指标组成的浙江省生态环境可持续发展评价指标体系[70]。

乔家君等(2005)在追溯可持续发展指标体系研究成果的基础上,从系统功能视角出发,结合河南省资源环境等实际发展,对河南省可持续发展指标体系进行了设计,设计出包括 71 个指标的完整体系,经过有效处理得出 29 个有效指标,并利用改进的层次分析法对河南省可持续发展能力进行了评估[71]。

刘国等(2008)构建了城市可持续发展综合评价模型,提出了水平指数、持续指数、协调指数,对成都 1995—2003 年城市可持续发展的状况进行了综合评估[72]。刘海清(2009)根据海南的实际情况及参照相关研究成果,构建了包含经济、社会和资源环境系统 3 个层次内含 77 个具体指标的可持续发展指标体系,并对海南可持续发展情况进行了评价。赵旭等(2009)构建了包含经济发展、人口发展、生活质量、设施环境 4 个子系统内含 16 项指标的城镇化可持续发展评价指标体系,并对 2003 年的山东、上海、广东、江苏、河南 5 个省(市)的城镇化可持续发展水平分进行了评价[73]。李平等(2010)从工业化、工业现代化、工业文明 3 个层面对"制造业可持续发展"进行了分析,构建了包括总量指标、结构指标、技术指标、能源环境指标在内的三层次中国制造业可持续发展指标体系,并以"基本参照系"和指标体系为基础,对中国制造业发展趋势进行了研究[74]。

第二节 循环经济理论

循环经济起源于 20 世纪 70 年代,当时人们关心的主要是对污染物的无害化处理,时至 80 年代,人们认识到应采用资源化的方式处理废弃物,发展到 90 年代,特别是可持续发展战略成为世界潮流的近些年,环境保护、清洁生产、绿色消费和废弃物的再生利用等才被整合为一套系统的以资源循环利用、避免废物产生为特征的循环经济战略。

一、循环经济的内涵

循环经济的核心内涵是 3R 原则,即减量化(Reduce)、再利用(Reuse)、再循环(Recycle),"3R"原则在循环经济中的重要性并不是并列的,而是注重从末端到全过程管理的转变,其目的是使资源以最低的投入,达到最高效率的使用和最大限度的循环利用,从而实现污染排放的最小化和人类经济活动的生态化,使经济活动与自然生态系统的物质循环规律相吻合,最终实现经济社会和生态环境的共赢。

(一)减量化原则

减量化原则又称减物质化原则,该原则以不断提高资源生产率和能源利用率为目标,在经济运行的输入端最大限度地减少对不可再生资源的开采和利用,尽可能开发利用替代性的可再生资源,减少进入生产和消费过程的物质流和能源流。减量化是循环经济的首要原则,属于输入端方法,其主张从生产源头,即在输入端就要有意识地节约资源、提高单位产品对资源的利用率,目的是减少进入生产和消费过程的物质量、对废弃物的生产通过预防的方式而不是末端治理的方式来加以避免,以降低废弃物的产生量。

(二)再利用原则

再利用原则也称反复利用原则,是循环经济的第二原则,属于过程性方法,强调在生产和消费活动中尽可能多次使用或用多种方式利用各种资源,避免物品过早成为垃圾。因此,一方面要注重在设计和生产时就要考虑延长产品和服务的使用时间;另一方面,在基本不改变废旧物品物理形态和结构的情况下,继续使用废弃物。再利用原则是避免产生废弃物的方法之一,同时又具有过程控制和末端控制的含义,是一种预防性措施,其目的在于尽可能延长产品和服务的时间。

(三)再循环原则

再循环原则也称为资源化原则,它是输出端方式,其本质上是一种末端治理方式,要求生产出来的物品在完成其使用功能后能重新成为可以利用的资源,而不是不可恢复的垃圾,可通过物理或化学方法,使废弃物转化为新的经济资源,实现废弃物资源化,并再次投入到生产和消费环节之中,以减少废弃物的最终处理量。再循环利用只是针对产生的废弃物采取的末端处理措施,仅是减少废弃物最终处理量的方法之一,它不属于预防措施而是事后解决问题的一种手段,相对来说作用效果要低于事先和过程控制的方法。目前,废弃物资源化有两种途径,一是原级资源化,即将消费者遗弃的废弃物资源化后形成与原来相同的产品,例如再生纸,再生塑料,再生玻璃等;二是次级资源化,即将废弃物生产成与原来不同类型的产品。相对于原级资源化来说,次级资源化利用再生资源的比例要低。

二、循环经济的特征

循环经济的理念是在人口增加、经济发展等带来的全球资源短缺、环境污染、生态蜕变等负面影响下,人类对自身破坏行为的反思,对自然及其客观规律的重新认识和尊重的前提下,为实现经济、社会、环境的协调共赢,寻求人与自然的平等和谐而生产的新的经济发展模式。循环经济作为一种科学的发展观,一种全新的经济发展模式,具有其独特性。

(一) 发展理念先进性

循环经济是为协调经济发展与资源、环境、生态相互制约的矛盾,实现绿色经济发展目标而提出的一种新的发展理念,是科学发展观的良好体现。这种新理念表现为新的系统观、新的经济观、新的价值观、新的生产观和新的消费观。

(二) 动态发展性

循环经济的动态性主要表现为两方面,一是对于循环经济系统来说,既是一个目标,又是一个过程;另一方面,循环经济将经济活动、自然资源和科学技术划成一个大系统,划定边界条件,考虑到系统内外的交流,通过系统内部的信息反馈、控制调节来实现自然资源的循环利用,保证生产活动、自然资源和科学技术之间的动态平衡。

(三) 资源利用高效率性

传统经济是由“资源—产品—污染排放”所构成的单向物质流动的经济。在这种经济中,人们不断加大把自然资源和能源开采出来的强度,在生产加工和消费过程中又把污染和废物大量地排放到环境中去,对资源的利用常常是粗放的和一次性的。而循环经济的建设与发展,实现了资源的减量化投入、重复性使用,从而大大提高了有限资源的利用效率。

(四) 生态环境弱胁迫性

传统的经济发展模式对于生态环境的胁迫性较强,随着经济的快速发展,导致了生态环境的严重破坏,而循环经济的发展模式将会占用更少的资源及生态、环境要素,从而使得快速的经济发展对于资源、生态、环境要素的压力大大降低,有利于生态、环境保护。

(五) 强带动性与强聚集性

循环型产业的发展对于经济可持续发展具有带动作用,而且产业之间及内部的关联性也将增强,从而推进了产业协作与和谐发展。同时在一定层面上可以带来区域产业结构的重组与优化,进而实现资源利用效率高、生态环境胁迫性弱的产业部门的聚集。

（六）环境无害化技术性

循环经济的技术载体是环境无害化技术。环境无害化技术的特征是污染排放量少，合理利用资源和能源，更多地回收废物和产品，并以环境可接受的方式处置残余的废弃物。该技术主要包括预防污染的少废或无废的工艺技术和产品技术，同时也包括治理污染的末端技术。

三、循环经济的属性

循环经济是一个涉及资源、环境、生态、技术等多方面的系统性研究领域，其本质属性在于它的经济属性，而不是物质的自然属性，但相对于经济属性的多角度性来说，循环经济本身具有以下的经济属性：

（一）生态经济属性

循环经济从本质上来说属于生态经济的范畴，它是以生态学规律为指导的一种经济发展模式，它运用生态学原理及其基本规律来指导人们的社会经济活动，要将人类社会的各项经济活动与自然环境的各种资源要素视为一个密不可分的整体加以考虑，保证经济数量的增长和生态环境质量的不断改善协调一致，从而实现 GDP 的绿色化。

（二）资源经济属性

自然资源的显著特点是稀缺性和多用途性，稀缺性是指自然资源的天然储备量有限，不可能无限度地供给；多用途性是说同一种自然资源可以用作不同的生产过程的投入要素。循环经济正是考虑到资源的稀缺性和多用途性，以资源的减量化投入为主要目标之一，通过资源的高效利用和循环利用来实现经济的可持续发展，所以资源经济可以说是循环经济的重要理论基础之一。

（三）环境经济属性

环境经济学是研究经济发展与环境保护之间相互关系的科学，其研究内容主要有估算污染造成的经济损失、防治污染的费用与效益比较、防治污染技术的经济分析、污染控制的最佳经济水平、环境污染的投入产出分析、环境经济政策等方面；而循环经济的目标之一是环境保护，在环境方面表现为污染低排放，甚至污染零排放，物质的循环利用必须在环境得到很好保护的情况下进行，即环境上的无害化，可见循环经济与环境经济学密切相关，其环境经济的属性十分明显。

（四）技术经济属性

技术经济学的研究对象是技术领域中的经济活动规律、经济领域的技术发展规律、技术发展的内在规律等，而循环经济以现代科学技术为基础，通过技术上的组合与集成实现绿色经济发展，可见循环经济的实现程度要受到技术上可行性的约束，从循环经济的技术经济本质这个意义上说，技术经济学也是循环经济的经济理论基础。

(五）制度经济属性

制度经济学是从制度角度出发研究制度的发展、变动对经济的影响,循环经济的发展在很大程度上要受到制度体系的影响,没有切实的制度政策的保障,循环经济是很难实现的,因而,从制度经济学角度出发研究循环经济合理发展的制度保障,对循环经济的发展有着十分重要的作用。循环经济的本身应具有制度经济的属性。

四、循环经济的评价体系

美国经济学家肯尼斯·鲍丁(Kenneth Boulding)于 20 世纪 60 年代首次提出了循环经济的基本理念,经济活动不能由 GNP、GDP 等类似的尺度来反映,衡量的最好标准是资本存量的数量和质量。1972 年,巴里·康芒纳(Barry Commoner)在《封闭的循环》中指出,人类发展过程作为地球生态圈生态过程的有机组成部分,解决环境问题要遵循生态学的规律,在人类生产的技术方式上,建立一种封闭的机制,从而减少人类物质财富生产对自然系统的污染和破坏[75]。1990 年,大卫·皮尔斯(David Pearce)和克里·特纳(Kerry Turner)在《自然资源与环境经济学》中提出“循环经济”的目的,是建立可持续发展的资源管理规则,使经济系统成为生态系统的组成部分[76]。他们构建的循环经济模型由自然循环和工业循环两部分组成,自然循环是指环境吸收消化经济系统产生的废物,转化为可用的原材料后又进入经济系统,工业循环则指生产过程中资源和能源的循环利用,尽可能地减少废弃物排放。两种循环都可以产生更多的资源,从而减少对原生资源的需求,此外工业循环也有利于降低对环境同化能力的压力。

我国在上世纪 90 年代后期,才开始对循环经济的概念和专业理论进行研究,起先是从应对现实的发展困境入手,“上海发展循环经济研究”课题组提出了上海市资源、环境问题的应对思路以及发展循环经济的领域和举措。中国科学院可持续发展战略研究组在《中国可持续发展战略报告》中指出循环经济模式是全面建设小康社会的最佳选择,应在经济结构战略调整中,以绿色消费、绿色技术为保障,将政府引导和市场推动相结合,建立绿色的国民经济核算制度,促进循环经济发展。我国学者根据循环经济的发展理念,对循环经济的评价指标体系进行了系统性和可操作性的研究[77]。章波等(2005)以“3R”原则为指导和出发点,构建了自上而下的树型指标体系(包含目标层—控制层—指标层三层指标体系),并形成了理论指标体系和操作指标体系,运用灰色关联度分析方法,对南通市循环经济规划进行预评价[78]。杨华峰等(2005)采用“目的树”的分析方法,从循环经济目标出发,把循环经济评价体系分为经济系统、生态环境系统、社会系统 3 个部分,内含经济发展、资源消耗、生态环境保护、社会发展等 10 个维度,设计了循环经济评价指标体系[79]。于丽英等(2005)在研究国际上衡量社会发展指标体系的基础上,提出了城市循环经济评价指标体系,该指标体系以产业、城市基础设施、人居环境和社会消费 4大体系为设计基础,基于经济发展指数、绿色发展指数和人文发展指数,共涵盖了 24 个指标[80]。

国家统计局"循环经济评价指标体系"课题组(2006)对国内外循环经济发展现状进行了概述,然后设计了循环经济评价指标体系的基本框架和具体指标,并给出了具体指标的含义及计算方法。最后,给出了相关统计数据的来源并提出了一些建设性的建议。钟太洋等(2006)以"活动—压力—反应—绩效"为分析框架,设计了区域循环经济发展评价的总体框架。在此基础上,探讨了区域循环经济发展评价指标选择的原则,并以此为依据选择确定了区域循环经济发展评价的指标体系,并运用该体系对江苏省循环经济进行了描述评价和综合评价[81]。国家发改委、环保总局、统计局(2007)贯彻落实《国务院关于加快发展循环经济的若干意见》,科学评价我国循环经济的发展状况,为制定和实施循环经济发展规划提供数据支持,促进循环经济发展,建设资源节约型、环境友好型社会,编制了《循环经济评价指标体系》和关于《循环经济评价指标体系》的说明,给出了建立宏观循环经济评价体系以及工业园区循环经济评价体系的具体指导性建议[82]。江涛等(2007)在总结循环经济发展模式与实践的基础上结合我国煤炭行业的实际发展情况,通过定性和定量的方法,理论分析与案例分析相结合的研究原则,建立了煤炭行业发展循环经济的模糊综合评价模型与指标体系,并运用评价体系对山西省煤炭行业循环经济的发展进行了评价[83]。吴开亚(2008)基于循环经济的3R原则,建立了巢湖流域农业循环经济发展评价的指标体系,并采用熵权法确定指标权重,对1990—2004年全流域农业循环经济发展进行了描述性和综合性评价[84]。

沙景华等(2008)以循环经济理论及人口、资源、环境可持续发展的科学发展观为依据,按照系统科学性、动态性、可操作性的原则建立了整合事前的审批评估,实施过程中的监测以及结果的评价为一体的矿业循环经济评价指标体系[85]。陈帆等(2008)在研究现有国内外可持续发展和循环经济评价指标体系的基础上,结合中国造纸工业的特点和资源环境状况,建立了包含经济发展指标、循环经济特征指标、生态环境效益指标和系统管理指标4个子系统内含22项具体评价指标的造纸工业循环经济模式评价指标体系,并运用层次分析法,确定了各评价指标的权重,对评价指标体系进行评估[86]。卢远等(2008)将能值理论与区域农业循环经济理论相结合,提出了一套包括经济社会发展、资源减量投入、资源循环利用和资源环境安全等方面指标体系的区域农业循环经济的能值评价方法,并以吉林省西部为例进行了实证研究[87]。曹小琳等(2008)在设计区域循环经济测度指标体系的基础上,运用组合权值法确定指标权重系数,构建了区域循环经济综合评价模型,并以重庆市为例,采集重庆市1997年到2005年的纵截面数据,对重庆市循环经济发展水平进行实证研究、模型验证及态势监测[88]。刘浩等(2008)以辽宁省循环经济发展为例,运用能值分析方法从能值流量、资源投入产出、资源消耗、环境压力、综合指数5个方面构建了循环经济评价能值指标体系,详细分析了辽宁省1990—2005年循环经济发展状况[89]。冯之浚等(2008)基于国内外生态工业园的发展现状和系统科学的理论,提出了在循环经济范式下的 3 类生态工业园发展模式,并在分析循环经济生态工业园发展模式的基础上构建了生态工业园循环经济发展评价指标体系,该指标体系从生态工业园的产业体系和支撑体系两个方面来反映生态工业园循环经济发展的水平,共涵盖了 24 个具体指标[90]。徐建中等(2008)将德尔菲(Delphi)法、层次分析法、灰色关联和模糊综合评价综合集成为灰色综合评价模型,通过设置协调性、效益性、减量化、资源化、再利用、健康性、稳定性 7 大类 30 个指标,建立了灰色综合评价模型,利用该模型对企业循环经济发展水平进行综合评价研究[91]。

第三节　环境库兹涅茨曲线理论

在 20 世纪 50 年代中期,西蒙·库兹涅茨在研究经济增长与收入差异时提出了一个假说,在经济增长的早期,收入差异会随经济增长而加大,随后当经济增长到达某一点时这种差异开始缩小,在二维坐标系中,以收入差异为纵坐标,以人均收入为横坐标,这一假说便是一个倒 U 形的关系。这一关系后来为大量的实证研究的统计数据所证实,通常被称为库兹涅茨曲线。

1991 年,美国经济学家格鲁斯曼和克鲁格将库兹涅茨曲线应用于环境经济学研究中,对 66 个国家的 14 种空气污染物和水污染物的变动情况进行研究,发现大多数的污染物的变动趋势与人均国民收入(GNI)的变动趋势呈现倒 U 形的关系,由此提出了著名的环境库茨涅兹曲线假说[92]。环境库兹涅茨曲线理论(Environmental Kuznets Curve,EKC)反映了环境质量与经济增长之间的关系。

一、EKC 理论的内涵

EKC 理论的核心内容包括 5 个方面:

(一) 经济起飞阶段:环境质量退化

在经济起飞阶段,伴随着经济增长,环境质量的退化在一定程度上是不可避免的,在污染转折点到来之前,经济增长与环境污染水平是一种此消彼长的矛盾关系。

(二) 经济快速增长阶段:环境进一步恶化＋环境改善拐点

伴随着经济快速增长,大量自然资源被消耗,环境质量也进一步恶化,环境资源的稀缺性日益凸显,对环境保护的投资会因之而增大,当经济发展到一定阶段时,经济增长将为环境质量的改善创造条件。

(三) 经济增长与环境污染总体呈倒 U 形曲线

从总体上看,环境污染水平与经济增长的关系呈倒 U 形曲线。由于一国从经济发展水平较低阶段演化为经济发展水平较高阶段需要较长时间,因此环境库兹涅茨曲线所揭示的经济增长与环境污染水平的关系是一个长期的规律。

(四) 环境政策对 EKC 曲线的影响

经济增长方式和政府的环境经济政策等制度安排因素在改变环境库兹涅茨曲线的走势和形状上有重要意义。在不同的环境政策与制度安排下,环境库兹涅茨曲线有不同的形态特征。如果经济增长实施可持续发展战略以及政府的环境政策得当,则倒 U 形曲线的弧度可以降低,拐点可以提前到来,及至在倒 U 形曲线上找到一条水平通道。

(五) 经济增长与环境污染的转化规律

环境库兹涅茨理论假说揭示了经济增长与环境之间的一种联系或一种转化规律,但这并不意味着发展中国家的环境状况到一定增长阶段必然会使环境质量得到改善。这是因为如果环境退化超过环境阈值环境,退化就成为不可逆了。这些阈值对许多重要资源都是存在的,如森林、渔业、土壤等,如果这些资源在经济增长的起飞阶段造成严重的枯竭或退化,那么将需要很长时间和很高的成本才能恢复。可见即使我们接受倒 U 形关系的存在,也需要相应的政策措施和国际援助防止倒 U 形曲线超出生态阈值。

二、EKC 理论的理论解释

环境库兹涅茨曲线提出后,环境质量与收入间关系的理论探讨不断深入,丰富了对 EKC 的理论解释。

(1) 效应分解解释。格鲁斯曼和克鲁格提出经济增长通过规模效应、技术效应与结构效应 3 种途径影响环境质量:①规模效应。经济增长一方面会增加要素投入,进而增加资源使用;另一方面,更多产出会带来更多污染排放。由此对环境质量产生负面影响。②技术效应。高收入水平与更好的环保技术、高效率技术紧密相联。在一国经济增长过程中,研发支出上升,推动技术进步,产生两方面的影响:一是技术进步提高生产率,改善资源的使用效率,降低单位产出的要素投入,削弱生产对自然与环境的影响;二是清洁技术不断开发和取代肮脏技术,并有效地循环利用资源,降低了单位产出的污染排放。③结构效应。随着收入水平提高,产出结构和投入结构发生变化。在早期阶段,经济结构从农业向能源密集型重工业转变,增加了污染排放,随后经济转向低污染的服务业和知识密集型产业,投入结构变化,单位产出的排放水平下降,环境质量改善。规模效应会使环境恶化,而技术效应和结构效应会使环境得到改善。在经济起飞阶段,资源的使用超过了资源的再生,有害废物大量产生,规模效应超过了技术效应和结构效应,环境恶化;当经济发展到新阶段,技术效应和结构效应胜出,环境恶化减缓。

(2) 环境质量需求解释。不同收入水平的国家或地区对经济发展和环境保护的诉求不同。收入水平低的社会群体很少产生对环境质量的需求,贫穷会加剧环境恶化;收入水平提高后,人们更关注现实和未来的生活环境,产生了对高环境质量的需求,愿意选择或更多购买环境友好产品。其环保意识的提高会不断强化地区或国家的环境保护压力,使其愿意接受严格的环境规制,并带动经济发生结构性变化,减缓环境恶化。

(3)环境规制解释。伴随收入上升的环境改善,大多来自于环境规制的变革。没有环境规制的强化,环境污染的程度不会下降。环境规制一般包括界定环境资源的产权属性,使环境外部成本内部化,使污染者承担相应责任;其存在形式主要是命令控制型(包括环境标准、排放标准、技术标准等)。随着经济增长,环境规制在加强,有关污染者、污染损害、地方环境质量、排污减让等信息不断健全,促成政府加强地方与社区的环保能力和提升一国的环境质量管理能力。严格的环境规制进一步引起经济结构向低污染转变。

(4)市场机制解释。在收入水平提高的过程中,市场机制不断完善,自然资源在市场中交易,自我调节的市场机制会减缓环境的恶化。在早期发展阶段,自然资源投入较多,并且逐步降低了自然资源的存量;当经济发展到一定阶段后,自然资源的价格开始反映出其稀缺性而上升,社会降低了对自然资源的需求,并不断提高自然资源的使用效率,同时促进经济向低资源密集的技术发展,环境质量得到改善。同时,经济发展到一定阶段后,市场参与者日益重视环境质量,对施加环保压力起到了重要作用。一些市场机制形式包括排污权交易制度、排污收费制度、补贴和押金返还制度、自愿性协议制度等。

(5)减污投资解释。环境质量的变化也与环保投资密切相关,不同经济发展阶段上资本充裕度有别,环保投资的规模因而不同。Dinda将资本分为两部分:一部分用于商品生产,产生了污染;一部分用于减污,充足的减污投资有利于改善环境质量。低收入阶段所有的资本用于商品生产,污染重,并影响环境质量;收入提高后,充裕的减污投资防止了环境进一步退化。环境质量提高需要充足的减污投资,而这以经济发展过程中积累了充足的资本为前提。减污投资从不足到充足的变动构成了环境质量与收入间形成倒 U形的基础。

这些理论研究表明,在收入提高的过程中,随着产业结构向信息化和服务业的演变、清洁技术的应用、环保需求的加强、环境规制的实施以及市场机制的作用等,环境质量先下降然后逐步改善,呈倒 U 形。

三、EKC 理论的政策含义

环境库兹涅茨曲线(EKC)描述了不同经济国家所选择的经济发展的道路,它隐含的意思是,沿着一个国家的发展轨迹,尤其是在工业化的起飞阶段会不可避免地出现一定程度的环境恶化。

然而环境库兹涅茨曲线也可能产生误导,似乎经济发展必须经过先污染、后治理的过程,当经济发展到某一节点,环境自然会得到改善和恢复。经济增长便从环境的对立面转化为环境的统一面,尽管在相当长的一段时间内,经济增长只是弥补早些年的环境损失。如果经济增长于环境有益,那么刺激增长的政策,如自由贸易经济结构的转换和价格改革,也应该于环境有益。

由此,一些学者得出了另一个极端的理论观点,环境并不需要我们特别注意,问题简化为实现经济增长以尽快超过于环境不利的发展阶段,抵达环境库兹涅茨曲线中于环境有利的发展阶段。这种对环境破坏听之任之的观点和政策并非最优选择。原因在于:一是使环境恶化而不是改善的曲线中的上升区域可能需要很长的时间才能越过。在这种情况下,未来经济较高增长和更好环境的现值可能难以抵消现实环境的破坏,因此在经济发展的早期阶段致力于控制污染排放和资源枯竭显然从经济上讲是合理的。二是今天防治和治理某些形式的环境退化可能比未来更节省费用。例如在生产过程中处理和安全存放危险废物,较之不经处理随意乱放然后在经济发展需要治理而且有条件(经济投入)治理时费用会更低些。三是或许是更重要的原因在于,发展的较早阶段所允许的某些环境退化类型,在较后阶段便会出现环境上的不可逆。在贫穷困扰下的环境状态与收入水平下,很可能无法构成一个完整的倒 U 形态。因为在收入十分低下的情况下,脆弱的环境有可能变为不可逆。热带森林的砍伐、生物多样性的消失、物种灭绝以及独特自然环境的毁坏,从实物形式上看或者是不可逆的效应,如燃烧含铅汽油所排放的含铅气体,核事故的辐射污染等。四是某些形式的环境恶化,如水土流失、自然灾害恢复能力的丧失、水库淤积、由于交通堵塞和呼吸疾病而引起的人类健康和生产力的损失以及工作时间的损失,都会制约经济发展。因此,我们需要通过适当的环境政策和投资来直接控制环境恶化以消除经济增长自身的障碍。

总之,尽管环境库兹涅茨曲线在现实中存在,而且相伴于经济增长过程和经济结构不可避免的变化过程,但这一曲线轨迹并非必然为最优,且在存在有不可逆的生态阈值和环境保护与经济增长互补的情况下,较高峰值的环境库兹涅茨曲线(意即单位人均GDP 增量引起较高的自然资源枯竭和污染速率)既非经济上最优,也非环境上最优。这是因为,较好的管理可以使同样的资源获得更多的经济增长和环境保护。经济增长的来源格局与经济增长率同等重要。因此来源于能源和原材料补贴的经济增长或来源于消耗自然资产的资本增加,较之来源于有效利用资源劳动密集产业和服务业以及信息技术的增长所产生的环境成本更大。在资源产权没有明确界定、环境成本没有计入和内生化的情况下,经济增长会使社会承受过高的环境成本,这一成本最终将动摇持续增长的根基。可以说,对这些 EKC 理论问题的诸多研究,将对当前节能减排制定切实可行的政策具有重要指导意义。

第四节　低碳经济理论

2003 年 2 月,"低碳经济"(Low-carbon Economy)一词首次出现在英国的《我们未来的能源——创建低碳经济》白皮书中,其总体目标是到 2050 年将二氧化碳的排放量在1990 年的基础上削减 60%,从根本上把英国变成一个低碳经济的国家。2006 年,前世界银行首席经济学家尼古拉斯·斯特恩牵头做出的《斯特恩报告》指出,全球以每年1%GDP的投入,可以避免将来每年5%至20%GDP的损失,呼吁全球向低碳经济转型。2007年7月,美国参议院提出《低碳经济法案》,表明低碳经济的发展道路有望成为美国未来的重要战略选择。同年12月,联合国气候变化大会制订了应对气候变化的"巴厘岛路线图",要求发达国家在2020年前将温室气体减排25%至40%,"巴厘岛路线图"为全球进一步迈向低碳经济起到了积极的作用,同时也具有里程碑意义。2008年,联合国环境规划署确定了该年"世界环境日"的主题为"转变传统观念,推行低碳经济"。

低碳经济是在全球气候变暖的背景下产生的,其字面意义是指最大限度地减少煤炭和石油等"高碳"能源消耗的经济,也是以低能耗、低污染为基础的绿色经济,低碳经济是资源环境与经济发展的必然产物。

一、低碳经济的内涵

从内涵看,低碳经济兼顾了"低碳"和"经济",低碳经济是人类社会应对气候变化,实现经济社会可持续发展的一种模式。低碳,意味着经济发展必须最大限度地减少或停止对碳基燃料的依赖,实现能源利用转型和经济转型;经济,意味着要在能源利用转型的基础上和过程中继续保持经济增长的稳定和可持续性,这种理念不能排斥发展和产出最大化,也不排斥长期经济增长。

低碳经济摒弃了20世纪的传统增长模式,是人类社会继农业文明、工业文明之后的又一次重大进步,将为逐步迈向生态文明走出一条新路。低碳经济也是人类社会发展的必然选择,是人类对难以为继的传统发展模式反思后的创新,是对人与自然界关系在认识上不断演进的结果。作为前沿经济理念,它代表了未来经济发展的形态。低碳经济的实质是能源效率和清洁能源结构问题,旨在能源高效利用、清洁能源开发、控制温室气体排放,核心是能源技术和减排技术的创新、产业结构优化和制度革新以及人类发展观念的更新[93]。其目标是减缓气候变化和促进人类的可持续发展,即依靠技术创新和政策措施,实施一场能源革命,建立一种较少排放温室气体的经济发展模式,减缓气候变化,派生新的技术标准。随着低碳经济的发展,人类的生活和消费与"低碳"标志直接相关,导致以"低碳"为代表的新技术标准出现。世界范围内低碳经济的发展无疑将引发新的产业革命,传统碳密集型企业将面临产业转型的挑战,而节能减排技术和能源效率领域的创新型公司会脱颖而出,获得新的机遇和发展空间。

低碳经济的发展思路是以能源的变革为中心,涉及人类生活的各个领域以及能源、工业、建筑、交通等各个行业。它要求对高能耗产业进行"减碳"的改造和转型,实现人与自然的和谐共处,进而增强人类社会可持续性的一种全新发展模式。它依据低碳经济的原理组织经济生产活动,变以往"高碳"型的经济模式为"低碳"型经济模式,即低碳经济发展模式就是以低能耗、低污染、低排放和高效能、高效率、高效益为基础,以低碳发展为发展方向,以节能减排为发展方式,以碳中和技术为发展方法的绿色经济发展模式。

二、低碳经济的特征

(一) 经济性

低碳经济具有经济性包含两层含义,一是低碳经济应按照市场经济的原则和机制来发展,二是低碳经济的发展不应导致人们的生活条件和福利水平明显下降。也就是说,既反对奢侈或能源浪费型的消费,又必须使人民生活水平不断提高。更通俗地说,发展低碳经济不能也不是让人类回到农耕社会。

(二) 技术性

低碳经济具有技术性,即通过技术进步,在提高能源效率的同时,也降低二氧化碳等温室气体的排放强度。前者要求在消耗同样能源的条件下人们享受到的能源服务(如照明、家用电器消耗等)不降低;后者要求在排放同等温室气体的情况下人们的生活条件和福利水平不降低,这两个"不降低"需要通过能效技术和温室气体减排技术的研发和产业化来实现。

(三) 目标性

低碳经济具有目标性。发展低碳经济的目标应该是,将大气中温室气体的浓度保持在一个相对稳定的水平上,不至于带来全球气温上升影响人类的生存和发展(如海平面上升导致小岛屿国家的淹没等),从而实现人与自然的和谐发展。

三、低碳经济的实现途径

从低碳经济发展的经验来看,推动低碳经济发展的关键手段是技术进步与能源结构调整,在技术进步方面实现新能源与可再生能源的开发利用、碳储存、清洁生产与废弃物循环利用、环境保护等技术革命性突破;在能源结构调整方面普及节能技术,大规模发展利用可再生能源。实现低碳经济发展主要有以下几个途径。

(一) 调整能源结构,提高能源效率

在 3 种化石能源中,煤的含碳量最高,油次之,天然气的单位热值碳密集只有煤炭的60%。其他形式的能源如核能、风能、太阳能、水能、地热能等属于无碳能源。从保证能源安全和保护环境的角度看,发展低碳和无碳能源,促进能源供应的多样化,是减少煤炭消费降低对进口石油依赖度的必然选择。

尽管能源结构的调整可以大量减少二氧化碳排放量,但能源结构调整由于受到资源禀赋和技术条件的限制,短期内不可能实现。因此必须处理好常规能源与新能源开发的关系。在确保煤炭能源基础地位的前提下,抓紧对煤变油、水浆煤等煤炭深度利用技术和高效清洁煤利用技术的研究和推广,以降低单位煤耗二氧化碳排放量。同时充分利用

我国自然资源的优势,从战略高度扶持新能源和可再生能源的开发利用。调整能源结构是满足能源需求、促进二氧化碳减排的根本途径,但会受到能源结构调整速度的限制。实施清洁生产,将煤炭转化为较高效和清洁的能源是我国目前最直接可行的碳减排途径。

(二) 调整产业结构,降低能源消耗

同等规模或总量的经济,处于同样的技术水平,如果产业结构不同,则碳排放量可能相去甚远。传统的农业生产几乎不使用商品能源,就是现代农业生产,也改变不了农作物和动物生长过程对光、热、土地等自然因素的依赖,商品能源的使用只是辅助性的,或是对劳动力的替代,因而较为有限。第三产业提供的产品主要是服务,虽然在服务过程中为了提高效率需要一些办公和运行设备,需要消耗商品能源,但其单位产值消耗的能源也非常有限。真正需要大量消耗能源的是工业制造业、建筑业和交通运输业。

然而,要调整产业或经济结构,会受到诸多因素的制约。产业结构是与一定的经济和社会发展阶段相适应的。在传统的农业社会,工业不可能占有较大的比例。处于工业化进程中的发展中国家,工业在国民经济中的比例会在相当长的时期内占据主导地位。必然要在充分工业化之后,才可能由服务业来主导国民经济。因此,能耗高的工业所占的比例不仅不会大幅降低,而且还可能升高。处于"后工业社会"的发达国家可以采取"外购"的形式,把高能耗的制造业转移到发展中国家。而发展中国家由于不具备资金、技术、管理方面的优势,还难以像发达国家那样,靠发展高端服务业来实现低碳发展。

(三) 加强技术创新,发展"碳中和"技术

低碳技术和清洁发展机制(CDM)是实现低碳经济的主要方式,要实现低碳发展,技术创新是关键,因为能源效率的提高,低碳新能源的开发,化石能源的低碳化都要依赖于技术创新。随着技术发展,碳排放的总量约束会限制经济发展的速度;只有通过改善能源结构、调整产业结构、提高能源效率、增强技术创新能力、实现碳中和技术等措施才可以实现碳排放总量和单位排放量的减少。

同时要利用好《京都议定书》的 CDM 这种新的国际合作机制机会,这种机制既能降低发达国家的碳减排成本,又能为发展中国家带来减排资金和技术。适于开发 CDM 项目的领域很多,从广泛意义上说,任何以发展低碳经济为目标的低碳技术、碳减排技术项目,都可以作为 CDM 项目。应大力发展重低碳或无碳技术的"碳中和"技术,"碳中和"(Carbon-neutral)这个术语是由伦敦的未来森林公司于 1999 年提出的,意思是通过计算二氧化碳排放总量,然后通过植树造林(增加碳汇)、二氧化碳捕捉和埋存等方法把排放量吸收掉,以达到环保的目的。政府间气候变化专家委员会(IPCC)认为,低碳或无碳技术的研发规模和速度决定未来温室气体排放减少的规模。碳中和技术主要包括三类:① 温室气体的捕集技术。② 温室气体的埋存技术,由于绿色植物通过光合作用吸收固定大气中的二氧化碳,因而通过土地利用调整和林业措施将大气温室气体储存于生物碳库中

也是一种积极有效的减排途径。③低碳或零碳新能源技术,如太阳能、风能、光能、氢能、燃料电池等替代能源和可再生能源技术。目前碳中和技术仍处于研发阶段,从技术经济角度来看离全面推广应用还有很大距离。

(四)加强国际经济合作,提高技术转让速度

气候变化是环境问题也是发展问题,解决气候变化问题的实质是实现可持续发展,其关键是实现技术创新、转让、推广,开展灵活务实的国际合作。而提高技术创新能力,发挥 CDM 机制作用更需要国际间的合作。

未来世界能源需求和排放增长大部分来自发展中国家,而发展中国家限于自身经济实力,技术水平相对落后,技术研发能力相对不足。先进能源技术最终要为解决全球能源和环境问题发挥作用,技术的传播和扩散非常重要,仅仅依靠技术的自然扩散带来的溢出效益,或者商业性的技术贸易都是不够的。为了促进全球可持续发展的共同目标,发达国家有义务向发展中国家提供资金援助和技术转让。然而,长期以来,可持续发展目标下真正积极意义上的技术转让进展十分缓慢。因此,未来国际气候制度的发展,非常有必要寻求通过制度化的手段,来推进发达国家向发展中国家的技术转让。

(五)建立清洁发展机制,促进低碳经济发展

要实现经济的低碳发展和可持续发展,清洁发展机制(CDM)、节能减排是非常重要的方式和手段。通过开发 CDM 项目,可以减少温室气体的排放,从而保护自然和森林植被,并有助于提高资源和能源的利用效率,充分利用和开发可再生资源,从而减少污染物的排放,保护环境,以实现可持续发展和循环型社会的目的。

节能减排是党中央、国务院站在经济社会发展全局,从全国人民的根本利益出发作出的重大战略决策,是落实科学发展观、构建社会主义和谐社会的重大举措。节能减排是应对温室气体减排国际压力、能源供需矛盾和生态日益恶化问题的主要手段,是实现节约发展、低碳、清洁、低成本、低代价发展的方式。节能就是应用技术上现实可靠、经济上可行合理、环境和社会都可以接受的方法,有效地利用能源,提高能源利用效率,是实现低能耗、低污染、低排放和高效能、高效率、高效益发展目标的着力点。总之,包括 CDM 机制下的排污权交易制度是协调环境保护与经济发展之间矛盾的产物,对不断调整我国的产业结构和能源结构有一定的积极意义。

四、低碳经济的评价体系

低碳经济提出以后,我国也开始逐渐重视低碳经济的建设和评价问题。低碳经济评价的目的是分析碳排放的基本影响因素、碳排放的区域差别、碳排放的产业差异、碳排放的政策效果、碳排放动态演进特征等。中国环境科学研究院气候变化影响研究中心在2009 年提出了一个包括低碳生产指标、低碳消费指标、低碳资源指标、人文发展指标和低碳政策指标等 5 个一级指标和若干二级指标的低碳经济发展水平的衡量指标体系。

　　学者对于低碳经济的衡量和评价,更多集中于对碳排放影响因素、碳排放限制等的研究。比如:付加锋等(2010)构建了以低碳产出、低碳消费、低碳资源、低碳政策和低碳环境为维度衡量中国低碳经济发展的多层次评价指标体系,以期为定量评估中国低碳经济发展的潜力提供参考依据[94]。胡大立等(2010)从产业链的初始资源到最终消费市场这一路径,构建了包括低碳能源指标、低碳消费指标、低碳产业产出指标、低碳废物处理、低碳社会环境、低碳科学技术6个维度内含20个统计指标的低碳经济评价指标体系[95]。李晓燕(2010)选取了经济发展系统、低碳技术系统、低碳能耗排放系统、低碳社会系统、低碳环境系统(自然)、低碳理念系统6个维度来构建省区低碳的经济评价体系,并选取了我国典型的省份进行比较[96]。赵彦云等(2011)在借鉴美国加州绿色经济发展与测度体系的基础上,结合我国国情,提出了我国绿色经济测度体系的整个框架应按照三级体系设计,包含低碳效率、低碳创新、低碳引导、低碳社会、和谐社会5个要素[97]。赵立成等(2012)基于熵权法和DEA-Malmquist方法研究绿色经济视角下环渤海经济圈经济效率的再评价问题,重新计算包含环境成本的相对绿色GDP[98]。

　　国内关于低碳经济评价的理论还不完善,其研究对象集中在区域性的低碳经济发展现状、低碳城市建设等,评价方法主要是综合合成方法、层次分析法等。相对于国内的研究现状,国外关于低碳经济评价的研究表现出以下特点:重视实践研究,对低碳经济的理论研究较少,将低碳经济具体化,针对国际、国家、区域等不同尺度探讨低碳经济发展的具体模式。在研究对象上侧重于低碳经济某一特定领域,尤其体现在低碳能源、碳排放等方面。在评价方法上,大量运用各种数量模型,如投入—产出法、成本—效益法等。基于国内外现有研究存在的缺漏和不足,为了更加全面、深刻地评价低碳经济,进而加速和推动区域低碳经济发展,我们仍需要在3个方面展开深入研究:首先是区域低碳经济综合评价指标体系,目前国外低碳经济评价侧重于某一特定领域,少有关于综合评价的指标,虽然国内有一定的研究成果,但并不完善;其次是评价方法,国内的评价方法相对较少,国外关于低碳经济的方法较多,但不完善;最后是研究对象,国内侧重于区域综合性研究,国外则侧重于实践研究、专项研究,且理论性研究相对较少。

第五节　生态文明理论

一、生态文明理论的内涵

　　国外很早就有关于生态文明的提法,美国罗伊·莫里森(Roy Morrison)在1995年就已经明确提出了"生态文明"(Ecological Civilization)的概念,并将"生态文明"作为工业文明的一种文明形式。西方国家在20世纪60年代后,开展环境保护和生态建设,联合国等国际组织也提出了可持续发展概念,其中就蕴含了"生态文明"健康发展这一理念。加拿大生态经济学家威廉·里斯（William Rees）在 20 世纪 90 年代提出"生态足迹"（Ecological Footprint）这一量化指标，主要用来计算在一定的人口和经济规模条件下，维持资源消费和废弃物吸收所需要的生态土地面积。通过引入生态型土地的概念，实现对自然资源的统一描述，有助于监测经济生产活动中的环境政策实施效果。

2002 年以来，党中央提出了系列与生态文明建设相关的理论。科学发展观论述全面协调可持续发展的基本要求，和谐社会中人与自然和谐成为基本特征，社会建设以资源节约、环境友好为目标，这些都蕴含着生态文明建设的重要内容与相关要求。党的十七大明确提出生态文明建设概念，要求建立节约资源和保护生态环境的产业结构、增长方式、消费模式，循环经济大规模发展，可再生能源比重显著上升，主要污染物排放得到有效控制，生态环境质量明显改善，生态文明观念在全社会牢固树立起来。党的十八大更是首次把"美丽中国"作为未来生态文明建设的宏伟目标，提出全面建成小康社会和全面深化改革开放的目标，使"资源节约型、环境友好型社会"建设取得重大进展。

因此，结合国外关于生态文明的理解和我国的战略构思，生态文明的基本内容主要包括以下几个方面：

（一）树立人与自然和谐相处的价值理念

在人与自然关系中，既要改变以往"人类中心"的思维模式，对自然不断掠夺和索取，又不能按照"生态中心主义"的思维，一味追求生态良好而忽视人类发展的诉求。人与自然不是完全割裂的两个部分，而是相互依存的关系，你中有我，我中有你。自然界是包括人类在内的一切生物的摇篮，是人类赖以生存和发展的基本条件。保护自然就是保护人类，建设自然就是造福人类，要加倍爱护和保护自然。人与自然要和谐相处，那么人类的生产活动等就必须遵循客观的自然规律。只有人与自然的和谐相处，才能保证人类拥有良好的生活环境和生活基础，才能实现人类永续不断的发展。

（二）建设绿色环保产业以实现人类社会的长远发展

人类社会的生产方式直接影响着人与自然之间的关系，传统的生产发展模式主要是"生产—消费—废弃"，对于资源造成了极大的浪费，未能有效地利用资源。而绿色的环保产业主要是指循环经济和绿色产业，即在生产模式上属于"生产—消费—再利用—再生产"，使资源达到最大限度的利用。将资源节约落实到每一个环节之中，通过技术的提高和改良将资源最大限度地开发利用，减少对环境造成的危害。在这样的产业模式之下资源得到有效利用，自然资源和环境得到保护。只有改变工业文明的高污染、高浪费的生产方式才能实现生态文明，才能有效地解决资源危机等问题，实现人类的长远发展，达到生态文明。

（三）完善制度建设，更加注重生态环境的保护

生态文明既需要牢固的经济基础作为保证，又需要与之相应的上层建筑的改变，这

就要求在政治制度等各方面保证生态文明理念得到落实。在政策指导上,牢固树立科学发展的理念,解决好与人民生活密切相关的环境问题;在政绩观上,实现经济、社会、文化指标与资源环境指标相统一;在法律体系上健全环境保护法,确立生态保护和有偿使用资源的法律制度。逐步确立生态制度,让生态建设成为政治生活的重要内容,对于生态文明建设起着十分重要的作用。当人们将生态观念深入到意识形态层面时,生态建设才能落实到社会实践活动之中。

(四) 提倡节约、环保、文明的消费模式

生产实践活动的最终目标是满足人们的生活需要。生产活动决定着人们的消费,但人们的消费观念对于生产活动有着能动的影响作用。工业文明中所形成的浪费型、奢侈型消费模式,过度追求物质享受,忽视精神生活,不利于人的身心健康,也会对资源造成极大的浪费,加重环境负担。树立节约、环保、文明的消费模式,既注重人类必需的物质生活消费,又关注人类精神生活的提升;既有益于人们的身心健康,又有益于自然资源与环境,为人类创造一个有序的、稳定的、适宜的生活环境。在科学的合理的消费模式下有利于人们形成健康、绿色的生活方式,将生态文明落实到每一个人的具体行动上,将生态文明贯穿于人们生活的细节中,这些也将影响着社会生产活动朝着满足人们的绿色消费需求的转变。

二、生态文明理论的特征

生态文明理论体现了马克思主义的辩证唯物主义和唯物主义历史观,从人、社会、自然全面发展出发,提出生态文明理论。生态文明理论具体体现了马克思主义的全局观念、公平正义观念、可持续发展观念。

(一) 生态文明的有机性与自律性

生态文明最突出的特点就是强调自然界是一个有机体,人类是自然界中最为活跃的一员,人类的各种生产实践活动会对自然这个有机体造成重大的影响,而自然界又会将这种影响回馈给人类。如果人类依旧像农业文明、工业文明时那样只是盲目地改造自然以提高物质水平,必将伤害自然这个有机体,而自然界则会以另一种方式将这种伤害转移到人类自身。因而生态文明高度重视这种有机性,注重爱护自然。生态文明也注重人的自律性。人类是自然界中的普通一员,但又是最为特殊的一员,因为人类具有意识,能够认识自然界并改造自然界。在解决人与自然之间的矛盾时,人具有能动性,是矛盾的主要方面,建设生态文明的关键在于人类能够自觉地改变自身的行为,以文明的方式对待自然。生态文明主要是对工业文明的扬弃,对人类自身活动的反思。迈向生态文明目标的路程是人类不断修正自身错误的过程,通过自觉的改变来适应自然,与自然和谐共处。解决生态问题需要依靠人类的自觉性,改变自身的行为方式和生活方式。我们应该清醒地认识到人类不能主宰自然界,但也不屈从自然,人是自然界的一员,具有一定的独

立性,只有遵循自然发展规律才能实现人与自然的长远发展。

（二）生态文明的公平性与和谐性

生态文明的公平性主要体现在代内公平、代际公平、生态公平。生态文明的公平广泛地深入到人们生活的各个方面。为了维护人类良好的生存环境,代内之间必须共同承担相应的道德义务,对于环境权益和环境责任进行公平的分配,实现代内正义。资源和环境不仅是我们当代人所享有的,也是先辈的遗产,将来要传承给子孙后代。我们不能将资源用光、将环境破坏到不能恢复的程度,而应该保护好资源与环境,让子孙后代也能够享有发展的资源和良好的环境。地球不仅是人类的家园,也是所有生命物种的家园,人类不能为了自身的生存而去无限掠夺其他物种的生活权利,必须保护所有生命共同体,实现生态公平。生态文明具有和谐性。生态文明实现的是整个世界的和谐。人与自然的发展变化处于统一过程之中,人与自然的关系的变化影响着人类文明的发展和自然界的不断演化。人与自然之间要不断地克服片面的关系,确立全面的关系,从对立走向和谐。人们必须遵循人、社会、自然和谐发展的客观规律,实现资源的合理开发和有效利用,生活环境更加优美、清洁,人与人之间诚信友爱,实现整个社会安定有序。生态文明必将成为未来社会的新纪元,为自然和人类带来更多的福祉。

（三）生态文明的基础性与可持续性

自然界为人类提供物质和精神食粮,是人类的无机身体。生态文明正是站在人类长远发展的角度,协调经济发展、政治发展、文化发展、生态发展之间的关系,保证人民群众的根本利益。生态文明对我国社会建设的整体布局有着重要影响,与全面建设小康社会紧密相关,更是对中华民族长远发展的考虑和思索。生态文明是其他文明的基础,又渗透在其他文明之中,对它们起着指导作用。生态文明具有可持续性。生态系统的服务能力是一个国家综合国力的重要表现,与经济实力、创新能力等同等重要,并对它们起着基础支持的作用。建设生态文明正是对国家经济、资源、生态和社会各方面的协调与整合,保证国家综合国力的可持续发展。生态文明要求加强对资源环境的保护和改善,乃是追求社会发展的物质基础的可持续性,保证子孙后代的可持续发展。只有在生态文明之下,才能实现中国的长远发展、中华民族的复兴。

三、"五位一体"的总体布局

党的十八大提出,建设中国特色社会主义事业总体布局由经济建设、政治建设、文化建设、社会建设"四位一体"拓展为包括生态文明建设的"五位一体",这是总揽国内外大局、贯彻落实科学发展观的一个新部署。经济、政治、文化、社会和生态五大建设并列将为中国到2020年如期实现全面建成小康社会目标提供强有力的保障。

"五位一体"总布局是中国共产党在领导人民建设中国特色社会主义的实践中认识不断深化的结果。邓小平首先提出物质文明、精神文明的"两个文明"建设,此后,党在此基础上提出经济、政治、文化建设的"三位一体"。在科学发展观与和谐社会的理念提出后,党将以改善民生为重点的社会建设提上重要日程。党的十七大将经济、政治、文化、社会建设"四位一体"的中国特色社会主义事业总体布局写入党的章程。"五位一体"的新布局正是在科学发展观的指导下产生的,其更加强调均衡、可持续和以人为本的发展。

"五位一体"总布局标志着我国社会主义现代化建设进入新的历史阶段,体现了我们党对于中国特色社会主义的认识达到了新境界。"五位一体"总布局与社会主义初级阶段总依据、实现社会主义现代化和中华民族伟大复兴总任务有机统一,对进一步明确中国特色社会主义发展方向,夺取中国特色社会主义新胜利意义重大。

"五位一体"总布局是在科学发展观指导下产生的,更加强调均衡、可持续和以人为本的发展。改革开放30多年来,我国经济社会发展取得了举世瞩目的辉煌成就,综合国力与国际地位显著提升,人民生活水平不断提高,全面建设小康社会取得重大进展。亿万人民在物质生活得到基本保障后,不仅对物质生活水平和质量提出了新的更高的要求,而且在充分行使当家做主的民主权利、享有丰富的精神文化生活、维护社会公平正义、拥有健康美好的生活环境等方面都有了新的期待。党的十八大提出"五位一体"建设总布局,纳入生态文明建设,提出要从源头扭转生态环境恶化趋势,为人民创造良好生产生活环境,努力建设美丽中国,实现中华民族永续发展,是我国社会主义现代化发展到一定阶段的必然选择,体现了科学发展观的基本要求。牢牢把握"五位一体"总布局,就一定能推动当代中国全面发展进步,使中国特色社会主义更加生机勃勃。

把握"五位一体"总布局,必须深刻理解五大建设的丰富内涵。"五位一体"总布局是一个有机整体,其中经济建设是根本,政治建设是保证,文化建设是灵魂,社会建设是条件,生态文明建设是基础。只有坚持五位一体建设全面推进、协调发展,才能形成经济富裕、政治民主、文化繁荣、社会公平、生态良好的发展格局,把我国建设成为富强、民主、文明、和谐的社会主义现代化国家。十八大报告对下一阶段工作提出经济持续健康发展、人民民主不断扩大、文化软实力显著增强、人民生活水平全面提高、资源节约型和环境友好型社会建设取得重大进展的要求。这是党中央根据我国经济社会发展实际,对全面推进"五位一体"建设提出的新要求。落实这些新要求,需要全党全国人民加倍努力。

把握"五位一体"总布局,必须全面贯彻落实十八大相关部署。在经济建设方面,要加快完善社会主义市场经济体制,加快转变经济发展方式,不断增强发展后劲,促进工业化、信息化、城镇化和农业现代化同步发展。在政治建设方面,要坚持走中国特色社会主义政治发展道路,坚持党的领导、人民当家做主、依法治国有机统一,加快建设社会主义法治国家,建立健全权力运行约束和监督体系,让权力在阳光下运行。在文化建设方面,要加强社会主义核心价值体系建设,全面提高公民道德素质,丰富人民精神文化生活,增强文化整体实力和竞争力,建设社会主义文化强国。在社会建设方面,要以保障和改善民生为重点,多谋民生之利,多解民生之忧,加快健全基本公共服务体系,加强和创新社会管理,推动和谐社会建设。在生态文明建设方面,加大自然生态系统和环境保护力度,加强生态文明制度建设,努力实现绿色发展,努力建设美丽中国。

把握"五位一体"总布局,必须自觉运用科学发展观指导实践。"五位一体"总布局体现了科学发展观的深刻内涵,是当代中国促进人的全面发展的必然要求。要坚持以人为本的核心立场、全面协调可持续的基本要求和统筹兼顾的根本方法,始终把实现好、维护好、发展好最广大人民的根本利益作为工作出发点和落脚点,从现代化建设全局的高度积极应对新矛盾、新问题,处理好当前与长远、局部与全局的关系,统筹城乡发展、区域发展、经济社会发展、人与自然和谐发展、国内发展和对外开放,努力促进生产关系与生产力、上层建筑与经济基础相协调,不断开拓生产发展、生活富裕、生态良好的文明发展道路。

四、生态文明建设的评价体系

2002年,国家环保总局编制了《生态市建设指标(试行)》,该方案中包含了经济发展、环境保护、社会进步3个方面,突出了城市的生态化要使经济、环境和社会协调发展,而不仅仅是生态环境的保护与发展。2007年,党的十七大报告中提出建设生态文明的要求,是以人为本的科学发展观在我国经济社会可持续发展领域的运用和升华。为落实十七大精神,一些地方政府率先开展生态文明建设的探索和研究,确定相关调研课题,比如湖州市委、市政府联合当地统计局开展湖州市生态文明建设的思路和对策研究。2008年7月,厦门市与中央编译局合作完成"生态文明建设(城镇)指标体系"。海南省、贵阳市等地区也相继开展了生态省(市)、生态文明城市等研究,并制定了相关的评价指标体系。同年12月,国家环境保护部制定了《关于推进生态文明建设的指导意见》,明确提出大力发展生态经济、强化生态文明建设的产业支撑体系、加强生态环境保护和建设、构建生态文明建设的环境安全体系、建立生态文明的道德文化体系等要求,这些要求为评价生态文明建设提供了参考标准。2012年8月,环境保护部与经济政策研究中心主持的"生态文明建设目标指标体系研究"取得阶段性成果,准确把握了生态文明建设的主要内容,即生态经济、生态环境、生态文化等,但是现阶段定位与评估,将来通过实践再过渡到考核方面。2012年底,国家环保部部长周生贤在中国环境与发展国际合作委员会年会上再次强调,加快建立有利于生态文明建设的体制机制,保护生态环境必须依靠制度,抓紧制定实施生态文明建设目标指标体系和推进办法,并将其纳入地方各级政府绩效考核。

学术界近些年开展了大量关于生态文明建设评价的研究,关琰珠等(2007)根据可持续发展理论和生态文明观,从目标层、系统层、状态层、变量层、要素层5个层次构建了生态文明指标体系,系统层将生态文明系统划分为资源节约、环境友好、生态安全和社会保障4个部分,其中,资源节约系统中采用节约能源、节约用水、节约土地、综合利用、绿色消费变量表示,环境友好系统中采用环境质量、污染控制、环境建设和环境管理变量表示,生态安全系统中采用生态保护和生态预警变量表示,社会保障系统中采用国民素质、经济保障、科技支撑、公共卫生和公众参与变量表示[99]。

张静(2009)综合考虑了环境与经济、人与自然和谐发展的目标,确立了包括人口发展支持系统、资源节约系统、环境保护系统、经济社会支持系统4个子体系的生态文明指标体系,其中包含了26个单项指标,以昆山、大连和东莞3市为例,将3市的生态文明建设水平进行了横向比较,确定各自生态文明建设中的优势和特点[100]。梁文森(2009)认为生态文明是指人类与环境因素之间,在一定时间内保持相对的协调和稳定状态,主要表现为生态系统的物质与能量的输入与输出的相互平衡,各个组成成分之间都处于相互依存又相互制约的动态平衡状态,螺旋式上升的平衡。生态文明指标既是衡量环境质量、测评被污染和被破坏程度的尺度,也是制定污染排放物标准的依据,因此从大气环境质量、水环境质量、噪声环境质量、辐射环境质量、生活环境质量、生态环境质量、土壤环境质量、经济环境质量8个维度构建了生态文明的指标体系,主要涉及36项宏观测评的环境指标[101]。刘文静(2009)在环境—经济—社会系统指标体系现状研究的基础上,分别就相关指标体系研究的内容、框架以及评价方法等进行系统阐述,她认为生态文明在环境、经济、社会作为一级指标的基础上,还应该添加制度、技术等一级指标,评价体系还应涵盖对生态文明发展趋势以及指标间的相互关系的协调程度,考虑各部门之间的作用和相互影响关系,从而衡量系统的发展水平和稳定程度[102]。

韩永伟等(2010)在关琇珠等人的研究基础上,以区域生态文明效应为研究对象,结合区域可持续发展研究理论,初步制定了包括生态文明意识、生态文明经济、生态文明生活、生态文明制度、生态环境质量5个方面的指标体系,细化为31项可获得的约束性指标和参考性指标[103]。高珊等(2010)以江苏省为研究案例,针对生态文明动态化、区域性的特点与基本内涵,基于绩效评价建立省域范围的生态文明指标体系,其生态文明综合指数的构成包括增长方式、产业结构、消费模式、生态治理等内容[104]。严耕等在其著作《中国省域生态文明建设评价报告(ECI 2010)》中,主要论述了生态文明是与自然和谐双赢的文明,生态文明建设则是通过对传统工业文明弊端的反思,转变不合时宜的思想观念,调整相应的政策法规,引导人们改变不合理的生产方式、生活方式,发展绿色科技,在增进社会福祉的同时,实现生态健康、环境良好、资源节约,逐步化解文明与自然的冲突,确保社会的可持续发展[105]。2011年和2012年又先后发布了"中国省域生态文明建设评价年度报告(ECI 2011,ECI 2012)",采用国家发布的权威数据,从生态活力、环境质量、社会发展、协调程度、转移贡献5个领域对我国31个省份进行了综合评价。其评价结果显示,我国尚无在生态文明建设诸领域全面领先的省份,各省份互有短长,分属不同的生态文明建设类型,这就需要各省份找准自身的发展道路。整体来看,我国生态文明建设水平一直在稳步提升,这主要得益于社会发展、协调程度方面的骄人成绩。但生态活力提升缓慢,环境质量改善乏力,减缓了生态文明建设的步伐。现阶段,环境质量整体退化的趋势尚未根本逆转,社会发展与环境质量之间的冲突仍然是不争的事实。

张黎丽(2011)设计了由生态经济、生态保护、生态承载力、生态环境和生态发展五层模型结构组成的目标集,确定了 39 个代表性指标来反映生态文明的具体要求,构成西部生态文明建设评价指标体系,经过分析计算建立西部地区基准年(2007 年)指标及指标值,并采用全排列多边形图示指标法评价四川和贵州两省的生态文明建设现状。采用长期能源替代规划系统(LEAP)为计量工具,以 2007 年为基准年预测了未来 13 年内西部地区社会经济状况和不同的社会经济发展条件下,资源能源利用、污染物排放的变化情况,最终确定了 35 个指标构成的生态文明考核指标体系[106]。王金南(2012)认为党的十八大提升了生态文明建设的战略高度,提出了经济建设、政治建设、文化建设、社会建设和生态文明建设"五位一体"的新布局。生态文明建设是实现美丽中国的基础和保障,为了实现全面小康的生态文明建设的目标,可从资源节约保护、自然生态保护、环境质量改善、地球环境安全 4 个维度构建美丽中国建设的评价指标体系[107]。2012 年,四川大学"美丽中国"评价课题组发布了《"美丽中国"省会及副省级城市建设水平(2012)研究报告》,主要研究生态环境与经济社会发展的关系以及如何促进两者共同发展的问题,设计了一套涵盖生态、经济、政治、文化、社会 5 个方面的综合性指数作为主要评价依据,以联合国人类发展指数(Human Development Index, HDI)为主要测量方法,对我国省会及副省级城市进行评比,此份研究报告通过数据排名的方式来反映各省、各主要城市在发展中存在的问题,为政府决策提供有价值的参考。成金华(2013)提出科学的构建生态文明指标体系,认为生态文明评价要体现生态系统健康的目的导向,坚持资源环境利用总量和强度控制的双重约束,推动各地的生态文明制度建设。在构建生态文明评价指标体系和实施评价的过程中,还要统筹考虑不同主体功能区资源环境的差异性、评价对象的城市化程度、不同区域之间的生态环境影响等问题[108]。

第四章　节能减排统计的核算基础

建立节能减排统计指标体系旨在对能源—环境—经济—社会大系统可持续发展进行统计描述、监测、评价和预警，支撑生态文明和美丽中国建设。除了核算框架导出的指标体系指标来自于一个单一的核算数据库之外，更多的指标体系的设计具有灵活和包容的特性，采取一种平行组合的方式构建指标群组成的指标体系，并不局限于数据的来源。可持续发展包括经济、社会、环境和制度与科技4个层面，描述这4个层面的指标需要经济、社会和人口、环境、社会以及科技统计。因此，节能减排统计指标体系除了需要能源统计的数据之外，还需要能反映能源系统与社会—经济—生态系统可持续发展相关的能源统计数据。为了使指标体系成为可信有用的工具，指标必须具有有效、一致的统计数据基础。本章从理论原理出发，讨论能源环境统计与节能减排指标体系的关系，研究国际能源统计核算标准的发展，借鉴先进国家能源统计核算的经验，阐释国际通用能源统计和核算方法；讨论国内能源环境统计发展，寻找建立符合中国国情的节能减排统计体系。

第一节　可持续发展能源指标体系

全面细致地了解能源统计对象、分解能源统计任务、设计统计报表和报表制度等，以便形成完整的能源统计核算概念及框架。科学的能源统计理论和有效的能源统计实践活动是现有国际可持续发展能源指标体系建立的统计基础，对于该指标体系的具体应用具有十分重要的意义。

一、统计指标和统计指标体系

根据统计研究的目的和要求，确定了总体、总体单位及其各种标志以后，就应采用一定的统计方法对各单位的标志的具体表现进行登记、核算、汇总和综合，以说明各个总体的数量特征。这主要是通过统计所特有的指标来实现的。

（一）统计指标

统计指标是反映统计总体的数量特征的概念和数值。与标志不同，它是依附于统计总体的。例如，人口数目、土地面积、工农业产品产量、工农业总产值、成本、利润、国民收入等，这些概念用于反映一定统计总体的数量方面时，就是统计指标。任何统计指标总是要通过一定的数值来加以说明的，这种数值称为统计指标数值。统计指标数值是现象发展变化的规律性在一定时间、地点和条件下的数量表现。一个完整的统计指标由两个部分所构成,即指标名称和指标数值。指标名称和指标数值是两个既有联系又有区别的概念。指标名称是统计所研究的社会经济现象的科学概念,表明社会经济现象的质的规定,反映某一社会现象内容所属的范围;指标数值则是统计所研究现象的具体数量综合的结果,从数量上对某一社会经济现象总体特征加以说明。统计指标名称及其指标数值的有机结合,也就是事物质的规定性和量的规定性有机联系的表现。

统计指标一般包含有 6 个要素:指标名称、计量单位、核算方法、时间限制、空间限制和指标具体数值。从事统计指标的理论设计主要是制订和规范前 3 个要素,而从事具体的统计调查和数据搜集工作,则是要准确核算后 3 个要素,这也是具体统计工作所要承担的繁重任务。

统计指标按其所反映的数量特点和内容的不同,可以分为数量指标和质量指标两类。凡是反映社会经济现象范围的广度、规模大小和数量多少的指标叫数量指标,它表示事物外延量的大小。例如人口总数、企业总数、耕地面积、工业总产值和商品流转额等,都属于这一类指标。数量指标是用绝对数表示的,并具有实物的或货币的计量单位。统计实践中这类指标通常是以总量指标的形式出现。由于数量指标反映的是现象总体的绝对量,因此其指标数值大小随总体范围的大小而增减变动。

反映现象本身质量、现象的强度、经营管理工作质量和经济效果等的统计指标,称为质量指标,它表示事物的内涵量状况。例如产品合格率、固定资产的利用程度、单位成本指标、利润率、劳动生产率等。质量指标是用相对数或平均数表示的,在统计工作中,这类指标通常是以相对指标或平均指标的形式出现。由于质量指标反映的是现象总体内部的数量关系,因此其指标数值大小与总体范围大小没有直接的关系。数量指标和质量指标的关系表现在,数量指标是计算质量指标的基础,质量指标往往是相应的数量指标进行对比的结果。

需要指出是,统计指标与标志之间既有区别又有联系。两者的区别主要表现在:第一,反映的对象和范围大小不同。统计指标说明的是总体的数量特征,而标志则是反映总体单位的数量特征。第二,表述形式不同。统计指标都可以用数值表示,而标志既有能用数值表示的数量标志,又有不能用数值只能用文字表述的品质标志。两者的联系主要表现为:第一,具有对应关系。在统计研究中,标志与统计指标名称往往是同一概念,具有相互对应关系。因此,标志就成为统计指标的核算基础。第二,具有汇总关系。许多统计指标的数值是由总体单位的数量标志值汇总而来的。如某地区工业总产值就是各企业总产值加总之和,这里,地区工业总产值就是统计指标,而各企业总产值则是标志。同时,通过对品质标志的标志表现所对应的总体单位数进行加总,也能形成统计指标。例如,工业企业经济类型,汇总后可得出具有某种属性的总体单位数,如国有经济企业数、集体经济企业数等。第三,具有变换关系。由于统计研究的目的不同,统计总体和总体单位具有相对性。统计总体和总体单位规定的非确定性,导致相伴而生的统计指标和标志也不是严格确定的。随着研究目的的变化,原有的总体转变为总体单位,相应的统计指标也就成为标志;反之亦然。这说明指标与标志之间存在着一定的联系和变换关系。

(二) 统计指标体系

社会经济现象是一个复杂的总体,各类现象之间存在着相互依存和相互影响的关系。一个统计指标往往只能反映复杂现象总体某一方面的特征,要了解客观现象在各个方面及其发展变化的全过程,仅靠单个的统计指标是不行的,必须建立和运用统计指标体系。

统计指标体系是若干个反映统计总体数量特征的相对独立又相互联系的统计指标所组成的整体。例如,一个工业企业把产品产量、净产值、劳动生产率、质量、消耗、成本、销售收入等统计指标联系起来就组成了指标体系,这便于我们全面、准确地评价该企业的生产经营情况。

由于现象之间相互联系的多样性和人们认识问题的多视角,反映现象总体的统计指标体系也可以从不同的角度进行分类。

指标体系按其反映内容不同,可分为社会统计指标体系、经济统计指标体系和科学技术统计指标体系等。它们分别从人口社会、国民经济运行和科学技术发展等方面,反映一定时期、一定范围内国民经济和社会科技发展的总体状况。

指标体系按其考核范围不同,可分为宏观指标体系、中观指标体系和微观指标体系。宏观指标体系反映整个社会、经济和科技情况;中观指标体系反映各个地区和各个部门、行业的社会、经济和科技情况;微观指标体系反映各企、事业单位的生产经营或工作运行情况。

指标体系按其作用功能不同,可分为描述性指标体系、评价性指标体系和预警性指标体系。描述性指标体系主要是反映社会经济现象的现状、运行过程和结果;评价性指标体系主要是比较、判断社会经济现象的运行过程、结果是否正常;预警性指标体系是对经济运行过程进行监测、起预警作用的指标。

上述各类统计指标体系都有其自身的特点,实际工作中可以根据统计研究的目的选择运用或结合运用,以便充分发挥统计的信息、咨询和监督的整体功能。

二、统计的进步与指标的发展

指标体系的数据虽然来自于统计,但是为了强化测度的需要,一些创新性的指标有可能被提出,于是附带出指标所对应变量统计的需求,统计体系的发展对于创新性指标的获取起到了决定性的作用。随着国民系统的逐渐复杂,更多更新的指标被提出来以反映日益复杂的国民系统。在反映指标间不同的联系特别是数量关系方面,国民经济核算理论与方法则发挥了重要的作用。

现代意义的国民经济核算起始于威廉·配第(Willian Petty)的国民收入指标的估算。蒂莫西·柯格兰(Timothy Coghlan)提出国民收入 3 种表现形式的指标(国民生产、国民分配和国民支出）扩展了国民收入估算的理论和方法；西蒙·库兹涅茨（Simon Kuznets）用市场价格取代要素价格计算国民收入，从而开始体现核算的经济理论基础；中间产品指标和部门间经济联系指标的关注促使瓦西里·列昂惕夫（Wassily Leontief）发明了投入产出核算；莫里斯·A·柯普兰（Morris A. Copeland）在《美国货币流量的研究》一书中创立了资金流量核算方法；詹姆斯·E·米德（James E. Meade）在其名著《国际收支》中提出国际收支核算方法；雷蒙德·W·戈德史密斯（Raymond W. Goldsmith）在创立资产负债核算方法中作出巨大贡献。国民经济核算史表明，反映经济生活事实的指标与一定的概念、定义和分类，以及经济理论相结合，丰富和完善了国民经济核算体系，从而使国民经济核算能够反映经济现实的综合、连贯一致以及具有系统复杂联系的特征，并能用数量等价的关系反映这些特征，极大地便利了经济的分析。

国民经济核算的理论方法在社会、环境领域的应用，同样延续了指标与统计联系的模式。建立社会指标体系的努力始于上世纪60年代的美国，随后在一些主要国际组织和发达国家广泛开展。早期美国社会指标的提出者已经认识到建立社会账户和社会核算体系的必要性，认为要想准确判断社会的状况和社会发展计划的效果就必须建立系统的如经济账户一样的社会账户。1975年联合国《社会和人口统计体系》（System of Social and Demographic Statistics，SSDS）反映了自1960年以后社会指标运动的成果，用核算的方法体现指标间的联系，并且考虑了与经济核算之间的衔接。社会指标区别于经济指标的明显特征是前者的很多指标难于用货币单位描述，所以一般用一个多元化的指标集来衡量国家或地区的社会发展水平。虽然目前的社会人口统计已经形成了融汇社会统计、人口统计以及相关专业统计于一体的数据整理和概念框架，但是一个内涵丰富的可持续发展指标体系要求社会核算与经济核算、环境核算等专业核算应相互联系[109]。

现在，人类对发展的关注，已经拓展到经济、社会和环境综合的领域，相应可持续发展的指标体系的研究自20世纪80年代以来就从未间断。环境问题被认为是可持续发展问题的焦点，所以环境和人类系统之间的驱动力、状态与反应的联系机制以及相对应的指标被人们提出来，以实现人类对这个问题的理解并据此制定相应对策。SEEA利用国家级的核算来提取相应的环境和经济的指标，有助于可持续发展经济环境方面指标的数据取得、分析和评估。专业性的可持续发展指标体系，比如可持续发展能源指标体系则着重强调专业统计核算在可持续发展理念下特定内容的拓展，强调能源研究与国民系统其他部分的数量联系，从而在专业方向深化了统计核算。此方面统计核算的进步体现在综合环境与经济核算体系—能源核算（System of Environmental-Economic Accounting for Energy，SEEA-E）、综合环境与经济核算体系—水核算（System of Environmental-Economic Accounting for Water，SEEA-W）的编制和应用上。

有些机构的可持续发展指标体系，比如世界银行的世界发展指数对统计的促进并非直接表现在核算技术的发展，但是却促进了数据整理、缺失数据处理、数据分析等技术的发展,或带动了数据发布和共享方面的进步,间接地促进了国民经济核算的发展。

三、可持续发展能源指标数据的统计来源

指标体系中的指标选取上需要考虑数据是否存在、是否可获得、是否全面、是否可比等一系列问题。可持续发展能源指标体系数据包括能源数据以及与能源相关的社会、经济、环境和制度方面的数据,这些数据在现行的统计体系内除了来自于能源统计,还通过国民经济核算、人口与社会统计、科技统计、工业统计、国际贸易统计、环境统计等获取。这些统计因为具有宏观管理的特征,一般归属于政府官方统计范畴,由官方统计规划和发布,但是并不排斥民间统计的调查执行或分析研究性质的参与。同时,一些国际性组织也参与一些数据的调查、处理、研究和发布,但是大部分的基础统计数据的来源还是来自于成员国家的官方统计。以国际原子能机构(IAEA)可持续发展能源指标体系[110]为例,其指标变量数据分社会、经济、环境 3 大层面,其统计来源于各类国际机构或国家官方统计,其分类如表 4.1、表 4.2、表 4.3[①] 所示。

表 4.1　社会层面指标数据统计来源

主题	分主题		能源指标	变量	来源
公平	可到达	SOC1	无电/商业能源或严重依存非商业能源(80%及以上)的家庭或人口比例	—无电/商业能源或严重依存非商业能源(80%及以上)的家庭或人口 —总家庭或人口数	统计分类: —住户调查 —能源平衡表 —国民经济核算 —社会和人口统计 —MARS 来源机构: —国家统计部门 —OECD —UNICEF —MAHB
	可支付	SOC2	能源和电支出占家庭收入的比重	—花在燃料和电力的家庭收入 —家庭收入(总的和最穷的20%人口)	
	不平等	SOC3	每种收入水平家庭的能源消费及消费组合	—各个收入群体每户能源使用(五分位数) —各个收入群体家庭收入(五分位数) —各个收入群体对应燃料组合(五分位数)	
健康	安全	SOC4	按能源生产过程划分的单位能源伤亡数量	—燃料生命周期各阶段年度死亡人数 —每年能源产量	

表中缩写的解释:①MARS:Major Accident Reporting System,重大事故报告系统;②MAHB:Major Accident Hazards Bureau,重大事故灾害管理局;③OECD:Organisation for Economic Co-operation and Development,经济合作与发展组织;④UNICEF:United Nations Children's Fund 联合国儿童基金会。

---

①　表 4.1、表 4.2、表 4.3 根据 Energy Indicators for Sustainable Development:Guidelines and Methodologies (2005)一文第 5 章方法清单进行整理得出。

表 4.2　环境层面指标数据的统计来源

主题	分主题		能源指标	变量	来源
大气	气候变化	ENV1	人均和每单位 GDP 来自能源生产使用的温室气体排放	—能源生产和使用引起温室气体排放 —人口和 GDP	统计分类： —能源统计 —环境统计 —SEEA —AMIS —EPER —森林资源评价 来源机构： —NEWMDB —CONCAWE —ITOPF —国家地方环境部门 —国家地方统计部门 —UNEP —EEA —UNFCCC 世界银行 —IEA —CDIAC —OECD —WHO —UNECE —EMEP/MSC-W —FAO —IAEA —NEA
	空气质量	ENV2	城市区域周围空气污染浓度	—空气中污染物的浓度	
		ENV3	能源系统的空气污染排放	—空气污染物排放量	
水	水质量	ENV4	液体排放中能源系统的固体污染物排放，包括石油泄漏	—液体排放中固体污染物排放	
土地	土壤质量	ENV5	土壤酸化超过阈值	—受影响的土壤面积 —临界负荷	
	森林	ENV6	能源使用引起的森林退化率	—不同时间的森林面积 —生物质能利用	
	固废产生和管理	ENV7	单位能源生产产生固废率	—固体废弃物数额 —能源生产量	
		ENV8	能源系统产生固体废弃物的合理处理率	—妥善处置的固体废弃物数量 —总的固体废弃物数量	
		ENV9	放射性固体废弃物占能源生产量的比重	—放射性废物量（一段选定时间的累积） —能源生产量	
		ENV10	待处理固体废弃物占全部放射性固体废弃物的比重	—等待处理的放射性废物量 —放射性废品总量	

表中缩写的解释：①AMIS：Healthy Cities Air Management Information System,世界卫生组织(WHO)下属的健康城市空气管理信息系统；②EPER：European Pollutant Emission Register,欧洲污染物排放登记系统；③NEWMDB：Net Enabled Waste Management Database,国际原子能机构(IAEA)维护的网络版废物管理数据库；④CONCAWE：欧盟石油协会；⑤ITOPF：International Tanker Owners Pollution Federation Limited,国际油轮船东防污联盟；⑥UNEP：United Nations Environment Programme,联合国环境规划署；⑦IEA：International Energy Agency,国际能源署；⑧CDIAC：Carbon Dioxide Information Analysis Center,二氧化碳信息分析中心；⑨EEA：European Environment Agency,欧洲环境局；⑩UNFCCC：United Nations Framework Convention on Climate Change,联合国气候变化框架公约；⑪UNECE：United Nations Economic Commission for Europe,联合国欧洲经济委员会；⑫EMEP/MSC-W：European Monitoring and Evaluation Programme,欧洲监测和评价方案；⑬FAO：Food and Agriculture Organization,粮食及农业组织；⑭NEA：OECD Nuclear Energy Agency,经济合作与发展核能机构；⑮UNSD：United Nations Statistics Division,联合国统计司；⑯IMF：International Monetary Fund,国际货币基金组织；⑰Eurostat：欧盟统计局；⑱APERC：Asia Pacific Energy Research Centre,亚太能源研究中心。

表 4.3　经济层面指标数据的统计来源

主题	分主题	能源指标		变量	来源
消费和生产模式	消费总量	ECO1	人均能源消费	—能源使用（总初级能源供应，总最终消费和电力使用） —总人口	专业统计： —人口统计 —能源统计 —国民经济核算 —能源资源调查 —国际贸易统计 来源机构： —国家和地方统计部门 —交通部 —UNSD —FAO —IMF —OECD —IAEA —IEA —Eurostat —世界银行 —EEA —NEA —APERC —ECMT —其他区域性组织
	综合生产率	ECO2	单位 GDP 能源消费	—能源使用（总初级能源供应，总最终消费和电力使用） —GDP	
	供应效率	ECO3	能源转换和输配效率	—转换系统损失包括发电，传输和分配损失	
	生产	ECO4	采储比	—确认的可采储量 —总能源产量	
	终端消费	ECO5	产量-资源比	—总估计资源储量 —总能源产量	
		ECO6	工业能源强度	—工业部门及按制造业分类能源消费 —相应增加值	
		ECO7	农业能源强度	—农业能源消费 —相应增加值	
		ECO8	服务/商业能源强度	—服务/商业部门能源消费 —相应增加值	
	多样性（燃料组合）	ECO9	家庭能源强度	—家庭及按主要用途的能源消费 —家庭数，房屋面积，每户人数，设备所有权	
		ECO10	交通能源强度	—交通部门能源消费 —相应增加值	
		ECO11	能源，电力各种燃料所占份额	—初级能源供应和最终消费，电力发电和按燃料分类的发电能力 —初级能源供应，电力发电和总发电能力	
		ECO12	能源和电力中非碳能源份额	—初级能源供应，电力发电和无碳能源品种发电能力 —初级能源供应，电力发电和总发电能力	
		ECO13	可再生能源占总能源电力份额	—初级能源供应，最终消费电力发电和可再生能源的发电能力 —初级能源供应，总发电和总发电能力	
	价格	ECO14	各种能源品种和各部门终端能源价格	—能源价格（有与无税/补贴）	
	进口	ECO15	净进口依存	—能源进口量 —初级能源总供应量	
安全	战略燃料储备	ECO16	单位关键能源消费储备	—重要燃料储备（如石油，天然气等） —关键燃料消耗量	

四、可持续发展能源指标体系的统计支撑

可持续发展能源指标体系着重在可持续发展这个重要议题下衡量能源对于人类可持续发展过程的影响和联系。其下的指标对于了解相应国家的能源状况、能源政策的制定、政策的可持续发展效果的评估提供信息支持。指标体系要求专业能源统计的相应发展，从经济领域到环境领域和社会领域的能源影响方面拓宽了能源统计涉及的范围，比如按收入群组划分的能源支出及其占可支配收入的比重、能源系统引起死亡的人数、能源系统的二氧化碳排放等；增加能源品种统计特别是可再生能源的统计以及进一步细化了统计的内容。因此，为实现能源统计工作新的目标和内容，加深了解现实系统，可持续发展的能源指标体系需要增加一些创新性指标，并明确其基本的定义、测量方法、局限替代性以及数据的来源等。构建可持续发展能源指标体系能够有效辅导国家或地区在指标选择时考虑统计的能力适应性问题，并对统计能力的提升提示了改进方向。

可持续发展能源指标体系需要使用各部门能源相关的统计资料，例如，人口、人均GDP、主要经济部门GDP比重、人均交通里程、货物运输量、人均建筑面积、制造业增加值、收入不平等程度等。这些数据在现有统计体系下可能分散于各政府部门所有的数据库中。构建可持续发展能源指标体系有助于各政府部门所有的数据库的完善，有助于实现各部门的数据资源的共享，有助于加快各部门数据的统计管理和统计服务功能的协调。各个部门在可持续发展能源指标体系提供的平台下面，进行信息共享，对数据兼容性和相关性等问题进行广泛探讨协商，对形成口径一致、及时准确、全面可靠的能源数据有十分重要的意义。

因此，国家或地区建立可持续发展能源指标体系(EISD)必然要求改善能源相关统计体系的管理体制、扩大统计对象的范围、增加统计人员的数量、提高技术设施的水平、加快国家采用国际通用统计准则的进程，要求完善国家或地区能源的存量、流量、速度、结构和效益等指标的核算能力。

第二节 国际能源统计核算标准的发展

国际能源统计核算的标准和先进经验，是世界共同的知识财富，为我国此领域的学习和改善提供了借鉴，能够避免重复他国已经做过的研究和实验，缩短探索的时间和过程。能源统计核算与国际标准接轨，也是我国进一步改革开放、融入国际社会、加强数据的国际对比的现实要求。将能源统计作为官方统计的一部分，在概念、定义、分类、数据来源、数据编制方法、组织安排、数据质量评估、元数据和传播政策上遵循规范的标准，能保障能源信息的有效、可靠、全面、及时和协调。同时，以SNA和SEEA为协调框架，建立能源统计与经济统计、环境统计的衔接，编制能源核算，深化国民经济核算和环境核

算,能够促进能源统计与经济统计、环境统计的协调一致,提高能源统计的应用价值,扩大能源统计数据分析容量。以联合国为代表的国际机构在促进各国官方统计中的能源统计核算的发展方面坚持不懈,陆续出版了一系列的指导和建议,促进了各国能源统计核算的规范、国际可比以及与经济统计、环境统计的协调一致。

一、国际能源统计建议的发展

最初国际统计界对优质能源统计数据的关注肇始于能源在经济发展中的关键作用。联合国统计委员会(UNSC)自成立伊始,便开始对能源统计作为经济统计的一部分进行过讨论。20 世纪 70 年代初期的能源危机之后,联合国统计委员会将能源统计作为一个单独的统计项目提上议事日程,并要求准备并提交能源统计的特别报告以供讨论。1976 年联合国秘书长的能源统计报告得以准备并提交给第 19 次统计委员会会议。委员会对该报告表示欢迎,并一致认为发展能源统计制度是该委员会高度优先的工作,同意将能源平衡表作为协调能源统计工作以及组织能源数据的主要形式,这种形式方便对能源经济的功能和内部关系提供理解和分析。该委员会还建议编制能源的国际分类,为进一步在国际上的发展和统一提供一个有效的能源统计基础。

经过该委员会的建议,联合国统计司(UNSD)编写了与能源统计有关的基本概念和方法的详细报告。第 20 次统计委员会会议(1979 年)对该报告表示赞赏,并决定将它在各国、国际统计机构和其他有关机构进行流通。为响应这一决定,联合国统计司于 1982 年发表《能源统计的概念和方法:一个技术报告》,这份报告特别论述能源账户和平衡方法。在第 24 次会议(1987 年)上委员会再次讨论了能源统计,建议出版并公布一份关于能源统计中换算系数和测量单位的政府统计手册。联合国统计司在 1987 年晚些时候发表了另一份题为《能源统计:定义、计量单位和转换因素》的技术报告。这两个文件在国家和国际水平的能源统计发展中都发挥了重要作用。

由于很多国家积累了能源统计经验,不同地区产生了各自的能源统计数据需求,有必要出台更多的指导。1991 年能源统计司公布《能源统计:发展中国家手册》,推进发展中国家能源统计工作进步;2004 年国际能源机构(IEA)和欧盟统计局公布了《能源统计手册》,以协助经合组织和欧盟成员国共同的能源统计调查的汇编。这两份手册是先前的联合国出版物的有益补充,包含当时最新的背景资料,并对一些困难问题进行了澄清,受到了欢迎。

鉴于越来越多的证据,能源统计数据方面的一些严重的缺点呈现在可用性和国际可比性方面。联合国统计委员会第 36 次会议(2005 年 3 月)在挪威统计局提供报告的基础上开展了工作回顾。该委员会在审议期间,认识到有必要将能源统计作为官方统计的一部分,并对原有的能源统计建议进行修改。作为委员会的后续行动的一部分,联合国统计司召集了一个关于能源统计的进一步特别专家小组,该小组建议进一步的能源统计标准修订应由两个相辅相成的工作小组(城市小组和一个秘书处间工作组)进行(2005 年 5 月 23~25 日)。城市小组的任务是致力于改进方法、官方能源统计国际标准的制定,秘书处间的工作组则是致力于加强国际合作,尤其是协调能源产品的国际定义。统计委员会在其第 37 次会议(2006 年)上赞扬当时所取得的进展,支持奥斯陆能源统计小组和秘书处间能源统计工作组 InterEnerStat 的建立和相关行动,要求它们之间建立适当的协调机制。2010 年 5 月,联合国统计司、奥斯陆小组和 InterEnerStat 密切合作,产生了新的国际能源统计建议草案。

这个新的国际能源统计建议草案对能源统计的国际建议进行了整体的审核,比以往版本新增的内容有:①能源生产、市场和消费的新发展,比如能源市场的日益复杂以及新能源资源和技术的出现等;②数据收集策略、数据质量、元素据和数据发布以及便于官方能源统计有效编制的法律和制度框架;③推动能源统计的融合,特别是加强与其他活动和产品的国际分类标准的统一,同时考虑相关领域的新建议[例如,能源的综合环境与经济核算(SEEA-E)、联合国能源和矿产资源框架分类(UNFC)等];④考虑到各国的特殊情况,能源统计的官方组织可能发生在不同的政府部门,所以必须确保相关部门对统计质量标准的遵守;⑤确保国际报告(比如应对气候变化)中的能源数据的一致性,提高联合国能源统计数据库与其他国际和地区组织能源数据库的范围和质量。

联合国统计委员会认为,新的国际能源统计建议的发展、采用和实施是增强能源统计作为官方统计的重大行动。联合国统计委员会在实施新国际能源统计建议计划中,负责包括编写能源统计汇编手册(ESCM)以及分享最佳实践经验和提高数据质量的技术手册等任务,主要国际组织在此实施过程中也扮演了重要的角色。

二、国际能源统计新建议的内容

国际能源统计的新建议(IRES)的主要目的是提供一个坚实的基础,促使能源统计作为官方统计(基于联合国官方统计基本原则之上)的一部分取得长远发展。这个新建议方案包括下述内容:

(1)能源统计范围。能源统计作为一个完整的系统,包括能源的生产、进口、出口、转换、能源的最终消费以及能源部门的活动和主要特点,能源统计的范围是按照能源产品、国土准则、能源产业和最终消费者来进行定义的。

(2)国际能源分类标准(SIEC)。描述 SIEC 的分类规划以及其与商品名称及编码协调制度 2007(HS07)、主产品分类第 2 版(CPC Ver. 2)的关系。国际能源分类标准(SIEC)针对国际商议的能源产品和来源,开发了一个分层次的分类系统,清楚地反映能源产品和来源之间的关系,为数据收集系统提供了一个编码体系。

(3)计量单位和转换系数。描述不同产品的物理计量单位、推荐计量的标准单位,在没有国家、地区或活动的具体换算系数的情况下建议默认的转换系数。

（4）能源流量。提供特定的能源流量的一般定义，如能源生产、转化、非能源用途的使用、最终能源消费等，还描述了能源产业和终端能源消费，因其经济性质，尽可能地与国际分类标准 ISIC Rev. 4 等相对应。能源流量从采掘、生产到消费的描述能促进下述的能源统计数据项目的了解。

（5）统计单位和数据项目。描述能源产业和最终消费者的统计单位及其特性；描述数据收集的参考清单，包括：能源流量和存量、选定的能源基础设施指标、选定的与能源生产有关的数据项以及选定的能源市场数据项，为下述的数据来源、数据汇编以及能源平衡表的构造提供基础；解释能源流量的一般定义之外的可能例外和可能的要考虑到特定数据项定义的具体细节。

（6）数据来源和数据汇编策略。概述数据收集来源类型（例如行政资料、调查等）、与能源供应和消费相关的数据汇编方法和数据收集策略、元素据汇编的指导，强调和促进有效的重要的体制安排，重点在于数据编制策略、关键数据的收集、组织和合并。至于详细的估算方法、季节性调整和估算则推迟到 ESCM 进行阐述。

（7）能源平衡表。描述能源平衡表及其在能源统计系统里协调、组织统计数据的作用，特别强调能源平衡表对于政策制定的重要性。能源平衡表建立在上述定义、分类和数据项的基础上，包括能源供应、转换、消费以及其他整体能源平衡必不可少的流量。

（8）数据质量。论述衡量能源数据质量的主要维度，就如何建立一个全国性的能源数据质量框架提供建议，包括数据的质量指标的建立和使用以及数据质量报告，强调元数据在确保高品质的统计数据方面的重要性。

（9）发布。建立能源统计数据发布机制，包括数据的保密性、发布计划、核心表，发布的元数据以及如何向国际/区域组织报告。

（10）使用能源平衡表编制能源核算和其他统计。包括能源基本统计、能源平衡表、能源核算之间的概念关系；描述如何在即将制定能源核算国际标准（修订 SEEA 的一部分）的基础上，将能源纳入 SEEA 的修订和国民经济核算的框架；根据能源平衡表汇编能源核算所需要的桥梁表；将基本能源统计和能源平衡表用于其他目的（如气候变化中的排放计算）。

（11）IRES 还包含两个附件。①SIEC 全文以及 SIEC、HS07 和 CPCVer. 2. 之间的对应表；②缺乏国家、地区和/或活动的具体换算系数下的默认换算系数。

第三节　能源统计核算理论和方法

根据前面的研究与讨论，能源统计和核算包括两种形式。其一为专门的能源统计，虽然所涉及的概念、定义和分类，需要和经济统计、环境统计相协调，但是统计核算的仅是能源的物质、能量的数量关系，一般按照物质能量守恒定律进行平衡核算，比如一般意义的能源统计和物质与能源流核算(Material and Energy Flow Accounting,MEFA)。其二为综合核算体系里所包括对能源的核算,比如 SNA 和 SEEA。本节探讨这两种形式的4 种核算的理论和方法。

一、一般能源统计

一般能源统计搜集、整理和分析整个能源系统的统计资料。它考察能源系统运动全过程,研究能源供应、能源利用状况、能源综合平衡状况及其规律,研究系统内各因素相互联系及其数量表现。它是研究如何搜集、整理和分析能源系统数量关系的方法论,其总体功能是提供信息、咨询和监督服务。能源统计能够为能源生产和需求预测,为政府部门制定方针、政策和规划,为监测能源经济活动和能源方针、政策和计划的执行情况,提供数据和分析报告。能源统计活动包括从能源活动的原始记录到能源统计台账和统计报表,到产品平衡表和能源平衡表的编制,整个过程按照时间顺序生成能源指标数据,从而反映能源运行的动态过程。

(一)能源统计基础:定义、测量单位和转换系数

1. 定义

在能源统计之前,必须了解燃料、能源、能源转换和能源产品的概念。燃料是任何可作为热源或动力源燃烧的物质;能源是能量的来源或源泉,是可以从自然界直接取得的具有能量的物质;能源转换涉及自然生物转化以及人工转换,转换产生很多种类的产品,其用途包括能源用途以及非能源用途;能源产品则在《能源统计工作手册》以及在 IEA/OECD-Eurostat-UNECE 联合调查问卷里,表示同时涵盖燃料和提供热能、动力物质的陈述,能源产品包括一次能源产品及二次能源产品。

联合国统计司将能源和能源产品标准定义为:①固体燃料。硬煤、褐煤、泥煤、型煤、焦煤、油页岩、沥青砂、沥青、特重质原油等。②液体燃料。原油、酒精、液体天然气、植物凝、天然汽油、成品油、航空汽油、汽油、喷气燃料、煤油、燃气柴油、残余燃料油、液化石油气、给料、石脑油、工业燃料、润滑油、柏油、石蜡、石油焦及其他石油产品等。③气体燃料。天然气、煤气、焦炉煤气、高炉煤气、生物气等。④电和其他形式能源。电产品、初级电、铀产品、蒸汽和热水等。⑤能源的传统形式。薪材、木炭、蔗渣、植物废料、动物粪便、其他废料、畜力等。

2. 测量单位

能源和能源商品用其质量或重量、体积、热含量、功来衡量。在能源统计数量分析或比较之前,标准化的记录和自然单位的展现是首要的任务。在国际报告及国家核算程序里,应建议能源统计人员使用国际单位体系。国际单位制(SI)是一个国际协定的公制现代版本。它为所有在科学、工业和商业的测量提供了一个合乎逻辑的和相互联系的框架。

　　大多数固体燃料和许多液体燃料,用来衡量能源商品的主要质量单位包括斤、公斤、公吨、英磅、短吨和长吨。大多数液体和气体以及一些传统燃料用体积单位进行测量。SI 单位的基本量是升和千升,相当于立方米。由于液体燃料可以用重量或体积测量,单位间能够互相转化是至关重要的。这是通过使用液体特定重量或密度来实现的。特定重量是 15℃时给定体积的液体燃料和同体积的水比重的比率,密度是单位体积质量。液体的粘度是其内部摩擦或其流动阻力的衡量。通常是用某一特定温度特定数量的液体流动通过一个标准孔板的秒数来衡量。能量、热量和功的单位是焦耳、卡路里。功普遍的单位还有瓦、马力、公制马力、脚磅每秒和公斤力每秒等。

　　燃料热值也叫燃料发热量,是指单位质量(指固体或液体)或单位的体积(指气体)的燃料完全燃烧,燃烧产物冷却到燃烧前的温度(一般为环境温度)所释放出来的热量。燃料热值有高位热值与低位热值两种。高热值是指单位燃气完全燃烧后,其烟气被冷却到初始温度,其中的水蒸气以凝结水的状态排出时,所放出的全部热量。低热值是指单位燃气完全燃烧后,其烟气被冷却到初始温度,其中的水蒸气以蒸气的状态排出时,所放出的全部热量。燃料大多用于燃烧,各种炉窑的排烟温度均超过水蒸气的凝结温度,不可能使水蒸气的凝结热释放出来,所以在能源利用中一般都以燃料的应用基低位发热量作为计算基础。

3. 转换系数

　　衡量燃料和电力的原始单位是很不同的,有吨、桶、瓦小时、千卡、焦耳、立方米等。然而,如果有合适的转换因素,这些都可以作为记录其他燃料的依据。对于大多数的目的而言,获得转换因素最有用的基础是一种能量来源所能得到的能源数量。有几个通用的衡量单位被广泛采用,但根据经济现实其使用的时间跨度各不相同。

　　当煤是主要的商业燃料时,吨标准煤(TCE)是通用的测量单位。经济学家很自然地制定了这个单位用于衡量所有燃料方面的需求。当需求发生变化,石油成为主要商业燃料时,吨油当量(TOE)这个测量单位将被用作通用单位。另一个测量单位是焦耳。

　　易用性是选择一个核算单位时首要考虑的因素。1TCE(吨煤当量)历来被界定为包括 $7×10^6$ 大卡,1TOE(吨油当量)包括 $1×10^7$ 大卡。这些都是规划者准备并作出政策决定时方便使用的单位。从原始单位转换成 TCE 或 TOE 意味着选择不同能源的转换系数。这个问题可以从几个方面进行解决。例如,人们可以在所有国家采取相同的单一的当量,例如,每公斤煤炭 7 000 大卡。这种方法主要的反对意见是,因为不同的国家各种类型的煤炭和石油产品的热值有一个广泛的分布,单一当量扭曲了结果。因此,有必要对每个国家的原产地和每种类型的燃料采取不同的转换系数,以便能够转换为一个单一的演示单位,如 TCE 或 TOE。这些转换系数将考虑到具体的化石燃料的能源价值。

(二)主要能源产品能源流

　　图 4.1 说明了能源产品从最初出现到最终消耗(最终用途)的通常流动模式,方框表

示统计的环节。为了使整个流程的统计更方便,要求在产品生命周期内,不改变能量产生能力的特性,并采用相同的单位。主要的几种能源产品流包括:①生产[①];②进出口;③国际海运加油;④库存;⑤燃料的加工转化;⑥最终能源消费;⑦燃料的非能源消费。

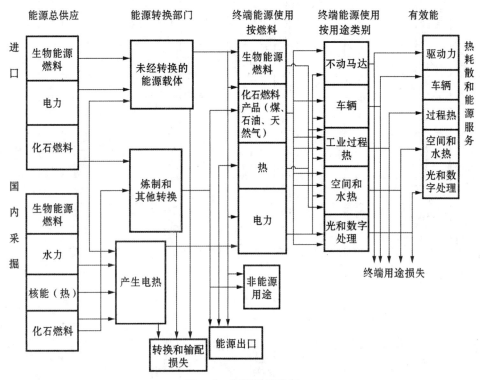

图 4.1 能源流示意图

(三)能源平衡表

能源平衡表是在社会经济发展中,具体反映能源平衡的形式。从数量上较为直观地揭示能源的资源、转换和终端消费间的平衡关系。按能源的内容可分为能源产品平衡表(如煤炭能源平衡表)和综合能源平衡表。其中,地区能源平衡表在能源经济的研究和实践中应用最广,如表 4.4 所示。它采用矩阵形式,由 3 个基本部分组成:可供本地区消费的能源量、加工转换投入和产出、终端消费量。"列"为各种一次能源和二次能源,"行"为能源流向和各种经济活动。总矩阵的平衡关系式为:可供本地区消费的能源量+加工转换损失+经营运输损失=终端消费量。子矩阵的平衡关系式为:①可供本地区消费的能

---

①　一次化石燃料的产量应在燃料处于可销售状态时进行测量。一次电力与热能的产量数据设定与这两种能源形式在不同的开发条件下的定义密切相关,一般选定在能源流从开采到使用的过程中尽可能靠近下游的某个适宜测量点。生物燃料通常不会涉及商业交易,产量将用回推法计算,即等于生物燃料的总用量。

表 4.4　地区平衡表

上海能源平衡表（实物量）—2007

项　目	煤合计(万吨)	原煤(万吨)	洗精煤(万吨)	其他洗煤(万吨)	型煤(万吨)	焦炭(万吨)	焦炉煤气(亿立方米)	其他煤气(亿立方米)	油品合计(万吨)	原油(万吨)	汽油(万吨)
一、可供本地区消费的能源量	5 260.13	4 053.08	1 201.31		5.74	−33.36	0.14	98.92	2 866.92	1 719.57	87.88
1. 一次能源生产量											
2. 回收能								98.92	26.95	20.69	
3. 外省(区、市)调入量	9 586.74	8 232.00	1 349.00		5.74	77.66	0.14		3 556.80	171.62	727.15
4. 进口量									1 834.38	1 554.24	8.79
5. 我轮、机在外国加油量									635.69		
6. 本省(区、市)调出量(一)	−4 346.28	−4 182.28	−164.00			−111.24			−3 015.37	−7.74	−647.66
7. 出口量(一)									−17.33		
8. 外轮、机在我国加油量(一)									−124.98		
9. 库存增(一)、减(十)量	−151.64	−94.27	−57.37			−14.20			−176.42	−82.50	−11.37
二、加工转换投入(一)产出(十)量	−4 196.24	−3 058.70	−1 137.54			763.02	23.00	−74.29	−21.75	−1 715.07	211.10
1. 火力发电	−2 754.04	−2 754.04					−0.89	−98.92	−62.58		
2. 供热	−292.09	−292.09							−26.57		
3. 洗选煤											
4. 炼焦	−1 110.44		−1 110.44			763.02	23.89				
5. 炼油									78.80	−1 715.07	211.10
6. 制气	−39.67	−12.57	−27.10					24.63	−11.40		

（续表）

项目	煤合计(万吨)	原煤(万吨)	洗精煤(万吨)	其他洗煤(万吨)	型煤(万吨)	焦炭(万吨)	焦炉煤气(亿立方米)	其他煤气(亿立方米)	油品合计(万吨)	原油(万吨)	汽油(万吨)
＃焦炭再投入量（一）											
7. 煤制品加工											
三、损失量	6.78	6.78							4.50	4.50	
四、终端消费量	1056.51	987.28	63.49		5.74	691.38	23.15	22.26	2853.65		299.66
1. 农、林、牧、渔、水利业	2.00	2.00							40.32		16.59
2. 工业	856.71	787.48	63.49		5.74	691.38	22.71	5.03	1081.27		26.26
＃用作原料、材料											
3. 建筑业	10.40	10.40						0.01	77.82		20.00
4. 交通运输、仓储和邮政业	5.92	5.92						0.11	1225.72		76.00
5. 批发、零售业和住宿、餐饮	42.18	42.18					0.40	4.20	111.10		37.00
6. 生活消费	92.30	92.30					0.40	10.30	152.76		71.88
城镇	69.30	69.30					0.40	10.03	99.08		59.88
乡村	23.00	23.00						0.27	53.68		12.00
7. 其他	47.00	47.00					0.04	2.61	164.67		51.93
五、平衡差额	0.60	0.32	0.28			38.28	-0.01	0.00	-12.98		-0.68
六、消费量合计	5259.53	4052.76	1201.03		5.74	729.70	24.04	123.55	2879.90	1719.57	299.66

（续表）

项目	煤油（万吨）	柴油（万吨）	燃料油（万吨）	液化石油气（万吨）	炼厂干气（万吨）	天然气（亿立方米）	其他石油制品（万吨）	其他焦化产品（万吨）	热力（百亿千焦）	电力（亿千瓦时）	其他能源（万吨标煤）
一、可供本地区消费的能源量	174.51	−194.47	735.39	42.58	0.22	27.77	301.24	−6.42	255.00	339.03	10.12
1. 一次能源生产量				6.26		5.07				0.40	
2. 回收能									255.00	8.10	10.12
3. 外省（区、市）调入量	401.47	1759.94	171.00	23.62		22.70	302.00			346.76	
4. 进口量	215.98	37.93	588.23	17.44							
5. 我轮、机在外国加油量	37.87	9.59	−20.00								
6. 本省（区、市）调出量（−）	−336.70	−1997.88		−5.39				−6.00			
7. 出口量（−）	−17.33										
8. 外轮、机在我国加油量（−）	−124.98										
9. 库存增（−）、减（+）量	−24.86	−9.79	−16.42	−2.35			−29.13	−2.94			−10.12
二、加工转换投入（−）产出（+）量	121.19	600.27	59.11	54.67	113.03	−9.09	533.95	61.29	6502.45	733.35	−6.89
1. 火力发电		−1.23	−40.76	−0.13	−0.20	−4.61	−20.39		−16.64	733.35	−3.23
2. 供热		−1.97	−7.87		−0.28	−1.86	−16.32		6519.09		
3. 洗选煤											
4. 炼焦								61.29			
5. 炼油	121.19	603.47	109.65	55.85	114.51		578.10				

（续表）

项目	煤油（万吨）	柴油（万吨）	燃料油（万吨）	液化石油气（万吨）	炼厂干气（万吨）	天然气（亿立方米）	其他石油制品（万吨）	其他焦化产品（万吨）	热力（百亿千焦）	电力（亿千瓦时）	其他能源（万吨标煤）
6. 制气			-1.91	-1.05	-1.00	-2.62	-7.44				
＃焦炭再投入量（一）											
7. 煤制品加工											
三、损失量						1.09			272.48	56.08	
四、终端消费量	295.45	413.97	798.07	97.25	114.02	17.60	835.24	54.87	6485.43	1016.30	
1. 农、林、牧、渔、水利业		21.73					2.00			5.27	
2. 工业	1.46	63.34	91.99	45.42	114.02	10.62	738.78	34.13	6286.70	649.82	
＃用作原料、材料											
3. 建筑业		36.00	9.70	0.12		0.01	12.00	0.50	18.56	18.30	
4. 交通运输、仓储和邮政业	293.84	131.00	688.75	6.68		0.19	29.45		22.15	19.61	
5. 批发、零售业和住宿、餐饮	0.10	53.00	6.00	6.82		0.58	8.18	10.00	54.81	62.56	
6. 生活消费	0.02	36.40		28.75		4.60	15.71		16.45	131.12	
城镇	0.02	21.67		6.50		4.04	11.01		16.45	121.56	
乡村	0.03	14.73		22.25		0.56	4.70			9.56	
7. 其他		72.50	1.63	9.46		1.60	29.12	10.24	86.76	129.62	
五、平衡差额	0.25	-8.17	-3.57		-0.77	-0.01	-0.05		-0.46		
六、消费量合计	295.45	417.17	848.61	98.43	115.50	27.78	879.39	54.87	6774.55	1072.38	10.12

源量＝(一次能源产量＋进口＋外省调入＋年初库存)－(出口＋调出省外＋年末库存);②加工转换投入和产出＝一次能源投入加工转换量－(产出的二次能)源量＋转换损失量);③终端消费量＝三次产业消费＋生活消费。地区能源平衡表不仅能直接完整地反映地区间能源流通的联系,各种能源生产—终端消费的全部流程,一次能源与二次能源加工转换的投入产出关系,能源消费的品种结构和行业部门能源消费结构等,并可间接地反映能源利用经济效益、加工转换效率、消费弹性系数等,为制定能源发展战略提供科学依据[111]。

二、物质与能量流核算

按照生态经济学的观点,人类经济社会系统是生态系统的一个组成部分,人类的系统被看做一个活的由建筑物、街道、机器、人体等组成的有机体,它们的活动需要从生态系统提取或收获(流入)物质和能量,然后精炼、混合、焚烧,经过制造、使用、再使用和回收之后变成人类累积的存量或以变化的形式返回到生态系统中去(流出),这个过程被称为社会代谢过程。社会代谢的人类活动必将造成对生态环境的压力,影响生态系统的维持和可持续性。社会代谢研究可以反映人类系统与生态系统的关系,揭示人类系统对于生态系统的压力的形式和数量,即使不能直接给出生态系统的临界值,但是对于可持续发展可以提供重要的信息。社会代谢研究可以作为经济学和生态学合作研究的平台,社会代谢可以通过与社会经济领域的经济核算、经济过程和政治决策进行关联,同时也是生态学家共用的生物和生态术语,从而结合多学科的优势研究复杂的人类经济社会和生态系统的可持续问题。

物质代谢和能量代谢是社会代谢过程的两个方面,物质代谢和能量代谢交织着伴随社会代谢过程。能量或以能量富含物质的形式存在,或以某种物质为载体;社会代谢过程中物质的转换和空间移动需要能量提供动力,能量可以增加物质的易得性和物质的使用效率。物质代谢和能量代谢的明显区别是物质代谢是一个封闭系统,而能量代谢是有阳光能量投入的开放系统。但是,由于现实的技术障碍,从能源的可持续供应的角度来讲,能量的需求限制并不比封闭系统的物质限制来得宽松。

所以,社会代谢研究必须对物质代谢和能量代谢两个方面进行综合研究,只侧重其中的一个方面不会带来全面客观的社会代谢的认识。物质—能源流核算则是从统计的角度提供基础实际数据,从物质—能源流核算可以引导一些示踪指标来描述社会代谢的两个方面,这些指标不仅反映物质代谢过程,而且反映从生态系统索取与排放的物质和能量的组成和数量。这些对生态系统的取予,会直接影响生态系统的功能,包括对于当代和未来人类的服务功能以及对多样性生物的服务功能。一般认为生态系统功能的持续性问题是可持续发展研究的中心问题。

(一) 物质流核算

由于人类系统孕育于生态系统,是生态系统的一部分,人类系统和生态系统不断地进行物质和能量的交换,人类从自然界中摄取水、空气、生物性及非生物性资源(流入),经过社会经济系统的代谢作用把一些物质转化成建筑、机器、道路、耐用消费用品等人类系统的物质存量,并把废弃的固体、污水、废气等又排放回自然中(流出)。显然,必须辨别国家为整体的人类系统的边界以决定人类系统的物质流入、流出以及物质存量核算的范围,这里涉及两个边界:一是人类系统与生态系统的边界;二是一国与全球其他领域的边界。人类系统由可独立处理"吞""吐"物质的代谢主体组成,包括人体、人养牲畜和人工物质产品3大部分。只有流入和流出人类系统边界的物质被核算,一国人类系统之内的物质流并没有在核算和平衡表体现出来;机器设备、厂房、道路等固定资产以及产成品库存、耐用消费品、人类身体与人养牲畜被认为是人类系统的物质存量同样在MFA及其平衡表内进行计算。欧盟统计局(EUROSTAT)的MFA的方法指导为了将MFA和国民经济核算相对照,在国家边界上采取国民原则。

MFA的理论基础是第一热力学定律(质量守恒定律)。质量守恒定律为全面一致的流入、流出和物质积累记录提供了一个基本的逻辑基础。

物质的流入量=物质的流出量+物质存量的净变化

MFA应用3种维度为不同的物质流归类:①领土维度,区分国内和国外;②生命周期维度,区分直接和间接,物质流是否可以从上游物质需求进行直接或间接计算;③产品维度,区分使用和未使用,物质流是否进入了人类社会经济系统。

组合上述3种维度,物质流核算将流入物质流作了5种分类(见表4.5)。

表4.5 流入物质流分类

产品链	使用或未使用	本地或本地外	指标命名
直接	使用	本地	本地采掘(使用)
不适用	未使用	本地	未使用本地采掘
直接	使用	本地外	进口
间接	使用	本地外	进口相关间接流(流进)
间接	未使用	本地外	

同样,流出物质流也被分成了5类(见表4.6)。

表4.6 流出物质流分类

产品链	是否处理	本地或进口	指标命名
直接	处理	本地	处理过的本地采掘流出到自然
不适用	未处理	本地	未处理过本地采掘处置
直接	处理	进口	出口
间接	处理	进口	出口相关间接流(流出)
间接	未处理	进口	

根据质量守恒定律,上述流入、流出和库存物质的物质流可以被整合进一张物质流核算平衡表内(见图 4.2)。

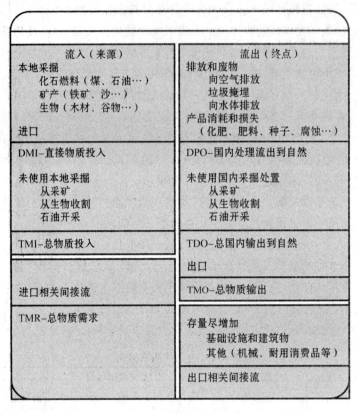

图 4.2   物质平衡表组成

国家 MFA 除了上述的平衡表外,单个物质流的账户也被建立和编制,以辅助实务和分析工作,这些物质流账户包括:①直接物质投入账户;②国内物质消费账户;③物质贸易平衡账户;④直接处理过向环境流出账户;⑤两个导出净增物质存量的可选择账户;⑥物质存量账户;⑦直接物质流平衡表;⑧未使用本国开采账户;⑨直接流出账户;⑩总物质需求账户;⑪总物质消费账户。

随着上述账户次序的增加,要求更多的原始数据和编制工作。每种账户包括借贷两方,使用簿记记账的方法。为了弥补上述物质流核算不能反映人类系统内物质流的缺陷,在上述物质流核算的基础上进一步编制物质投入产出表,以描述人类系统内以及人类系统与生态系统之间的物质流动。投入产出表包括投入表(哪个部门使用哪种材料或从环境提取哪种材料等)、产出表(哪个部门生产或处理哪种材料等)以及物质集成表(全部部门、产品的投入产出表)。投入产出表可显示部门之间的物质流动(按工业行业分)或显示使用物质以生产其他物质(物质×物质表—例如铁矿石和焦炭用于生产钢)。水、能源和其他物质的单独分表也经常被编制,以反映这些重要物质在人类经济系统内以及人类经济系统与生态系统之间的流动情况。

在国家 MFA 的基础上,增加数据的详尽程度,运用存量流分析方法(STAF)可以充分研究一种物质从开采、生产、使用到最终回归到生态系统的生命全过程,从而充分描述物质在人类系统内的流动。通过统计和分析物质在一定地理区域物质完全过程的库存和流动,能得到充分的物质循环的信息,有利于制定相关的物质效率增进策略、资源回收策略或最终处置方法,提高物质利用效率,减少对生态环境的索取和负担,从而对环境和物质资源利用、管理和评价提供帮助。这种方法适用于单一物质的分析评价,已经广泛地用于金属的循环分析中。

(二)能源流核算

1. 能源流核算的概念

社会代谢研究方法将人类系统当成生态系统的组成部分,所以人类系统的能源流应该在更大的生态系统为背景下进行考虑。对于地球生态系统来讲,太阳辐射是最重要的能源来源。大部分的太阳能驱动水文循环和气候系统,小部分的太阳能为自养生物的光合作用所吸收,这个初级生产过程是地球生物食物链的基础,食草动物吃植物、食肉动物又吃食草动物,能量从此在食物链间传递,其间伴随富含能量的生物材料多种代谢的途径,物质流和能源流紧密交织在一起。在这个生态系统能量的营养动态过程里,吸收的太阳能没有丢失的部分构成了总初级产品(GPP),GPP 减去植物的自身代谢的能量需要等于净初级产品(NPP),NPP 便是食物网的能量投入。通常用卡路里为单位来衡量生物代谢体的能量含量,从而在物质流和能量流间建立连接的桥梁。

和物质流核算相对应,能量流核算也必须核算能量在人类系统的流入、流出和存量。能源平衡表仅对人工物质产品制造、维持和使用的能量投入进行核算,但是没有包括对于人体、人养牲畜的营养动态过程的能量核算,后者当然在生物生产力(NPP)的限度之内。社会代谢研究要求能量流核算和物质流核算一样,应对人类系统的人体、人养牲畜以及人工物质 3 大部分进行核算。能源平衡表能源一般采用低位热值,也就是对应净卡路里值,而食品、饲料等富含能量物质的能量值一般采用总卡路里值。为了将生态系统能量流与人类系统能量流相比较,人类系统的能量流核算一般采用能量富含物质的总卡路里值,这也符合技术进步增加能源转换效率的事实。

2. 能源流核算方法

能量流按流经人类系统边界分类,包括两部分:一部分是通过国家人类系统边界从生态系统流入和流出到生态系统的能量流;另一部分是人类系统边界内的能量流。如图4.3 所示。

通过国家人类系统边界的能量流的核算,可以从国家 MFA 扩展的能量流核算来进行。直接能量投入(DEI)的概念与直接物质投入(DMI)的概念相对应,DEI 包括国内开

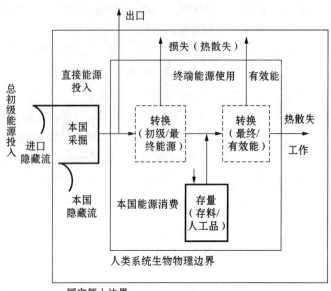

图 4.3　物质流边界

采和进口两部分。国内开采除了一般能源统计的技术能源投入之外,还要加上从国内生态系统收割并进入人类系统的生物能量含量。目前,后者的数据可以从农业统计和森林统计取得实物量数据,并用总卡路里值进行换算。进口部分应该包括一切进口富含能量物质的总卡路里值,不仅仅包括商品能源,这部分数据一般可以从国际贸易统计数据提取和换算。

总初级能量投入的概念与总物质需求的概念相对应,等于直接能量投入加上能量隐藏流。能量隐藏流包括国内和国外两部分,核算能量隐藏流比较麻烦,但还是可行的。

(三) 物质与能源流量核算

1. 物质与能源流量账户

物质与能源流量账户(Material and Energy Flow Accounts)描述了环境和经济之间以及经济体内部物质和能源在核算期内的流量,其中“物质”一词包括原材料、污染物和废弃物以及资源等广泛的概念。账户建立在十分详细的行业分类统计的基础上,针对人们关心的资源和废弃物编制详细的实物量账户,以投入产出模型为基础,建立经济环境模型来分析经济活动与有关的资源环境、废弃物之间的联系。

2. 物质与能源流核算方法

物质与能源流核算从统计的角度提供基础实际数据,引导一些示踪指标来描述社会代谢的两个方面,这些指标不仅反映物质代谢过程,而且反映从生态系统索取和排放的物质和能量的组成和数量。这些对生态系统的取予,会直接影响生态系统的功能,包括对于当代和未来人类的服务功能以及对多样性生物的服务功能。具体核算流程如图 4.4 所示。

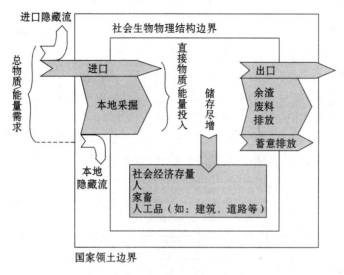

图 4.4　物质—能量流示意图

三、国民经济核算体系

(一) 国民经济核算体系框架

国民经济核算体系是 20 世纪经济学领域乃至人类社会最伟大的成就之一。迄今为止,有 6 位学者因在国民经济核算研究领域的杰出贡献而获得诺贝尔经济学奖,有 3 位学者因应用国民经济核算体系研究经济问题而获得诺贝尔经济学奖[112]。国民经济核算体系有两层涵义:第一,它以经济理论为基础,确立一系列核算概念、定义和核算原则,制定一套反映国民经济运行的指标体系、分类标准和核算方法以及相应的表现形式,形成一套逻辑一致和机构完整的核算标准和规范。第二,它遵循国民经济核算标准和规范对国民经济进行核算的结果,就是一整套国民经济核算资料。它通过国民经济统计指标体系数据,系统地反映从生产、分配到交换、使用的经济循环全过程,以及各部门在社会再生产中的地位、作用和相互联系,因而是国家宏观经济决策和调控的重要依据。没有它,经济学不可能有今天这样的繁荣;没有它,宏观经济管理与调控就无从谈起。历史上,联合国等国际组织推荐过两种国民经济核算体系:一是国民经济账户体系(System of National Accounts,SNA),它建立在市场经济理论基础上,为市场经济国家宏观经济调控与管理服务。二是物质产品平衡表体系(System of Material Product Balance,MPS),它为计划经济国家经济管理服务。20 世纪 80 年代后期,随着计划经济国家纷纷转向市场经济和改革开放,尤其是苏联解体和经互会(The Council of Mutual Economic

Assistance,CMEA)解散,MPS 失去了生存的土壤和发展的空间,逐步走向消亡。因此,国民经济核算体系的国际一体化局面形成,世界各国实行了以 SNA 为模式的国民经济核算体系。

　　国民经济核算体系(SNA)基于一套国际商定的概念、定义、分类和核算规则,由综合性的宏观经济账户、平衡表和其他统计表组成的一个连贯一致的核算体系。国民经济账户依据国民经济运行的条件、过程和结果及其各环节的特点进行设置。一个相对完备的国民经济账户体系如图 4.5 所示。流量账户是相互连接的一组循环账户,用于反映一段时间内经济体内发生的经济活动(流量),每个流量账户对应一个特定经济活动,如生产或收入的产生、分配、再分配或使用。每个账户引入一个平衡项目来界定总资源和借贷双方使用的差额。平衡项目通常概括特定账户所涵盖的活动净结果,是一些重要的有意义的经济结构指标,如增加值、可支配收入和储蓄等。平衡项目从一个账户结转作为下游账户的第一个项目,从而使循环账户联成一个绞结起来的整体。同时,用平衡表(存量账户)

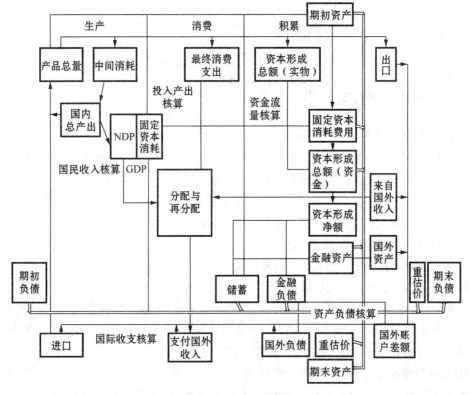

图 4.5　SNA 结构[①]

①　参考了邱东.新国民经济核算体系(SNA)结构研究[M].北京:中国统计出版社,1990:52.

反映这段时间期初、期末的财产和存货价值（存量）及其期间变动，期末资产由期初资产和序列账户中交易或其他变动记录所完全确定。流动账户和平衡表之间存在紧密的联系，所有发生的变化会影响机构单位或部门的资产或负债，它们被有系统地记录在一种或另一种流动账户里。这样国民经济核算体系能提供全面详实的经济活动记录，而且比之于一般经济统计能够在反映经济现实的各个组成部分之间建立严格严密的数量平衡关系[①]，能够系统地连贯一致地表现不同经济主体以及本国经济与世界经济之间的交互作用，是一个系统地描述国民经济运转过程、揭示国民经济结构及联系的核算体系。

国民经济核算的基本原理在于：从期初资产账户开始，利用前一期结转的有形资产与金融资产，结合人的劳动进行本期的生产活动。其成果除了本期中间消耗外，部分用于积累，部分用于消费。部分产品向国外出口，同时也从国外进口。在价值上，生产活动形成了国民收入，生产成果用于消费和积累，这个过程由国民收入分配决定。在投资和储蓄的联系和平衡中，交织着国内外金融流量的运动。最后，积累部分加上期初资产，并考虑其他变动，形成了期末资产转入下期，一个新的循环又待开始。五大核算系统中最基本的是国民收入核算与资产负债核算，前者反映经济流量，后者反映经济存量。国民收入核算更是居于主体的地位，投入产出核算、资金流量核算、资产负债核算和国际收支核算分别从生产部门内部关系、金融交易、国际收支和存量方面拓展了国民收入核算，充实国民经济核算体系。这几大核算又是通过储蓄、投资账户作为枢纽联结成内容较为完整、结构较为统一的核算体系。

（二）发展观引领国民经济核算体系发展

纵观国民经济核算体系发展历程，我们可以发现，发展观决定一国国民经济和社会发展的战略及其运行模式，发展观需要与之相适应的国民经济核算体系。随着发展观的演进，国民经济核算体系不断创新发展，从而形成了 4 个版本的 SNA，即 SNA—1953、SNA—1968、SNA—1993 和 SNA—2008。

（1）SNA—1953：适应经济增长观需要。以经济增长为核心的发展观产生于 20 世纪 50 年代。它的形成一方面反映了当时社会的历史背景，另一方面也反映了人们当时的经济发展理念。第二次世界大战之后，殖民帝国主义走向崩溃，世界各地产生了一大批新的独立国家。这些国家在摆脱了帝国主义的控制之后，开始由战争转入和平建设时期。因此，如何振兴本国经济真正走向独立自主的发展道路就成为了这些国家的政府和人们所面临的迫切问题。各种各样以经济增长至上的发展战略由此形成，如"赶超发展战略"、"按部就班发展战略"、"起飞发展战略"、"进口替代发展战略"等。这种战略的共同特点就是强调工业化，片面追求经济的增长，而忽视社会发展的其他方面，并将经济发展看做社会发展的核心问题。以我国为例，我国赶超的工业化战略是在 20 世纪 50 年代逐

---

① 参见杨灿. 国民经济核算教程［M］. 北京：中国统计出版社，2008：362.

步形成的,其特征主要表现在 3 个方面:第一,力争高速度。最突出的表现是 1958 年的"大跃进"。第二,重工业优先增长。从项目安排看,优先考虑和安排的都是重工业。第三,高积累,低消费。

经济增长观的战略目标就是国民生产总值(GNP)或国民收入(社会主义国家使用社会总产值指标)的增长。经济增长观认为,GNP 的提高肯定能自动改善人们的生活水平,最终可以消除贫困现象;经济增长有助于社会的稳定和社会的民主化;经济增长了,也就有了平均分配的前提,社会的其他目标也就自然会实现。因此,增长的根本任务就是尽量提高 GNP 水平及其增长率,GNP 或人均 GNP 及其增长率等这些指标就是度量一个社会发展的主要标准。

为了适应国民经济管理和调控需要,经过多年的努力,联合国于 1953 年出版了报告——"国民账户体系及其辅助表",即我们所说的 SNA—1953。这份报告的前言中明确指出:"本报告的目的在于制定一套标准的国民经济核算体系,以便提供一个具有普遍适用性的报告国民收入和生产统计的框架。"可见,SNA—1953 主要核算 GNP 及其增长率,从而满足了经济增长观的需要。

(2) SNA—1968:适应社会发展观需要。进入 70 年代后,经济增长观已不再令人满意了,人们开始对各种弊端及其所造成的一系列无法克服的问题进行全面反思。认为经济增长观忽视了社会发展的其他方面,对人们的其他社会福利方面未予以足够的重视。认为经济增长不能代表社会、科技、政治、家庭和个人的发展。社会发展不单单是一种经济现象,而是经济、科技、社会和个人的全面综合及协调的发展过程。这就是社会的全面的、多元的发展观。这种发展观有 3 个特征:第一,注重发展的均衡性。经济发展与社会发展需要均衡,这两者是同一发展的两个方面,不能顾此失彼。经济发展是社会其他发展的物质前提,社会发展是经济发展的重要保证。第二,强调发展的整体性。社会发展观将社会看作是一个由人口、资源、环境、政治、经济、科技、教育以及其他相关系统组成的有机整体,其发展不是各个部分发展的简单总和,而是各要素之间的协调运行过程,最终要求得到总体的最优发展,而不是某一部分的最优发展。因此,任何方面的发展都必须从人类社会整体的角度去认识,某一部分的发展不应以牺牲另一部分的发展为代价,不应妨碍发展系统的协调运行,而要以服从整体的发展为前提。第三,坚持以人为本。人是社会发展的主体,是社会发展的规划者和决策者,同时又是发展的参与者和实践者。因此,社会发展必须以人为中心,人是一切发展的最终目标,其他都是为人的发展创造条件或机会。同时,只有依靠人才能获得发展,人是发展的动力,没有人的参与,发展是不可能的。社会的发展与否,完全取决于人的素质。

由于发展观的变化,联合国改革与发展 SNA—1953,从而形成 SNA—1968。与SNA—1953 比较,SNA—1968 在两个方面得到了发展,即"第一方面,发展是国民账户的精心设计和开发;第二方面,发展是建立总量分解的经济模型,为经济分析和政策服务"。

具体表现是,引入投入产出核算、资金流量核算、国际收支核算和资产负债及国民财富核算,并辅助于 R&D 核算、社会核算矩阵等,从总体上满足了社会发展观的需要,提供了度量社会发展的社会指标体系。

(3) SNA—1993:适应可持续发展观需要。可持续发展理念的提倡和普及是 20 世纪 80 年代后期以来发展观的最重要的进步。该理念虽然在 1972 年的世界环境大会上就已出现,但它真正成为国际社会的共识,则是在 1987 年世界环境与发展委员会在题为《我们共同未来》的报告中对其作了定义和阐述之后。"可持续发展"被定义为"既满足当代人需要,又不对后代人满足其需求的能力构成危害的发展"。为了实现可持续发展,人类必须致力于:①消除贫困和实现适度的经济增长;②控制人口和开放人力资源;③合理开发和利用自然资源,尽量延长资源的可供给年限,不断开辟新的能源和其他资源;④保护环境和维护生态平衡;⑤满足就业和生活的基本需求,建立公平的分配原则;⑥推动技术进步和对于危险的有效控制。在可持续性、共同性和公正性原则下,同时实现经济发展的可持续性、社会发展的可持续性和生态环境的可持续性。

为了适应可持续发展观的需要,联合国与欧盟、经济合作与发展组织、国际货币基金组织和世界银行一起改革与发展 SNA—1968,制定并出版了 SNA—1993。与 SNA—1968 相比,SNA—1993 不仅在框架上有较大的变化,而且更新了一些概念和术语,以满足可持续发展观的需要。其创新与发展主要表现在 3 个方面:第一,以经济核算为中心,建立环境核算卫星(附属)账户体系;第二,增加对人类福利的影响要素的核算与分析;第三,强调对非正规经济的核算。

(4) SNA—2008:适应包容性增长观需要。包容性增长为倡导机会平等的增长,其最基本的含义是公平合理地分享经济增长。它涉及平等与公平的问题,包括可衡量的标准和更多的无形因素。它寻求的是社会经济全面、协调、可持续发展,与单纯追求经济增长形成鲜明的对照。包容性增长主要包括:让更多的人享受全球化成果;让弱势群体得到保护;加强中小企业和个人能力建设;在经济增长过程中保持平衡;强调投资和贸易自由化,反对投资和贸易保护主义;重视社会稳定等。在包容性增长观下,联合国统计委员会第 40 届会议于 2009 年 2 月发布 SNA—2008[113]。它涉及当今世界社会、经济、科技、环境、政治等领域重要的国民经济核算最新前沿问题。SNA—2008 的变化是为了与社会经济环境的改变、方法论研究的改进和用户的需要更加协调一致:结构上的变化,满足新经济环境的需要;各种议题和核算内容的调整,吸收了方法研究的进展;与其他国际统计手册的协调及 SNA—2008 在全球执行力的加强,保证了与用户需求更好的衔接。SNA—2008 对 SNA—1993 做修订的 44 个核心议题,几乎贯穿了 SNA 的所有内容,但主要集中于政府和公共部门、非金融资产、金融服务和金融工具、国际收支等问题上。它更加关注政府公共服务活动、资产、金融服务和国际经济活动,强调对国民经济账户的拓展应用,新增加的内容基本都是以国民经济账户为基础扩展在新经济环境和重要核算问题上的应用。

SNA-2008 是 SNA-1993 的修订版,这次修订在基本核算框架和基本核算原则方面没有发生根本性的变化,主要是针对若干具体内容进行了补充和修订。SNA-2008 的变化涉及许多方面,包括一些基本概念、基本分类、基本方法以及一些统计指标口径的界定等方面的变化。其中比较重要,对 GDP、居民收入和国民总收入等重要指标影响较大的变化体系在三大方面:第一,引入知识产权产品概念,将研究与开发支出等计入 GDP。随着科技的进步和文化的发展,科研成果、计算机软件、数据库、文学艺术作品等产品在推动经济社会发展中的作用越来越大,并且越来越多地具有固定资产的性质。因此 SNA-2008 引入了知识产权产品概念,把它作为固定资产的组成部分,把关于这种产品的支出计入 GDP,用以描述和反映这些产品及其作用。知识产权产品分为五个子类,分别是:研究与开发,矿藏勘探与评估,计算机软件与数据库,娱乐、文学和艺术品原件,其他知识产权产品,其中矿藏勘探与评估,计算机软件与大型数据库,娱乐、文学和艺术品原件在 SNA-1993 中已经被归入固定资产,SNA-2008 最主要的变化是将研究与开发支出由原来作为中间消耗不计入 GDP 修改为作为固定资本形成计入 GDP。第二,引入"经济所有权"概念,使核算结果更加反映实际。经济所有权是承担经济责任和享有经济收益的权利,它是相对于法定所有权而言的。通常情况下,经济所有权与法定所有权归属于同一所有者。当经济所有权与法定所有权分离时,SNA-2008 建议按经济所有权核算,这样,可以使核算结果更接近实际情况。第三,将雇员股票期权计入劳动者报酬。雇员股票期权是指一个公司授予其部分员工在未来一个约定的日期或一段时间内,按照预先确定的价格和条件购买一定数量的公司股票的权利。被授权的员工大多是公司董事、高级管理人员以及核心技术人员等,他们一般需要满足一定的条件才可以被授权,这些条件往往和公司业绩及个人业绩挂钩。如果被授权者经营管理有方,公司业绩优良,他们就可以在约定的时间,以原约定的较低的价格购买一定数量的股票。雇员股票期权是作为对员工的酬劳或激励而给予他们的,与员工在企业的表现和业绩有关,因而具有劳动者报酬的属性。近年来,很多国家特别是发达国家越来越多的企业将雇员股票期权作为激励员工的重要形式,因此,SNA-2008 建议对雇员股票期权价值进行估值,并将其计入劳动者报酬。

(三) 国民经济核算发展方向——国民大核算体系

1. 国民经济核算体系的缺陷

(1) 建立在工业经济基础上,难以满足知识经济发展之需。工业经济有 200 年历史,国民经济核算仅百年历史,也就是说国民经济核算建立在工业经济形态之上。因此,它着重对传统生产要素核算,如设备、原材料的核算,不适应对智力资本、知识资本的投入产出核算。此外,传统生产要素投入存在收益递减规律,但知识作为生产要素不存在收益递减规律。所以,知识要素的引入,使核算生产要素投入产出的传统生产函数的科学性大大降低。

（2）以市场性为原则，不适应可持续发展需要。SNA 中的 GNP、GDP 等是基于市场交易量的常用经济增长指标，是宏观经济政策分析与决策的基础。然而，它们却存在着明显的缺陷，如忽略收入分配状况、忽略非市场活动及不能体现环境退化情况。就可持续发展而言，国民经济核算体系主要存在 3 个方面的问题：第一，国民经济账户不能准确反映社会福利状况，因为资产负债表中没有完全包括环境和自然资源，因而这些资源的状态的变化被忽略了。第二，人类活动所使用自然资源的真实成本没有计入现行的国民账户。在生产活动中所耗减退化的自然资源如水、大气、土壤、矿产及野生生物资源均未以现实成本或自然财富折旧的形式加以统计。因此，自然资源及其产品在市场上定价过低。附加值越低，最终产品价格偏离价值量也就越大。考虑到这一点，初级产品的出口国家存在实际上的价格补贴，而社会中的最贫困的成员如自耕农、无土地者由于缺乏自我保护的能力，所付出的代价也就最大。目前，这种隐性代价或补贴尚没有估计值。第三，污染防治和环境改善的活动通常需要耗费投入，但在国民经济账户中却为国民收入，而且环境损失却未计入。对于私营公司来说，用于减少或避免环境损害的开支在最终附加值中做了扣除，但如果这种支出要是政府或消费行为，便计入了 GDP。这样得到的GDP 值是不正确的。因为它忽略了有害产品的污染，以及低估了有关环境改善的有益投入的价值。

（3）以国民、国土为原则，难以适应经济全球化和金融全球化的需要。GNP、GDP 等指标是分别以国民原则和国土原则计算的，目标在于为一国国民经济管理服务。SNA中虽然有对外经济核算账户，但它立足于核算国家的经济增长与发展，其核算方法和核算数据服务于国家国民经济管理和调控。从全球的角度看，SNA 存在两大缺陷：一是由各国 SNA 资料汇总的世界经济指标中存在着大量重复计算，夸大了人类社会发展水平和新创财富的规模，从而误导国际组织的行为，使得国际性、地区性政策与战略有失偏颇与公正。二是造成各国过分考虑本国社会经济发展，对国际间经济贸易、投资和金融等方面的活动考察不全面，难以满足经济全球化、金融全球化、金融风险与经济安全监测预警的需要。

2. 国民大核算体系的构建

如前所论，20 世纪 80 年代后期以来，社会主义国家纷纷转向市场经济和改革开放，因此，国民经济核算体系的国际一体化逐渐形成，国际上基本全部实行 SNA—1993 基础上的国民经济核算体系。

为了适应社会经济发展的需要，近年来，国际社会就 SNA 的发展与完善问题展开理论研究和实践探索，取得了不少理论成果和实践经验。比较有代表性的有：综合环境与经济核算体系（SEEA）、国民财富核算（包括人造资本、自然资本、人力资本和社会资本的核算）、知识经济核算、隐性经济核算和世界经济核算等。这些成果虽然都有新意，但处于"头痛医头,脚痛医脚"的局面,显得支离破碎,未能从战略的高度通盘考虑 SNA 的发展问题。针对这种情况,我们应基于国民大系统思想,从全局出发,以可持续发展为目标,建立适应知识经济、可持续发展、经济全球化和金融全球化需要的国民大核算体系,并以此作为国民经济核算发展与完善的目标。与现行的 SNA 相比,国民大核算体系的核算内容更加丰富、核算范围十分宽广。具体来说,国民大核算体系应包括两大层次:

(1) 第一层次:核算内容丰富的国民大核算体系。核算内容丰富的国民大核算体系是 SNA 和社会核算、人口核算、科技核算、资源环境核算、隐性经济核算等的整合衔接体系。在多大程度上实现 SNA 与社会、人口、科技、资源环境、隐性经济核算等的整合,对资料的表述模型和核算方法有着一定的影响。国民经济核算所具有的学科性质,主要应属统计之列,但它比一般统计高明之处在于,充分体现社会经济现象之间的联系。统计核算反映的联系,根据性质和程度不同,大体上将它们归为 3 类:一类是严格的等量关系,比如分量合计等于总量、生产总额等于分配总额等于使用总额等;二是指标或变量间的相关关系,比如人口增长率和人均 GDP 之间的关系;三是两个或两个以上指标能直接进行对比的联系。选择哪一类联系,大体上就决定着核算体系的紧密程度。国民经济核算各个组成部分之间能够确立起严格的数量等价关系,所以国民经济核算体系比较严密。核算联系不是无中生有的,它只能是现实存在的社会经济现象之间关系的反映,社会经济统计资料系统化、一体化即以此为前提。

国民大核算体系当然也要把解决各个核算系统的联系作为重要目标,那么应该实现怎样的联系?这就是整合程度问题。社会、人口、科技、资源环境和隐性经济核算等与 SNA 之间的整合衔接有 3 种方案:第一种是把这些核算完全纳入到 SNA 中,建立一个国民大核算体系;第二种是建立相应的卫星账户体系,以补充 SNA;第三种是建立多个与 SNA 平等的账户体系,同时这些账户体系中包含完整的社会、人口、科技、资源环境和隐性经济等指标体系。当然,展开这些方案的讨论分析时,焦点往往集中在诸如 GNP、GDP 和 NDP 这样一些现行指标的有效性,以及在多大程度上对它们进行调整或保持不变等这些问题上。

根据第一种方案,必须对 SNA 的核心结构作根本性的改变,以适应社会、人口、科技、资源环境、隐性经济信息方面的要求。这意味着将要求对社会、人口、科技、资源环境隐性经济等赋予货币价值。显然,这是一个富有争议和挑战性的问题。然而,人们又意识到,如果这些核算没有货币化以及没有完全纳入到 SNA 中,那么这些核算难以发挥其功能。另外一种考虑是国民经济统计与核算部门受到资金和人力的约束,如果不将这些核算纳入 SNA,那么国民经济统计与核算部门完成这些核算有难度。

第二种方案中,卫星账户作为一个附属账户与 SNA 主要框架相连接,其目的就是提供各种未包括在 SNA 中的各种信息和经济活动。就资源环境核算而言,卫星账户并不直接纳入 SNA,而是利用它们提供一些能用于产生一系列修改指标的补充信息,以扩大传统指标的范围和适应性,如"经环境调整的国内生产净值(EDP)"等。SNA—1993 就是采用卫星账户方式进行环境核算的。

第三种方案中,平行账户是根据实物数据建立的独立的存量、流量账户,其本身就是一个完整的账户,不与 SNA 或传统的核算指标发生任何直接的联系。这样,人们就可以根据平行账户所提供的信息和趋势分析,建立一个全新的指标体系。换言之,像 SNA 体系以及 GNP 和 GDP 这类指标将继续保留使用而不作任何改变,伴随和补充它们的将是有关社会、人口、科技、资源环境、隐性经济,以及社会福利问题的指标体系。

根据国内外国民经济核算理论与实践,现阶段宜采用第二种方案,建立国民大核算体系,但国民大核算体系的目标模式是第一种方案。为什么这样说呢? 理由有二:①满足可持续发展需要。可持续发展与社会、经济、人口、科技、资源和环境等子系统都有密切关系,一个国家乃至全球是否可持续发展取决于这些子系统运行状态。因此,必须核算各子系统运行,建立评价指标体系。②顺应事物发展规律。从 SNA 发展来看,由最初的国民收入估算发展到今天包括国民生产核算、投入产出核算、资金流量核算、资产负债核算和国际收支核算等在内的一个有机体系,这些核算也是在各自相对完善的情况下才纳入 SNA 的。社会、人口、科技、资源环境与隐性经济核算现在仍处于探索阶段,还存在一系列情况,如强行将它们纳入 SNA,那会事与愿违,不仅不能实现对 SNA 的发展与完善,还会使 SNA 自身机制受到破坏,使之难以发挥其宏观调控依据与手段的功能。

建立国民大核算体系的主要难点是 SNA 与各卫星账户的衔接问题。因为各卫星账户中基本上是以实物量作计量单位的,如何与货币化 SNA 相衔接呢? 比较可行的方法是在 SNA 与每个卫星账户之间建立一个"衔接账户",这个"衔接账户"使用两种计量单位,即与 SNA 衔接端采用货币单位,与卫星账户衔接端采用实物单位。因此,衔接问题关键也在于如何货币化,这是核算理论与实践面临的重大问题。不解决这个问题,卫星核算尤如水中月,国民大核算体系就是纸上谈兵。值得庆幸的是,经人们的不断努力探索,已经提出了解决诸如资源与环境的货币化方法。例如,①市场估价法:用环境资产的市场价格作为估算用于经济活动的环境成本。②维护成本法:指保持环境的数量与质量不变所需花费的成本。③或有估价方法:指人们为改善环境所愿意支付的代价。人口的价值计量可依据人力资本理论,等等。

值得一提的是,SNA—1993 与 SNA—1968 相比,前进了许多,但仍有待完善与发展之处。如,①经济变化的成本核算问题;②作为经济商品的信息核算问题;③投入产出方法改进问题;④"简化"(compacted)核算及其结果问题,等等[114]。SNA—2008 在这些方面作了完善与发展。

(2) 第二层次:核算范围拓展的国民大核算体系。核算范围拓展的国民大核算体系是将世界看作一个"工厂",各国作为"车间",运用国民经济核算理论与方法建立的世界核算体系,实现对全球经济运行全面、系统的计算、测定和描述,为国际组织和各国提供各种信息,满足各层次决策与调控之需,服务于经济全球化和金融全球化之发展,确保全球经济健康、稳定地运行,以实现人类有史以来最科学的发展模式——可持续发展。

该层次的国民大核算体系建立在业已存在的四大国民核算体系之上。这四大体系是国民经济核算体系(SNA)、国际收支统计手册(Balance of Payments Manual, BOPS)、货币与金融统计手册(Manual on Monetary and Financial Statistics, MFS)、政府财政统计手册(Manual on Government Financial Statistics, GFS)。它们既相互独立、自成体系,又相互联系、相互补充,以其科学、系统、规范的结构和指标,从不同角度、不同侧面充分而系统地展示了国民经济运行中的各种流量和存量及其相互关系。国民大核算体系不是四大核算体系简单的累加,而是把全球看作为一个封闭的经济体,将四大国民经济核算体系有机地整合在一起,建立世界经济核算矩阵,以"全球原则"核算世界经济水平和财富总量,实现对 SNA 中"国土原则"、"国民原则"的总量指标的替代。因此,第二层次国民大核算体系既源于四大核算体系,又高于四大核算体系。

3. 国民大核算体系的可行性

国民大核算体系,难就难在"大",新也新在"大"。整个社会宏观核算活动,千头万绪,包罗万象,有着不同目的,不同层次的需要,要在各种统计活动之间建立联系,实现社会的经济的统计资料系统化,使得各项资料都在社会宏观信息网上各得其所,工作极为浩繁。更何况范围扩大与内容丰富之后,对核算方法和技术以及处理变量联系的手段,也要提出相应的改变和更高的要求。不管怎样,把国民大核算看成是宏观统计技术方法上的一次大跨越,不为过分。大核算,是宏观经济核算的终极,是最高层次、最广泛的核算,它的价值与 SNA 相比只会有过之而无不及。通过制订统一的分类标准、规范核算的基本单位,采用一致的概念和定义体系,使得从不同领域、不同方面搜集来的统计资料有了相互交换、相互补充、结合使用的可能,在此基础上就能建立统计数据库及其网络,充分施展自动化信息技术的巨大功能,促进国民统计核算的现代化进程。现实中,从各个专项统计活动中单独搜集的统计资料,由于没有形成体系和联系,造成指标的含义、口径、范围有差异,给统计资料的综合开发利用带来诸多不便,而大核算体系将为实现全社会统计资料信息共享创造必要的前提条件。

国民大核算体系,是相对于超越国民经济核算而使用的一个通俗称谓,其所指实际上与国家统计体系整体化、一体化没有质的差别。或者说,它也就是国民统计整体核算、国家综合系统核算。

迄今,SNA 已有 1953 版、1968 版、1993 版和 2008 版,之所以要不断修订、持续升级,是因为作为其核算对象的现实经济社会情况不断变化;作为其理论基础的经济学理论与方法在不断发展;作为其方法基础的数据搜集方法以及相关的统计估算技术在不断更新,如近年来大数据统计分析方法的发展。所以,国民大核算在方法上有保障,在数据上有支撑。认识活动,就是对自然与社会的真实反映,经济、社会、人口、科技、环境等日益密切的关系,表明国民大核算体系客观上存在现实的可能性。从 SNA 版本的升级发展轨迹来看,它在逐步迈向大核算体系。

(四) 国民经济核算体系在中国的发展阶段

新中国成立以来,为了适应不同经济体制下宏观经济调控与管理的需要,国民经济核算体系在中国发展经历了 3 个阶段。

1. MPS 模式阶段

新中国成立后,在苏联的帮助下,中国开始按照 MPS 模式建立国民经济核算体系。1952 年,国家统计局刚成立,就在全国进行工农业总产值和劳动就业调查,后来,又扩大到工业、农业、建筑业、交通运输业和商业五大物质生产部门总产值核算,形成社会总产值核算。从 1954 年开始,国家统计局按照 MPS 模式开展国民收入的生产、分配、消费和积累核算,提供了一系列国民经济总量指标以及国民收入积累率等重大关系资料,服务于国民经济计划管理。但是,由于 20 世纪 50 年代后期的"大跃进"和 60 年代的"文化大革命",中国国民经济核算工作遭受巨大挫折,直至陷入瘫痪状态。"文化大革命"结束后,中国陆续恢复国民经济核算工作。首先,恢复了 MPS 的国民收入核算,随后编制了 MPS 的投入产出表,建立了综合财政统计,编制了综合能源平衡表、主要原材料平衡表和消费品平衡表,等等。这些国民经济核算工作的恢复有力支撑了改革开放初期的国民经济管理工作。

由于受到各种条件的限制,中国并没有完整地实现 MPS,而是根据当时的需要有重点地采用了一些内容,因此,这一阶段中国的国民经济核算体系是不系统、不全面的,尤其是随着经济体制的发展变化,它的缺陷也日益突出。

2. MPS 与 SNA 混合模式阶段

为了适应改革开放和有计划的商品经济体制的需要,中国对国民经济核算体系进行改革与完善。中国在继续实行 MPS 的同时,从 1984 年开始着手建立新的国民经济核算体系,国家统计局于 1985 年第一次统计核算 SNA 中的综合性指标 GNP。根据国务院的指示,国家统计局与有关部委共同协作,经过反复研究和多次试点,于 1992 年推出《中国国民经济核算体系(试行方案)》。这套方案主要进行 4 个方面的改革:第一,扩大了核算的范围。从单纯的物质产品核算扩大为包括第三产业在内的全面核算;从财政、信贷资金运动扩大到全社会资金运动的核算。第二,丰富了核算内容。在总量核算的基础上,丰富了反映部门间经济技术联系的投入产出核算;从部分价格指数统计扩展到国民经济综合价格指数统计;从流量核算扩大到对实物资产和金融资产的存量核算。第三,改进了核算方法。运用账户、矩阵和平衡表相结合的核算方法,为进行国民经济的总量与结构核算和各种数量分析提供了条件。第四,提高了国际可比性。采用了板块的转换结构,可进行 MPS 和 SNA 两种核算体系的相互转换,以利于国际比较。在这套方案中,MPS 内容仍然占有相当的位置,表现为两种模式混合的特征,重要原因在于当时社会主义经济理论还没有实现从有计划的商品经济理论向社会主义市场经济理论的变革,国民经济核算体系不能放弃 MPS[115]。

3. SNA 模式阶段

中国国民经济核算体系采用 SNA 模式的原因有 3 个:第一,社会主义市场经济理论的确立,使 MPS 失去了生存的条件。1992 年 10 月召开的党的十四大确立了建立社会主义市场经济体制的改革目标,实现了社会主义经济理论的重大突破,为国民经济核算全面改革与发展扫清了理论上的障碍。第二,MPS 不适应中国宏观经济管理的需要。MPS 的缺陷主要体现在 4 个方面:一是注重物质生产部门核算,难以反映非物质生产部门发展情况;二是注重实物流量核算,难以反映社会资金运动情况;三是注重生产核算,分配、消费、积累等方面的核算比较薄弱,难以反映国民经济循环全貌及各环节之间的衔接情况;四是核算方法单一,缺少联系性和严密性。第三,MPS 的通用性与国际比较性日趋淡化直至消亡。苏联和东欧国家由于政治、社会和制度的变革,于 20 世纪 90 年代初放弃 MPS 而转向 SNA。1993 年联合国统计委员会第 27 届会议通过决议:取消 MPS,在全球范围内通用 SNA。为了适应这种形势的变化,从 1993 年起,国家统计局根据 SNA—1993,着手对 1992 年《中国国民经济核算体系(试行方案)》进行重大修改,于 2003 年颁布《中国国民经济核算体系(2002)》[116]。它在结构上较严谨,反映了国民经济活动的内在联系;在内容上较丰富,涵盖了国民经济运行的主要环节和主要方面;在操作上较可行,基本上满足了经济转轨时期宏观经济管理的需要。

(五) 国民经济核算体系在中国的发展趋势

自从联合国等国际组织颁布国民经济核算新的国际标准 SNA—2008 以来,部分国家已经开始实施或正在制定本国执行 SNA—2008 的计划。2013 年 7 月 31 日,美国依据 SNA—2008,重新修订了它的 GDP 数据,最主要的修订内容是将研究与开发(R&D)支出以及娱乐、文学和艺术品原件支出等作为固定资本形成计入 GDP。国家统计局贯彻落实党的十八届三中全会精神,组织力量对 SNA—2008 的重要修订进行了研究,并结合我国经济社会发展和核算制度方法改革的实际情况,制定了修订《中国国民经济核算体系(2002)》的计划。

1. 将研究与开发支出计入 GDP

近年来,我国研究与开发支出数量增加很多,研究与开发活动对经济发展的作用越来越大,其资本属性也越来越明显,因此有必要依据 SNA—2008,将研究与开发支出作为固定资本形成计入 GDP。关于研究与开发支出核算,也有较丰富的基础资料,如我国分别于 2000 年和 2009 年进行了两次 R&D 资源清查,掌握了 R&D 经费支出及构成等数据。常规年度也开展了政府、科研机构、企业等研发活动的调查,这些统计数据为将研究与开发支出计入 GDP 提供了一个较好的基础。在广泛搜集企业以及政府部门的研究与开发支出统计资料的基础上,国家统计局按照 SNA—2008 的要求,分别从生产方面和需求方面研究了将研究与开发支出计入 GDP 的核算方法,并进行了初步试算,得出了初步结果,目前正在论证阶段。

2. 核算实际最终消费

实际最终消费有别于最终消费支出,实际最终消费是从享用的角度核算最终消费,反映了居民和政府实际获得的消费性货物和服务的价值。最终消费支出是从支付的角度核算最终消费,反映了居民和政府购买消费性货物和服务的支出。对于居民来说,实际最终消费除了包括通过自身支出形成的消费外,还包括由政府支付而由居民享受的消费,如政府为居民提供的教育、医疗服务等。核算居民实际最终消费,可以更全面地反映我国居民总体消费状况,反映政府在改善民生方面的作用。国家统计局搜集了政府在教育、卫生、社会保障等方面的支出资料,并对这些基础资料属性进行甄别,为计算居民实际最终消费和政府实际最终消费做了比较充分的准备。

3. 改进城镇居民自有住房服务价值核算方法

在国民经济核算中,居民居住自己拥有的房屋也要计算住房服务价值。目前,我国采用成本法计算城镇居民自有住房服务价值,即通过计算房屋的固定资产折旧,以及日常维护、修理、管理费用得到居民自有住房服务价值,其中的房屋固定资产折旧是利用房屋建造成本与折旧率计算的。该方法是在 2004 年第一次经济普查时确定的,由于当时房屋租赁市场不发达,房租数据很少,且房屋市场价值与建造成本之间差距不大,因此选取了适应当时情况,并且也是 SNA 推荐的一种方法,即成本法计算城镇居民自有住房服务价值。近年来,随着我国房地产市场的快速发展,房价和租金上涨都很快,房屋建造成本明显低于房价。此外,随着房屋租赁市场逐步成熟,房租资料越来越丰富,这种情况下,有必要改进现行核算方法,采用目前国际上广泛使用的市场租金法测算城镇居民自有住房服务价值。国家统计局利用住户抽样调查的房屋租金、住房面积等数据以及人口统计数据,试算了近年来城镇居民自有住房服务价值,得出了初步结果,目前正在论证过程之中。

4. 将土地承包经营权流转收入计入财产收入

"经济所有权"概念的引入,将会改变一些交易在我国国民经济核算体系中的记录,例如,土地承包经营权流转收入的属性将会随着经济所有权概念的引入而改变。虽然我国宪法规定农村的土地,除由法律规定属于国家所有的以外,属于集体所有,但是按照经济所有权的原则,通过家庭承包取得土地承包经营权的农民成为土地的经济所有者。享有土地承包经营权的农民将土地承包经营权流转给其他个人或单位使用所获得的收入形成了 SNA 所定义的地租,从而构成居民财产收入的一部分。目前,土地承包经营权流转收入已成为我国农民收入重要的组成部分,经济所有权概念的引入,将增加农村居民的财产收入,提高财产性收入占居民收入的比重。

5. 将雇员股票期权计入劳动者报酬

目前,雇员股票期权制度正被我国越来越多的企业所接受和实施,因此有必要按照

2008 年 SNA 的建议,将雇员股票期权计入劳动者报酬。目前,我国政府统计制度中还没有包括雇员股票期权统计指标,今后应增加相应统计指标,为将雇员股票期权纳入劳动者报酬提供基础资料。

除了上述 5 个方面,国家统计局还将依据 SNA－2008,修订有关基本概念、基本分类、基本方法。通过对《中国国民经济核算体系(2002)》的全面修订,形成一个新的版本,即《中国国民经济核算体系(2014)》。目前,国家统计局已经制定了修订《中国国民经济核算体系(2002)》的初步计划和初步框架。按照工作计划,拟于 2014 年下半年提出初稿,之后,将征求有关部门和专家的意见,进行论证和修改,拟在 2014 年底或 2015 年初形成最终文本,并按程序对外公布。采用新的核算方法计算出来的 GDP 等重要指标数据,以及这些指标修订后的历史数据,拟于第三次全国经济普查之后按程序对外发布。

四、国民经济核算——能源主题

按照国民经济核算原理,可以在替代的范围、补充的概念和调整的分类的基础上,通过建立一个同国民经济核算中心框架紧密相连的专门核算框架,在能源这一主题下汇集数据,较为全面地反映能源的特别信息,比之国民经济核算中心框架具有更强的专业功能性。一个较为完整的能源卫星核算范围包括:能源领域生产与收入的核算、能源领域国民支出的使用与效益的核算(同时考虑转移与其他资金提供方式)以及能源生产者的完整账户,核算的形式是价值量核算与实物量核算的结合。

(一) 能源领域生产与收入的核算

这部分核算着重考察能源特征活动,采用的形式包括:生产账户、投入产出账户、收入形成账户以及收入向分配、积累领域拓展的账户。

如前所述,能源特征活动可能是基层单位的主要活动、次要活动或者辅助活动。生产账户可按基层单位或机构单位编制,详细分解主要活动、次要活动或者辅助活动的能源特征活动和产品的总产出、中间投入和增加值,并进行产业部门分类或机构部门分类以及总量层次的汇总,得到各种汇总层次的能源特征活动的总产出、中间投入和增加值。产出还可以按照市场生产和非市场生产(包括自给性生产者与其他非市场生产者)进行分解。国民经济核算中心框架已经有了主要活动和次要活动的产出信息,但是对于辅助活动需要识别和计算。辅助活动外部化产生的变化有:①按其运营成本独立计算辅助活动,结果使能源产业的总产出相应增加了,同时也增加了整个经济的总产出;②产生了辅助活动的中间投入和增加值,将这部分增加值合并到能源产业中,使其增加值增加,但是辅助活动所依附的那些产业的增加值会有同量的减少,整个经济的增加值总计保持不变。次要活动和辅助活动的中间消耗也不能从主要活动分开,需要按照 SNA 提供的方法进行估算。

利用支出法计算国内生产总值的能源生产对应部分也包括了消费、资本形成和出口的产出的最终去向,这部分的组成留在能源领域的国民支出部分再行探讨。如果有充足的数据资源,能源产品的供给和使用可以使用投入产出账户进行描述,这种账户对能源特征产品和关联产品产业进行具体分类,对其他生产者和产品产业可以进行归并或者简单分类。附表1是体现这种编表思路的能源供给与使用表,市场生产与非市场生产的能源生产者都按照主要活动、次要活动以及辅助活动进行区分,把基层单位非能源生产的部分都归入其他生产者(不管是主要活动、次要活动或者辅助活动)。

　　根据各生产要素对生产所做贡献的大小,增加值在提供生产要素的各所有者之间进行分配。需要对各种要素收入在主要活动、次要活动或者辅助活动中进行进一步分割。能源生产活动的增加值形成了能源领域原始国民收入的各种组成部分,并从能源生产部门流向了其他各种机构部门。按机构部门编制的生产账户可以和收入形成账户联结成为一个账表。对各机构单位用于能源领域支出的财产收入进行记录,并在各层次汇总,以便跟踪能源领域国民支出的资金来源。

　　分配过程还要在生产领域之外展开,亦即从生产领域中取得了各种生产性收入的机构单位或机构部门,还要在整个国民经济范围内发生一些现金的或实物的转移性收入和支出(经常转移),包括税收、补贴、社会缴款和社会福利,它们之中有些是从事能源特征活动的企业机构单位进出的,有些是用于能源用途的。此外,还有不属于再分配内容性质上属于积累交易的资本转移,以及某些金融手段交易隐含的转移,比如低于市场利率的援助或贷款。应该考虑对作为能源领域国民支出资金来源的经常转移、资本转移和隐含转移进行识别和计算。目前在能源领域,政府发挥了重要的作用,国内、国际的援助也很活跃,所以很有必要监测与能源相关的税收、补贴、援助等经济活动。由于对机构单位内生产活动进行能源特定的分类调整,这些转移(特别是一些能源生产的税收和补贴)的方向也做了变化,在原次要活动、辅助活动所依附的机构单位与外部化的能源生产部门进行转移。

(二)能源领域国民支出核算

　　和能源领域国民收入相对应,能源领域国民支出除了能源特征产品的使用之外,还要加上能源用途转移的使用。能源领域国民支出核算描述能源领域产出的各种使用构成,包括中间消耗、最终消费和资本形成,还应包括特有的经常转移和资本转移,并扣除由国外资助的常住单位的经常使用和资本使用。中间消耗可以区分为实际中间消耗和内部交货的中间消耗,最终消费可以区分为市场产品和非市场产品,后者又可以分为个人消费和公共消费。中间消耗和最终消费可以按照能源领域产品进行分类。资本形成包括两种情况:能源领域产品的资本形成(一般体现为存货)以及能源领域生产的固定资本形成(不包括前者,但包括非生产非金融资产),后者可以按照生产技术的不同进行分类。这里的经常转移和资本转移不包括已经属于中间消耗、最终消费和资本形成的部分。对于为了降低最终消费者购买价格的能源补贴,在按照中心框架估价的消费基础上,应该算作特有的经常转移;如果消费的估价包含这项补贴,则不能再算作特有的经常转移。

能源领域国民支出的上述构成可以按照不同使用者(受益者)进行列示。这里的使用者分组是在中心框架机构部门分类基础上的重新安排,将生产与消费分开,分别是市场生产者、非市场生产者(自产自用的生产者和其他非市场生产者)、作为公共消费的政府、作为消费者的住户以及国外。可以按照能源领域生产活动分类区分出生产者的各种细类,可以按照住户的收入水平、地理位置进行住户的细分,以达到分析和政策的目的。国民支出的使用还可以与资金的提供来源进行联系,以观察常住单位如何为使用筹集资金,从而将能源领域的国民支出核算和生产与国民收入核算联接起来。

(三) 能源特征生产者的完整账户

完整账户包括生产账户、收入形成账户、分配与再分配账户、积累账户以及资产负债账户,由于涉及经济收支和财务决策,所以只适合机构单位编制。能源特征生产者很大部分属于主要活动是能源特征活动的机构单位,最简单的做法是对这部分机构单位编制完整账户。另外,还有一些主要活动是非能源领域生产的机构单位,但是拥有的基层单位主活动是能源领域生产,对能源领域生产的部分可以采取变通的方法,当作机构单位处理,在营业盈余、劳动者收入、税收和补贴、财产收入、经常转移以及资本形成等项目进行相应识别、估算并记入账户。所有的机构单位可以在能源领域活动部门里面重新组合,并可以按照能源领域活动类别进行分类。

五、环境与经济核算体系

(一) 环境与经济核算框架

虽然国民经济核算是市场经济分析和管理有效的工具,但是国民经济核算框架没有充分体现环境因素与经济过程的交互关系,也没有对环境保护活动和产品明确显示。流量核算时,生产法获取国内生产总值的投入仅限于各种货物与服务,不包括环境因素;支出法计算国内生产总值等于最终消费、资本形成和出口,没有涉及环境因素。存量核算时,没有市场定价的环境因素无法纳入经济资产定义范围。同时,国民经济核算不能区分环境破坏行为与环境保护行为,无法真实反映经济与环境之间的复杂关系。国民经济核算的这些缺陷造成国内生产总值的高估,以及环境成本的低估。国民经济核算从而提供了"虚假"的发展成就的信息,现有的经济管理机制利用这些信息,会加强利用资源耗费来促进经济增长的外延发展模式,从而对可持续发展带来不利影响。

综合环境与经济核算(SEEA)将环境因素引入国民经济核算,包括 4 个主要综合模块:其一,将环境资产纳入国民经济核算的经济资产概念;其二,记录环境系统与经济系统之间的实物流量,反映环境资产的经济利用过程;其三,核算资源消耗价值和环境退化价值以反映经济过程的环境资产消耗;其四,对国民经济核算的总量进行调整,得到所谓的"绿色 GDP"。另外,设立环境内部卫星账户(SNA 原有交易项目的重新组合)明确显示环境保护的活动和产品。由于环境因素的引入,国民经济核算体系的产出、投入、资产、积累的概念发生了变化,经环境因素调整的国内产出(eaGDP)替代了国内生产总值(GDP),资产的概念从原有的经济资产扩展到包括所有交易与非交易的与经济有直接关系的环境资产,同时环境资产的经济使用还包括了经济积累。这样在内容上,环境经济综合核算包含两个原国民经济核算经过调整过的平衡关系:以 eaGDP 为中心的流量核算,以及以环境资产存量为中心的存量核算。eaGDP 和环境资产货币计量体现了一种综合努力,即应用同一个相对价格集(同度量)而达到协调一致,另一种综合努力是"包含环境账户的国民经济账户矩阵"(National Accounts Matrix including Environmental Accounts,NAMEA)的方式,这两种努力都被融合到 SEEA 2003 里面。NAMEA 的环境账户只以实物量表示,但是由于经济账户、环境账户建立在共同的概念、方法、定义和分类基础上,指标的有序排列足以形成一些有意义的比较。NAMEA 还能够避免环境估价的纠缠,从而能将精力集中于完善环境主题账户,为社会公众、政府部门和国际组织提供更丰富的信息,并可能从更多的视角诠释环境与经济之间的联系。

很明显,这里的综合环境与经济核算是 SNA 的环境拓展,环境主题账户也是建立在与经济关系的基础上。综合环境与经济核算内容框架如图 4.6 所示。综合环境与经济核算是在原来国民经济核算框架的基础上,加入了不属于经济交易但与经济有直接关系的环境部分,这些部分明显地影响了国民收入核算、投入产出核算和资产负债核算。此外,SEEA 还将与环境有关的经济活动和产品的核算明确表示出来,还有其他一些与环境有关的交易的核算有所变动,包括环境税、环境产权的财产收入、固定资本处置的环境影响、国际贸易引起的环境流动等资金流量核算、国际收支核算方面的内容,这些内容并没有在图 4.6 中具体标明出来。

(二) 环境与经济核算体系——能源主题

需要特别提到的是在 SEEA 组成中,SEEA-E 是其重要的组成部分,SEEA 2003 里的一系列账户包含了能源核算,这些账户包括:资产账户,实物、货币和混合的供应使用表;一些经济交易活动账户,如税收、津贴、开采资源的许可证与授权等。但是,SEEA 2003 对能源核算的处理并不全面,需要在能源流量和存量核算方面应用一种整合的方法。

SEEA-E 制定的目标是为能源核算提供国际统计标准,包括一致认可的概念、定义、分类、各种用于分析和政策制定的相关表和账户,并为 SEEA-2003 的修订提供解决能源核算相关问题的素材。SEEA-E 将包括能源产出表和账户、编制国家和国际报告所需的一系列变量、与能源相关的空气排放核算以及与 UNFCCC 报告相关联的核算等。

当前 SEEA-E 的研究兴趣集中在能源流量账户、能源存量账户以及能源资源资产耗减的部分。我们将注意力更加集中在两个方面:①实物、货币和混合的能源流量账户,在

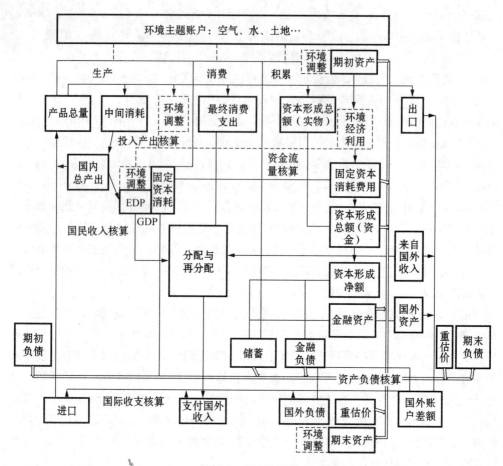

图 4.6　SEEA 结构

能源物质、能量、产品和排放分类基础上,重点介绍各种流量的供应使用表,同时阐述供应使用表与国民经济核算、能源平衡表的衔接;②实物能源资产账户,描述与能源资产相关的分类和定义、资产账户的基本结构、统计分录、度量单位与转换系数以及实物资产账户的标准表;货币能源资产账户,描述资产价值的基本概念、折旧成本处理方法、期初期末存量价值变化的分解以及能源资源资产耗减和补偿。

1. 流量账户

SEEA-E 流量账户描述的是能源形态的流转,从能源资源以及能源产品乃至能源残余物,其流转跨越环境和经济边界。以环境和经济边界为限,SEEA-E 对于 3 种能源流量进行计量:其一,能源自然资源进入经济成为能源产品的流量;其二,能源产品在经济中转化与使用的流量;其三,能源利用所产生的排放进入环境的流量。按照能源计量单位的不同可以建立实物流量账户、货币流量账户以及实物货币混合的形式。用来源(供给)和去向(使用)来描述流量的流向,不仅符合物质和能量的转变特征,供给和使用数量上相等符合物质能量守恒定律,而且便于与 SNA 投入产出核算建立衔接,从而使大量的实物或货币的数据能够按照投入产出核算框架相一致的方式,以不同的分解水平加以组织。

能源自然资源流量的描述完全集中在使用上,能源自然资源进入经济便成为与之相对应的能源产品,通常称之为一次能源,据此可以编制能源资源使用表以及相应的一次能源产品的供给表(一国能源供给来源还包括进口、我轮机在外国加油、库存较少以及回收能等)。一次能源主要用于生产(相对于投入产出核算中的中间使用项目)、消费和出口,小部分用于库存,和固定资本形成无关(消费、出口和资本形成是最终使用的项目),据此可以编制一次能源使用表。经济中能源的转换和使用有比较复杂的路径,一次能源除了部分用于直接的终端消费,另外部分则需要经过加工转换为二次能源,然后用于终端消费。所以,可以考虑核算加工转换过程能源的供给使用,以及终端消费能源的供给使用,据此可以编制相应的中间转换的以及终端消费的供给使用表。供给使用的分类可以按照产品或产业进行,组合起来便有产业×产业、产业×产品、产品×产业、产品×产品 4 种不同的供给使用表形式。排放进入环境的流量描述涉及残余物的供给以及残余物的使用,可以编制不同能源产品分类以及不同能源使用分类的排放供给表,能源残余物的使用表编制的缘由是残余物的回收或固碳。

SEEA-E 流量核算涉及能源资源、能源产品、产业、最终使用以及排放的分类,这些分类具有不同的细致程度,分类组合呈现很多形态,所以上述的供给使用表具有十分自由的表现形式。在这些供给使用表之中,经济域内的供给使用表处于中心的位置。以之为枢纽,可以按照特定目的,将以上 3 种流量的供给使用表进行组合,生成不同汇总水平的综合供给使用表。这些表可以反映能源资源的各种经济利用、经济活动或能源产品所产生的排放。最为综合的方式是将 3 种流量的供给使用都汇总至一个大表中间,这种汇总表能够表达广泛的以能源为媒介的环境经济之间的交互关系。

实物型供给使用表采用各种能源品种约定俗成的衡量单位,为了综合汇总,可以将实物单位按照一定的转换系数转换为标准量单位,编制标准量的供给使用表。经济域内能源产品的供给使用表还便于我们编制价值量的供给使用表,可以将价值量和实物量数据相互对应,增加统计质量,拓宽分析容量。

联合国统计司伦敦环境核算小组(London Group)13 次会议的论文"A Suggestion for SEEA Standard Tables on Energy"(Ole Gravgard,2008)建议了一系列能源账户的标准表,其中一大部分是能源流量核算的各种供给使用表;15 次会议的论文"A Proposed Set of Standard Accounts for the Revised SEEA"(Peter Comisari,2009)提出了修订 SEEA 的系列标准表格,其中流量账户和排放账户的表格也是采用供给使用表的形式,适用于能源核算,流量账户表 6-12 是特别为能源核算而设置的。

2. 存量账户

SEEA-E 流量账户核算了能源资源的经济利用以及利用引起的排放,存量账户评估能源资产随着经济利用而变化的情况,需要测量出核算期期初的能源资产存量,描述核算期间发生的种种变化,以及得出期末的能源资产存量,期间的变化将期初和期末的存量连接了起来。同样按照衡量单位的不同,存量账户有实物形态和货币形态。这里的能源资产延用 SEEA 资产的概念,SEEA 资产的概念拓展了 SNA 资产的定义,不限于所有权和经济利益两个标准,而是和环境功能相联系。由于环境的功能竞争性决定了其稀缺性[①],从而使任何用途具有机会成本(这种成本不一定体现在货币上面),使环境资产具有价值。

(1) SEEA 能源资源分类。对能源资源分类是能源资源统计和核算的基础。分类除了根据自然属性区分品种(表 4.7 列示了这种品种分类的一种形式),还需从可得性上区分资产的性质(性质分类)。相同品种不同分布的能源资源具有不同的经济、技术和地理等质量特点,其储量的认识来自于资源的勘探和评估,从这个特点考虑,联合国化石能源和矿产资源分类框架(UNFC)可以应用于能源资源的各种品种。UNFC 2008 有化石能源的分类标准,可再生能源资源如果要应用这个框架,需要根据其特点开发分类的标准[②]。按照 UNFC 框架可以定义最佳储备、其他储备、其他资源的能源资源分类。UNFC 分类的方法如表 4.7 所示。

表 4.7　SEEA 能源资源分类

EA.1	自然资源
	EA.11 矿产与能源资源
	EA.111 石油资源
	EA.111.1 天然气(包括液体天然气与冷凝物) 　　EA.111.2 原油 　　EA.111.3 天然沥青、超重油、页岩油、油砂和其他
	EA.112 非金属矿与固体化石能源资源
	EA.112.2 煤 　　EA.112.3 泥煤
	EA.113 金属矿产
	EA.113.1 铀矿
	EA.114 可再生能源资源

(2) 存量账户表格。存量账户表(见表 4.8)的主栏是存量账户的分类科目:期初存量、期间变化以及期末存量;期间变化由 3 部分组成:其一,交易引起的变化,包括库存变

---

① 参见 SEEA 2003,§7.3.

② United Nations Framework Classification for Fossil Energy and Mineral Resources 2008 (UNFC-2008).

化和非生产资产的购买减处置;其二,存量增加,包括新发现、重新分类/重新估计以及自然增长;其三,存量减少,包括资源开采、重新分类/重新估计以及非生产资产的环境退化;其四,存量的其他变化,包括灾害损失或未补偿的占有、分类和结构的变化。宾栏是能源资产性质的分类,可以在性质分类下面复合品种分类,以详细描述资产的分类结构。

表 4.8 资产存量表   单位:实物单位或货币单位

	总资产	其中:最佳储备估计值	其他储备	其他资源
期初存量				
交易引起的变化				
库存变化				
非生产资产的购买减处置				
存量增加				
新发现				
重分类/重估计				
自然增长				
存量减少				
资源开采				
重分类/重估计				
非生产资产的环境退化				
存量的其他变化				
灾害损失或未补偿的占有				
分类和结构的变化				
期末存量				

(3) 存量资源估价。编制货币单位的存量账户需要对存量及其变化进行估价,估价方法众多,包括净现值法、净价格法、再生产补偿费用法、机会成本法、替代市场价值法等,但是这些方法都具有争议性,目前还没有形成一致认可的估价方法,净现值法的应用相对广泛。

用净现值法计算的 t 期存量价值 $PVt(RRt,Et,r)$ 是资源租金、采掘量和贴现率的函数。为了简化起见,假设每年的采掘量相同均为 E,贴现率相同均为 r,如果资源实物存量为 S,则资源的寿命期 $n=S/E$,那么资源存量价值可以计算为资源在耗尽前所产生的未来资源租金流的净现值,表示为

$$RV = RR \sum_{k=1}^{n} \frac{1}{(1+r)^k}$$

这样问题转化为资源租金的计算,SEEA 2003 提供了 3 种方法:占有法、永久存货法(PIM)和资本服务流方法。

第四节　发达国家能源统计核算

一、专项能源统计核算机构

发达国家的能源统计往往设立专项机构负责相关能源统计工作。以美国为例,负责能源统计的机构是能源信息署(Energy Information Administration,EIA),由美国国会设立,隶属于美国能源部。EIA 是美国的能源数据及其分析预测的主要信息来源。根据美国法律规定,EIA 进行独立的信息报道,不受政府的影响。EIA 会发布周、月、年度报告,包括能源的生产、储备、需求、进出口和价格等各个方面。同时对上述各项内容提出分析意见并对当前关注的各种问题作专题报告。每周报告包括石油、天然气和煤炭生产、消费与市场,天然气储备及最新报告。每月报告包括短期能源展望、天然气月报、电力月报、能源每月评论等。年度报告包括国际能源展望、能源评论年度报告、天然气年度报告、煤炭年度报告、美国温室气体排放年度报告等。专题报告包括能源价格、北极区石油和天然气生产、国家电力概况及区域性分析概要等。

EIA 向公众提供的信息包括能源数据资料、分析、预测及信息产品说明。大多数能源数据资料由 EIA 工作人员收集。通过统计调查表向能源生产商、信息使用者、运输者以及其他一些企业收集能源数据资料。公司和用户则直接向 EIA 提供报告。有些数据来源于商贸协会和其他政府部门等。EIA 信息分析产品有技术性报告和有关能源问题的分析文章,包括经济、技术、能源生产、价格、分销、储备、消费和环境影响等各个方面。EIA 的信息预测涵盖各种能源类型。预测内容包括供应、消费、价格和其他重要因素。短期预测的时间范围在 6～8 个季度,中期预测可延伸到未来 20 年。

EIA 数据质量控制比较完善。在信息统计系统的建设与管理中,注重采用现代统计理论和方法,注重提高员工的相关专业素养,注重质量保证方案的执行,注重与统计部门或相关专业机构的联系与合作。EIA 在数据统计调查工作方面还坚持做到几个确定:一是确定采样框架(业内公司列表)的完备;二是确定被调查者理解 EIA 需要哪些数据,并拥有相关数据;三是确定大部分公司对调查有回应(通过沟通加以保证);四是确定对尚未回应的公司有大体的估计;五是确定得到的数据是准确的;六是确定内部工作流程进展良好,不在流程中增加错误。

二、重点能源统计核算项目

能源统计核算的种类纷杂,发达国家往往根据各国政府及民众关心的重点,有针对性地开展重点能源统计核算项目,满足公众的统计监督、信息共享的需求。以瑞典为例,值得一提的是该国的住宅能源统计 eNyckeln 项目。瑞典官方统计采取分权的制度,由25 个国家机关负责,政府确定主题领域和统计领域,决定统计部门责任,统计部门则决定统计领域内他们所负责的内容。工业部下的能源署负责能源统计,对瑞典统计局、瑞典能源(SwedEnergy)和 INREGIA 的工作进行协调,前两者负责采集数据,进行月度、季度、半年底、年度以及间歇性能源统计调查,后者提供方法和分析。能源统计信息包括能源平衡表、能源价格趋势以及能源供应和使用信息等。

统计产品的具体形式是各种月度、季度和年度统计。月度统计包括石油、天然气、电力生产销售和库存月度统计;季度统计包括季度燃料统计;年度统计包括电力、燃气和集中供热统计、非住宅楼宇能源统计、住宅(分单户型、双户型和多户型)能源统计等。

能源署统计工作的挑战来自于各方不同需求带来的矛盾。数据供应方要求减轻负担以及更有效的数据提供方式,需求方要求更多、更快和更好的统计信息,管理当局则要求更好的管理。eNyckeln 是瑞典能源署应付住宅能源统计问题的一个解决方案。该项目是互联网形式的数据基站,于 2004 年 9 月开始,www. enyckeln. se 于 2006 年 4 月发布,内容和功能在不断地增加。通过互联网的形式,能够在一定程度上满足上述各方的不同需求。

三、代表性能源统计核算形式

(一) 德国 MFA 分析

德国联邦统计局实行的环境—经济账户核算(GEEA)包括 5 个方面:物质流核算、土地及空间利用、环境状态、环境保护、达到减排标准的成本核算。其中,物质流核算作为其方法论细致分析德国自然资源在经济领域的工业代谢情况。

物质流核算包括的主要特征属性有:自然、边界、产品及服务、物质流。其界定的MFA 流程如图 4.7 所示[117]。

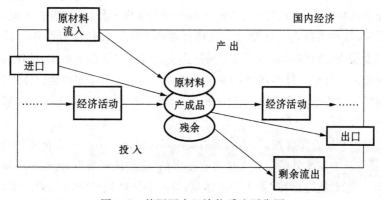

图 4.7   德国国内经济物质流平衡图

其 1960、1990、1993 年的物质流核算情况如表 4.9 所示。

表 4.9　德国 1960、1990、1993 年物质流账户　　　　单位:百万吨

物质	流入			物质	流出		
	1960	1990	1993		1960	1990	1993
固体原材料、燃料流入	1 253	2 072	3 729	物质应用	227	252	283
				未使用的原材料	415	980	2 327
				废弃物	113	164	194
进口	136	387	423	出口	75	207	201
循环	16	58	76	循环	16	58	76
参与燃烧氧气等	409	533	672	气体排放	568	717	931
液体物质流入	18 880	42 970	46 536	液体物质流出	16 150	44 385	45 893
隐流	1 270	3 470	3 354	隐流	4 400	2 727	4 885
总计	21 964	49 490	54 790	总计	21 964	49 490	54 790

数据来源:Tjahjadi. B. etc. Material and Energy Flow Accounting in Germany—Data base for Applying the National Accounting Matrix Including Environmental Accounts Concept[J]. Structural Change and Economic Dynamics,1999(1):73-97.
注:1960、1990 年为联邦德国数据。

德国联邦统计机构实行由荷兰统计局公布的包含环境账户的国民经济核算矩阵 NAMEA,其设计思路着眼点放在经济对环境的影响上,相应地设计了环境物质账户和环境主题账户。因此,德国应用物质流核算整合数据融入 NAMEA,并利用 MFA 数据重点分析了废弃排放问题,讨论温室气体、酸性气体在 18 个行业的具体排放量及对应增加值量等。

(二) 日本 MFA 分析

日本是引入物质流分析方法较早的国家。为了节约资源,保护生态环境,推进经济的可持续发展,日本在建立循环型社会法律体系的基础上,制定出《循环型社会推进计划》,并根据物质流分析结果制定了循环型社会发展目标和资源生产率、循环利用率及最终处置量 3 个主要指标。日本在 2001 年以来连续 4 年的《循环型社会白皮书》中都对当年度日本的物质收支平衡情况进行了分析评价,图 4.8 为 2000 年度日本国家的物质收支平衡状况[118]。

有别于德国物质流平衡图,日本的国内经济不仅给出了生产和消费领域的直接物质流通量,而且将日本国内外的一些直接观察不到的"隐藏流通量"(Hidden Flows)也清晰地表达出来。"隐藏流通量"不进入经济体系,但是会伴随着经济活动而产生,反映了伴随着当今日本经济的发展,产生的隐藏在其背后的环境问题。

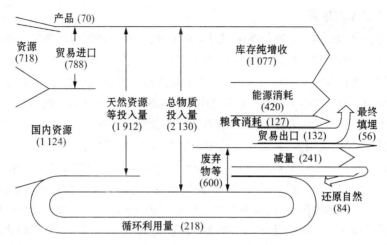

图 4.8 2000 年日本物质收支平衡图

(三) 加拿大的物质与能源流量混合账户(MEFA)分析

加拿大物质与能源流量账户(Material and Energy Flow Accounts)描述了环境和经济之间以及经济体内部物质和能源在核算期内的流量,其中"物质"一词包括原材料、污染物和废弃物以及资源等,是一个广泛的概念。它针对关心的资源和废弃物编制详细的实物量账户,以投入产出模型为基础,建立经济环境模型来分析经济活动与有关的资源环境、废弃物之间的联系。

加拿大物质与能源流量混合账户采用混合型供给使用表的形式,涉及 719 种产品、302 个产业和 170 种最终消费,同时也包含资源和废弃物的信息,其中以价值量为单位的产品部分包括各产业部门所使用的产品(中间投入)、最终消费的产品和各产业生产的产品,以实物量为单位的资源环境部分包括各产业部门及最终消费所使用的资源(包括能源产品)以及各产业部门及最终消费的废弃物排放。

账户涉及内容包括:①价值型使用表(U 表),反映各产业对各种商品使用的价值量,由 719 种产品×302 个产业构成;②价值量供给表(V 表),反映各产业生产的各种产品的价值量,由 302 个产业×719 种产品构成;③价值量最终消费表(F 表),反映最终消费的各种产品的价值量,由 719 种产品×170 种最终消费构成;④价值量产业总产出向量,该向量表示 302 个产业各自的总产出;⑤价值量产品总需求向量,该向量表示对于 719 种产品的总需求;⑥实物量产业资源产出矩阵,反映各产业资源产出的实物量。

目前在加拿大,从物质与能源流量混合账户中推导出的环境和废弃物系数有以下几种:分产业的产业资源强度、住户消费资源强度、净出口资源强度、产业产出水资源强度、最终国内消费水资源强度、净出口水资源强度、可再生能源占能源总产出的比例、总资源使用的再循环比例等。

（四）荷兰能源核算

至今为止，丹麦、芬兰、挪威、英国、德国、南非、澳大利亚和新西兰等国家编制了能源核算。荷兰编制能源核算的历史并不长，但范围较为全面：1995—2000 年开始对能源流量核算和资产核算进行试点项目；2004—2006 年发展和实施能源流量核算；2006—2007年发展和实施能源资产核算；2008 年起定期汇编能源流量核算和资产核算。

荷兰能源核算了能源资源、商品和排放以及与能源相关的税收、补贴、环境产品和服务，包括实物量供应使用表、混合供应使用表以及货币供应使用表几种形式。荷兰通过能源核算的编制实现了两个目的：其一，能源账户提供荷兰经济的能源商品供应和对使用完整的概述。数据细分到 58 个行业，覆盖整个经济、家庭、库存变化和进出口，这些数据被政策制定者评估能源投入、效率等有关问题时所采用。其二，为国民经济核算体系中能源商品供应和使用表提供更好的货币量数据，通过直接连接实物数据与货币量的国民经济核算，国民经济核算的质量得以大大提高。由于此能源核算试编项目是在国民经济核算调整的期间内完成的，这些新方法和协调的数据可以得以纳入国民经济核算体系。目前，能源账户的编制已完全纳入到国民经济核算工作的进程中了。

第五章　中国节能减排的压力分析

2002 年以后,中国进入新一轮经济增长期,经济快速发展,能源消费迅速增长。2004 年全国能源消费强度达到 1.64(吨标准煤/万元),IEA 于 2011 年 6 月发布的《2010 世界能源展望》显示,中国 2010 年消费了 24.32 亿吨油当量,美国消费了 22.86 亿吨油当量,中国较美国高出 1.3％,成为"全世界第一大能源消费国"[119]。能源消费的过快增长与经济发展、环境保护和气候变化的矛盾日益突出。《中国环境状况公告(2010)》的数据表明,2010 年全国废水排放总量为 617.3 亿吨,比上年增加 4.7％;全国工业固体废物产生量为 240 943.5 万吨,比上年增加 18.1％;化学需氧量(COD)排放量为 1 238.1 万吨,氨氮排放量为 120.3 万吨,二氧化硫排放量为 2 185.1 万吨,烟尘排放量为 829.1 万吨,工业粉尘排放量为 448.7 万吨,比上年分别下降 3.1％、1.9％、1.3％、2.2％、14.3％[120]。

为了积极应对全球气候变化,保证经济持续平稳快速增长。2005 年开始,国家节能工作力度空前加大。《第十一个五年规划纲要》明确提出到 2010 年,单位国内生产总值能源消耗比 2005 年降低 20％左右,主要污染物排放总量减少 10％。党的十七大明确提出,要加快转变发展方式,在优化结构、提高效益、降低消耗、保护环境的基础上,实现人均国内生产总值到 2020 年比 2000 年翻两番。为保证规划任务的完成,2007 年国务院成立了由温家宝同志任组长的"国家节能减排领导小组"和"国家应对气候变化领导小组",采取了一系列措施和办法:批准制定和实施节能减排综合性工作方案和单位 GDP 能耗统计指标体系实施方案,建立健全了节能目标责任制和评价考核体系,实行节能减排问责制和"一票否决制",启动实施了十大重点节能工程和千家企业节能行动。我国政府在 2009 年哥本哈根会议上承诺到 2020 年单位 GDP 碳排放量比 2005 年下降 40％到 45％,2011 年在德班会议上我国政府又进一步提出在满足 5 项条件下,2020 年后将参加具有法律约束力的框架协议。可见近年来,我国能源利用效率虽有所改善,污染物排放量有所减少,但从整体上看,能源瓶颈制约矛盾仍相当突出,生态环境形势仍十分严峻,不利于经济的可持续增长。本章首先利用能源和环境统计数据分析我国节能和减排面临的压力;然后,分析我国节能减排的状况与形势;最后,分析研究我国节能减排统计的现状和问题。

第一节　节能的压力分析

改革开放以来,我国能源生产基础设施和装备极大改善,科技水平显著提高,初步形成了以煤炭为主体、电力为中心、石油天然气和可再生能源全面发展的能源供应格局,建立了较为完善的能源生产和供应体系;主要能源产品品种和产量大幅度增加,能源生产和供应保障能力极大增强,供给状况极大改善,供需矛盾极大缓解;能源消费结构更加合理,能源利用效率显著提高,能源节约成效显著。本部分整理了历年《中国能源统计年鉴》相关数据,描述了能源生产、消费、利用等过程的规模、结构、速度等特征,阐述了我国在节能工作存在的主要压力:能源生产规模相对有限、能源消费持续快速增长、能源利用效率有待进一步提高。

一、能源生产

(一) 能源生产总量及结构

能源生产能力稳步提高。2010 年,我国一次能源生产总量达 29.69 亿吨标准煤(发电煤耗计算法),比 2005 年增长 38.3%,年均增长 6.7%,占全球能源总产量的 16.96%,是改革开放初期的 4.66 倍(相对于 1980 年),居世界第二位。其中:煤炭产量 32.35 亿吨,比 2005 年增长 37.9%,年均增长 6.6%,是改革开放初的 5.21 倍,居世界第一位;原油产量 2.03 亿吨,比 2005 年增长 11.9%,年均增长 2.3%,是改革开放初的 1.92 倍,居世界第五位;原油加工量 4.19 亿吨,是改革开放初的 4.96 倍,居世界第二位;汽油产量 6 914.3 万吨,是改革开放初的 6.92 倍;柴油产量 1.47 亿吨,是改革开放初的 8.84 倍;天然气产量 1 072.9 亿立方米,比 2005 年增长 96.2%,年均增长 14.4%,是改革开放初的 7.52 倍;发电量 41 936.5 亿千瓦时,比 2005 年增长 68.2%,年均增长 11.0%,是改革开放初的 13.95 倍,居世界第二位。具体数据如表 5.1 所示。

表 5.1   一次能源生产量及主要能源构成比例年际对比表

年份	一次能源生产量 (万吨标准煤)	原煤(%)	原油(%)	天然气(%)	水电、核电、 其他能发电(%)
1980	63 735	69.4	23.8	3.0	3.8
2001	143 875	73.1	16.3	2.8	7.9
2002	150 656	73.5	15.8	2.9	7.8
2003	171 906	76.2	14.1	2.7	7.0
2004	196 648	77.1	12.8	2.8	7.3
2005	216 219	77.6	12.0	3.0	7.4
2006	232 167	77.8	11.4	3.4	7.5
2007	247 279	77.8	10.8	3.7	7.8
2008	261 210	76.6	10.7	4.1	8.6
2009	274 619	77.3	9.9	4.1	8.7
2010	296 916	76.6	9.8	4.2	9.4

资料来源:2011 年《中国能源统计年鉴》。

（二）人均能源生产量

从人均角度看,2010 年人均能源生产总量为 2 220 千克标准煤,是改革开放初期的 3.42 倍,其中原煤生产量增长较快,由 1980 年的 632 千克上升为 2 418 千克,原油生产相对平稳,由 108 千克上升至 152 千克。在电力方面,由于我国在水电、火电、核电等方面的大量投入,人均电力生产量增长 10.28 倍,由 306kW·h 增长至 3 145kW·h。具体数据如表 5.2 所示。

表 5.2　人均能源生产量年际对比表

年份	人均能源生产总量（千克标准煤）	原煤（千克）	原油（千克）	电力（千瓦小时）
1980	650	632	108	306
2001	1 131	1 157	129	1 164
2002	1 177	1 211	130	1 292
2003	1 334	1 424	132	1 483
2004	1 517	1 638	136	1 700
2005	1 658	1 802	139	1 918
2006	1 771	1 929	141	2 186
2007	1 876	2 043	141	2 490
2008	1 972	2 115	144	2 617
2009	2 063	2 233	142	2 782
2010	2 220	2 418	152	3 145

资料来源:2011 年《中国能源统计年鉴》。

（三）能源生产增长速度与经济增长

1980 年以来,我国经济一直保持较快的增长速度,与此同时,为了满足快速的经济发展要求,能源生产量也是逐年攀升。能源生产增速与经济增长之间存在着较为明显的正向关联(见图 5.1)。但在 1998 之后的 10 年,由于国际能源市场价格波动,我国能源生产也经历了较大的波动,由 1998 年的谷底增速－2.7%,迅速攀升至 2004 年的14.4%,之后逐渐呈现增速有所缓减的现象。特别是 2008、2009 年美国金融危机发生后,全球经济陷入新一轮的衰退,国际能源市场供给相对丰盈,国内能源生产增长逐渐缓和,维持在 5%左右。2010 年国内经济形势趋于稳定,国际能源市场价格再度攀升,再度刺激了能源生产,增速达到 8.1%。

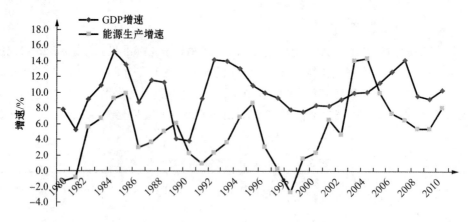

图 5.1　能源生产增速与 GDP 增速对比

二、能源消费

(一)能源消费总量及结构

随着生产以及生活能源需求的增加,改革开放以来,能源消费都有明显的增长。2010 年,我国能源消费总量已达 32.49 亿吨标准煤(发电煤耗计算法),其中,原煤消费所占比重为 68%,原油消费所占比重为 19.0%,天然气所占比重为 4.4%。相比改革开放初期,能源消费总量增长了 5 倍。值得一提的是,我国水电、核电等新能源、可再生能源的消费比重有所提高,比例由 1980 年的 4% 上升至 2010 年的 8.6%,能源消费结构日渐合理。具体数据如表 5.3 所示。

表 5.3　能源消费总量及种类构成年际对比表

年份	能源消费总量 (万吨标准煤)	原煤占消费 总量比例(%)	原油占消费 总量比例(%)	天然气占消费 总量比例(%)	水电、核电、其他能发电 占消费总量比例(%)
1980	60 275	72.2	20.7	3.1	4.0
2001	150 406	68.3	21.8	2.4	7.5
2002	159 431	68.0	22.3	2.4	7.3
2003	183 792	69.8	21.2	2.5	6.5
2004	213 456	69.5	21.3	2.5	6.7
2005	235 997	70.8	19.8	2.6	6.8
2006	258 676	71.1	19.3	2.9	6.7
2007	280 508	71.1	18.8	3.3	6.8
2008	291 448	70.3	18.3	3.7	7.7
2009	306 647	70.4	17.9	3.9	7.8
2010	324 939	68.0	19.0	4.4	8.6

资料来源:2011 年《中国能源统计年鉴》。

（二）人均能源消费

从人均角度看,2010 年人均能源消费总量为 2 429 千克标准煤,超过了人均能源消费生产量,表明我国能源部分依赖进口。特别是原油消费增长较快,由改革开放初期的供大于求变为供小于求的局面。1980 年,原煤人均消费量为 622 千克,原油人均消费量为 62 千克,电力人均消费量为 306kW·h,时至 2010 年原煤人均消费量为 2 334 千克,原油人均消费量为 323 千克,电力人均消费量为 3 135kW·h。仅原油一项产出与消费间缺口为人均 135 千克,几乎一半的原油消费依赖进口,2010 年原油进口量为 23 931 万吨,我国原油进口依赖度相当高。原煤及电力消费基本能由国内生产满足。具体数据见表 5.4。

表 5.4 人均能源消费量年际对比表

年份	人均能源消费总量（千克标准煤）	原煤（千克）	原油（千克）	电力（千瓦小时）
1980	614	622	89	306
2001	1 183	1 136	180	1 158
2002	1 245	1 189	194	1 286
2003	1 427	1 402	211	1 477
2004	1 647	1 601	245	1 695
2005	1 810	1 778	250	1 913
2006	1 973	1 946	266	2 181
2007	2 128	2 070	278	2 482
2008	2 200	2 122	282	2 608
2009	2 303	2 222	288	2 782
2010	2 429	2 334	323	3 135

资料来源:2011 年《中国能源统计年鉴》。

（三）能源消费增速

快速的经济发展带动较大的能源需求,伴随着较高的能源生产及消费的增长速度。积极的能源生产带动经济发展,经济增长带动能源消费,能源消费增加能源需求,进一步扩大能源快速生产的所求。所以,近年来我国能源消费及生产呈现两高的现状,2004 年达到峰值,分别为 16.1％和 14.4％(见图 5.2)。同时,对我国能源形式的基本认识,可以发现能源生产不能满足能源消费的增长速度,部分依赖进口。

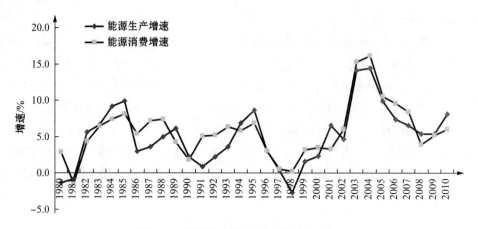

图 5.2　能源生产增速与消费增速对比

三、能源利用

改革开放以来,尤其是近年来,党和政府在发展经济的同时高度重视能源利用效率的提高,注重能源节约。通过广泛推广各项节能政策措施,不断加大淘汰落后产能、改进工艺技术、更新改造用能设备力度。"十一五"期间,我国落后产能淘汰力度巨大,2006—2010 年,全国共关停小火电机组 7 000 多万千瓦,提前一年半完成关闭 5 000 万千瓦的任务;淘汰落后炼铁产能 11 172 万吨、炼钢产能 6 863 万吨、焦炭产能 10 538 万吨、铁合金产能 663 万吨、水泥产能 3.3 亿吨。

2011 年 3 月,国家统计局发布"十一五"经济社会发展成就系列报告,报告指出,"十一五"期间,随着国家和各地区节能降耗工作力度的不断加大,各项政策措施逐步深入落实,节能降耗取得明显成效。2006—2010 年,我国单位国内生产总值能耗累计下降 19.06%,基本完成"十一五"节能降耗目标。主要耗能产品的单位产品能耗明显下降。"十一五"期间,单位铜冶炼综合能耗下降 35.9%,单位烧碱生产综合能耗下降 34.8%,吨水泥综合能耗下降 28.6%,原油加工单位综合能耗下降 28.4%,电厂火力发电标准煤耗下降 16.1%,吨钢综合能耗下降 12.1%,单位电解铝综合能耗下降 12.0%,单位乙烯生产综合能耗下降 11.5%[121]。钢、水泥、大型合成氨等产品的综合能耗及供电煤耗与国际先进水平的差距有所缩小。

2010 年各种能源加工转换的总效率为 72.86%,相对于 2005 年提高 1.31 个百分点。余热余能利用能力不断提高、能源回收利用成效显著,2008 年,重点耗能企业能源回收利用能量 7176 万吨标准煤,回收利用率为 2.03%,其中黑色金属冶炼及压延加工业回收利用率为 10.66%,回收利用能量 6 230 万吨标准煤。1980 年至 2010 年,我国能源消费以年均 5.58% 的增长支持了国民经济年均 9.37% 的增长(1978 年为不变价格)。万元 GDP 能源消耗由 1980 年的 13.20 吨标准煤下降到 2010 年的 3.98 吨标准煤,按可比价格计算,年均节能率3.79%。主要用能产品单位能耗逐步降低、余热余能利用能力不断提高、能源消费结构更加合理、能源利用效率不断提高,单位GDP能耗逐年下降,2006年降低1.79%,2007年降低4.04%,2008年降低4.59%,2009年降低3.61%,2010年降低5.03%[122]。由于能源科技水平大幅度提高,我国能源利用效率不断提高,但节能任务仍十分艰巨。具体数据如表5.5所示。

表5.5　能源利用效率年际对比表

年份	平均每万元GDP能源消费量(吨标准煤/万元)	能源加工转换效率(%)	年份	平均每万元GDP能源消费量(吨标准煤/万元)	能源加工转换效率(%)
1980	13.20	69.54	1996	6.17	70.19
1981	12.37	69.28	1997	5.68	69.76
1982	11.84	69.20	1998	5.28	69.28
1983	11.36	69.93	1999	5.06	69.25
1984	10.59	69.16	2000	4.83	69.04
1985	10.10	68.29	2001	4.61	69.34
1986	9.78	68.32	2002	4.48	69.04
1987	9.39	67.48	2003	4.70	69.40
1988	9.06	66.54	2004	4.95	70.91
1989	9.07	66.51	2005	4.92	71.55
1990	8.90	66.48	2006	4.79	71.24
1991	8.57	65.90	2007	4.55	70.77
1992	7.89	66.00	2008	4.31	71.55
1993	7.36	67.32	2009	4.15	72.01
1994	6.88	65.20	2010	3.98	72.86
1995	6.63	71.05			

资料来源:2011年《中国能源统计年鉴》。

注:平均每万元GDP能源消费量以1978年可比价格计算。

第二节　减排的压力分析

近年来,在党中央、国务院的正确领导下,各地区、各部门深入贯彻落实科学发展观,把污染减排作为一项重要任务,采取综合措施,加快污染治理,推动力度进一步加大,政策措施进一步落实,污染物部分指标排放量实现下降,但也有部分污染物出现反弹迹象,环保工作仍任重而道远。

一、污染物排放

（一）废水排放

从排放总量看，2001 年至 2010 年废水排放以年均 3.6% 的速度增长，但值得一提的是，生活污水排放量始终呈增长趋势，而工业废水排放量近年来总体上稳中有降。2010年，全国废水排放总量 617.3 亿吨，比上年增加 4.7%。其中，工业废水排放量 237.5 亿吨，占废水排放总量的 38.47%，比上年增加 1.30%；城镇生活污水排放量 379.8 亿吨，占废水排放总量的 61.53%，比上年增加 7.0%。废水中化学需氧量排放量 1 238.1 万吨，比上年减少 3.1%。其中，工业废水中化学需氧量排放量 434.8 万吨，占化学需氧量排放总量的 35.1%，比上年减少 1.1%；城镇生活污水中化学需氧量排放量 803.3 万吨，占化学需氧量排放总量的 64.9%，比上年减少 4.1%。废水中氨氮排放量 120.3 万吨，比上年减少 1.9%。其中，工业氨氮排放量 27.3 万吨，占氨氮排放量的 22.7%，与上年持平；生活氨氮排放量 93.0 万吨，占氨氮排放量的 77.3%，比上年减少 2.4%。具体数据如表 5.6 所示。

表 5.6　全国废水及其主要污染物排放量年际对比

年度	废水排放量（亿吨）			化学需氧量排放量（万吨）			氨氮排放量（万吨）		
	合计	工业	生活	合计	工业	生活	合计	工业	生活
2001	433.0	202.7	230.3	1 404.8	607.5	797.3	125.2	41.3	83.9
2002	439.5	207.2	232.3	1 366.9	584	782.9	128.8	42.1	86.7
2003	460.0	212.4	247.6	1 333.6	511.9	821.7	129.7	40.4	89.3
2004	482.4	221.1	261.3	1 339.2	509.7	829.5	133.0	42.2	90.8
2005	524.5	243.1	281.4	1 414.2	554.7	859.4	149.8	52.5	97.3
2006	536.8	240.2	296.6	1 428.2	542.3	885.9	141.3	42.5	98.8
2007	556.8	246.6	310.2	1 381.8	511.0	870.8	132.4	34.1	98.3
2008	571.7	241.7	330.0	1 320.7	457.6	863.1	127.0	29.7	97.3
2009	589.7	234.5	355.2	1 277.5	439.7	837.8	122.6	27.3	95.3
2010	617.3	237.5	379.8	1 238.1	434.8	803.3	120.3	27.3	93.0
增长率/(%)	4.7	1.3	6.9	−3.1	−1.1	−4.1	−1.9	0	−2.4

资料来源：中国环保总局，2010 年环境统计年报。

（二）废气排放

2010 年，全国工业废气排放量 519 168 亿立方米（标态），比上年增加 19.1%，涨幅显著。全国二氧化硫排放量为 2185.1 万吨,比上年减少 1.3％。其中,工业二氧化硫排放量为 1864.4 万吨,与上年持平,占全国二氧化硫排放量的 85.3％;生活二氧化硫排放量 320.7 万吨,比上年减少 7.9％,占全国二氧化硫排放量的 14.7％。"十一五"期间,全国废气中二氧化硫排放总量、工业废气中二氧化硫排放量和生活废气中二氧化硫排放量均呈现逐年下降趋势。2010 年全国二氧化硫排放总量较 2005 年下降了 14.3％,超额完成了"十一五"总量减排任务。

2010 年,氮氧化物排放量为 1852.4 万吨,比上年增加 9.4％。其中,工业氮氧化物排放量为 1465.6 万吨,比上年增加 14.1％,占全国氮氧化物排放量的 79.1％;生活氮氧化物排放量为 386.8 万吨,比上年减少 5.2％,占全国氮氧化物排放量的 20.9％;其中交通源氮氧化物排放量为 290.6 万吨,占全国氮氧化物排放量的 15.7％。2010 年,烟尘排放量为 829.1 万吨,比上年减少 2.1％。其中,工业烟尘排放量为 603.2 万吨,基本与上年持平,占全国烟尘排放量的 72.8％;生活烟尘排放量为 225.9 万吨,比上年减少 7.2％,占全国烟尘排放量的 27.2％;工业粉尘排放量为 448.7 万吨,比上年减少 14.3％。具体数据如表 5.7 所示。

表 5.7　废气中主要污染物排放量年际对比表　　　　　　单位:万吨

年度	二氧化硫			烟尘			工业粉尘	氮氧化物		
	合计	工业	生活	合计	工业	生活		合计	工业	生活
2001	1947.8	1566.6	381.2	1069.8	851.9	217.9	990.6	—	—	—
2002	1926.6	1562	364.6	1012.7	804.2	208.5	941	—	—	—
2003	2158.7	1791.4	367.3	1048.7	846.2	202.5	1021	—	—	—
2004	2254.9	1891.4	363.5	1094.9	886.5	208.4	904.8	—	—	—
2005	2549.3	2168.4	380.9	1182.5	948.9	233.6	911.2	—	—	—
2006	2588.8	2237.6	351.2	1088.8	864.5	224.3	808.4	1523.8	1136	387.8
2007	2468.1	2140	328.1	986.6	771.1	215.5	698.7	1643.4	1261.3	382
2008	2321.2	1991.3	329.9	901.6	670.7	230.9	584.9	1624.5	1250.5	374
2009	2214.4	1865.9	348.5	847.7	604.4	243.3	523.6	1692.7	1284.8	407.9
2010	2185.1	1864.4	320.7	829.1	603.2	225.9	448.7	1852.4	1465.6	386.8
增长率/(%)	−1.3	−0.1	−7.9	−2.2	−0.1	−7.2	−14.3	9.4	14.1	−5.2

资料来源:中国环保总局,2010 年环境统计年报。

注:我国从 2006 年开始统计氮氧化物排放量,生活排放量中含交通源排放的氮氧化物。

(三) 工业固体废物

2010年,全国工业固体废物产生量为240 944万吨,比上年增加18.1%;工业固体废物排放量为498万吨,比上年减少30.0%。全国危险废物产生量为1587万吨,比上年增加11.0%,具体数据如表5.8所示。工业固体废物产生量逐年上升,但由于工业固体废物处理技术的改进,综合利用程度持续增加,使工业固体废物排放量逐年下降。

表5.8　工业固体废物产生及排放年际对比表　　　　单位:万吨

年度	产生量		排放量	
	合计	危险废物	合计	危险废物
2001	88 746	952	2 894	2.1
2002	94 509	1 000	2 635	1.7
2003	100 428	1 170	1 941	0.3
2004	120 030	995	1 762	1.1
2005	134 449	1 162	1 655	0.6
2006	151 541	1 084	1 302	20.0
2007	175 632	1 079	1 197	0.1
2008	190 127	1 357	782	0.07
2009	203 943	1 430	710	少于规定单位
2010	240 944	1 587	498	少于规定单位
增长率/(%)	18.1	11.0	−30.0	0

资料来源:中国环保总局,2010年环境统计年报。

(四) 二氧化碳排放

过去的20年里气候变化对全球经济的影响受到了研究者的广泛关注。人类活动、化石能源直接燃烧导致的二氧化碳排放是全球气候变化的主要原因。中国经过多年的经济发展,粗放式的经济增长方式使得碳基燃料消耗逐步攀升、减排压力不断增大。据世界资源研究所(WRI)统计,2007年中国二氧化碳排放量为67.26亿吨,占全球排放的22.70%,居世界第一;2008年中国成为第一大能源生产国、第二大能源消费国,温室气体排放量位居世界前列。我国政府并没有对二氧化碳排放的官方统计,因此,利用美国橡树岭国家实验室二氧化碳信息分析中心(CDIAC)和世界银行(WB)提供的二氧化碳排放数据,以反映目前国内二氧化碳排放的规模压力,由此应对国际上越来越多的舆论压力,承担大国相应的国际义务。

表 5.9　CDIAC 与 WB 二氧化碳排放总量及人均值

年份	CDIAC排放总量(亿吨)	CDIAC人均排放量(吨)	WB排放总量(亿吨)	WB人均排放量(吨)	年份	CDIAC排放总量(亿吨)	CDIAC人均排放量(吨)	WB排放总量(亿吨)	WB人均排放量(吨)
1960	2.13	0.33	7.80	1.17	1985	5.36	0.51	19.65	1.87
1961	1.51	0.23	5.52	0.84	1986	5.64	0.53	20.67	1.94
1962	1.20	0.18	4.40	0.66	1987	6.03	0.56	22.08	2.04
1963	1.19	0.17	4.36	0.64	1988	6.46	0.59	23.68	2.15
1964	1.19	0.17	4.37	0.63	1989	6.57	0.59	24.07	2.15
1965	1.30	0.18	4.76	0.66	1990	6.71	0.59	24.59	2.17
1966	1.43	0.19	5.22	0.71	1991	7.05	0.61	25.82	2.24
1967	1.18	0.16	4.33	0.57	1992	7.35	0.63	26.94	2.31
1968	1.28	0.17	4.69	0.60	1993	7.85	0.67	28.76	2.44
1969	1.57	0.20	5.77	0.72	1994	8.34	0.70	30.56	2.56
1970	2.10	0.26	7.71	0.94	1995	9.05	0.75	33.18	2.75
1971	2.39	0.29	8.76	1.04	1996	9.44	0.78	34.60	2.84
1972	2.54	0.30	9.31	1.08	1997	9.46	0.77	34.67	2.82
1973	2.64	0.30	9.68	1.10	1998	9.07	0.73	33.22	2.67
1974	2.69	0.30	9.87	1.10	1999	9.05	0.72	33.15	2.65
1975	3.12	0.34	11.45	1.25	2000	9.29	0.74	34.02	2.69
1976	3.26	0.35	11.95	1.28	2001	9.51	0.75	34.85	2.74
1977	3.57	0.38	13.09	1.39	2002	10.07	0.79	36.91	2.88
1978	3.99	0.42	14.61	1.53	2003	11.85	0.92	43.43	3.37
1979	4.08	0.42	14.94	1.54	2004	13.89	1.07	50.91	3.93
1980	4.00	0.41	14.66	1.49	2005	15.31	1.17	56.09	4.30
1981	3.96	0.40	14.50	1.46	2006	16.67	1.27	61.08	4.66
1982	4.31	0.43	15.79	1.57	2007	17.83	1.35	65.33	4.96
1983	4.55	0.45	16.66	1.63	2008	18.97	1.43		
1984	4.95	0.48	18.13	1.75	2009	20.49	1.54		

资料来源:世界银行数据库及美国橡树岭国家实验室二氧化碳信息分析中心数据库。

　　比较世界银行数据与美国橡树岭国家实验室二氧化碳信息分析中心数据发现,后者数据明显偏小,原因在于 CDICA 数据主要涉及石化燃料产生的二氧化碳数量,计算量覆盖面不全。CDICA 数据显示,1960 年至 2009 年中国二氧化碳排放量以年均 4.67% 的速度增长了近 10 倍,人均排放量也增长了接近 5 倍左右;WB 数据显示,1960 年至 2007 年中国二氧化碳排放量以年均 4.67% 的速度增长了近 15 倍,人均排放量更是达到了 4.96 吨,超过国际平均水平 4.8 吨。

　　利用杜立民(2010)对二氧化碳排放量的估计方法,同时考虑化石能源燃烧的二氧化碳排放量及水泥生产过程的二氧化碳排放量,估算我国 29 个省市自治区 1995—2009 年的二氧化碳排放状况。所有化石能源消费数据皆取自历年《中国能源统计年鉴》中地区能源平衡表,其中消费量数据是终端能源消费量、发电能源消费量、供热能源消费量 3 类数据之和。水泥生产数据则来自国泰安金融数据库。各种能源对应二氧化碳计算公式分别列示如下。

　　一是化石能源燃烧的二氧化碳排放量计算公式:

$$CE = \sum_{i=1}^{7} CE_i = \sum_{i=1}^{7} E_i \times CF_i \times CC_i \times COF_i \times 3.67 \qquad (5\text{-}1)$$

　　其中,CE 表示各类能源消费的二氧化碳排放估算总量;能源种类有 7 类,即煤炭、焦炭、汽油、煤油、柴油、燃料油及天然气;E_i 是各省第 i 种能源消费总量;CF_i 是发热值;CC_i 是碳含量值;COF_i 是氧化因子;$CF_i \times CC_i \times COF_i$ 称为碳排放系数;$CF_i \times CC_i \times COF_i \times 3.67$ 称为二氧化碳排放系数。

　　二是水泥生产排放二氧化碳计算公式:

$$CC = Q \times EF_{cement} \qquad (5\text{-}2)$$

　　其中,CC 表示水泥生产过程中释放的二氧化碳总量,Q 为水泥生产总量,EF_{cement} 为水泥生产的二氧化碳排放系数。

　　所有排放源(包括水泥)的二氧化碳排放系数见附录 3。29 个省份多年二氧化碳排放量数据如表 5.10、表 5.11 所示。

表 5.10　29 个省份 1995—2001 年二氧化碳排放量　　　　单位:亿吨

	1995 年	1996 年	1997 年	1998 年	1999 年	2000 年	2001 年
安徽	1.03	1.11	1.17	1.12	1.16	1.2	1.33
北京	0.67	0.7	0.68	0.69	0.69	0.71	0.73
福建	0.45	0.49	0.47	0.49	0.56	0.58	0.59
甘肃	0.53	0.55	0.51	0.51	0.52	0.55	0.57
广东	1.63	1.67	1.66	1.73	1.84	1.99	2.09
广西	0.57	0.56	0.53	0.54	0.54	0.58	0.59

(续表)

	1995 年	1996 年	1997 年	1998 年	1999 年	2000 年	2001 年
贵州	0.65	0.71	0.76	0.82	0.81	0.85	0.88
海南	0.06	0.07	0.08	0.09	0.1	0.1	0.11
河北	2.05	2.12	2.23	2.14	2.25	2.38	2.51
河南	1.59	1.61	1.64	1.66	1.67	1.75	1.92
黑龙江	1.15	1.14	1.26	1.18	1.17	1.18	1.14
湖北	1.19	1.27	1.34	1.33	1.35	1.37	1.37
湖南	1.15	1.19	1.01	1.03	0.83	0.8	0.94
吉林	0.91	0.97	0.95	0.81	0.82	0.81	0.87
江苏	1.89	1.9	1.87	1.86	1.93	1.98	2.03
江西	0.58	0.55	0.53	0.51	0.51	0.53	0.58
辽宁	1.94	1.85	2.06	1.75	1.7	1.94	1.92
内蒙古	0.77	0.85	0.94	0.88	0.93	1.02	1.12
宁夏	0.18	0.19	0.2	0.19	0.2	0.18	0.21
青海	0.1	0.1	0.11	0.11	0.13	0.12	0.14
山东	2.05	2.08	2.05	2.16	2.17	2.0	2.4
山西	1.53	1.61	1.58	1.54	1.52	1.54	1.91
陕西	0.73	0.8	0.75	0.7	0.64	0.61	0.71
上海	0.9	0.94	0.96	0.97	0.99	1.06	1.11
四川	1.77	1.88	1.96	1.98	1.89	1.88	1.88
天津	0.51	0.48	0.5	0.5	0.51	0.57	0.58
新疆	0.56	0.63	0.61	0.62	0.61	0.65	0.68
云南	0.53	0.59	0.66	0.63	0.61	0.59	0.67
浙江	1.06	1.15	1.18	1.17	1.23	1.33	1.46

表 5.11　29 个省份 2002—2009 年二氧化碳排放量　　　　单位:亿吨

	2002 年	2003 年	2004 年	2005 年	2006 年	2007 年	2008 年	2009 年
安徽	1.39	1.58	1.58	1.66	1.88	2.07	2.12	2.36
北京	0.73	0.77	0.89	0.93	1.01	1.07	0.79	0.79
福建	0.7	0.86	0.99	1.26	1.4	1.41	1.67	1.88

（续表）

	2002 年	2003 年	2004 年	2005 年	2006 年	2007 年	2008 年	2009 年
甘肃	0.6	0.69	0.79	0.84	0.89	0.98	0.99	0.97
广东	2.32	2.62	2.92	3.34	3.72	4.03	3.84	3.83
广西	0.61	0.71	0.89	1.03	1.12	1.29	1.30	1.48
贵州	0.91	1.16	1.33	1.51	1.75	1.77	1.65	1.87
海南	0.15	0.19	0.22	0.19	0.22	0.24	0.19	0.23
河北	2.84	3.29	3.73	4.55	4.86	5.16	5.12	5.32
河南	2.02	2.12	2.89	3.2	3.93	4.37	4.28	4.44
黑龙江	1.13	1.24	1.33	1.47	1.64	1.73	1.53	1.53
湖北	1.48	1.67	1.83	2.02	2.27	2.49	2.50	2.71
湖南	1.01	1.14	1.38	1.91	2.13	2.34	2.08	2.22
吉林	0.9	1.01	1.11	1.39	1.55	1.67	1.69	1.78
江苏	2.21	2.52	3.1	3.95	4.37	4.7	4.61	4.83
江西	0.63	0.77	0.91	1.03	1.11	1.21	1.23	1.31
辽宁	1.96	2.16	2.23	2.72	3.02	3.32	2.95	3.23
内蒙古	1.22	1.46	2.04	2.42	2.91	3.35	3.78	4.03
宁夏	0.25	0.38	0.5	0.55	0.63	0.67	0.72	0.72
青海	0.16	0.18	0.19	0.21	0.25	0.27	0.27	0.29
山东	2.69	3.29	4.07	5.62	6.14	6.68	6.57	6.73
山西	2.27	2.55	2.64	2.71	3.01	3.26	3.22	3.33
陕西	0.79	0.89	1.1	1.26	1.37	1.51	1.58	1.83
上海	1.15	1.25	1.39	1.52	1.58	1.77	1.51	1.52
四川	2.11	2.42	2.66	2.79	3.1	2.83	3.34	3.75
天津	0.62	0.64	0.8	0.85	0.92	1	0.98	1.07
新疆	0.7	0.77	0.89	0.96	1.07	1.21	1.15	1.37
云南	0.77	0.95	0.93	1.43	1.61	1.74	1.67	1.89
浙江	1.61	1.84	2.22	2.59	2.96	3.33	3.28	3.35

　　由表中可见,各省二氧化碳排放数据量呈现明显上升趋势,且区域发展不平衡,各地减排压力不尽相同。搜集各省的人口数量,计算人均值,进行三大区域划分。东部地区

包括辽宁、河北、北京、天津、山东、江苏、上海、浙江、福建、广东、海南 11 个省(市),中部地区包括吉林、黑龙江、山西、安徽、江西、河南、湖北、湖南 8 个省(区),西部地区包括内蒙古、陕西、青海、宁夏、新疆、甘肃、四川(含重庆)、贵州、云南和广西 10 省(区)。

比较三大区域人均二氧化碳排放量差异。表 5.12 给出了变量的基本统计量值。结果发现,各区域人均碳排放及人均收入差异明显,东部省份平均人均碳排放量及人均 GDP 分别为 4.53 吨和 9 626.73 元(按 1990 年不变价),显著高于中西部及全国平均水平。区域内部间变化程度不一,东、中、西部地区各省碳排放变量的变异系数分别为 0.46、0.55、0.65,人均 GDP 的变异系数分别为 0.61、0.52、0.72,西部省份间发展水平差距最大。2009 年全国 29 个省份中,有 24 个省份碳排放量过亿吨,其中海南省碳排放总量及人均量最低,山东省最高。这样的结果与当地产业结构、能源消费结构、贸易结构等有很大关系。

表 5.12 不同区域变量统计特征对比

地区	变量	样本数	均值	标准差	最小值	最大值
全国	人均碳排放量	435	3.909	2.322	0.829	16.642
	人均 GDP(元)	435	6 114.211	4 891.329	968.936	29 280.520
东部	人均碳排放量	165	4.527	2.081	0.829	9.526
	人均 GDP(元)	165	9 626.730	5 830.503	2 535.436	29 280.520
中部	人均碳排放量	120	3.367	1.860	1.205	9.726
	人均 GDP(元)	120	4 389.314	2 279.205	1 349.689	12 045.320
西部	人均碳排放量	150	3.662	2.729	1.144	16.642
	人均 GDP(元)	150	3 740.357	2 675.253	968.936	19 090.490

二、污染物治理

2010 年,环境污染治理投资为 6 654.2 亿元,比上年增加 47.0%,占当年 GDP 的 1.67%。其中,城市环境基础设施建设投资 4 224.2 亿元,比上年增加 68.2%;工业污染源治理投资 397.0 亿元,比上年减少 10.3%;建设项目"三同时"环保投资 2 033.0 亿元,比上年增加 47.0%。

(一) 废水治理

2000 年我国工业废水排放达标率还不到 80%,但至 2010 年,工业废水排放达标率为 95.3%,比 2000 年提高了 18.4 个百分点;工业治理废水投资额达到 130.1 亿元,比上年减少 12.9%。2010 年废水治理的其他两个指标,工业用水重复利用率为 85.7%,比上年提高 0.7 个百分点;城市生活污水处理率为 72.9%,比上年提高 9.6 个百分点,治理投入效果初现。具体数据如表5.13所示。

表5.13   废水治理年际对比表

年份	工业废水排放达标率(%)	工业废水中化学需氧量去除量(万吨)	工业废水中氨氮去除量(万吨)	废水治理设施(套)	城市污水处理率(%)	工业治理废水投资额(亿元)
2000	76.9	819.8		64 453	34.3	109.6
2001	85.2	1 045.8	34.1	61 226	36.4	72.9
2004	90.7	1 043.9	46.6	66 252	45.7	105.6
2005	91.2	1 088.3	48.3	69 231	52.0	133.7
2006	90.7	1 099.3	55.3	75 830	55.7	151.1
2007	91.7	1 265.4	51.8	78 210	62.9	196.1
2008	92.4	1 317.5	65.1	78 725	57.4	194.6
2009	94.2	1 321.2	64.1	77 018	63.3	149.5
2010	95.3	1 415.4	82.6	80 332	72.9	130.1

资料来源:中国环境统计年鉴 2008、2009、2010、2011;2009、2010 年环境统计公报。

(二) 废气治理

废气治理方面,烟尘、粉尘、二氧化硫、氮氢等有害物质的治理成为核心。2010 年,工业二氧化硫排放达标率为 97.8%,其中,工业燃料燃烧二氧化硫排放去除量和工业生产工艺二氧化硫排放去除量分别为 2 231.3、1 072.7 万吨。工业烟尘、粉尘排放达标率分别为 90.6% 和 91.4%,分别比上一年提高 1 和 1.6 个百分点。废气治理设备达到 18.7 万套,工业治理废气投资额却出现显著下降,为 188.8 亿元。表明原有治污投资已初现成效,更少的投资其达标率反而会提高。具体数据如表 5.14 所示。

表5.14   废气治理年际对比表

年份	工业二氧化硫排放达标率(%)	工业烟尘排放达标率(%)	工业粉尘排放达标率(%)	工业二氧化硫去除量(万吨)	工业烟尘去除量(万吨)	工业粉尘去除量(万吨)	废气治理设施(套)	工业治理废气投资额(亿元)
2000				575.1	10 717.4	4 479.6	145 534	90.9
2001	61.3	67.3	50.2	564.7	12 317.0	5 321.6	134 025	65.8
2004	75.6	80.2	71.1	890.2	18 075.0	8 528.6	144 973	142.8
2005	79.4	82.9	75.1	1 090.4	20 587.1	6 453.9	145 043	213.0
2006	81.9	87.0	82.9	1 439.0	23 564.6	7 279.9	154 557	233.3

（续表）

年份	工业二氧化硫排放达标率(%)	工业烟尘排放达标率(%)	工业粉尘排放达标率(%)	工业二氧化硫去除量(万吨)	工业烟尘去除量(万吨)	工业粉尘去除量(万吨)	废气治理设施(套)	工业治理废气投资额(亿元)
2007	86.3	88.2	88.1	1 942.6	25 166.4	7 669.6	162 325	275.3
2008	88.8	89.6	89.3	2 286.4	30 542.8	8 471.2	174 164	265.7
2009	91.0	89.6	89.9	2 889.9	32 848.1	8 722.6	176 489	232.5
2010	97.8	90.6	91.4	1 825.1	38 941.4	9 501.7	187 401	188.8

资料来源:中国环境统计年鉴2008、2009、2010、2011;2009、2010年环境统计公报。

(三) 工业固体废物治理

工业固体废物产生量逐年上升,但由于工业固体废物处理技术的改进,综合利用程度持续增加,工业固体废物综合利用率由2000年的45.9%上升为2010年的66.7%,工业固体废物处置量翻了6倍,这些努力使工业固体废物排放量逐年下降。同期,"三废"综合利用产品产值也由2000年的310.5亿元跃升至2008年的1778.5亿元,产生了较强的治理经济效益。工业治理固体废物投资额起伏较大,2006—2009年一直保持平稳增长,但2010年出现明显下降,为14.3亿元,比上年下降了34.7%。具体数据如表5.15所示。

表5.15 工业固体废物治理年际对比表

年份	工业固体废物综合利用量(万吨)	工业固体废物贮存量(万吨)	工业固体废物处置量(万吨)	工业固体废物综合利用率(%)	"三废"综合利用产品产值(亿元)	工业治理固体废物投资额(亿元)
2000	37 451	28 921	9 152	45.9	310.5	11.5
2001	47 290	30 183	14 491	52.1	344.6	18.7
2004	67 796	26 012	26 635	55.7	573.3	22.6
2005	76 993	27 876	31 259	56.1	755.5	27.4
2006	92 601	22 399	42 883	60.2	1 026.8	18.3
2007	110 311	24 119	41 350	62.1	1 351.3	18.3
2008	123 482	21 883	48 291	64.3	1 621.4	19.7
2009	138 186	20 929	47 488	67	1 608.2	21.9
2010	161 772	23 918	57 264	66.7	1 778.5	14.3

资料来源:中国环境统计年鉴2008、2009、2010、2011。

第三节　节能减排的状况与形势分析

一、节能减排取得的成效

"十一五"时期,国家把能源消耗强度降低和主要污染物排放总量减少确定为国民经济和社会发展的约束性指标,把节能减排作为调整经济结构、加快转变经济发展方式的重要抓手和突破口。各地区、各部门认真贯彻落实党中央、国务院的决策部署,采取有效措施,切实加大工作力度,基本实现了"十一五"规划纲要确定的节能减排约束性目标,节能减排工作取得了显著成效。

(1)支撑了经济平稳较快发展。"十一五"期间,我国以能源消费年均 6.6%的增速支撑了国民经济年均 11.2%的增长,能源消费弹性系数由"十五"时期的 1.04 下降到0.59,节约能源 6.3 亿吨标准煤。

(2)扭转了我国工业化、城镇化快速发展阶段能源消耗强度和主要污染物排放量上升的趋势。"十一五"期间,我国单位国内生产总值能耗由"十五"后 3 年上升 9.8%转为下降 19.1%;二氧化硫和化学需氧量排放总量分别由"十五"后 3 年上升 32.3%、3.5%转为下降 14.29%、12.45%。

(3)促进了产业结构优化升级。2010 年与 2005 年相比,电力行业 300 兆瓦以上火电机组占火电装机容量比重由 50%上升到 73%,钢铁行业 1000 立方米以上大型高炉产能比重由 48%上升到 61%,建材行业新型干法水泥熟料产量比重由 39%上升到 81%。

(4)推进了技术进步。2010 年与 2005 年相比,钢铁行业干熄焦技术普及率由不足30%提高到 80%以上,水泥行业低温余热回收发电技术普及率开始起步提高到 55%,烧碱行业离子膜法烧碱技术普及率由 29%提高到 84%。

(5)增强了节能减排能力。"十一五"时期,通过实施节能减排重点工程,形成节能能力 3.4 亿吨标准煤;新增城镇污水日处理能力 6 500 万吨,城市污水处理率达到 77%;燃煤电厂投产运行脱硫机组容量达 5.78 亿千瓦,占全部火电机组容量的 82.6%。

(6)提高了能效水平。2010 年与 2005 年相比,火电供电煤耗由 370 克标准煤/千瓦时降到 333 克标准煤/千瓦时,下降 10.0%;吨钢综合能耗由 688 千克标准煤降到 605 千克标准煤,下降 12.1%;水泥综合能耗下降 28.6%;乙烯综合能耗下降 11.3%;合成氨综合能耗下降 14.3%。

(7)改善了环境质量。2010 年与 2005 年相比,环保重点城市二氧化硫年均浓度下降 26.3%,地表水国控断面劣五类水质比例由 27.4%下降到 20.8%,七大水系国控断面好于三类水质比例由 41%上升到 59.9%。

(8)担当了国际责任。"十一五"期间,我国通过节能降耗减少二氧化碳排放 14.6 亿吨,为应对全球气候变化作出了重要贡献,得到国际社会的广泛赞誉,展示了我负责任大国的良好形象。

"十一五"时期,我国节能法规标准体系、政策支持体系、技术支撑体系、监督管理体系初步形成,重点污染源在线监控与环保执法监察相结合的减排监督管理体系初步建立,全社会节能环保意识进一步增强。

二、节能减排存在的主要问题

(1)认识不足。一些地方对节能减排的紧迫性和艰巨性认识不足,片面追求经济增长,对调结构、转方式重视不够,不能正确处理经济发展与节能减排的关系,节能减排工作还存在思想认识不深入、政策措施不落实、监督检查不力、激励约束不强等问题。一方面,"十一五"节能减排目标责任考核惩罚机制没有完全落实到位,一些地区节能减排的压力和动力不足,节能减排工作意识有所淡化,要求有所降低;另一方面,有的地区单纯追求 GDP 增长,忽视资源环境承载能力和产能过剩的问题,盲目规划建设"两高一资"项目。"十二五"期间,许多地区建设投产一批高耗能项目,部分地区甚至出台了针对高耗能的行业的优惠政策,这给节能减排工作带来很大压力。

(2)产业结构调整进展缓慢。"十一五"期间,第三产业增加值占国内生产总值的比重低于预期目标,重工业占工业总产值比重由 68.1% 上升到 70.9%,高耗能、高排放产业增长过快,结构节能目标没有实现。

(3)能源利用效率总体偏低。我国国内生产总值约占世界的 8.6%,但能源消耗占世界的 19.3%,单位国内生产总值能耗仍是世界平均水平的 2 倍以上。2010 年全国钢铁、建材、化工等行业单位产品能耗比国际先进水平高出 10%~20%。

(4)政策机制不完善。有利于节能减排的价格、财税、金融等经济政策还不完善,基于市场的激励和约束机制不健全,创新驱动不足,企业缺乏节能减排内生动力。目前,节能评估工作依据的《固定资产投资项目节能评估审查暂行办法》属于部门规章,法律效力不足,使得节能评估对抑制高耗能行业过快增长,控制能源消费增量的约束作用没有充分发挥。

(5)基础工作薄弱。节能减排标准不完善,能源消费和污染物排放计量、统计体系建设滞后,监测、监察能力亟待加强,节能减排管理能力还不能适应工作需要。

三、节能减排面临的形势

我国节能减排工作正在面临着巨大的挑战,"十二五"时期如未能采取更加有效的应对措施,我国面临的资源环境约束将日益强化。从国内看,随着工业化、城镇化进程加快和消费结构升级,我国能源需求呈刚性增长,受国内资源保障能力和环境容量制约,我国经济社会发展面临的资源环境瓶颈约束更加突出,节能减排工作难度不断加大。"十二五"规划纲要提出,到 2015 年,单位国内生产总值二氧化碳排放比 2010 年下降 17%,单位国内生产总值能耗比 2010 年下降 16%,非化石能源占一次能源消费比重达到 11.4%。从数字上看,需节能 6.7 亿吨标准煤。在污染物减排方面,新增了氨氮和氮氧化物两项指标,且涉及农业、交通等基础比较薄弱的领域,节能减排的形势依然很严峻。据统计,2011 年全国单位 GDP 能耗实际下降了 2.01%,全国氮氧化物排放总量不降反升 5.73%。根据节能减排"十二五"规划,2011 年的单位 GDP 能耗下降幅度应为 3.5%,2.01% 和 3.5% 的差距给之后几年的节能工作带来了压力。这是因为"十一五"节能目标责任考核奖惩机制没有完全落实到位,地方节能的压力和动力降低。同时,在经济下行压力下,一些地方政府更加注重刺激经济增长,节能减排工作有所弱化。很多地方由于经济发展的冲动,容易发展一些高耗能产业。尤其对于西部地区来讲,能源资源富足却没有其他的经济优势,承接东部发达地区产业转移更是发展经济的机遇,这进一步导致其高耗能产业发展迅速。据国家发改委公布的 2011 年各省区市节能目标完成情况,完成了年度节能目标但落后于"十二五"节能目标进度的地区有内蒙古、辽宁、江苏、福建、江西、广东 6 个省(区);未完成的地区有浙江、海南、甘肃、青海、宁夏、新疆 6 个省(区)。许多西部省份都在未完成任务的名单之中。2012 年和 2013 年全国单位 GDP 能耗分别下降 3.6%、3.7%,但"十二五"前三年全国单位 GDP 能耗累计降幅滞后于时间进度要求。因此,要实现"十二五"目标,后两年全国万元 GDP 能耗年均降幅要远高于前三年平均降幅。全国节能减排形势十分严峻,任务非常艰巨,应对气候变化压力增大。特别是,我国当前生态环境恶化,空气雾霾等问题突出,严重影响群众身体健康。这迫切要求各级发展改革以及节能主管部门,要采取更加强有力的硬性政策措施,确保实现"十二五"节能减排约束性目标,以促进经济转型升级。

　　从国际上看,围绕能源安全和气候变化的博弈更加激烈。一方面,贸易保护主义抬头,部分发达国家凭借技术优势开征碳税并计划实施碳关税,绿色贸易壁垒日益突出。另一方面,全球范围内绿色经济、低碳技术正在兴起,不少发达国家大幅增加投入,支持节能环保、新能源和低碳技术等领域创新发展,抢占未来发展制高点的竞争日趋激烈。全球气候变化是对人类的共同挑战,各国均应抱着对人类负责任的态度来对待。气候问题的实质是发展问题。节能增效减排,对内是落实科学发展、促进经济发展方式转变,对外是积极应对全球气候变化、减少温室气体的排放,树立负责任大国形象。

　　虽然我国节能减排面临着内外重重压力和巨大挑战,但也要看到这是难得的一次历史机遇。当前,生态文明理念深入人心,全民节能环保意识不断提高,各方面对节能减排的重视程度明显增强,产业结构调整力度不断加大,科技创新能力不断提升,节能减排激励约束机制不断完善,这些都为"十二五"推进节能减排创造了有利条件。要充分认识节能减排的极端重要性和紧迫性,增强忧患意识和危机意识,抓住机遇,大力推进节能减排,促进经济社会发展与资源环境相协调,切实增强可持续发展能力。

第四节 节能减排统计的压力

开展全面科学的节能减排统计工作,是贯彻科学发展观、建设资源节约型、环境友好型社会的需要。它直接关系到我国经济能否长期、持续、稳定、健康发展。其中,能源环境统计涉及能源的勘探、开发、生产、加工、转换、输送、储存、流转、使用、排放等各个环节的运动过程、内部规律性和能源系统流程的平衡状况,是运用综合能源系统经济指标体系和特有的计量形式,对各类数量关系进行专门统计。

胡锦涛同志在 2006 年经济工作会议上的讲话中强调,要建立能源统计的指标体系、考核体系。温家宝同志在 2006 年的中央经济工作会议上也反复强调能源统计工作的重要性。社会进步、经济发展、节能减排工作力度的加大,使得能源消耗统计、监控、预测工作显得更为重要。加强节能减排统计,成为党中央和国务院赋予各级统计部门的光荣使命。

一、能源统计的现状

(一)能源统计的历史

我国在 1982 年以前,能源类产品的生产、消费统计分别包含在工业统计和物资统计中,还不能称为专业性的能源统计。1982 年,我国以编制全国第一张能源平衡表、国家统计局工交物资统计司设立能源统计处为标志,建立了真正专业意义上的能源统计。国家统计局在原工业、交通、物资统计司(现为工业交通统计司)中设立了能源处,负责能源统计资料的收集和整理。逐步建立了国家能源统计制度,如建立了能源的投入与产出调查制度、地区能源平衡表的编制与报送制度、主要工业产品单位综合能耗调查制度、重点耗能工业企业能源购进、消费、库存的直接报送制度。各工业部门相应组织制定了能源管理、技术、产品标准和节能设计规范;建立了能源统计指标体系,编制了企业能源平衡表,通过部门统计汇总,定期上报国家有关节能主管部门。同时我国颁布了"企业能源平衡及能耗指标计算办法的暂行规定",组织有关工业、交通运输业等耗能行业起草并出台了"企业能耗指标计算通则"。通过贯彻"企业能源平衡及能耗指标计算办法的暂行规定"和"企业能耗指标计算通则",统一了主要耗能产品的统计范围和计算口径,使同类企业产品的能耗指标更具可比性,各工业行业分别制定了"企业能源平衡及能耗指标计算办法的暂行规定"。

可以说,从 1982 年起以编制能源平衡表为标志,建立起了比较完整的工业能源消费统计体系,这套体系在当时的经济管理体制条件下对推动企业节能发挥了重大作用。但是,随着 20 世纪 90 年代经济体制改革的不断推进,能源统计方法与制度的改革缺乏正确的适应性调整,能源消费统计在国民经济发展中的重要地位没有得到充分的理解和认识,导致统计指标及调查内容不断减少,功能不断弱化;企业能源管理和统计人员部分流失;过去规定的产品(工艺或工序)统计范围、统计口径、折标系数等也发生了一些变化,而又缺乏统一、规范的解决方法;废止了《企业能量平衡统计方法》、《企业能量平衡表编制方法》、《企业能源网络绘制方法》、《用能单位能源计量器具配备与管理通则》等国家标准,造成企业在能量计量、能源平衡工作上的缺位,严重影响了统计数据的可靠性和真实性。仅存的与企业节能效果评估相关的能源统计制度只有"能源统计报表制度"。这项制度是由国家统计局颁布,由企业直接报送或由各地区统计局负责报送的能源统计制度。这项制度涉及的能源消费统计主要反映规模以上工业企业,特别是重点用能企业的能源购进、消费和库存情况,主要能源品种的消费和损耗情况等[124],主要内容有:能源产品的加工转换、主要工业产品的单位能耗、地区能源平衡表等。能源产品产量的统计由工业报表制度负责,能源消费与库存统计由物资报表制度负责。1993年国家统计局在全国统计方法制度的改革中,将能源统计报表制度与物资统计报表制度合并为原材料、能源统计报表制度。1998年,原材料、能源统计报表制度被取消,有关能源统计的一些内容并入工业统计报表制度。2003年国家统计局将与能源统计的有关内容从工业统计报表制度中分离出来,重新设立能源统计报表制度。能源产品产量的统计仍然由工业统计报表制度负责[124]。

"十一五"规划《纲要》将"十一五"时期单位国内生产总值能源消耗比"十五"期末降低20%左右作为约束性指标,列入"十一五"时期经济社会发展的主要目标,温家宝同志在十届人大五次会议的政府工作报告中提出的"抓紧建立和完善科学、完整、统一的节能减排指标体系、监测体系和考核体系,实行严格的问责制"的要求,国家统计局2012年以来会同有关部门深入研究,提出了《单位GDP能耗统计指标体系实施方案》。自从国家提出"十一五"节能降耗目标,并要对各地GDP能耗和工业增加值能耗电耗等进行定期公告以来,中央和地方的领导和统计部门都开始重视能源消费数据问题。

2005以来,在党中央、国务院高度重视下,能源统计工作有了较快的发展。各级政府高度重视能源统计工作。2006年到2008年,党和国家领导连续多次对加强能源统计工作作出重要指示;2007年11月,国务院批转了节能减排统计监测及考核实施方案和办法,内容包括《单位GDP能耗统计指标体系实施方案》、《单位GDP能耗监测体系实施方案》、《单位GDP能耗考核体系实施方案》以及《主要污染物总量减排统计办法》、《主要污染物总量减排监测办法》、《主要污染物总量减排考核办法》;2007年至2008年,全国各省、自治区、直辖市根据实施方案和办法,结合本地实际初步完成了"三体系"的建设。能源统计机构设置、人员配备方面不断增强。2008年9月3日,国家统计局能源统计司正式组建成立。能源统计司的成立,为进一步加强能源统计工作,健全机构、增加人员、拓展业务创造了有利条件。各地区能源统计力量也得到了充实,目前全国大部分省、自治区、直辖市均已成立并组建了能源统计处。能源统计工作得到较好的开展,能源统计任务得到较好的落实。能源统计制度基本建立。

（二）能源统计的现状

2005 以来,在党中央、国务院高度重视下,能源统计工作有了较快的发展。在机构设置、人员配备、制度建设、统计对象监控等方面都取得了较为明显的进步。

1. 能源统计机构设置

在党中央、国务院的领导下,在各级领导的关怀下,在各级政府的大力支持下,能源统计工作得到全面推进,能源统计基础能力得到加强。2008 年 9 月 3 日,国家统计局能源统计司正式组建成立。于此同时,全国能源统计机构设置和人员配备也得到增强。到 2008 年 9 月底,全国 31 个省、自治区、直辖市中有 27 个已批准设立能源统计处,其中 23 个已组建完成,平均人员 5.3 人;全国 376 个地市中的 40% 成立了独立的能源统计机构,平均人员 2.4 人;40% 的县市配备了专职能源统计人员[①]。能源统计机构进一步健全,为进一步加强能源统计工作,健全机构、增加人员、拓展业务创造了有利条件。同时我国开展了大规模的能源统计培训工作:2007 年举办了省(区、市)统计局 100 多人参加的为期 10 天的能源统计培训班;2008 年举办了地市统计局 400 多人参加的两次为期 5 天的能源统计培训班。

2. 能源统计制度

一是原有的能源统计报表制度。1984 年建立了专门的能源统计报表制度,主要内容有:能源产品的加工转换、主要工业产品的单位能耗、地区能源平衡表等。能源产品产量的统计由工业报表制度负责,能源消费与库存统计由物资报表制度负责。1993 年国家统计局在全国统计方法制度的改革中,将能源统计报表制度与物资统计报表制度合并为原材料、能源统计报表制度。1998 年,原材料、能源统计报表制度被取消,有关能源统计的一些内容被并入工业统计报表制度。2003 年能源统计的有关内容从工业统计报表制度中分离出来,重新设立能源统计报表制度。能源产品产量的统计仍然由工业统计报表制度负责。现有的能源消耗统计已对能耗主体—规模以上工业企业建立了基层报表制度,统计网络基本建立,为及时、准确地采集能源消耗数据提供了有效的保障。

二是建立了单位 GDP 能耗公报制度。2006 年 6 月底,国家统计局、国家发改委、原国务院能源领导小组办公室联合发布了 2005 年全国和各地区单位 GDP 能耗、规模以上工业单位增加值能耗、单位 GDP 电耗指标公报,并确定了各地区 2005 年单位 GDP 能耗考核基数。按照国务院要求,每年 6 月底发布上一年全国和各地区单位 GDP 能耗指标公报,每年 7 月底发布当年上半年全国和主要耗能行业单位 GDP 能耗、单位增加值能耗公报、单位 GDP 电耗。

三是建立了覆盖全社会领域的能源生产、流通、消费统计调查制度。根据各级能源

---

① 耿勤. 重视和加强能源统计工作[J]. 中国统计,2009(2).

消费总量的核算方法,从能源供应统计和消费统计两个方面建立健全能源统计调查制度。以普查为基础,根据国民经济各行业的能耗特点,建立健全以全面调查、抽样调查、重点调查等各种调查方法相结合的能源统计调查体系。

四是建立了全国和各省、自治区、直辖市季度能耗核算评估制度。为满足各级领导和节能主管部门对节能工作的需要,从 2007 年下半年开始,建立了分地区季度能耗核算评估制度,按季度核算、评估、审核各地区能源消费总量和单位 GDP 能耗及其降低率数据。

3. 能源统计重点对象

工业是能源消耗的重要产业,能源消费占全国能源消费总量的 70% 以上,做好工业企业能源消耗统计是了解工业企业生产状况,提高能源利用效率的重要手段。现有的能源消耗统计已对能耗主体——规模以上工业企业建立了基层报表制度,统计网络基本建立,部分重点耗能行业、企业已实现网上直报。主要能源消耗数据采集基本做到准确、及时,数据质量有所提高。

电力、钢铁、有色金属、化工、建材等高耗能行业的能源消费占整个工业能源消费的 70% 以上,科学、准确、及时地反映这些高耗能行业的能耗情况,对提高全社会能源利用效率,降低单位 GDP 能耗具有重要意义。现有的能源消耗统计制度对高能耗企业(年能耗在 1 万吨标准煤的单位)进行重点跟踪监测,为准确把握重点耗能企业的能耗水平、结构及趋势,科学制定节能减排政策提供了科学的依据。

(三) 能源统计存在的问题

在取得的成绩的同时,也必须意识到中国能源统计在与其他部门统计的衔接、能源统计管理体制、能源统计标准、能源统计内容和指标设计、能源统计和核算技术上主要还是遵循经济增长观的思路,这样的观念诱导了"虚假"的统计信息,助长了经济片面增长的发展模式。

1. 能源统计与经济、环境统计不协调

能源统计与国民经济统计、社会人口统计和环境统计衔接不顺畅,范围不统一,内容不配套,资料没有连续性和可比性,不能全面、及时、有效地反映能源对于可持续发展的影响。一些国民经济部门的能源消耗数据尚没有被有效地统计出来,比如服务业的能源消耗数据;社会统计没有反映能源开发、运输、储存、加工、转换、分配、排放这整个过程的社会问题,比如没有不同收入家庭的能源商品支出数据、没有能源生产企业的伤亡事故数据等;环境统计现在只有国家和区域性的按环境问题种类划分的环境统计数据,没有各种能源的排放和环境影响数据。同样,能源统计由于按照国民经济核算体系的核算原则,不可能反映环境和社会问题;各种统计的数据统计口径和发布频率相差很大,就是在能源统计这一方面,各个省市的统计口径和发布没有统一的标准,这给交叉分析带来困难,比如上海市统计年鉴 2006 年以前包含三大产业的能源终端消耗统计数据,2006 年后

就不再发布相关内容,江苏省终端能源消耗数据只有规模以上工业企业主要能源消费量数据等。多种统计之间不能有效衔接,部分原因包括:①统计观念还没有完全转变到可持续发展观上,各种专业统计都是针对各自领域里的问题,满足相关的目标,部门之间没有相应的分工协作的统计机制;②没有国民大核算这样的统计框架用于整合各种统计,数据的收集、编排和发布没有统一的标准;③国内统计基础比较薄弱,统计规范没有建立统一标准,离国际通用原则比较远,统计基础设施、人员技能素质参差不齐。

2. 能源统计工作机制不完善

现行统计体制抗干扰性差,纵向体系不畅,横向协调乏力,分工不够明确,职责交叉重复,管理不够规范,统计制度方法不够完善,在计划经济体制下建立起来的统计制度方法还在起重要的惯性作用。政府综合统计一直受到缺位和越位问题的困扰,其根本的原因就是在于没有明确定位其是统计工作管理部门还是统计数据的收集调查部门。"统一领导、分级负责"的统计管理机制最初是由于中央拿不出更多的资金建立一套从上到下的统计系统,而资料又必须有机构去负责调查、收集和整理,于是地方统计机构的人员、编制、经费等都由地方政府管理和负担。这种管理模式的优点在于:统计业务、统计标准可实行全国统一,开展统计调查业务的经费可分摊到各级地方政府,相对节约中央财政开支。这种管理体制虽说是在国家经济实力相对较弱和计划经济体制时期形成的,对社会发展和经济体制有一定的适应性。但其主要问题是政府综合统计机构职能定位不明确,没有精力管理和协调部门统计和民间统计,政府综合统计与部门统计之间调查项目重复、交叉,加重了报表填报者的负担;政府综合统计与部门统计在统计制度上各自为政,造成了统计标准上的不一。各部门的管理职能、调查目标不同,因而产生了不同的信息需求口径。另外,数出多门,导致数据发布和使用上的混乱。由于统计指标口径、范围不同,统计渠道和方法不同,出现了各部门同一指标数据上的差异,直接影响到统计信息资源的共享[125]。

随着市场经济的发展,投资主体多元化和投资方式的多样化,社会各界对统计信息需求日趋多样化。在这样的情况下,单纯依存有限的政府统计(官方统计)是根本无法满足所有的统计信息需求的,这就需要非官方形式的统计(民间统计)作为补充。民间统计的参与可以大大减轻政府统计的压力和工作负担,同时还可以大大降低政府统计的调查成本。

我国当前的政府综合统计机构设置是和政府的纵向行政管理构架相并列的,也就是说,中央、省、市、县和乡(镇)一级都设有政府综合统计机构,我国的政府综合统计机构规模是相当庞大的。另外,国家统计局为了矫正地方政府的统计数据,还专门向各省市派遣了统计调查队。我国统计成本包括显性成本和隐性成本两部分,显性成本指政府在统计方面的各种财政投入,包括人员工资、福利、劳保、差旅费、办公费等。我国政府统计的隐性成本也相当高。隐性成本是指难以计量的成本,如由于时间因素引起统计信息资料过期、失效所造成的损失；由于开发力量不足而使统计资源利用率低，统计资源没有得到合理配置而造成的损失等[126]。

国家统计局与地方政府综合统计机构之间责、权、利划分不明确，地方政府综合统计机构生存困难。在现行体制下，国家统计局对于地方统计局行政管理力度相当有限，一旦中央政府统计需求与地方政府利益发生矛盾时，地方统计局往往会主动地维护地方利益。统计资源整体配置不合理，乡（镇）统计工作任务重、条件差。地方政府综合统计的客观性、独立性得不到有效的保证，地方政府综合统计对于地方政府而言意义重大。在当前，"GDP政绩挂帅"的地方政治文化里，地方政府当然重视统计数据，要用数据说话，而数据来源于地方政府统计机构，地方政府当然要对统计工作进行干扰，从而得到它们想要的数据。所以，在"统一管理、分级负责"的统计管理体制下，地方政府统计的客观性和独立性根本无法得到保障。

中国能源统计工作机制是由各级统计局负责管理协调能源统计数据收集、编制和分发。但是由于能源品种繁多、能源统计范围广泛、数据类型各异、能源单位和转换系数复杂，能源数据分布于人类系统的经济、社会和环境各部门，不同的能源资源具有不同的数据收集频率和收集方式（各种各样的调查方式和统计报表），而且由于中国经济的转轨性质，一方面从农业经济社会向工业经济社会发生的，另一方面经济体制的所有制形式多样化，这些转变又是在比较短的时间内迅速地发生的，所以数据收集、编制和分发过程的管理协调工作十分复杂。目前，能源统计工作机制不能很好地适应发展变化，健全的制度化的部门之间分工协作的统计工作机制尚没有建立起来。

3. 能源统计指标不完善

2007年《单位GDP能耗统计指标体系实施方案》发布之前的能源统计只涉及规模以上工业企业的能源生产和消费领域，没有反映全社会能源的矿藏、勘探、开发、生产、消费、调入、调出、加工、转换、价格、市场销售和市场供求以及能源社会因素、能源排放与环境影响的指标体系，不能有效地提供能源资源拥有与采掘、能源供给与需求、能源管理与效率、能源资源与生产、能源开发与节能等决策信息，不能全面掌握能源生产、购进、消费、库存情况及发展趋势，对能源节约、能源经济效益、能源生产与需求缺乏预测。2007年发布的《单位GDP能耗统计指标体系实施方案》旨在建立健全从供应角度核算地区能源消费总量所需要的地区间能源流入与流出统计指标，流通企业能源商品的批发、零售、库存统计指标，同时健全能源利用效率和综合利用统计指标、能源系统引起的排放和环境影响统计指标，但是，这些指标还不足以反映可持续发展，与国家可持续发展的能源指标体系的指标内容要求相去甚远。

4. 能源统计调查体系不健全

按照国际惯例，能源统计资料的主要来源有两个：一个是能源供应方的资料提供；另一个是消费方的能源消费调查。我国的统计方式包括统计报表制度和专门调查。统计报表制度是在基层建立原始记录并通过统计报表的形式逐级上报或联网直报;专门调查包括:普查、重点调查和抽样调查。

政府综合统计的主要职能是:组织全国重大的国情国力普查和调查;负责国民经济核算以及相关工作;对国民经济和社会发展进行分析监测。部门统计的主要职能是:为了保证部门职能的正常履行而进行的统计调查,并完成国家的统计调查项目。

目前,我国全社会能源统计中统计数据的来源以能源统计报表制度为主,一些基本数据缺乏必要的统计调查,估计成分过大。现有的能源消耗统计已对规模以上工业企业建立了基层报表制度,统计网络基本建立。能源消费信息中,工业部门消费主要依据规模以上工业企业能源购进、消费与库存的统计报表数据直接测算出全部工业消费。工业部门之外的农业消费、建筑业消费、交通运输仓储邮政业消费、批发零售贸易餐饮业消费及生活消费除电力品种有直接的消费统计资料外,其余品种均参考各部门、各行业有关信息和城调、农调两队的抽样调查资料并采用不同方法测算取得[127]。现行的能源统计报表仅涉及工业能耗,不涉及农业、建筑业、交通运输业、商业等非工业能耗。就工业行业而言,仅涉及规模以上工业企业能耗,不涉及规模以下能耗。由于我国对消费方的能源消费抽样调查开展不力、数据不全,不能取得充分的能源消费数据,包括产业消费结构特别是重点行业消费结构状况、轻重工业消费结构状况、地区消费结构状况、所有制消费结构状况等。2007 年《单位 GDP 能耗统计指标体系实施方案》重点是健全规模以下工业能源产品生产调查,流通企业能源商品销售调查,第一产业、规模以下工业、建筑业、第三产业、城乡居民生活等能源消费调查。

目前,国家统计局在调查方式上大体上是这样分工的:国家统计局各专业司主要负责全面调查,普查中心负责普查,调查总队负责抽样调查。这三种调查方式本应该是相互配合、相互协调的,但是由于局、队在业务上的完全分割以及各专业司与普查中心联系不密切等原因,使得三者缺乏相互的配合,调查后取得的数据也很难衔接。部门统计与政府综合统计在统计调查项目、统计指标等方面存在着不必要的重复、交叉和矛盾,已成顽疾,长期得不到解决[128]。

以官方为主导的统计报表制度面临经济体制改变、统计管理体制束缚和挑战,非国有所有制企业在能源资料提供上意愿不是太积极,统计局没有居民能源消费调查,不同收入水平家庭的能源消费水平和消费组合、能源消费占可支配收入比重这些重要指标数据难以取得。

5. 能源统计能力不足

能源消耗统计人员严重缺乏,企业部门设置简单,没有能源核算部门,统计人员流动性大,专业人才更是少之又少,能源统计的原始记录和统计台账不健全。同时,在现有能源消耗统计人员中,能源专业统计知识缺乏,专业素质参差不齐,业务水平极需加强。能源消耗统计的基础在企业,企业工作人员少,工作量大,不能专心从事某一项工作,对于各种报表也是疲于应付,加之对能源统计的重视程度不高,缺少专门的能源统计核算机构,能源消耗资料采集困难,统计数据填写随意性大,精度不高,不能及时地反映出基层能耗的真实情况,数据质量有待进一步提高。能源消耗统计也不是哪一个部门可以独立完成的,需要全社会的通力配合。然而,现在的状况基本是"国家提口号,经济学家指不足",但到了下级则变为任务的分解,没能从思想根源上重视起来,没有形成全社会同心协力、力促节能降耗的氛围。因此,就形成了各级政府重视程度不一,上紧下松的状况,能耗统计渠道不顺畅,统计工作面临着严峻的挑战。

统计资源整体配置不合理,乡(镇)统计工作任务重、条件差。现在的统计工作任务和统计队伍形成两个三角形,一个是"任务三角形",这是一个"正三角形",从国家到省、再到地(市、州)、县,由于既要完成上级的任务,又要满足为当地服务的要求,所以任务是层层加码,越到基层,任务越重。而统计队伍的力量却是一个"倒三角形",国家好于省,省好于地(市、州),地(市、州)好于县,县好于乡(镇)。每个乡(镇)一般只有1名统计人员,好一点的有2名,差的只有1名兼职人员。国家统计局在职业培训和专业培训的时候只涉及国家和省两级的统计工作人员,地市级的普通统计工作者都是没有机会参加的,更何况是县和乡(镇)一级的统计人员了。基层统计人员在专业知识上先天不足而又没有后续的教育和培训,再加上统计工作条件简陋、统计手段原始落后,使得乡(镇)统计数据的质量更加难以得到有效保证,进而使得整个统计数据缺乏坚实的基础。

(四) 能源统计核算的改善方向

当前,我国能源统计核算呈现出很多不足,诸如统计指标不完善、统计工作机制不通畅、统计部门能力不足、统计调查体系不健全、数据发布没标准、能源统计和其他统计不协调、能源核算欠缺、能源统计数据国际可比性差等。由此,能源统计不能全面提供全社会能源的矿藏、勘探、开发、生产、消费、调入、调出、加工、转换、价格、市场销售、市场供求以及能源利用相对应的社会影响、排放与环境影响的细项分解、时空可比的信息。由于统计信息数据不足,以及能源统计与其他统计,特别是与国民经济核算、环境核算不衔接和不协调,细致的结构分解的能源资源与生产、能源供给与需求、能源管理与效率、能源开发与节能、能源利用与经济发展、能源利用与社会和谐、能源利用与环境影响等相关分析的效果大打折扣。如果能源统计和核算不改善,就难以满足广大用户面临能源相关分析和决策时,对有效、可靠、全面、及时和协调的能源信息的需求。

能源统计和核算的国际标准是国际先进做法经验的总结,为我国此领域的改善提供了目标和方向,能够缩短探索的时间和过程,避免重复我国已经做过的研究和实验。能源统计和核算与国际标准接轨,也是我国进一步改革开放、融入国际社会、加强数据的国际对比的现实要求。结合新近发展的能源统计和核算的国际标准及我国能源统计的现实不足,提出我国能源统计核算改革与发展的建议:

(1) 扩大能源统计范围。扩大对新能源和可再生能源的数据采集,重视规模以下工业企业能耗统计,改进农业、建筑业、交通运输业、商业等非工业能耗统计[129]。能源统计范围还应涵盖资源存量、能源采掘和环境排放的流量,而不仅仅限于经济系统内。

（2）完善统计分类。能源分类包括产品分类和行业分类,应加强与国际标准 ISIC、CPC 等的衔接,能源生产、转化、非能源用途的使用、最终能源消费、排放则能与各种经济性质相对应,特别是寻找方法按产品分类、设备分类统计能源消费和排放。学习国际能源分类标准（SIEC）中的分类系统和编码体系,便于数据收集以及统计过程的组织。

（3）确立能源统计与经济统计的原则。能源统计单位应该与一般经济统计的原则规定相一致,还需规定统计单位提供的能源统计数据项,统一和澄清概念。建议编制统计注册登记制度,统一各部门、专业统计所使用的统计单位,统一与统计单位有关的信息分类标准和代码,避免各种调查的重复和遗漏,增强统计资料的一致性、可比性、共享性和综合利用价值。

（4）改进数据收集方法。灵活结合应用统计报表、抽样调查、普查、重点监测、典型调查、科学估算、其他类型统计和行政记录资料。改善能源统计管理体制,国家和省级统计局集中管理能源统计工作,加强以部门为主开展的调查与统计部门日常调查在制度设计及调查结果的衔接[130],明确能源统计职责,提高基层能源统计能力和水平,加强统计调查的时效性。

（5）完善能源统计方案。协调一致并完善国家、地区和企业各级能源平衡表的编制方法和评估方案,充分利用能源平衡表进行数据审核、能源流分析,结合经济统计数据进行能效、供需市场、能源安全等的监测和分析。

（6）制定能源统计标准。根据实用性、公平性、及时性、透明性、保密性、易获取性原则,参考数据发布的国际标准,对发布内容、频率、时间、方式、形式、范围、质量信息、权限设定、定价策略等,建立统计数据发布标准,规范能源统计数据的发布,满足社会各界对能源统计数据信息的需求[131]。

（7）提升能源统计质量。加强统计生产过程管理,参考数据质量评估的国际标准,拟定数据质量的定义、维度和措施,开展统计数据质量提升计划。高度重视元数据的开发和应用,将元数据作为结构性方法,应用于经济社会统计的所有领域,包括能源统计,增进统计的整合,提高统计的一致性和系统性。

（8）应用现代信息技术。应用网络和数据库等信息技术,建立统计信息化平台,涵盖数据报告、采集、评估、存储、共享、发布和分析的整个流程,带动统计管理体制的改革,提升统计生产及质量管理能力,促进各类统计资源的共享与整合。

（9）整合能源与经济、环境核算。加强能源统计和国民经济核算、经济环境综合核算之间的衔接,完善能源指标体系。不仅统计能源生产、消费信息,还要核算能源资源和排放信息;不仅核算实物量信息,还要核算价值量信息;不仅统计能源供需,还要核算能源市场、效率和排放强度;不仅核算能源的经济和环境影响,还要分析能源利用引起的经济与环境间的相互影响。

二、环境统计的现状

环境统计是指对环境状况和环境保护工作情况进行统计调查、统计分析,为国民经济环境领域提供统计信息和咨询、实行统计监督。环境统计的内容包括环境质量、环境污染及其防治、生态保护、核与辐射安全、环境管理及其他有关环境保护事项。其实施类型主要有普查和专项调查;定期调查和不定期调查。定期调查包括统计年报、半年报、季报和月报等。环境统计所获得的资料和分析结果,不仅是制定环境政策、进行环境决策的科学依据,也是公众知悉环境状况、对环境管理进行监督的前提。

(一) 环境统计的历史

1979 年,国务院环境保护领导小组办公室(环保办)组织了对全国 3 500 多个大中型企业的环境基本状况的调查。1980 年,国务院环保办与国家统计局联合建立环境保护统计制度。该制度主要针对工业企业的环境污染排放治理,涉及生态保护的内容较少。此后,国务院有关部门的统计制度中也相继涵盖了一些环境保护的内容,并逐步纳入国家统计范围。从 1981 年起,依据《统计法》和环境保护统计制度的规定,环境统计工作在全国范围展开,要求每年编制环境统计年报资料和环境统计分析报告。1985 年,国家环保局颁布了《关于加强环境统计工作的规定》。自 1989 年开始,国家环保局依据《环境保护法》的规定,编制并发布《全国环境状况公报》。

"八五"期间国家环保局着手全国环境统计调查体系的改革。在 9 个省市开展调查、重点调查和抽样调查的试点。1995 年,国家环保局颁布《环境统计管理暂行办法》,对于环境统计的任务与内容、环境统计的管理、环境统计机构和人员及其职责等做了明确的规定。1997 年在调查研究的基础上,国家环保局制定并实施新的"九五"环境统计报表制度。2001 年,国家环保总局制订并执行"十五"环境统计综合报表和专业报表制度。2002年增加了环境统计半年报。2003 年国家环保总局对环境统计提出了新的要求:如修订《环境统计管理暂行办法》;改革完善统计指标和方法;开展"三表合一"试点工作等。

"十一五"期间,国家环保总局印发《2006 年全国环保工作要点》,文件要求各省、区、市环保部门认真贯彻国家环保总局《关于加强和改进环境统计工作的意见》,推动环境统计制度和方法创新。2006 年 9 月,国家环保总局办公厅印发"关于实施环境统计季报制度的通知"。"十一五"环境统计报表制度继续在扩大调查范围、充实调查项目、提高数据质量要求和数据分析利用水平等方面进行了改进。其中,调查内容增加了医院污染物排放和火电行业污染物排放情况,调整并增加了环境统计指标。在原有的年报和年度快报之外,又增加了季报。2006 年 11 月,国家环保总局发布了修订的《环境统计管理办法》,对环境统计内容进行了调整,规定了环境统计调查制度、各相关部门的职责、环境统计资料的管理和公布以及奖惩办法。2007 年 9 月,国家环保总局印发了《关于开展 2007 年环境统计年报工作的通知》,对"十一五"环境统计报表制度进行了系统梳理,进一步完善了统计制度的相关内容,同时发布了《2007 年环境统计年报工作技术要求》和《全国环境统计数据审核技术要求》。2007 年 11 月 17 日,国务院批转《节能减排统计监测及考核实施方案和办法的通知》,同意国家发改委、统计局和环保总局分别会同有关部门制订的《单位 GDP 能耗统计指标体系实施方案》、《单位 GDP 能耗监测体系实施方案》、《单位 GDP 能耗考核体系实施方案》和《主要污染物总量减排统计办法》、《主要污染物总量减排监测办法》、《主要污染物总量减排考核办法》。同年 11 月 22 日,国务院印发《国家环境保护"十一五"规划》,规划要求"加强环境统计能力建设,改革环境统计方法,开展统计季报制度,全面、及时、准确提供环境等综合信息"[132]。

(二) 环境统计存在的问题

尽管环境统计工作在我国已经开展了 30 余年,取得了重大进展,但仍不能完全适应可持续发展的需要,环境统计工作面临诸多问题。主要表现在:

1. 机构设置不健全,统计基础薄弱

作为制定统计规范、管理全国统计工作的政府部门,国家统计局是综合管理、协调指导环境统计工作的主要机构,并负责各有关部门的统计方法制度的审批。国家环境保护总局既是制定环境政策的机构,也是收集环境统计数据的主渠道。但即便是在这两个部门,从事环境统计的工作人员也屈指可数。环境统计机构设置不健全,环境统计工作缺乏相应的组织保障和必要的人力、物力、财力支持。就全国而言,由于环境统计的技术性较强,统计系统严重缺乏适应这一工作的人员;而地方统计人员往往身兼数项统计业务工作,更难以综合管理、协调指导环境统计工作。环境统计工作的开展可谓步履艰难,基础薄弱。

2. 指标体系不健全,缺乏协调性和完整性

目前我国环境统计尚未形成一个完整的体系。没有一套综合的、统一的、切实可行的包括环境、资源、生态在内的环境统计指标体系,缺乏对环境统计的统一要求和规范,在各部门业务工作基础上建立的含有环境统计内容的制度不成体系,相互间的协调、衔接不力。涉及环境统计的内容分散于各部门统计业务中,其间重复、交叉和遗漏等现象并存,指标的名称、概念、口径、范围不一致,可比性差,标准化、规范化程度低。涉及环境统计内容的各专业缺乏协调合作与管理,相关的统计内容未能形成完整的环境统计信息体系。

3. 统计数据质量不高,不能满足可持续发展的要求

我国的环境统计工作,一方面由于统计人员缺乏、环境统计业务素质低、报表周期长等因素影响了环境统计数据的质量;另一方面由于环境统计数出多门,调查方法单一,指标体系不完整,导致环境统计资料时效性、综合性、共享性都不高。此外,随着社会经济的发展,出现了许多新的环境问题,却没有能够及时设立新的环境统计指标来反映,特别

是反映环境压力和环境成本方面的统计指标,反映资源耗减和生态价值方面的指标以及环保产业指标等。这一切,都远远不能适应我国实施可持续发展战略的需要。

4. 指标体系缺乏系统设计,国际可比性差

从国外环境统计研究的总体情况看,一般都从开发环境统计框架体系开始,这是一个符合规律的研究过程。当前我国环境统计尚处于摸索和积累经验的阶段,还没有建立系统的环境统计研究框架,表现为数出多门,数据重复和不足并存,指标之间缺乏内在联系,且没有与现行经济指标连接。这种状况不利于环境统计研究的深入进行,也不能满足我国实施可持续发展战略的要求。统计部门和环境工作者需要加强基础研究以及各部门的沟通和协调工作,加大环境统计指标体系系统设计的研究力度,为实践提供更多方法论的指导,以便根据调查方法的不同特点和具体调查对象的不同属性采用适当的手段,避免盲目性,增强针对性和时效性,进而改进环境统计数据质量,提高我国环境统计数据的科学性和国际可比性。

第六章　节能减排统计指标体系
与评价方法

　　美国经济学家、诺贝尔经济学奖获得者瓦西里·列昂惕夫曾经说过:"对某种现象所作的任何有目的的统计调查都需要一种专门的概念框架,即一种理论,以使调查者能够从无数事实中选择那些预计可以符合某种模式,并因而容易系统化的事实……可以说,调查对象越复杂,理论上的准备工作就越重要。因此,在研究纯粹的统计问题之前,我们必须建立起必不可少的理论体系。"节能减排统计指标作为统计指标的一类,它的理论基础有两方面:一是能源环境经济的可持续发展理论,它是节能减排统计的理论基础;二是节能减排统计的核算理论,它的内容包括指标的确定,统计指标体系设计的框架模型,统计指标体系的类型,核算内容和方法,综合指标的构建以及监测、分析、评价和预测的方法论等。本章内容包括五个方面:第一,建立扩展的节能减排统计指标集;第二,设计节能减排统计指标体系;第三,界定节能减排指标的内涵;第四,设定节能减排综合评价标准;第五,研究节能减排综合评价方法。

第一节　节能减排统计指标集

一、扩展的节能减排统计指标集

　　节能减排作为加强宏观调控、调整经济结构、转变发展方式的重要任务,涉及经济、政治、文化、社会、生态环境等各个方面,是一个复杂的系统。因此,构建的节能减排统计指标体系,要既能反映出节能减排工作的复杂性,又能反映出内容的多样性,能够从不同侧面全面地描述和涵盖能源可持续发展的内涵和特征。涉及的能源环境模型和方法多种多样,常见的有基于 3E 理论的能源—经济—环境模型、投入—产出(I-O)模型、IPAT方程、生命周期评价(LCA)模型、组合预测模型、指标体系方法。其中,指标体系方法已经在大量研究中被推广和应用,这也是能源环境和 3E 系统研究中最普遍的方法之一。

　　这里采用一种包容并蓄的方法,在可持续发展统计指标体系的理论基础上,广泛吸收能源相关统计(能源统计、SEEA-E、能源相关的经济、社会和环境统计)导出的统计指标,并参考国际上主要的可持续发展能源指标体系(IAEA 可持续发展的能源指标体系、全球能源可持续观察团指标体系、英国开发的能源行业指标体系、欧盟能源效率指标体系和美国矿产资源可持续发展框架下的能源矿产可持续性指标)所包括的指标内容,运用广泛采用的四支柱(经济、社会、环境和制度)的分类法并尽量按照"相互独立,完全穷尽"（Mutually Exclusive Collectively Exhaustive，MECE)[133] 的分类原则进行重新排列和组合，构建一个包容性强的可持续发展的能源指标集，以此反映能源系统生产、转换、消费、排放和循环使用全过程，以及能源系统同生态、社会、经济层面的复杂勾连和平衡关系。表 6.1 列示了扩展的节能减排统计指标集合。

表 6.1　扩展的节能减排统计指标集

层面	分层面	指　　标
经济层面	资源	多种不可再生能源(石油、天然气、煤炭)现有探明储量、可采储量、采收率、可采期限、新增储量、动用储量、剩余可采储量、储采比、资源开发程度、可勘探、发展和保护的矿田、已开发矿产和能源的平均等级
	勘探	每年钻探长度，每年勘探预算，发现率同花费水平的比值，每年钻探设备的利用率，每年地区煤租契或授权
	开采或进口	供应组合(各种一次能源生产量与进口量)，可再生能源比重，开采能力，核能、水电及多种可再生能源(太阳能、风能、生物能等)供应能力，生产设备闲置率
	转换	各种转换投入和产出能源产量，二次能源(煤、气、油、电)转换能力、转换效率
	输配	各种能源输配基础设施和能力(输煤铁路线、电网、石油及天然气管道等)，能源运量，能源运输周转量，输配效率
	消费	实物量与价值量衡量的各种一次能源消费，终端能源消费(分行业、品种总量与结构)，人均能源使用，每单位 GDP(按行业划分)能源使用，产品能源单耗，居民生活能源消费及强度
	储备	能源库存量(按品种、按地区、按库存量流转环节、按行业划分)，单位关键能源消费储备，电网机组备用率，电网容载比
	价格	能源价格体系与结构(按品种、按地区、按库存量流转环节、按行业不同划分)
	投资	能源勘探、开采、转换和输配领域投资，研究开发投资，生态维持和恢复投资，福利事业投资，教育投资
	行业与企业	重点领域高耗能行业结构(电力、煤炭、钢铁、有色金属、石油石化、化工、建材、造纸、纺织、印染、食品加工等行业)，企业能源利用效率，能源企业竞争力，高效节能产品市场份额，万家企业节能低碳行动目标完成度，公共建筑节能标准达标度，铁路电气化比重，机场、码头、车站节能改造比例
社会层面	公平	商业能源可支付性和普及的情况，能源和电支出占家庭收入的比重(普通家庭和最低收入家庭)，每种收入水平家庭的能源消费及消费组合
	健康	按能源生产过程划分的单位能源伤亡及职业疾病数量
	就业与社区需要	能源行业提供直接和总就业机会及收入，资源地人均收入，资源行业平均工资，资源地其他收入(捐赠、税收等)，资源地对能源行业的依存度，劳工成本占 GDP 的比重(能源行业与其他行业比较)

（续表）

层面	分层面	指　标
环境层面	空气	人均和每单位 GDP 来自能源生产使用的温室气体排放,城市区域周围空气污染密度,能源系统的空气污染排放(二氧化碳、二氧化硫、氧化氮、甲烷等),脱硫脱硝工程数量
	水	流体中能源系统的固体污染物排放,能源系统影响的水质量适应性,水回收(农业、工业分),地下水污染,采掘和加工过程的水利用效率,污水处理能力(配套管网数、污水处理率、水中 COD、BOD 消减量)、海水淡化及综合利用能力
	土地	土壤酸化程度,能源使用引起的森林退化率,单位能源生产产生固废率,能源系统产生固废的合理处理率,放射性固体废弃物占能源生产量的比重,待处理固废弃物占全部放射性固弃物的比重,固体废弃物回收及再利用数量
	矿区改造、恢复和补救(3R)	对生态旅游的影响,实际 3R 区域与计划比,矿井废弃率与 3R 率
科技/制度层面	科技水平	能源科技人员数,能源生命周期各阶段科技投入,能源三种专利申请受理数与授权数,国外主要检索工具收录的能源科技人员在国内外期刊上发表论文数,节能减排科技研发金额,技术市场成交合同数与金额,研发基地或团队数量,能源科技产品进出口贸易额,节能减排重大技术和装备产业化工程数量
	经济框架	制定涉及能源市场的规则数量,能源产业的政策数量,能源领域的投融资及税收政策数量等,推广高效节能家电、照明产品、节能汽车、高效电机产品的财政补贴数量,可再生能源发展税收优惠额度,实现合同能源管理企业数量,污染物排放权及碳排放交易试点地区数量
	规划框架	地区是否执行清洁生产推行规划,是否执行能源可持续发展战略或计划,相关投资、教育、研发占 GDP 比重
	法律制度框架	新增支持能源系统整个生命周期可持续发展的法律、法规、方针及有关法律条款数量,遵守及执行数量,各类许可证(安全生产、排污)发放数量

二、扩展的节能减排统计指标集的作用

(一) 为构建全面覆盖的指标体系提供方案

这个指标集的设计没有考虑特定的政策性用途,没有偏重能源的某个空间范围、影响面、能源品种或生命周期的某个定位,没有考虑数据的可获得性问题,其目标是提供可持续的能源系统及其对经济—社会—生态系统可持续性的影响全面的、系统的、客观的和整体的信息所需要的指标总和。可以为各种形式的可持续发展能源指标体系提供备择指标清单,减少指标设计者遗漏某些重要的信息的顾虑。

（二）为统计范围的扩展提供方向

现有国内外能源统计指标集对能源开发、生产、市场、消费出现的新问题涵盖面不够，可能不能有效捕捉新能源、新技术的新情况，社会和人口统计、环境统计和科技统计等没有明示与能源相关的统计项。而此扩展的可持续发展能源指标集可以促进现有统计的改善，增加统计能源品种和范围，增加统计以前所没有收集或编制的诸种统计指标数据。

（三）为特定目标导向的指标体系的数据提供大背景的信息

这种大背景的信息是客观、全面、系统和整体的，是了解经济—社会—生态系统乃至能源分系统的可持续性所必需的。系统性在具体指标的设定上不仅应有反映能源利用经济效率的宏观性质的指标，还要有反映能源利用的技术效率的指标，同时也要有反映政府相关职能部门能源管理行政效率、效果和效益的指标。这可以在一定程度上保证特定目标研究的专业正确性。

第二节　节能减排统计指标体系设计

基于内容广泛覆盖的备选指标集，应根据信息收集情况进行区域分析与政策优先项的确定，之后选定各项节能减排具体的统计指标。因此，本节结合统计信息的可获性、政策制定的导向性、目标分解的层次性，从扩展的节能减排统计指标集中选择一些关键指标构建我国节能减排统计指标体系。

一、节能减排统计指标体系的设计原则

（一）信息可获性

信息收集的目的是为了建立节能减排指标体系所需的信息基础，这些数据应符合我国节能减排阶段特点、政策目标取向和能源工作重点等特点。因此，收集的信息包括了反映目标、政策、战略、能源状况和能源政策的定性定量信息，以及目前我国已有的相关相似的指标体系等。

1. 能源统计数据来源

《中国能源统计年鉴》是一部全面反映中国能源建设、生产、消费、供需平衡的权威性资料书，从 1986 年开始，由国家统计局工业交通统计司主编，2000—2002 年版起由国家统计局工业交通统计司与国家发改委能源局（国家能源局综合司）共同主编，中国统计出版社出版，向国内外公开发行。为满足广大读者对中国能源统计数据的需求，提高数据应用的时效性，从 2004 年起，《中国能源统计年鉴》由每两年出版一册改为每年出版一册，封面的年份由数据年改为出版年份。根据第一次经济普查结果，2005 年《中国能源统

计年鉴》对 1999 年以来的全国有关数据进行了调整。《中国能源统计年鉴》信息量大,特别突出数据的权威性、完整性。全书共分为 8 个部分:①综合;②能源建设;③能源生产;④全国能源平衡表;⑤能源消费;⑥地区能源平衡表;⑦香港、澳门特别行政区能源数据;⑧附录:台湾省能源数据、有关国家和地区能源数据、主要统计指标解释以及各种能源指标标准煤参考系数。这本书大部分资料来源于国家统计局年度统计报表及《中国统计年鉴》。全国性统计数字均未包括香港、澳门特别行政区和台湾省。能源平衡表均未包括非商品能源数据。

能源数据的其他来源还有:中电联统计数据、中国统计年鉴能源部分、单位 GDP 能耗等指标公报以及国家统计局能源统计分析资料等。

2. 与能源相关的经济、社会和环境统计数据来源

政府统计分为政府综合统计和部门统计两大部分,承担着搜集、整理、汇总国民经济和社会发展基本统计资料,会同有关部门组织重大的国情、国力和市情、市力普查,对国民经济、科技进步和社会发展等情况进行统计分析、统计预测和统计监督,及时向各级政府及有关部门提供统计信息和咨询建议等职能。为了满足社会各界对统计信息查询的需要,由国家统计局研制了"国家统计数据库",数据库包括国民经济核算、人口、就业、固定资产投资、能源、价格指数、人民生活、环境保护、农业、工业、建筑业、运输邮电、国内贸易、科技、文化体育卫生等与国民经济、社会和环境发展方面有关的月度、季度和年度主要统计数据,每月底更新一次。

《中国环境统计年鉴》是国家统计局和环境保护部及其他有关部委共同编辑完成的一本反映我国环境各领域基本情况的综合性环境统计资料性年刊。以 2009 年为例,收录了 2008 年全国各省、自治区、直辖市环境各领域的基本数据和主要年份的全国主要环境统计数据。全书内容共分为 10 部分,即综合、水环境、海洋环境、大气环境、固体废物、生态环境、自然灾害、环境污染治理投资、城市环境、农村环境。同时附录分为 5 个部分:东中西部地区主要环境指标,世界主要国家和地区环境统计指标,主要环境统计指标,2009 年上半年各省、自治区、直辖市主要污染物排放量指标公报,主要统计指标解释。

3. 定性资料

定性资料涉及区域和区域能源的目标、规划、政策和战略。这些资料以重大战略决策、国民经济和社会发展规划、年度计划、政府工作报告、国民经济与社会发展统计公报、专项规划、区域规划、规划解读实施、其他公报及工作计划等形式散布于政府、发改委、环保局、统计局及其他政府部门网站。

4. 数据可得性评价

虽然我国的统计能力取得了较大的提升,有关社会、人口、经济、环境、资源、科技、教育等方面的许多重要指标的全国和地区总量数据可以从各种统计年鉴上取得,但是这些数据并没有按照能源系统专业进行专门整理和公布,能源统计范畴未能官方确定,其分

类、范围和指标亦未能全面涉及。比如能源投资、生产、基础设施、能源转换、能源储备、能源系统引起的污染排放等指标没有得到及时、规范的公布。因此，在节能减排统计研究过程中应充分认识到这些统计数据的缺陷。

从上述数据来源整理可得 3 类时间序列：

（1）能源消费总量、速度和结构。能源消费总量、人均能源消费、能源消费增长速度、一次能源品种构成、能源加工转换消费比重、终端能源消费结构和全社会能源消费结构。

（2）能源消费与经济发展。GDP、人均 GDP、产业结构、单位 GDP 能耗、产业增加值能耗、能源消费弹性系数、人均能源消费、能源经济效益。

（3）能源消费和环境。废水化学含氧量、二氧化硫排放量、单位能源废水化学含氧量、单位能源二氧化硫排放量。

（二）政策导向性

1．能源环保与可持续发展战略

能源是人类社会生存和发展的重要物质基础，安全可靠的能源供应体系和高效、清洁、经济的能源利用，是支撑经济和社会可持续发展的基本保证。一方面，能源对经济发展有着重要的支撑作用，人类利用能源的每一次进步，都推动了经济社会的发展，反过来又拓展了能源利用的领域；另一方面，能源对经济发展有很强的约束作用，能源的承载能力制约着经济增长的速度、结构和方式。

中国政府充分认识到能源在国民经济中的重要地位。1996 年，《国民经济和社会发展"九五"计划和 2010 年远景目标纲要》中第一次系统、明确地提出了能源发展方针："坚持节约与开发并举，把节约放在首位；大力调整能源生产和消费结构；推广先进技术，提高能源生产效率；坚持能源开发与环境治理同步进行，继续理顺能源产品价格。能源建设以电力为中心，以煤炭为基础，加强石油天然气的资源勘探和开发，积极发展新能源"。2001 年公布的《"十五"能源发展重点专项规划》中进一步系统地提出了中国能源发展战略："在保障能源安全的前提下，把优化能源结构作为能源工作的重中之重，努力提高能源效率、保护生态环境，加快西部开发"，为中国的能源发展指明了方向。"十一五"是中国全面建设小康社会的关键时期，针对能源需求的新形势，中央政府明确了中国能源可持续发展的战略构想："要强化节约和高效利用的政策导向，坚持节约优先、立足国内、煤炭为基础、多元发展，构筑稳定、经济、清洁的能源供应体系"。更具有能源发展时代特征的部署是，针对中国资源和环境压力日益加大的突出问题，提出了"十一五"期间单位国内生产总值能源消耗降低 20% 左右、主要污染物排放总量减少 10% 等具体的目标。2011 年国家发布《"十二五"节能减排综合性工作方案》，主要目标是到 2015 年，全国万元国内生产总值能耗下降到 0.869 吨标准煤（按 2005 年价格计算），比 2010 年的 1.034 吨标准煤下降 16%，比 2005 年的 1.276 吨标准煤下降 32%；"十二五"期间，实现节约能源

6.7 亿吨标准煤。2015 年,全国化学需氧量和二氧化硫排放总量分别控制在 2 347.6 万吨、2 086.4 万吨,比 2010 年的 2 551.7 万吨、2 267.8 万吨分别下降 8%;全国氨氮和氮氧化物排放总量分别控制在 238.0 万吨、2 046.2 万吨,比 2010 年的 264.4 万吨、2 273.6 万吨分别下降 10%。"十二五"期间节能减排形势仍然十分严峻,任务十分艰巨。因此,此段时期应合理控制能源消费总量、强化重点用能单位节能管理、加强工业节能减排、推动建筑节能、推进交通运输节能减排、促进农业和农村节能减排、推动商业和民用节能、加强公共机构节能减排、加快节能减排共性和关键技术研发、加大节能减排技术产业化示范、加快节能减排技术推广应用、推进价格和环保收费改革、完善财政激励政策、健全税收支持政策、强化金融支持力度、健全节能环保法律法规、严格节能评估审查和环境影响评价制度、加强重点污染源和治理设施运行监管、加强节能减排执法监督、加大能效标识和节能环保产品认证实施力度、建立"领跑者"标准制度、加强节能发电调度和电力需求侧管理、加快推行合同能源管理、推进排污权和碳排放权交易试点、推行污染治理设施建设运行特许经营、加快节能环保标准体系建设、强化节能减排管理能力建设、加强节能减排宣传教育、深入开展节能减排全民行动、政府机关带头节能减排。

目前,中国经济与社会可持续发展问题的焦点主要体现在"资源—环境—人口"和人民生活质量之间的矛盾,这些在相当大程度上与能源密切相关。中国处在实现工业化的快速增长时期,也是经济结构、城镇化水平、居民消费结构发生明显变化的阶段,这一系列的变化刺激了能源消费急速增长,能源供需不平衡、生态环境日益严峻的状况更为明显。中国人口众多、人均资源少、环境污染严重、能源利用率低、环境问题日益严重与增长方式转变缓慢的矛盾日益突出的这些特殊国情,决定了我们必须探索一条具有中国特色的能源可持续发展道路。保障能源安全是维护经济安全和国家安全、实现现代化建设战略目标的必然要求。

2. 能源环保政策优先领域

结合前面章节的系统研究与分析,从可持续发展视角分析,我国节能减排突出了以下优先的领域。

(1) 节能降耗。为了节能降耗,必须做到产业结构调整、产业升级,促进各部门、行业节能,实行能耗标准,提高能源效率。当前注重应用政策、行政和市场结合的手段。具体措施包括:加强产业政策和环保政策的衔接,完善节能减排全国及地方性法规;对新建、改建、扩建等涉及新增能力的项目,逐步实行国际先进水平的能耗标准;落实电力、钢铁、水泥、煤炭、造纸等行业淘汰落后产能计划,建立落后产能淘汰退出机制,完善和落实关闭企业的配套政策措施,加强这些行业先进生产能力建设。抓好重点企业节能,加快十大重点节能工程实施进度;加大科技支撑力度,开发和推广节约、替代、循环利用资源和治理污染的先进适用技术,实施节能减排重大技术和示范工程。开发风能、太阳能等清洁、可再生能源。大力发展节能服务产业和环保产业。大力推动发展节能省地环保型建筑,推进政府办公建筑及大型公共建筑节能运行与改造,新建筑严格实施节能强制性标准;大力发展资源再生和环保产业;大力发展循环经济,实现清洁发展;落实节能降耗目标责任制。

(2) 环境保护。全面落实科学发展观,坚持保护环境的基本国策,深入实施可持续发展战略;坚持预防为主、综合治理、全面推进、重点突破,着力解决危害人民群众健康的突出环境问题;坚持创新体制机制,依靠科技进步,强化环境法治,调动社会各方面的积极性。经过长期不懈的努力,使生态环境得到改善,资源利用效率显著提高,可持续发展能力不断增强,人与自然和谐相处,建设环境友好型社会。具体措施主要有:加快规划和建设城乡污水处理和生活垃圾处理设施,强化对已建成污染治理设施的运行监管。治理农村面源污染,加大畜禽养殖污染防治力度。加大江河湖库饮用水源地建设,加强饮用水水源地保护,确保饮用水安全。坚决关停达不到污染物排放标准的企业,治理工业污染,大幅减少燃煤电厂二氧化硫和汽车尾气排放,控制高架源氮氧化物的排放。加大水土流失综合防治力度,加强水土保持清洁型、生态型小流域综合治理。健全环境违法行为联合惩处机制,加强联合执法检查,完善跨界污染防治的协调和处理机制。披露环境信息,建立健全社会公众参与和监督机制。落实污染减排考核和责任追究制度,实行环境保护一票否决和问责制。研究推进排污权交易和建立生态环境补偿机制。

(3) 能源安全。为了保障能源安全,必须促进能源体制改革,加强能源领域投资,加快能源供应的多元化,增进可再生能源的利用,以此构建能源安全体系。加快石油、天然气基础设施建设,共同推进石油和液化天然气码头建设,完善油气输送管道网络,加强油气战略储备,加快建设区域石油流通枢纽和交易中心,研究建立区域天然气交易中心。改善煤炭运输条件,研究规划建设大型储煤基地。优化电力基础设施建设与布局,重点在沿海、沿江地带布置电源点,加快西电东送、北电南送等的规划和建设。进一步优化能源结构,鼓励发展可再生能源和清洁能源。

3. 政策优先领域与指标的关系

政策优先领域与主要政策措施通过对应的指标能够得以衡量和评估,图 6.1 表示了它们之间的关系。

(三)可比性和动态发展性原则

指标体系应适当考虑到不同时期的动态对比以及不同地区的空间对比的要求,以保证该指标体系发挥应有的作用。我国节能减排指标体系,当然必须适当反映各地区的具体特点,但若过于强调特殊性,就会影响地区之间以及与其他省市之间的可比性。此外,考虑到历史资料的搜集、对比,以及节能减排进程的未来趋势,制定指标体系时还需瞻前顾后,使得该指标体系具有较好的包容性和可比性,以利于实际的分析应用,尽量满足不同研究主体的需要。

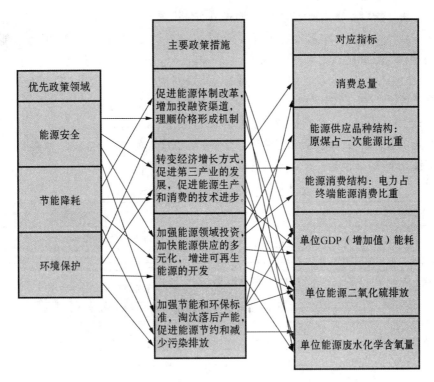

图 6.1　政策优先领域与指标的关联

节能减排是不断向前发展的,对节能减排的评价也必须本着动态发展的眼光,站在时代的高度来看待节能减排水平的发展,因而,制定的统计指标体系既要体现发展的要求,又要反映时代的特征。既不要拘泥于现状,又不能不切实际,超越发展的可能。总之,节能减排统计指标体系要含义明确,计算口径一致,既能进行国内各省市之间、省内各地市之间的横向比较,也可满足不同时期社会变化的纵向比较,要具备国际对比交流和国内通用的特点,以及便于动态分析的特点。

(四)目标层次性

在设计统计指标体系时应分为不同层次,以便反映我国节能减排工作开展的深度状况和结构性特征。现拟将此分为 3 层:第一层为总目标层,用以反映我国节能减排的总体水平或实现程度;第二层为子目标层,是总目标的分解,用以反映我国节能减排在某一大的方面所达到的水平或实现程度;第三层为指标层,用以反映我国节能减排各具体统计指标所达到的水平或实现程度;第四层为变量层,用以使用具体变量定量化描述节能减排统计指标的实际水平。

二、节能减排统计指标体系的构建

在把握可持续发展和能源战略发展目标、规划和优先政策领域的基础上,从扩展的节能减排统计指标集里选取相应指标,构建节能减排统计指标体系。该体系包括主题—分主题—项目—指标—变量,自上而下 5 个层次,其中,节能主题下设能源生产、能源供应、能源消费、能源利用效率、能源公平、能源安全 6 个分主题,每个分主题对应若干项目,如能源生产对应 2 个项目,6 个指标;能源供应对应 2 个项目,7 个指标;能源消费对应 2 个项目,6 个指标;能源利用效率对应 3 个项目,11 个指标;能源公平对应 2 个项目,2 个指标;能源安全对应 2 个项目,2 个指标。减排主题下设大气、水、土地 3 个分主题,大气分主题下设 3 个项目,包括 11 个指标;水分主题下设 4 个项目,包括 14 个指标;土地分主题下设 3 个项目,包括 5 个指标。具体内容如表 6.2 所示。

表 6.2　我国节能减排统计指标体系

主题	分主题	项目	指标	变量
节能	能源生产	能源生产总量	人均能源生产	—能源生产总量 —总人口
			能源生产弹性系数	—能源产量年平均增长速度 —GDP 年平均增长速度
		能源生产结构	石油生产量占能源总产量比例	—石油生产量 —能源生产总量
			煤炭生产量占能源总产量比例	—煤炭生产量 —能源生产总量
			天然气生产量占能源总产量比例	—天然气生产量 —能源生产总量
			可再生能源生产量占能源总产量比例	—可再生能源生产率 —能源生产总量
	能源供应	能源储采比例	石油储采比	—石油储量 —石油开采量
			煤炭储采比	—煤炭储量 —煤炭开采量
			天然气储采比	—天然气处理 —天然气开采量
		能源加工转换效率	发电及电站供热效率	—发电及电站供热加工转换产出量 —发电及电站产生加工转换投入量
			炼焦效率	—炼焦加工转换产出量 —炼焦产生加工转换投入量
			炼油效率	—炼油加工转换产出量 —炼油产生加工转换投入量
			总能源加工转换效率	—能源加工转换产出量 —能源加工转换投入量

（续表）

主题	分主题	项目	指标	变量
节能	能源消费	能源消费总量	人均能源消费	—能源使用（总初级能源供应） —总人口
			能源消费弹性系数	—能源消费总量年平均增长速度 —GDP 年平均增长速度
		能源消费结构（多样性）	石油消费占能源消费总量份额	—石油消费 —一次能源消费总量
			煤炭消费占能源消费总量份额	—煤炭消费 —一次能源消费总量
			天然气消费占能源消费总量份额	—天然气消费 —一次能源消费总量
			可再生能源消费占能源份额	—可再生能源消费数量 —一次能源总供应
	能源利用效率	综合生产效率	万元 GDP 能耗	—能源使用量 —GDP
			万元 GDP 电耗	—电力使用量 —GDP
		产业、部门能源使用效率	农业能源强度	—农业能源消费 —相应增加值
			工业能源强度	—工业部门及按制造业分类能源消费 —相应增加值
			服务业能源强度	—服务/商业部门能源消费 —相应增加值
			居民能源强度	—家庭及按主要最终用途的能源消费 —住户数、房屋面积、每户人数、设备所有权
			交通能耗强度	—交通运输行业的能源用量（按照不同交通工具划分） —旅客和运输公里数（按照不同交通工具划分）
		高耗能产品综合能耗	单位乙烯综合能耗	—乙烯生产耗能总量 —乙烯产量
			吨钢可比能耗	—钢生产耗能总量 —钢产量
			合成氨综合能耗	—合成氨生产耗能总量 —合成氨产量
			水泥综合能耗	—水泥生产耗能总量 —水泥产量

（续表）

主题	分主题	项目	指标	变量
节能	能源安全	进口	能源进口依存	—能源进口量 —初级能源总供应量
		战略燃料储备	单位关键能源消费储备	—关键燃料储备（石油、煤、天然气等） —关键燃料消耗量
	能源公平	可支付性	能源和电支出占家庭收入的比重	—花在燃料和电力的家庭收入 —家庭收入（总的和最穷的20%人口）
		不平等	每种收入水平家庭的能源消费及消费组合	—各个收入群体每户能源使用（五分位数） —各个收入群体家庭收入（五分位数） —各个收入群体对应燃料组合（五分位数）
减排	大气	气体污染物排放	人均工业废气排放量	—工业废气排放总量 —总人口
			人均二氧化碳排放量	—二氧化碳排放总量
			人均工业二氧化硫排放量	—二氧化硫排放总量 —总人口
			人均工业烟尘排放量	—烟尘排放总量 —总人口
			人均工业粉尘排放量	—粉尘排放总量 —总人口
			万元GDP二氧化碳排放量	—二氧化碳排放总量 —GDP
		气体污染物治理	工业二氧化硫去除率	—工业二氧化硫去除量 —工业二氧化硫产生量
			工业烟尘去除率	—工业烟尘去除量 —工业烟尘产生量
			工业粉尘去除率	—工业粉尘去除量 —工业粉尘产生量
		空气质量	城市区域周围空气污染浓度	—空气中污染物的浓度（以PM10为衡量指标）
			重点城市空气质量好于Ⅱ级标准的天数超过292天的比例	—空气质量好于Ⅱ级天数 —292天
	水	水系污染物排放	人均工业废水排放量	—工业废水排放量 —总人口
			人均化学需氧量排放量	—化学需氧量排放量 —总人口

（续表）

主题	分主题	项目	指标	变量
减排	水	水系污染物排放	人均氨氮排放量	—氨氮排放总量 —总人口
		水系污染物治理	工业废水排放达标率	—工业废水排放达标量 —工业废水排放量
			城市污水处理率	—城市污水处理量 —城市污水产生量
			工业废水化学需氧量去除率	—工业废水化学需氧量去除量 —工业废水化学需氧量产生量
			工业废水氨氮去除率	—工业废水氨氮去除量 —工业废水氨氮产生量
		水系质量	地表水国控断面好于Ⅲ级的比例	—优于Ⅲ级河长 —河长
			七大水系国控断面好于Ⅲ级的比例	—七大水系优于Ⅲ级河长 —七大水系河长
		水资源节约	万元工业增加值用水量	—工业用水量 —工业 GDP
			万元农业增加值用水量	—农业用水量 —农业 GDP
			节水灌溉面积占耕地面积比重	—节水灌溉面积 —耕地面积
			城市节约用水率	—节约用水率 —实际用水率
			城市用水重复利用率	—重复利用量 —实际用水量
	土地	固体污染物排放	单位工业增加固体废物排放量	—工业固体废物排放量 —工业增加值
		土地资源质量	土壤酸化超过阀值	—受影响的土壤面积 —临界负荷
			能源使用引起的森林退化率	—不同时间的森林面积 —生物质能利用
		土地资源污染物治理	工业固体废物综合利用率	—妥善处置的固体废物数量 —总的固体废物数量
			城市生活垃圾无害化处理率	—城市生活垃圾无害化处理量 —城市生活垃圾总量

第三节 节能减排统计指标的内涵

一、节能指标内涵

(一) 能源生产

能源一般可以归为两大类:不可再生能源与可再生能源。不可再生能源是指不能以其被消耗的速度从自然界里再生出来的能源,例如煤、石油、天然气等,这些能源的储藏量有限,不可能为人类长期持久地使用。可再生能源是指可以通过自然过程不断更新的能源,例如:太阳能、地热能、生物能、风能、海洋能等。能源生产是一定时期内,一国或地区进行不可再生或可再生能源的挖掘、开采、发电等行为。

(1) 能源生产总量。能源生产总量被描述为一国的一次能源生产量的总和,即能源以自然界中现成形式存在,不经任何改变或转换的天然能源资源总量。该指标是观察全国能源生产水平、规模、构成和发展速度的总量指标。一次能源生产量包括原煤、原油、天然气、水电、核能及其他动力能(如风能、地热能等)发电量,不包括低热值燃料生产量、生物质能、太阳能等的利用和由一次能源加工转换而成的二次能源产量。人均能源生产量是经人口平均后能源生产状况,反映一国国民人均实际能源生产水平、规模等,可以作为国别比较的依据。能源生产弹性系数,是研究能源生产增长速度与国民经济增长速度之间关系的指标,用以反映伴随经济增长中能源生产总量的发展速度。

(2) 能源生产结构。各种能源占能源生产总量比例及可再生能源比例,是指一个国家、一个地区在某年份不同能源种类或可再生能源生产数量在能源生产总量中所占比重,用以反映一国能源生产构成、能源需求分类状况及能源可持续发展应用前景等。

(二) 能源供应

能源供应是指为满足能源需求而对各种形式能源的开发和利用,包括:一次能源供应、二次能源供应及各种进口能源。能源供应分析是能源规划的重要环节,包括能源资源储存开采状况评价和能源加工转换效率评价,以及评价供需平衡状况,确定相应的能源供应方案。

(1) 能源储采比例。各种不可再生能源储采比,是指一个国家、一个地区在某年份剩余的可采储量与当年年产量的比值。储采比用于描述不可再生能源产量保证程度的一种指标,是能源产业内部一个重要的比例关系。在国外已被用于分析、判断能源产业建设规模、生产形式、稳产形势和合理开发方案等。利用生产储量比率作为衡量保障能源供应是可持续性的一个关键指标。以此作为评估未来能源供应能力的基础性指标。

(2) 能源加工转换效率。能源加工转换效率主要取决于能源加工转换损失量。能源加工转换损失量是指一定时期内全国(地区)投入加工转换的各种能源数量之和与产出各种能源产品之和的差额。它是观察能源在加工转换过程中损失量变化的指标。能源损失量是指一定时期内能源在输送、分配、储存过程中发生的损失和由客观原因造成的各种损失量。不包括各种气体能源放空、放散量。能源加工转换效率是指一定时期内能源经过加工转换后,产出的各种能源产品的数量与同期内投入加工转换的各种能源数量的比率。它是观察能源加工转换装置和生产工艺先进与落后、管理水平高低等的重要指标。能源加工转换和输配效率已成为衡量一个国家经济发展水平甚至整个经济效率高低、环境保护好坏的重要标志,也是衡量这个国家能源综合利用效率的重要标志。提高能源供应效率和减少能量转换和运输过程中的损失是重要的可持续发展目标。改进能源供应系统效率,能实现更有效的能源资源的转化并减少对环境不利的影响。我国能源加工转换的主要形式为发电及电站供热、炼焦、炼油等。

(3)能源供应结构。能源供应结构是能源生产及消费的一个影响因素,能源燃料的组合使用同时也会影响能源强度。我们需要一个多元化的能源供应结构,包括各种燃料和可再生能源的本地生产、进口或区域贸易。能源和电力的燃料份额指标:总初级能源供应(TPES)、终端能源消费、发电量和发电能力的能源燃料份额。初级能源供应结构来源包括煤炭、原油、天然气、核能、水电、不可燃可再生能源、可燃可再生料和废料(CRW)以及净进口/调入电力。终端能源使用结构来源包括煤炭、原油、石油产品、天然气、电力、热力和CRW。发电和发电能力结构来源包括煤炭、石油产品、天然气、核能、水电、不可燃的可再生能源和CRW。

① 电力能源比重。随着电气化程度的提高,能源利用效率也会逐渐提高。电力能源在一次能源消费中的比重和动能在终端能源消费中的帮助的大小,已经成为衡量一个国家或地区经济发达程度和环境状况的重要标志,无论是从国外统计数字还是从我国统计数字来看,随着电能比重逐年增加,单位GDP所消费的能源逐年减少,即能源强度逐年降低,从而相对减少了由于能源消费对环境的影响。这种趋势对于以火电为主的国家尤其明显。

② 能源电力非碳能源份额。在初级能源供应(TPES)、发电和发电能力中非碳能源的份额。促进能源和电力转向非碳来源是一个领先的可持续发展的措施,有助于保护环境、保证能源安全和多样化能源供应。非碳燃料的比重增加将减少温室气体(GHGs)、影响空气质量的其他污染物和区域酸化,从而减少单位能源/电力排放量。非碳能源包括可燃和不可燃的可再生能源和核能发电。

③ 能源电力可再生能源份额指标。在初级能源供应(TPES)、发电和发电能力中可再生能源的份额。

(三)能源消费

能源消费是指生产和生活所消耗的能源数量。能源消费可以作为经济发展的同步指标,能够准确、直接地反映经济运行状况。

(1) 能源消费总量。能源消费总量指一定时期内,全国各行业和居民生活消费的各种能源的总和。该指标是观察能源消费水平、构成和增长速度的总量指标。能源消费总量包括原煤和原油及其制品、天然气、电力,不包括低热值燃料、生物质能和太阳能等的利用。能源消费总量分为终端能源消费量、能源加工转换损失量和能源损失量三部分。能源消费按人平均的占有量是衡量一个国家经济发展和人民生活水平的重要标志。人均能耗越多,国内生产总值就越大,社会也就越富裕。在发达国家里,能源消费强度变化与工业化进程密切相关。随着经济的增长,工业化阶段初期和中期能源消费一般呈缓慢上升趋势,当经济发展进入后工业化阶段后,经济增长方式发生重大改变,能源消费强度开始下降。能源消费弹性系数反映能源消费增长速度与国民经济增长速度之间比例关系的指标,是一个国家或地区某一年度一次能源消费量增长率与经济增长率之比。它反映能源与经济增长的相互关系。

(2) 能源消费结构。各种能源消费量占能源消费总量比例是指在一次能源消费中各种一次能源(如煤炭、石油、天然气、水能和其他可再生能源以及核能等)所占的比重,包括一次能源直接消费和一次能源转换为二次能源的消费。它反映某个统计期(如月、季、年)内,按能源品种分类的能源消费量和按消费部门分类的能源消费量及其比重。研究能源消费结构,可以掌握能源消费状况,为搞好能源供需平衡奠定基础;查明能源消费流向,可以为合理分配和利用能源提供科学依据;根据能源消费结构分析耗能状况,寻求挖掘节能潜力的方向;历年能源消费结构的变化,可作为预测未来的依据。可再生能源消费比例是指一个国家、一个地区在某个年份可再生能源消费数量在能源消费总量中所占比重,用以反映一国能源消费构成及能源可持续发展应用前景等。

(四) 能源利用效率

能源利用效率指能源开发、加工、转换、利用等各个过程的效率。要提高能源利用效率即要减少提供同等能源服务的能源投入,可用单位产值能耗、单位产品能耗、产业能耗等指标来度量。它体现了节能的基本特征,侧重强调通过技术进步实现节能。

1. 综合生产效率

该效率衡量指标为单位 GDP 能耗,是当前中国政府节能减排监测最重要的考核指标,可用总初级能源供应(TPES)或终端能源消费(TFC)或总电力使用与 GDP 的比值来表示,国内采用第一种计算方式。该指标说明了能源利用与经济发展的一般关系,反映能源使用总量相对 GDP 的趋势。

总初级能源供应(TPES)和最终消费总额(TFC)是能源平衡表重要的总量指标。一次能源供给总量包括生产的主要能源,例如煤炭、原油、天然气、核能、水电和其他非易燃和可燃可再生能源,加进口、减出口所有的能源载体,减国际海运加油,最后加上能源库存净变化的调整项。TFC 是指不同部门的最终使用,不包括不同能源载体的转换、运输中的能源消耗。

能源的使用会耗竭资源和污染环境,矿物燃料的使用更是空气污染和气候变更的一个重要的原因。提高能源效率和脱钩经济发展与能源使用量的固定关系是重要的可持续发展目标。单位 GDP 能耗也称作总能源强度或整个经济的能源强度。能源使用与 GDP 的比值表明用来支持经济和社会活动的能源使用,包括全经济内广泛的生产和消费活动。部门或分行业增加值能耗则用部门能源耗费除以部门增加值,表明各个部门的能源强度。部门或分行业的能源强度也可以按照其特点使用测度单位,比如炼钢行业的钢吨产量的比值、客运行业的客运公里数等。

但是,单位 GDP 能耗不能反映能源效率、可持续性的能源使用和节能技术发展。单位 GDP 能耗取决于部门活动的能源强度,但也依存于气候、地理和产业结构等诸多的因素。鉴于大量的因素影响能源使用和能源效率,单位 GDP 能耗不应单独作为监测能源效率和为可持续性决策提供依据的一项指标。

2. 产业、部门能源使用效率

按照 OECD/IEA 的定义,终端能源消费是终端用能设备入口得到的能源。因此,终端能源消费量等于一次能源消费量减去能源加工、转化和储运这 3 个中间环节的损失和能源工业所用能源后的能源量。通常以行业能源消费强度作为终端消费能力及行业经济效率的检验指标。其中,能源消费强度指单位 GDP 所使用的能源量。根据部门可分为工业、农业、服务业、家庭、运输业等。

(1)工业能源强度。这个指标通常测度单位工业增加值的能源使用和高耗能行业增加值的能源使用。该指标用来分析能源效率的趋势以及改变产品结构和燃料组合对能源强度的影响,此外还用来评估工业和分产业地的技术进步和结构变化的趋势。

工业部门是主要的能源用户,提高能源效率和降低工业过程的能源强度是重要的可持续发展目标。改善工业能源强度可以更有效地利用能源资源、减少对环境不利的影响。

能源密集型产业包括钢铁、有色金属、化工、石油炼制、非金属矿物、水泥、造纸和纸浆等产业。工业能源强度的变化受能源效率等其他因素的影响,因此强度趋势分析提供了能源效率和能源使用受其他因素影响的重要认识。

(2)农业能源强度。该指标可以用单位农业增加值终端能源消费来表示,这一指标衡量的是农业部门总能源强度,可用于分析农业能源使用尤其是可再生能源和非商业能源的使用趋势。

总的农业能源使用来自农业生产和加工所有阶段的能源投入,农业活动包括理土、机械作业、施肥、灌溉、收割、运输、加工和储存,每一个阶段采用不同的能量形式(机械能、电、热等),不同的能量形式可以转化为同一能量单位。因此,可将农业能源强度指标用于各阶段的农业生产的能源需求和能源的使用效率的政策和投资决策。同工业一样,农业产出可以用增加值和实际产出单位来表示,货币单位的应用有利于部门加总和比较。

（3）服务业能源强度。该指标可以用单位服务业增加值终端能源消费来表示,这一指标衡量的是服务业部门总能源强度。服务业比之制造业具有较少的能源强度,实证表明我国重化工产业的能源强度是服务业的 3 倍多,因此服务业部门产业结构的变迁有助于长期减少能源使用对于 GDP 的比例。总的来说,可持续发展必须提高所有部门能源效率以降低整体能源使用和减少对环境的消极影响。

（4）家庭能源强度。该指标可以用每人或每家庭居住或单位楼面面积的能源使用或终端能源/电使用表示。这一指标用来监测能源在家庭部门中的使用。

家庭的能源使用包括各种住宅楼宇,如城市和农村的独立房屋、公寓住房、宿舍、军营等集体住房的能源使用,这些能源利用通常包括做饭、烧水、取暖、制冷、照明,也包括大型家电如冰箱、洗衣机、烘干机、电视与通信设备、计算机、方便食品加工机械和真空吸尘器以及各种小家电等的耗能。家庭的能源使用应排除农业作业、小企业的能源消耗及服务业能源消耗。能源燃料的选择不仅包括商业能源,也包括非商业能源,如薪柴和其他生物质燃料。

家庭部门是一个具有独特的能源使用模式的主要能源用户。但由于家庭使用产品具有不同特点,如大小（如冰箱的能力）、功能（冷冻室的冰箱）和利用（每年炉灶使用小时）,测量和解释能源强度是复杂的。并且由于地区差异和能源使用习惯差别很大,国家之间和终端用途之间能源效率的结论不易从家庭能源强度的指标得出。因此,家庭能源消费量不好统计,往往要根据缴纳家庭能源开支等指标近似。

（5）运输能源强度。该指标可以用每单位货运/客运公里的能源耗费（各种形式货运/客运）表示。该指标是衡量多少能源的花费是用于移动货物和人口的。运输是一种主要的能源用户,使用的能源的主要形式是石油产品,这使得运输成为全球石油需求最重要的增长动力。

运输能源强度指标能够反映运输货物和人口要使用多少能源。运输能源消耗分析应该分离运输货物和乘客旅行,这是因为两者是基于不同的模式,能源的使用方法不同,这两种活动应该分别衡量,并分开收集数据。然而,从传统能源统计拆分这两个活动的能源使用是十分复杂的。

运输通过分销商品和服务、人口流动服务经济和社会发展。然而运输的能源使用也会导致资源枯竭以及空气污染和气候变化。降低运输能源强度可以减少对环境的影响的同时,保持经济和社会福利。

3. 重点能耗产品综合能耗

综合能耗是指在统计期内,对实际消耗的各种能源量,按统一的折算标准折算所得到的总能源消耗量。其分为单位产量综合能耗和单位产值综合能耗。重点能耗产品主要考察包括乙烯、吨钢、合成氨、水泥等。某种产品的单位产量综合能耗等于该产品单位产量直接综合能耗与该产品单位产量间接综合能耗之和。其中,单位乙烯综合能耗是指企业在报告期生产一单位乙烯所消耗的能源折合成标准煤量,即生产乙烯的工艺过程、设施和设备包括,动力、供电、机修、供水、供气、采暖、制冷、仪表等和所需各种载能工具所消耗的能源;吨钢综合能耗是指企业在报告期内平均每生产一吨钢所消耗的能源折合成标准煤量;合成氨综合能耗是指合成氨工艺消耗的各种能源(包括一次能源和二次能源)折算为标准煤之和与报告期合成氨产量(以下简称合成氨产量)之比;水泥综合能耗是指企业在报告期内平均每生产一吨水泥所消耗的能源折合成标准煤量。

(五) 能源安全

能源安全是指以合理的价格提供足够的燃料和电能,支持国家经济的可持续发展,保障人民生活,并保卫本国领土。它表明我们的经济、社会制度和生活方式能够以可以接受的成本依赖充足的能源供应。对能源进口的外部依赖决定了能源安全需要重视两个方面:一是外部能源资源的可用性(accessibility),二是外部能源资源的可受性(affordability)。

(1) 进口——净进口依存度。该指标可以用净进口占主要能源供应(TPES)的比率表示,可以根据某一年的燃料类型总和或某种类型来计算,如石油、石油产品、天然气、煤炭和电等。净能源进口为进口量减去出口量。

维持一个稳定的能源供应是可持续发展政策的一个核心目标。在保证能源安全方面,以特定的价格满足需求,对于经济和社会的可持续性是至关重要的。由能源供应中断构成的系统性风险需要妥善解决。有两种不同类型的风险:质量风险和价格风险,都与进口能源依存度有关。降低进口依存可以减免能源供应中断。反过来,可以通过增加本地能源生产、提高能源效率、燃料来源多样化和优化燃料结构等手段来实现降低进口依存。

(2) 战略储备——战略能源储备。该指标可以用关键能源燃料储备占每天、每月或每年使用相应的燃料消费的比重来表示。国家或地区的能源储备是为了避免随机的供应中断。关键燃料通常是石油等。这一指标的目的是衡量与地区对应的关键燃料消耗的储备,提供一个衡量如果供应中断、消费继续保持在目前的水平将持续的相对时间尺度。

(六) 能源公平

(1) 能源不平等。能源不平等用各个收入群体每户能源使用(五分位数)这个指标来描述,包含两个变量:各个收入群体家庭收入(五分位数)、各个收入群体对应燃料消费组合(五分位数)。

根据现有的统计数字,最富有的 20% 的世界人口使用了 55% 的初级能源,而最穷的 20% 只使用了 5%,我国没有这方面不平等的统计数据。能源不平等从某种程度上而言是贫富两部分群体经济不平等、生活水平差距的结果。贫困人口缺乏现代能源的服务导致经济发展的限制并且更加贫穷。保障能源的相对公平是保证可持续的经济发展和人类发展的必要条件。因此,可持续发展的目标之一是促进低收入群体的人口增加能源服务消费,以减轻贫困、促进社会和经济发展。

(2)能源可支付性。能源负担指标是用在燃料和电力的可支配家庭收入的比重(分总的平均水平以及20%最低收入群体)来表示,包含两个变量:家庭可支配收入(总的和最穷的20%人口)、各个收入群体对应燃料消费组合(五分位数)。

事实上,与其他地方一样,最贫穷的一部分人比最富有的人消耗少得多的能源。但是,不一定能说最穷的人的能源短缺是因为最富有的一部分人过度的能源消耗。这个说法是否成立取决于低收入群体负担得起的能源服务数量和质量。

一般预测认为,各种类别国内消费的终端能源价格将继续增长。普通民众不仅要为家庭终端能源消费的增长价格买单,而且也要支付能源价格上涨引起的一般物价的上涨。人们普遍担心工业、交通运输业、服务业不断上涨的价格变动趋势。

可持续发展战略要求能源政策的主要任务之一是确保一般大众和具有重要的社会意义、战略意义的实体负担得起的能源供应。最贫穷的一部分人口的可支配收入用于燃料和电力的部分相对较高,然而社会对这一部分人口的资金支持水平不足。在这种情况下,必须尽量减少终端能源价格增长对其生活质量产生的负面影响,同时不断健全透明、有效的社会保障制度。

二、减排指标内涵

(一) 大气

正常的大气中主要含有对植物生长有好处的氮气(占78%)和人体、动物需要的氧气(占21%),还含有少量的二氧化碳(0.03%)和其他气体。当本不属于大气成分的气体或物质,如硫化物、氮氧化物、粉尘、有机物等进入大气之后,大气污染就发生了。大气污染主要由人的活动造成,大气污染源主要有:工厂排放、汽车尾气、农垦烧荒、森林失火、炊烟(包括路边烧烤)、尘土(包括建筑工地)等。人类体验到的大气污染的危害,最初主要是对人体健康的危害,随后逐步发展到了对工农业生产的各种危害以及对天气和气候产生的不良影响。中国大气污染属煤烟型污染,以粉尘和酸雨的危害最大,污染程度逐渐加重。人们对大气污染物造成危害的机理、分布和规模等问题的深入研究,为控制和防治大气污染提供了必要的依据。

(1)气体污染物排放。气体污染物是指那些在常温常压下为气态的有害物质以及某些有害固体或液体的蒸汽,如二氧化硫、氮氧化物、一氧化碳、二氧化碳、碳氢化合物和烟尘、粉尘等,这些污染物主要来自于煤和石油等能源的燃烧和生产过程。气体污染物排放量是指污染物产生量与污染物削减量之差,它是总量控制或排污许可证中进行污染源排污控制管理的指标之一。

国际上用人均或每美元万吨的单位衡量年度温室气体排放量。因此,本指标体系主要考察人均和单位 GDP 计算的能源生产、使用产生的气体污染物排放量,包括二氧化硫、二氧化碳、工业废气、烟尘和粉尘。

(2) 气体污染物治理。指通过各类治理措施,增加气体污染物削减量,实现气体污染物的减排工作。国际社会较早处理的是对二氧化硫排放进行有效消减。联合国欧洲经济委员会通过的《控制长距离越境空气污染公约》规定,到 1993 年底,缔约国必须把二氧化硫排放量削减为 1980 年排放量的 70%。欧洲和北美等 32 个国家都在公约上签了字。借助原煤脱硫技术、改进燃煤技术等实现二氧化硫减排治理。烟尘指企业厂区内燃料燃烧产生的烟气中夹带的颗粒物,粉尘指在生产工艺过程中排放的能在空气中悬浮一定时间的固体颗粒,主要借助催化过滤除尘、静电除尘等技术实现工业烟尘、工业粉尘的减排治理。工业二氧化硫去除率描述的是工业二氧化硫去除比例,工业烟(粉)尘达标排放率描述的是对工业废气进行除尘处理量的比例。以这些指标反映对气体污染物的有效治理状况。

(3) 空气质量。能源系统的空气污染排放,其活动包括电力生产和运输排放的大气污染物。城市区域周围空气污染浓度,空气污染物如臭氧、一氧化碳、微粒物质[可吸入颗粒物、PM2.5、总悬浮微粒(TSP)、黑烟]、二氧化硫、二氧化氮、苯和铅的浓度。这一指标衡量的是空气质量方面的环境状况,可用于监测空气污染的趋势、评估国家政策的环境绩效和描述空气污染的环境压力变化。以此为基础确定政策行为的轻重缓急、政策影响、空气质量标准以及协助调查空气污染和健康影响之间的关系。污染物浓度主要是受能源生产和消费模式的影响,能源生产和消费模式反过来受到能源强度和能源效率的影响。越来越多的人口生活在城市地区,越来越高的人口、工业和交通密度对当地环境产生重大的压力。能源在家庭、工业、电站和交通运输车辆的使用所产生的空气污染会影响城市地区的人类健康。改善空气质量是促进可持续的人居环境的一个重要方面。

城市空气质量等级是根据城市空气环境质量标准和各项污染物的生态环境效应及其对人体健康的影响,所确定的污染指数分级以及相应的污染物浓度限值。目前,城市空气质量污染指数的分级标准是:①空气污染指数(API)0~50,为国家空气质量日均值一级标准,空气质量为优,符合自然保护区、风景名胜区和其他需要特殊保护地区的空气质量要求。②(API)51~100,为国家空气质量日均值二级标准,空气质量良好,符合居住区、商业区、文化区、一般工业区和农村地区空气质量的要求。③(API)101~200,为三级标准,空气质量为轻度污染。若长期接触本级空气,易感人群病状会轻度加剧,健康人群会出现刺激症状。符合特定工业区的空气质量要求。④(API)201~300,为四级标准,空气质量为中度污染。接触本级空气一定时间后,心脏病和肺病患者症状将显著加剧,运动耐受力降低,健康人群中普遍出现症状。⑤(API)大于 300,为五级标准,空气质量为重度污染。健康人运动耐受力降低,有明显症状并出现某些疾病。该分级标准是城市空气质量预报的实施标准,也是进行城市环境功能分区和空气质量评价的主要依据。

(二) 水

水体因某种物质的介入,而导致其化学、物理、生物或者放射性等方面特征的改变,从而影响水的有效利用,危害人体健康或者破坏生态环境,造成水质恶化的现象称为水污染。污染物主要有:①未经处理而排放的工业废水;②未经处理而排放的生活污水;③大量使用化肥、农药、除草剂而造成的农田污水;④堆放在河边的工业废弃物和生活垃圾;⑤森林砍伐,水土流失;⑥因过度开采,产生矿山污水。

(1) 水系污染物排放。水系污染物主要是指在废水中包含的各类污染物,其中含有随水流失的工业生产用料、中间产物、副产品以及生产过程中产生的污染物,如有机需氧物、化学毒物、无机固体悬浮物、重金属、氨氮、植物营养物质等。这些污染物主要来自于各类工业生产及生活过程。水系污染物排放量是指污染物产生量与污染物削减量之差,它是总量控制或排污许可证中进行污染源排污控制管理的指标之一。水系污染物主要以工业废水为主,又因不同的生产工艺和生产方式,废水包含的污染物各有不同、存在形态也差异很大。

工业废水排放量指报告期内经过企业厂区所有排放口排到企业外部的工业废水量,包括生产废水、外排的直接冷却水、超标排放的矿井地下水和与工业废水混排的厂区生活污水,不包括外排的间接冷却水(清污不分流的间接冷却水应计算在废水排放量内)。化学需氧量(COD)是指在强酸并加热的条件下,用重铬酸钾作为氧化剂处理水样时所消耗的氧化剂量,它反映了水中受还原性物质污染的程度(水中还原性物质包括有机物、亚硝酸盐、亚铁盐、硫化物等),主要用以反映有机物相对含量的权衡指标。氨氮排放量是指包含以游离氨(NH_3)和铵离子(NH_4)形式存在的氮的废水排放量。氨氮是水体中的营养素,可导致水富营养化现象的产生,是水体中的主要耗氧污染物,对鱼类及某些水生生物有毒害。化学需氧量、氨氮都是我国实施排放总量控制的指标。经人均化处理后,便于不同国家或地区间横向比较。

(2) 水系污染物治理。针对水系污染物开展治理工作,或回收处理或循环使用或生物降解,实现各类废水有效处理,减少各类污染进入自然水系,影响生态环境及人类生活质量。其中,工业废水排放达标率是指某地区工业废水排放达标量占其工业废水排放总量的百分比。工业废水排放达标量是指废水中行业特征污染物指标都达到国家或地方排放标准的外排工业废水量。城市污水处理率是指经管网进入污水处理厂处理的城市污水量占污水排放总量的百分比。工业废水化学需氧量去除率是指先经过预处理(混凝、澄清和过滤),后经化学处理后有机物量相对于进水时减少的百分率。氨氮去除率就是经物理、化学、生物方法,污水处理厂出水中氨氮相比于进水中减少的百分率。

(3) 水质量。淡水在世界上许多地方是一种稀缺的资源,需要明智地使用以确保和维护优质用品的可持续数量。淡水是用作饮用水供应、可耕作物灌溉、农场动物饮水和植物、鱼类及其他野生动物生长的来源。被污染的水会直接影响人类的健康和牲畜、作物的生长能力,导致体弱多病的牲畜、降低农场产量。海洋环境是水生生物重要的栖息地,也是捕捞、水产养殖、旅游业和娱乐业的重要资源。淡水和海洋环境往往是脆弱的生态环境,避免这些栖息地的破坏是确保一个可持续的未来一个优先事项。

衡量指标包括:地表水国控断面好于Ⅲ级的比例、七大水系国控断面好于Ⅲ级的比例等。我国依据地表水水域环境功能和保护目标,按功能高低依次划分为5类:Ⅰ类主要适用于源头水、国家自然保护区;Ⅱ类主要适用于集中式生活饮用水地表水源地一级保护区、珍稀水生生物栖息地、鱼虾类产卵场、仔稚幼鱼的索饵场等;Ⅲ类主要适用于集中式生活饮用水地表水源地二级保护区、鱼虾类越冬场、洄游通道、水产养殖区等渔业水域及游泳区;Ⅳ类主要适用于一般工业用水区及人体非直接接触的娱乐用水区;Ⅴ类主要适用于农业用水区及一般景观要求水域。因此使用上述指标描述水系状况好坏,反映水体质量。

(4)水资源节约。水资源是基础性自然资源和战略性的经济资源,是经济社会发展的重要支撑,是生态与环境的重要控制要素,是一个国家综合国力的重要组成部分。所以我们应科学开发利用水资源,提高生产部门水资源利用程度,实行合理的水资源管理制度,执行水资源可持续发展战略。

万元工业增加值用水量是工业用水量与工业增加值之间的比值,其中工业用水量是指工矿企业在生产过程中用于制造、加工、冷却(包括火电直流冷却)、空调、净化、洗涤等方面的用水,按新水取用量计,不包括企业内部的重复利用水量。万元农业增加值用水量是农业用水量与农业增加值之间的比值,农业用水量包括农田灌溉用水量,渔业及林果地用水量、农村牲畜的用水量等。农业灌溉用水量受用水水平、气候、土壤、作物、耕作方法、灌溉技术以及渠系利用系数等因素的影响,存在明显的地域差异。节水灌溉是以最低限度的用水量获得最大的产量或收益,也就是最大限度地提高单位灌溉水量的农作物产量和产值的灌溉措施,主要措施有:渠道防渗、低压管灌、喷灌、微灌和灌溉管理制度。节水灌溉面积占耕地面积比重是指实行节水灌溉的耕地面积占总耕地面积的比重。城市节约用水率是反映城市实行计划用水和节约用水的比重。城市用水重复利用率是指城市生产、生活用水设备已回收利用的生产用水占生产总用水量(已回收利用+补充的水量)的百分率。

(三)土地

土地资源指目前或可预见到的将来,可供农、林、牧业或其他各业利用的土地,是人类生存的基本资料和劳动对象,具有质和量两个内容。土地资源是在目前的社会经济技术条件下可以被人类利用的土地,是一个由地形、气候、土壤、植被、岩石和水文等因素组成的自然综合体,也是人类过去和现在生产劳动的产物。因此,土地资源既具有自然属性,也具有社会属性,是"财富之母"。

（1）土壤质量。该指标用来描述超过临界载荷的酸化土壤地区酸化的程度。它是用于监测干湿沉降所造成的酸化严重性的现状和随着时间的推移的趋势，并评估国家减少空气污染政策的环境绩效。

硫和氮化合以湿沉降（酸雨）或干沉降的形式酸化土壤和地表水，可能对植物生命和水生物产生严重的后果。当土壤变得酸化，其基本营养素被沥出，从而降低了土壤肥力。酸化过程中也会释放金属，损害土壤中负责分解的微生物以及食物链高端的鸟类和哺乳动物，包括人类在内。酸沉降和土地使用的酸化影响不应超过酸化土壤地区的临界载荷。

单位能源生产产生固废率。用每年初级能源燃料生产和热电站有关的活动的固体废物数量（不包括放射性废物）表示，表现为单位能源生产废物质量。这一指标提供了每年能源部门产生的和必须妥善处理的固体废物的类型和数量的信息。能源部门从能源的提取到最后使用会产生各种废物，对于各种种类废物不妥善的储存和处理可能导致通过径流和土壤浸出引起的水体污染。例如，煤炭的开采、加工和燃烧都会产生废物。采矿废物往往数量巨大，废物性质可能成为安全灾难。如果没有适当的安全措施，容易引起火灾、滑坡、重金属浸出和其他进入水和土壤的污染物；煤渣处理经常会导致事故和其他健康问题；大量废物会占用相当的空间，破坏景观和野生动物栖息地。

（2）土地资源污染物治理。能源系统产生固废的合理处理率指已被妥善处置的能源部门产生的废物量占能源部门产生的总固体废物量的百分比。这一指标的主要目的是评估能源部门产生的废物量妥善处置的程度。城市生活垃圾无害化处理率是指无害化处理垃圾数量与城市垃圾生成量之比。如世界各国一样，我国垃圾无害化处理主要采用卫生填埋、堆肥、焚烧等方法，其中大部分城市垃圾采用堆放、简易填埋处理，卫生填埋、机械化堆肥、焚烧处理也有部分应用。

第四节　节能减排综合评价标准设定

节能减排工作是我国在建设社会主义社会的认识过程中一个崭新且急需解决的问题，要对一个涉及面广、内涵丰富、结构和层次复杂的系统进行评价，就迫使人们探索和开创一种新的评价方法。这个方法的主要特点：第一，它的评价包含了若干个指标；第二，这些多个评价指标分别说明了被评价事物的不同方面，彼此间往往是度量的，而且不存在一个统一的同度量因素；第三，这种评价方法最终要对被评价事物作出一个整体性的评判，用一个总指标来说明被评价事物的一般水平。这种方法被前人称为多指标综合评价方法。虽然理论界一再强调需要进行认识论和方法论的革新和进步，但在能源可持续发展理论研究相对薄弱的情况下，多指标综合评价方法是现阶段研究中最为基础、有力的评价方法。因此，本书借助多指标综合评价方法来规范和发展节能减排工作的综合评价方法。

由于节能减排涉及能源、经济与环境等多个系统,是由多项指标所确定的,且各项指标的属性不同、重要程度不同,存在着不可同度性。解决这些问题离不开专家经验及适当的数学方法。基于以上认识,在充分利用各种方法优点的基础上,本书提出了层次分析、变异系数法主客观联合赋权的综合评价方法。参考国外能源可持续发展经验及我国节能减排工作阶段安排,确定指标的参考标准值,搜集相关数据,定量化描述我国节能减排综合实现状况。

一、节能减排综合评价相对性分析

(一)评价指标的相对性

节能减排工作总是处于不断的发展变化之中,某一时刻反映节能减排工作变化发展的主要矛盾或矛盾的主要方面,在另一时刻可能会降为次要矛盾或矛盾的次要方面。由于人们对能源经济环境系统变化的特征、规律的认识具有相对性,因而这种基于对系统发展变化的认识建立起来的评价指标也有相对性。所以,必须随着系统的发展变化,不断地修改和补充评价指标,以保持节能减排指标的有效性和可靠性,便于进行节能减排规划和决策。再者,由于国家或地区间节能减排工作的空间差异大,因而,在不同的国家(地区)进行节能减排评价时,必须在对能源经济环境系统一般性认识的基础上,考虑具体地域的特殊性。

(二)评价标准的相对性

进行节能减排综合评价,关键问题是确定评价标准,即用什么基准值作为标准来衡量一个国家或地区的能源、环境、经济状态及其变化。这个衡量标准就是节能减排工作要达到的目标,节能减排发展战略不能没有目标,确定节能减排工作目标不能没有标准。然而,人类理性的有限性使我们无法把握一种具有确定性和普适性的标准。可以说,能源利用及环境保护没有绝对的评价标准,任何标准都是相对的,都是以现实为基础提出来的。也就是说,任何评价标准都有社会性、历史性,具有一定的局限性。这就从根本上规定了以这种标准所做出的评价必然地带有社会历史的局限性。节能减排综合评价的目的是为了了解国家能源可持续发展水平的变化状况,找出制约发展的因素,以便通过能源环境中长期发展规划、有关管理和技术对策去改善能源可持续发展的条件,从而实现能源可持续发展。因此,可以根据节能减排综合评价的侧重点以及研究的目标和任务,选择相应的评价标准,使之符合研究目标,有利于反映实际情况从而指导实践。

(三)指标权重的相对性

和评价指标一样,指标的权重也有时空变化。在社会经济发展的不同阶段,各个指标对于能源经济环境系统的重要性并不一样,因而其权重会有变化;不同的国家(地区),

由于自然条件或社会、经济发展水平不同,指标的权重也在发生变化。比如在发展中国家,社会发展的主要目标是脱贫,如何维持社会系统中的人口的生存是当务之急,因而经济指标的权重要高一些;而在发达国家,人民的生活水平已相当高,人们强烈追求清洁、优美的生活环境,追求更高效的能源使用,因而环境指标和能源利用的权重要高一些。因此,在确定指标权重时,要充分考虑当地政府部门和群众的意见。

(四) 评价结果的相对性

节能减排综合评价结果的相对性包括两方面的意思:其一是指评价结果不是绝对客观的,评价结果往往只具有某种程度的参考意义。因为虽然节能减排指标具有客观基础,对现实的反映也具有一致性,但是,能源经济环境系统毕竟是个内容异常丰富的系统,在评价的整个系统过程中,难免会渗入人的主观因素,这是正常的,也是可以理解的。那种想获得绝对客观的评价结果的想法是不现实的。其二是指节能减排综合评价的评价结果不是十分精确的,也不可能是十分精确的,因为到目前为止,能源可持续发展的内涵并不明晰,更没有形成一套自身的、独立的研究方法。要获得精确的评价结果,还有很长的路要走。这并不是否定当前的评价结果,或许,意识到评价结果的非绝对精确性可能会避免在实践中走上激进的道路。因此,在研究过程中,要对节能减排评价结果进行辩证的理解,不仅可以看到当前研究的不足,而且可以让我们更为现实地看待问题。

(五) 评价的合理性

评价的合理性是指评价者在一定的约束条件限度内所作出的适合实现指定目标的、对客体有意义的衡量。所谓"约束条件",就广义而言是指一定的历史阶段的实践,狭义而言是指这种实践在评价者意识中的内化、凝结。所谓"指定目标"是指决定这一评价和这一评价将引导的实践目标。在现实中,任何评价都是相对一定的实践目标而进行的,人们为了实践而进行评价,通过评价采取行动。作为评价的目标,可以理解为评价的目的、意图,即我们为什么要做这一评价。在衡量一个评价是否合理时,该评价的目标与该评价过程的自洽性是一个重要的方面,一个合理的评价必须满足 3 个层次的条件。

在最低层次上,它必须对评价客体和评价所包括的事实的把握是准确的,即评价所包含的关于评价客体的信息必须符合实际。在第二个层次上,它必须具有自洽性、和谐性。整个评价必须以评价目标为支点,来选择评价的视角、评价的标准,即评价的视角、评价的标准必须与评价的目标具有逻辑自洽性、和谐性。在第三个层次上,该评价所引导的行为必须符合人类发展性和社会进步性。任何评价都是为一定的行为提供依据,都将引导一定的行为,因此,对评价合理性的最高尺度检验就是以它所引导的行为结果(或者说实践结果)为标准。当一种评价所引导的行为符合人类追求进步的目标,对人类发展起着积极作用时,它就是合理的;否则,它就是不合理的。

评价合理性的 3 个层次都是相对于一定的社会历史条件而言的。人对客观世界本质的认识是有限的,对逻辑和谐的把握是有限的;人类的需要在一定阶段是有限的,对社会进步、人类发展的认识也是有限的。因此,对于不同社会、不同时代的人来说,上述 3 个层次上的评价合理性都是相对于一定的历史条件而言的。

对节能减排综合评价的相对性进行讨论并不是对节能减排评价的否定。能源可持续发展的研究是一个持续的过程,因此,节能减排统计指标体系以及评价并不是一劳永逸的。那种静止地、绝对地看待节能减排评价的行为是不符合实际情况的,因此,只有意识到节能减排综合评价的相对性,才能使我们在今后的研究中更具有灵活性,更能解决实际问题。

二、节能减排评价指标标准值的讨论

(一) 指标标准值的确定原则

利用指标体系对我国节能减排工作进行评价的一个关键问题是确定数量标准,即用什么目标值作为标准来衡量节能减排的实现进程。只有确定一个科学合理的数量标准,才能看到我国能源利用、污染物治理等方面做出的努力,了解其所处的发展阶段。目标值的确定,要以党的十七大提出的目标为依据,再结合世界平均发展水平,力求最大限度地体现节能减排的基本特征。力争在世界范围内找到合理的参照标准,既不能定得太高,也不能定得过低。因此,指标标准值的确定应依据 5 点:

(1) 全面贯彻和落实国务院节能减排综合性工作方案的要求,突出抓好工业节能减排,着力加强重点领域节能减排,完善节能减排激励约束机制,加强节能减排监督管理和组织领导。即:①控制增量,调整和优化结构;②加大投入,全面实施重点工程;③创新模式,加快发展循环经济;④依靠科技,加快技术开发和推广。

(2) 贯彻和落实《国民经济和社会发展第十一个五年(2006—2010)规划纲要》(以下简称《纲要》)和《国家环境保护"十一五"规划》提出的目标。前者提出:"资源利用效率显著提高,单位国内生产总值能源消耗降低 20% 左右,单位工业增加值用水量降低 30%,农业灌溉用水有效利用系数提高到 0.5,工业固体废气物综合利用率达到 60% 以上"。后者指出:"到 2010 年,我国主要污染物排放总量必须要比 2005 年下降 10%"。

(3) 对于国际间可比指标,大体按照 2000 年世界中等收入国家相关指标的平均水平。这与我们国家提出的,从 2000 年至 2020 年使主要经济指标翻两番的目标比较吻合。当然,这里也有合理的趋势预测和可能。朱庆芳(2008)指出,按照党的十七大报告中提出的到 2020 年我国人均国内生产总值比 2000 年翻两番的目标,根据 GDP 和人口的测算,2020 年人均 GDP 为 38 000 元,按汇率 1 比 6 折合成美元,为 6 300 美元,已超过了原定翻两番目标 3 000 美元的 1 倍多(如按制定 3 000 美元时的可比汇率计算为 4 500 美元)。经济水平基本达到"世界中上等收入国家"的水平。目前我国节能减排水平接近上述目标和标准。因此,可以参照 2000 年中上等发达国家有关节能减排指标的平均水平,制定我国节能减排的评价标准。

（4）参照我国人均 GDP 已经达到 3 000 美元地区的有关指标水平。我国部分社会经济比较发达的地区人均 GDP 已经超过 3 000 美元。与国外相比,这些地区的发展状况由于更适合国情,对于确定全国统一的节能减排指标标准更具有借鉴意义。

（5）参照节能减排目标实现的期望与可能。节能减排是加快转变经济发展方式的重要途径,目标值也必须是经过努力能够达到的。因此,确定目标值要同时考虑到前瞻性和可行性。

（6）对于缺乏国际间比较的指标,则主要参照发达国家的通行做法并结合中国的国情特点,进行合理预测来确定。

（二）指标标准值的讨论

根据以上思路,对我国节能减排指标的数量标准做出如下确定。

1. 人均能源生产量

简明定义	按人口平均后的一次能源生产量
公式表达	一次能源生产总量/人口数
指标单位	吨标准煤/人
指标性质	适度指标
数据来源	国内:《中国统计年鉴》、《中国能源统计年鉴》、《中国环境统计年鉴》
指标标准值	国际上没有相关国际会议及协议涉及此标准问题。建议根据世界平均水平进行近似讨论。世界水平:2002 年至 2009 年间,人均能源生产量为 1.66、1.69、1.75、1.79、1.80、1.81、1.85、1.83 吨标准油。由于我国人均能源生产量使用标准煤为单位,因此将标准油折算成标准煤,乘以折算系数 1.428 6。近几年世界能源生产趋于稳定,因此建议标准值为最近 5 年的平均数 $1.816 \times 1.428\ 6 = 2.594\ 3$ 吨标准煤/人

2. 能源生产弹性系数

简明定义	描述能源生产增长速度与国民经济增长速度之间关系
公式表达	能源生产总量年平均增长速度/国民经济年平均增长速度
指标单位	无
指标性质	适度指标
数据来源	国内:《中国统计年鉴》、《中国能源统计年鉴》;国际数据来源:《中国能源统计年鉴》有关国家和地区数据
指标标准值	国际上没有相关国际会议及协议涉及此标准问题。建议根据世界 2009 年平均水平进行近似讨论,利用公式计算 2009 年世界平均能源生产弹性系数为 0.313 3

3. 化石能源占能源总产量比例

简明定义	描述不可再生的化石能源(石油、煤、天然气)占能源生产总量的比重
公式表达	化石能源生产量/一次能源生产总量
指标单位	百分比(%)
指标性质	逆指标
数据来源	国内:《中国统计年鉴》《中国能源统计年鉴》《BP世界能源统计年鉴》
指标标准值	《十一五规划纲要》提出,2010年可再生能源在能源消费中的比重应达到10%。能源生产对应能源消费,且除不可再生能源外为可再生能源,因此设定2010年标准值为90%。按储量折合成标准煤后计算每种化石能源比例×90%,即为各类不可再生能源占能源生产总量的标准比例,大致设定2010年标准石油、煤、天然气比例分别为10%、75%、5%

4. 可再生能源占能源总产量比例

简明定义	描述可再生能源(如风能、水能、太阳能等)占能源生产总量的比重
公式表达	可再生能源生产量/一次能源生产总量
指标单位	百分比(%)
指标性质	正指标
数据来源	国内:《中国统计年鉴》《中国能源统计年鉴》《BP世界能源统计年鉴》
指标标准值	《十一五规划纲要》提出,2010年可再生能源在能源消费中的比重应达到10%。能源生产对应能源消费,设定2010年标准值为10%

5. 能源储采比

简明定义	描述不可再生能源可采储量与当年年产量的比值
公式表达	探明储量/当年能源产量
指标单位	年
指标性质	正指标
数据来源	国内:《BP世界能源统计年鉴》
指标标准值	国际上没有相关国际会议及协议涉及此标准问题。建议根据世界平均水平进行近似讨论。2010年底,世界平均石油储采比为46.2年,天然气储采比为58.6年,煤储采比为118年,相对于2009年分别为46.7年、62.8年、119年,2008年分别为42年、60.4年、122年,世界储采比有小幅波动,国际水平储采比变动值接近0.5年、4.2年、3年。结合考虑我国近5年3种能源的储采比年变动水平,按其平均值分别为0.54年、5.18年、4.2年,故综合设定2010年我国石油、天然气、煤储采比变动分别为0.5年、5年、4年

6. 能源加工转换效率

简明定义	能源经过加工、转换后,产出的各种能源产品的数量与同期内投入加工转换的各种能源数量的比率(针对发电及电站供热、炼焦、炼油行业有细分)
公式表达	能源加工转化产出量/能源加工转换投入量×100%
指标单位	百分比(%)
指标性质	正指标
数据来源	国内:《中国统计年鉴》、《中国能源统计年鉴》
指标标准值	1983—1991 年,中国能源加工转换总效率呈逐年下降态势,由 1983 年的 69.93% 下降到 1991 年的 65.90%,年均下降 0.5 个百分点。1991—1996 年,中国能源加工转换总效率逐年提升,由 1991 年的 65.9% 既增加到 1996 年的 71.50%,年均提高 1.12 个百分点;1997 年能源加工转换总效率出现大幅下降,仅为 69.23%,1997—2003 年,能源加工转换总效率徘徊不前,在 69.04%～69.44% 之间;2004 年,能源加工转换总效率出现明显提高,达到 70.71%,2005 年以来一直稳定在 71% 以上,2009 年突破 72%。由于技术限制,该比例短期大幅度提高,因此参考能源加工转换总效率的发展趋势,建议设定 2010 年标准值为 72.5%

7. 人均能源消费量

简明定义	人均能源消费量[一次能源总供应量(TPES),最终能源消费总量(TFC)和用电量]
公式表达	能源消费量/总人口
指标单位	国际:能源:吨标准油每人(toe/capita) 电力:千瓦时每人(kW·h/capita) 国内:能源:千克标准煤每人(Kgce/capita)
指标性质	正向指标(适度)
数据来源	国际上公布的中国数据,如国际能源机构 IEA 相关数据[①],世界银行相关数据[②]。国内:《中国统计年鉴》、《中国能源统计年鉴》、《中国环境统计年鉴》
指标标准值	国际上没有相关国际会议及协议涉及此标准问题。但联合国气候变化框架公约(UNFCCC)和《京都议定书》(the Kyoto Protocol)都呼吁主要由石化燃料而产生的温室气体 国际能源机构 IEA 相关数据显示[③]2007 年 TPES/pop 世界平均水平为 1.82(toe/capita),经合组织成员平均为 4.64(toe/capita),非经合组织成员平均为 1.99(toe/

---

① http://www.iea.org/stats/countryresults.asp? COUNTRY_CODE = CN&Submit = Submit,2010-8-3.

② http://data.worldbank.org/indicator,2010-8-3.

③ Key World Energy Statistics 2009,http://www.iea.org/Textbase/nppdf/free/2009/key_stats_2009.pdf,2010-8-3.

（续表）

capita)，同年中国为 1.48(toe/capita)。人均电力消费世界平均水平为 2752(kW·h/capita)，经合组织成员平均为 8477(kW·h/capita)，非经合组织成员平均为 3302(kW·h/capita)，同年中国为 2346(kW·h/capita)。经能源折算标准煤(折算系数见附录中附表 2)，非经合组织成员平均水平大致在 2.84(tce/capita)。世界银行 2000 年 135 个国家平均水平为 2400(toe/capita)，经能源折算标准煤，平均水平大致在 3.43(tce/capita)。

国内人均能源消费量单位以煤核算，因此数据大于国际上显示。2007 年为 2128(Kgce/capita)[①]。因此，建议 2010 年标准值为 3(tce/capita)

8. 能源消费弹性系数

简明定义	描述能源生产增长速度与国民经济增长速度之间关系
公式表达	能源生产总量年平均增长速度/国民经济年平均增长速度
指标单位	无
指标性质	适度指标
数据来源	国内：《中国统计年鉴》、《中国能源统计年鉴》；国际：《中国能源统计年鉴》有关国家和地区数据
指标标准值	建议根据世界 2009 年平均水平进行近似讨论，利用公式计算 2009 年世界平均能源消费弹性系数为 0.4513

9. 化石能源占能源总消费比例

简明定义	描述不可再生的化石能源(石油、煤、天然气)占能源消费总量的比重
公式表达	化石能源消费量/一次能源消费总量
指标单位	百分比(%)
指标性质	逆指标
数据来源	国内：《中国统计年鉴》、《中国能源统计年鉴》、《BP 世界能源统计年鉴》
指标标准值	《十一五规划纲要》提出，2010 年可再生能源在能源消费中的比重应达到 10%，因此设定 2010 年标准值为 90%。按储量折合成标准煤后计算每种化石能源比例×90%，即为各类不可再生能源占能源消费总量的标准比例，且考虑控制石油进口依赖角度，大致设定 2010 年标准石油、煤、天然气比例分别为 10%、75%、5%

10. 可再生能源占能源总消费比例

简明定义	描述可再生能源(如风能、水能、太阳能等)占能源消费总量的比重
公式表达	可再生能源消费量/一次能源消费总量

---

① 中国能源统计年鉴 2009。

（续表）

指标单位	百分比（%）
指标性质	正指标
数据来源	国内：《中国统计年鉴》、《中国能源统计年鉴》、《BP 世界能源统计年鉴》
指标标准值	《十一五规划纲要》提出，2010 年可再生能源在能源消费中的比重应达到 10%，因此设定 2010 年标准值为 10%

11. 万元 GDP 能耗

简明定义	一个国家或地区每生产一个单位的国内生产总值所消耗的能源
公式表达	能源消费量（一次能源消费总量，最终能源消费量和用电量）/GDP
指标单位	国际：能源：吨标准油/千美元（toe/thousand-2000US$） 国内：能源：吨标准煤/万元（tce/$10^4$ yuan）
指标性质	逆指标
数据来源	国际上公布的中国数据，如国际能源机构 IEA 相关数据 国内：《中国能源统计年鉴》1～3 平均每万元国内生产总值能源消费量
指标标准值	国际上没有相关国际会议及协议涉及此标准问题。2002 年约翰内斯堡首脑会议讨论的可持续发展问题呼吁要提高能源效率。 国际能源机构 IEA 相关数据显示[1] 2007 年 TPES/GDP 世界平均水平为 0.30（toe/thousand-2000US$），经合组织成员平均为 0.18（toe/thousand-2000US$），非经合组织成员平均为 0.61（toe/thousand-2000US$），同年中国为 0.75（toe/thousand-2000US$） 国内人均能源消费量单位以煤核算，数据大于国际上显示。2007 年为 1.180（tce/10^4 yuan）[2]。考虑到"十一五"规划要求 2010 年单位 GDP 能耗比 2005 年下降 20%，2005 年为 1.28（tce/10^4 yuan）。因此，建议设定 2010 年单位国内生产总值能耗为 1（tce/10^4 yuan）

12. 万元 GDP 电耗

简明定义	一个国家或地区每生产一个单位的国内生产总值所消耗的电力
公式表达	电力消费总量/GDP
指标单位	国际：千瓦时/千美元（kWh/thousand-2000US$） 国内：千瓦时/万元
指标性质	逆指标

---

[1]　Key World Energy Statiatics 2009，http://www.iea.org/Textbase/nppdf/free/2009/key_stats_2009.pdf，2010-8-3

[2]　中国能源统计年鉴 2011。

（续表）

数据来源	国际上公布的中国数据，如国际能源机构 IEA 相关数据 国内：《中国能源统计年鉴》1～3 平均每万元国内生产总值能源消费量
指标标准值	按 2005 年价格计算，2005 年我国单位国内生产总值电耗为 1362 千瓦小时/万元。根据《十一五规划纲要》提出的目标，建议 2010 年该指标标准值为 1089 千瓦时/万元

13. 产业、部门能源使用效率

简明定义	工业能耗强度、第一产业能耗强度、第三产业能耗强度、家庭能耗强度、交通能耗强度
公式表达	工业领域能源消费量/工业产值增加值；农业领域能源消费量/农业产值增加值 服务业/商业领域能源消费量/服务业/商业产值增加值 家庭能源消费量/家庭数量，室内面积，户均人口和家用电器归属 交通运输行业的能源用量（按照不同交通工具划分）/旅客和运输公里数（按照不同交通工具划分）
指标单位	国际：能源：标准油吨每美元（toe/2000US$）；电力：千瓦时每美元（kW·h/2000US$） 国内：能源：标准煤吨每万元（tce/10^4 yuan）
指标性质	逆指标
数据来源	国际上公布的中国数据，如国际能源机构 IEA 相关能源平衡表数据 国内：《中国能源统计年鉴》中中国能源平衡表（标准量）包含分领域的不同能源消费量 《中国统计年鉴》包含分领域的增加值
指标标准值	国际上没有相关国际会议及协议涉及此标准问题 同理以《十一五规划纲要》要求 2010 年单位 GDP 能耗比 2005 年下降 20％为标准，2005 年对应值为[1]：农业 0.3558（tce/10^4 yuan）、工业 2.0651（tce/10^4 yuan）、服务业 0.2770（tce/10^4 yuan）、交通 1.559（tce/10^4 yuan）、家庭（0.1793tce/人） 因此，建议标准值：农业 0.22（tce/10^4 yuan）、工业 1.45（tce/10^4 yuan）、服务业 0.29（tce/10^4 yuan）、交通 1.33（tce/10^4 yuan）。而家庭能源消费由于人口数量相对稳定，能源消费呈现持续增长趋势，因此 2010 年标准值参考美国能源部 2001 年居民能源消费调查数据，经课题组计算标准值设定为 0.482tce/人[2]

14. 高耗能产品综合能耗

简明定义	对各类高耗能产品（乙烯、钢、合成氨、水泥）生产过程中实际消耗的各种能源量，按统一的折算标准折算所得到的总能源消耗量。其中，产品可比单位产量综合能耗是为在同行业中实现相同产品能耗可比，对影响产品能耗的各种因素，用折算或标准产品的方法、能耗统计计算的办法等加以考虑所计算出来的综合能耗量

---

① 中国能源统计年鉴 2011，中国统计年鉴 2011。

② http://www.eia.gov/consumption/residential/data/2001/

（续表）

公式表达	$E_{zi} = \dfrac{E_{czi}}{M_i}$，$E_{czi}$ 为某种产品的直接综合能耗；M_i 为期间产出的某种产品的合格品数量
指标单位	乙烯：千克标准煤/吨；钢：千克标准煤/吨；水泥：千克标准煤/吨 纸和纸制品：千克标准煤/吨
指标性质	逆指标
数据来源	国内：《中国能源统计年鉴》
指标标准值	国际上没有相关国际会议及协议涉及此标准问题 借鉴世界发达国家 2000 年左右主要高耗能产品单位能耗，推知国内 2010 年标准值。日本 2000 年乙烯综合能耗为 714 千克标准煤/吨、吨钢综合能耗为 646 千克标准煤/吨、水泥综合能耗为 125.7 千克标准煤/吨，日本 2000 年纸和纸制品综合能耗为 678 千克标准煤/吨[1]。同时，按照《能源发展"十一五"规划》提出的发展目标，2010 年中国重点耗能行业环保状况和主要产品（工作量）单位能耗指标总体，达到或接近本世纪初国际先进水平；主要耗能设备能源效率达到 20 世纪 90 年代中期国际先进水平，部分汽车、家用电器能源效率达到国际先进水平。参照 20 世纪 90 年代中期国际先进水平，结合上述发展目标，因此设定 2010 年主要高耗能产品单位能耗标准值：乙烯 650 千克标准煤/吨，吨钢 685 千克标准煤/吨，水泥 148 千克标准煤/吨，纸和纸制品 678 千克标准煤/吨

15. 能源进口依存

简明定义	能源进口依赖度
公式表达	能源进口量/一次能源供应总量×100
指标单位	百分比（%）
指标性质	逆向指标
数据来源	国际上公布的中国数据，如国际能源机构 IEA 相关能源平衡表数据； 国内：《中国能源统计年鉴》中国能源平衡表（标准量）
指标标准值	国际上没有相关国际会议及协议涉及此标准问题。国外学者利用 1999 年数据对高收入、中高收入、中低收入、低收入进口能源依存度分别为 64.03%、56.54%、50.87%、31.46%[2]。欧盟 27 国 2005 年平均能源依赖度为 52.3%[3]。选择世界银行 2000 年印度、新西兰、巴西等中等收入国家，依存度分别为 20.3%、16.1%、21.6%[4]。世界能源统计年鉴 2000 年高收入国家能源进口率为 16.2%。综合考虑，建议指标标准值不高于 16.2% 我国 2008 年能源进口依存度为 13.8%

---

[1]   中国能源统计年鉴 2008。

[2]   Simon Drexler, Breaking the Poverty-Energy Nexus: Perspectives and Problems of Renewable Energies in Developing Countries with High Fuel Import Dependency.

[3]   http://europa.eu/abc/keyfigures/transportenergy/powerforpeople/index_en.htm, 2010-8-3.

[4]   http://data.worldbank.org/indicator, 2010-8-3.

16. 战略燃料储备

简明定义	战略燃料储备量/相应燃料消耗量
公式表达	战略燃料储备(例如油、气)
指标单位	10 亿桶(billion barrels)
指标性质	正指标
数据来源	国家网站公布数据、高盛研究报告[①]、美国能源信息署有关于各国的相关能源及污染物排放数据,涉及原油储备等[②]
指标标准值	国际能源机构 IEA 对其成员要求战略能源储备要达到 90 天 2003 年中央正式批准开始实施石油战略储备,目前我国战略能源储备为 30 天

17. 能源可支付性

简明定义	家庭可支配收入中用于燃料和电力开支
公式表达	燃料和电力开支/家庭可支配收入×100
指标单位	百分比(%)
指标性质	适度指标
数据来源	由于我国没有专门的居民收入能源支出分项数据,故使用城镇居民家庭平均每人全年消费性支出中相关分项数据推算得出:居住—住房=水电燃料及其他 数据可由《中国统计年鉴》中城镇居民家庭平均每人全年消费性支出处查阅。由于农村居民无此分项数据描述,因此,暂无核算
指标标准值	国际上没有相关国际会议及协议涉及此标准问题。建议进行相应专家讨论。本书根据权威的美国劳工统计局(BLS)主持的历时 25 年(1984—2008)的消费者消费调查(CE)数据[③]显示,在 1984 年燃料及电力占调查消费者税后可支配收入的5.02%,在 1999—2008 年的 10 年,这个比例分别为 3.06%、3.16%、3.44%、2.98%、3.15%、3.07%、3.14%、3.29%、3.17%、3.36%,这个数据较平稳地维持在 3.18%左右 因此结合此数据以及其 1990 年的 3.81%,我们建议将此指标的标准值控制在4%。2008 年我国指标数据为 7.11%[④]

18. 能源消费不平等性

简明定义	各类收入群体的家庭能源用量和燃料构成
公式表达	各类收入群体的户均能源消费量或各类收入群体的燃料构成量 M

---

① 中国战略石油储备的现状. 高盛分析报告,2010-4-29.

② http://tonto.eia.doe.gov/cfapps/ipdbproject/iedindex3.cfm? tid=90&pid=45&aid=8&cid=&syid=2004&eyid=2008&unit=MMTCD.

③ http://www.bls.gov/cex,2010-8-7,消费调查项目包括:天然气、电力、燃油及其他燃料。

④ 中国统计年鉴 2009。

（续表）

公式表达	各类收入群体的户均收入 Q 最终用基尼系数衡量不平等性 $G = \sum_{i=1}^{n-1} M_i Q_{i+1} - \sum_{i=1}^{n-1} M_{i+1} Q_i$
指标单位	能源：标准煤吨每年每户（toe） 电力：千瓦时每年每户（kWh） 各种燃料：百分比（%）
指标性质	逆指标
数据来源	由于我国没有专门的居民收入能源支出分项数据，故使用城镇居民家庭平均每人全年消费性支出中相关分项数据推算得出：居住－住房＝水电燃料及其他 数据可由《中国统计年鉴》中城镇居民家庭平均每人全年消费性支出处查阅，此处共分 5 等级收入分组。由于农村居民无此分项数据描述，因此，暂无核算，且该指标核算无法采用实物量，只能利用支出数据
指标标准值	国际上没有相关国际会议及协议涉及此标准问题 标准值同样参考美国劳工统计局（BLS）主持消费者消费调查（CE）数据。利用基尼系数计算方法，得出 1984 年美国能源支出基尼系数为 0.143 6，2000 年为 0.121 9。利用我国城镇居民数据计算 2008 年能源支出基尼系数为 0.155 9，能源消费相对于美国民众消费而言有着更明显的不平等性。因此，建议 2010 年标准值为 0.15

19. 人均二氧化碳排放量或万元 GDP 二氧化碳排放量

简明定义	单位人口或单位 GDP 由于能源生产和消费引起的二氧化碳排放
公式表达	能源生产和消费引起的二氧化碳排放量/人口 或者 能源生产和消费引起的温室气体排放量/GDP
指标单位	国际上二氧化碳排放以吨每人或每美元
指标性质	逆指标
数据来源	国际上 IEA 有 CO_2/capita 或者 CO_2/GDP 的相关数据[1]。世界银行有关于能源使用的甲烷和一氧化二氮占总排放量百分比的数据，以及人均二氧化碳排放量数据[2]。美国能源信息署有关于各国的相关能源及污染物排放数据[3]、美国能源部橡树岭国家实验室二氧化碳信息分析中心（CDIAC）等[4] 国内没有 GHG 及二氧化碳具体数据，相应只有工业废气排放总量、二氧化硫排放量、工业烟尘排放量、工业粉尘排放量等数据。数据来源：《中国能源统计年鉴》，《中国环境统计年鉴》，《中国统计年鉴》

[1]　Key World Energy Statistics 2009，http://www. iea. org/Textbase/nppdf/free/2009/key_stats_2009. pdf，2010-8-3.

[2]　http://data. worldbank. org/indicator，2010-8-3.

[3]　http://tonto. eia. doe. gov/cfapps/ipdbproject/iedindex3. cfm? tid＝90&pid＝45&aid＝8&cid＝&syid＝2004&eyid＝2008&unit＝MMTCD.

[4]　http://cdiac. ornl. gov/trends/emis/meth_reg. html.

（续表）

指标标准值	国际联合国气候变化框架公约(UNFCCC)和《京都议定书》(the Kyoto Protocol)都就这个问题进行过讨论。《京都议定书》为"附件Ⅰ国家"(发达国家和经济转型国家)规定了具体的、具有法律约束力的温室气体减排目标,要求"附件Ⅰ国家"在2008—2012年间总体上要比1990年平均减少5.2% 世界银行人均二氧化碳排放量2005年数据为4.31吨/人,2008年为4.8吨/人,IEA人均二氧化碳排放量2007年数据为4.58吨/人,单位美元GDP的二氧化碳排放量2007年数据2.31kgco2/2000US\$。按我国"十一五"规划要求2010年单位GDP能耗比2005年下降20%为标准,主要污染物比2005年降低10%的要求,建议2010年人均二氧化碳排放量接近于世界平均水平5吨/人。而万元GDP二氧化碳排放量则参考2009年11月25日国务院常务会议决定,到2020年我国单位GDP二氧化碳排放比2005年下降40%～45%,设置为1吨标准煤/万元

20. 人均二氧化硫排放量

简明定义	报告期内企业在燃料燃烧和生产工艺过程中排入大气的二氧化硫总量,经人口平均后的值
公式表达	二氧化碳排放量/人口
指标单位	吨/人
指标性质	逆指标
数据来源	国内:《中国环境统计年鉴》废气排放及处理情况 国际:Stern估计的二氧化硫污染数据
指标标准值	按我国《十一五规划纲要》2010年单位GDP能耗比2005年下降20%为标准,主要污染物比2005年降低10%的要求,建议2010年人均二氧化硫排放量为1.75吨/人(2005年二氧化硫排放量为2549万吨,人均二氧化硫排放量为1.95吨/人)。

21. 人均烟尘排放量

简明定义	企业厂区内燃料燃烧过程中产生的烟气中夹带的颗粒物排放量,经人口平均后的值
公式表达	烟尘排放量/人口
指标单位	吨/人
指标性质	逆指标
数据来源	国内:《中国环境统计年鉴》废气排放及处理情况
指标标准值	按我国《十一五规划纲要》2010年主要污染物比2005年降低10%的要求,建议2010年人均烟尘排放量为0.81吨/人(2005年烟尘排放量为1182.5万吨,人均烟尘排放量为0.90吨/人)

22. 人均粉尘排放量

简明定义	企业在生产工艺过程中排放的能在空气中悬浮一定时间的固体颗粒物排放量,经人口平均后的值
公式表达	粉尘排放量/人口
指标单位	吨/人
指标性质	逆指标
数据来源	国内:《中国环境统计年鉴》废气排放及处理情况
指标标准值	按我国《十一五规划纲要》2010 年主要污染物比 2005 年降低 10% 的要求,建议2010 年人均粉尘排放量为 0.63 吨/人(2005 年粉尘排放量为 911.2 万吨,人均粉尘排放量为 0.70 吨/人)

23. 工业二氧化硫去除率

简明定义	借助原煤脱硫技术、改进燃煤技术等实现废气中的二氧化硫减排治理
公式表达	工业二氧化硫去除量/(工业二氧化硫排放量+工业二氧化硫去除量)×100
指标单位	百分比(%)
指标性质	正指标
数据来源	国内:《中国环境统计年鉴》废气排放及处理情况
指标标准值	按我国《十一五规划纲要》的要求,建议 2010 年工业二氧化硫去除率为 60%。(2005 年工业二氧化硫去除率为 29.96%,2007 年为 47.6%,2009 年为 60.8%)

24. 工业烟尘达标排放率

简明定义	借助催化过滤除尘、静电除尘等技术实现工业烟尘的减排治理
公式表达	经烟尘处理的废气达标量/烟尘排放量×100
指标单位	百分比(%)
指标性质	正指标
数据来源	国内:《中国环境统计年鉴》废气排放及处理情况
指标标准值	按我国《十一五规划纲要》的要求,建议 2010 年工业烟尘达标排放率为 98%。(2005 年工业二氧化硫去除率为 94.6%,2007 年为 97.0%,2009 年为 98.2%)

25. 工业粉尘达标排放率

简明定义	借助催化过滤除尘、静电除尘等技术实现工业粉尘的减排治理
公式表达	经粉尘处理的废气达标量/粉尘排放量×100

（续表）

指标单位	百分比（％）
指标性质	正指标
数据来源	国内：《中国环境统计年鉴》废气排放及处理情况
指标标准值	按我国《十一五规划纲要》的要求，建议 2010 年工业粉尘达标排放率为 95％。（2005 年工业二氧化硫去除率为 87.6％，2007 年为 91.7％，2009 年为 94.3％）

26. 空气质量

简明定义	城市大气污染物浓度，如二氧化硫、二氧化碳、一氧化二氮、悬浮颗粒 TSP 等物质
公式表达	大气污染物浓度 大气污染物排放量
指标单位	毫克每立方米 mg/m^3 或微克每立方米 $\mu g/m^3$
指标性质	逆向指标
数据来源	《中国环境统计年鉴》主要城市空气质量指标、世界银行 WDI 数据库环境模块
指标标准值	联合国经济委员会欧洲（UNECE）远距离越境空气污染公约（CLRTAP）（日内瓦，1979）早就设定了硫和氮氧化物的排放协议 世界银行 WDI 数据库给出了每立方米空气中颗粒物的含量（直径不足 10 微米的颗粒物），2000 年世界平均水平值为 63.45 微克/立方米，将此设定为 2010 年标准值 我国利用重点城市空气质量好于 II 级标准的天数占全年的比重这个指标作为总体衡量，根据"十一五"规划，建议 2010 年标准值为 90％

27. 人均化学需氧量排放量

简明定义	用化学氧化剂氧化水中有机污染物时所需的氧量，经人口平均后的值
公式表达	（工业 COD 排放量＋生活 COD 排放量）/人口
指标单位	吨/人
指标性质	逆指标
数据来源	国内：《中国环境统计年鉴》废水排放及处理情况
指标标准值	《十一五规划纲要》提到生态环境恶化趋势基本遏制，控制温室气体排放取得成效，要求主要污染物排放总量减少 10％，建议 2010 年人均化学需氧量排放量为 9.7333 千克/人（2005 年化学需氧量排放量为 1414.2 万吨，人均化学需氧量排放量 10.8148 千克/人）

28. 人均氨氮排放量

简明定义	废水中以游离氨(NH_3)和铵离子(NH_4)形式存在的氮排放量,经人口平均后的值
公式表达	(工业氨氮排放量+生活氨氮排放量)/人口
指标单位	吨/人
指标性质	逆指标
数据来源	国内:《中国环境统计年鉴》废水排放及处理情况
指标标准值	《十一五规划纲要》要求主要污染物排放总量减少10%,建议2010年人均氨氮排放量为1.0311千克/人(2005年氨氮排放量为149.8万吨,人均氨氮排放量为1.1456千克/人)

29. 人均工业废水排放量

简明定义	工业废水排放量,经人口平均后的值
公式表达	工业废水排放量/人口
指标单位	吨/人
指标性质	逆指标
数据来源	国内:《中国环境统计年鉴》废水排放及处理情况
指标标准值	《十一五规划纲要》要求主要污染物排放总量减少10%,建议2010年人均氨氮排放量为16.731吨/人(2005年人均工业废水排放量为18.59吨/人)。

30. 工业废水排放达标率

简明定义	报告期内废水中各项污染物指标都达到国家或地方排放标准的外排工业废水量,包括未经处理外排达标的,经废水处理设施处理后达标排放的,以及经污水处理厂处理后达标排放的
公式表达	外排达标工业废水量/工业废水排放量×100
指标单位	百分比(%)
指标性质	正指标
数据来源	国内:《中国环境统计年鉴》废水排放及处理情况
指标标准值	2005年工业废水排放达标率为91.2%,2007年为91.7%,2009年为94.2%,于此同时,2005年全国发达省市中北京、天津、上海、江苏、浙江、福建的比例分别为99.4%、99.6%、97%、97.5%、96.7%、97.7%,结合考虑《十一五规划纲要》要求,建议2010年工业废水排放达标率为97%

31. 工业废水化学需氧量去除率

简明定义	报告期内废水先经过预处理(混凝、澄清和过滤),后经化学处理后有机物量相对于进水时化学需氧量减少的百分率
公式表达	化学需氧量去除量/(工业废水化学需氧量排放量+化学需氧量去除量)×100
指标单位	百分比(%)
指标性质	正指标
数据来源	国内:《中国环境统计年鉴》废水排放及处理情况
指标标准值	2005年工业废水化学需氧量去除率为66.2%,2007年为73.6%,2009年为75.2%,结合考虑《十一五规划纲要》的要求,建议2010年工业废水化学需氧量去除率为80%

32. 工业废水氨氮去除率

简明定义	报告期内经物理、化学、生物方法,污水处理厂出水中氨氮相比于进水中减少的百分率
公式表达	氨氮去除量/(工业废水氨氮排放量+氨氮去除量)×100
指标单位	百分比(%)
指标性质	正指标
数据来源	国内:《中国环境统计年鉴》废水排放及处理情况
指标标准值	2005年工业废水氨氮去除率为41.9%,2007年为62.9%,2009年为70.1%,结合考虑《十一五规划纲要》的要求,建议2010年工业废水氨氮去除率为80%

33. 城市污水处理率

简明定义	经管网进入污水处理厂处理的城市污水量占污水排放总量的百分比
公式表达	经处理城市污水量/城市污水量×100
指标单位	百分比(%)
指标性质	正指标
数据来源	国内:《中国环境统计年鉴》、《全国环境统计公报》
指标标准值	2005年城市污水处理率为52%,2007年为62.9%,2009年为75.3%,《国家环境保护"十一五"规划》指出,到2010年,城市污水处理率不低于70%,建议2010年城市污水处理率为70%

34. 水资源质量

简明定义	地表水水质分级中劣质水资源比例或七大水系水质分级中劣质水资源比例(分类水质断面占全部断面百分比)
公式表达	地表水国控断面大于Ⅲ级区域/地表水范围×100
指标单位	百分比(%)
指标性质	逆指标
数据来源	国内:《中国环境统计年鉴》、《中国统计年鉴》
指标标准值	2005年地表水国控断面好于Ⅲ级的比例为34.8%,2007年为32.3%,2009年为34%;近年来有缓慢恶化的趋势,根据《十一五年规划纲要》的要求,设定2010年的标准值为35%。七大水系国控断面优于Ⅲ级比例,"十一五"环境保护数据要求为43%

35. 万元工业增加值用水量

简明定义	工业用水量与工业增加值之间的比值,其中工业用水量是指工矿企业在生产过程中用于制造、加工、冷却(包括火电直流冷却)、空调、净化、洗涤等方面的用水,按新水取用量计,不包括企业内部的重复利用水量
公式表达	工业用水量/工业增加值
指标单位	立方米/万元
指标性质	逆指标
数据来源	国内:《中国环境统计年鉴》、《中国统计年鉴》中全国历年水环境情况及不变价国内生产总值
指标标准值	2005年我国单位工业增加值用水量为166.4立方米/万元。《十一五年规划纲要》提出,到2010年单位工业增加值用水量降低30%。按照上述目标,建议该指标2010年目标值为116.5立方米/万元

36. 万元农业增加值用水量

简明定义	农业用水量与农业增加值之间的比值,农业用水量包括农田灌溉用水量,渔业及林果地用水量、农村牲畜的用水量等
公式表达	农业用水量/农业增加值
指标单位	立方米/万元
指标性质	逆指标
数据来源	国内:《中国环境统计年鉴》、《中国统计年鉴》中全国历年水环境情况及不变价国内生产总值

（续表）

指标标准值	比照工业增加值用水量降低比例,考虑农业节水技术有限性,且 2000—2009 年我国万元农业增加值用水量由 2358.0 立方米降低到 1388.564 立方米,10 年接近降低 40%。故使用 5 年降低 20% 的标准,建议 2010 年我国万元农业增加值用水量为 1277.43 立方米

37. 节水灌溉面积占耕地面积比重

简明定义	通过渠道防渗、低压管灌、喷灌、微灌和灌溉等节水手段实现节水灌溉面积占总耕地面积比例
公式表达	节水灌溉面积/耕地面积×100
指标单位	百分比(%)
指标性质	正指标
数据来源	国内:《中国环境统计年鉴》、《中国统计年鉴》中各流域节水灌溉面积及各地区耕地数量
指标标准值	2005 年我国农业灌溉用水有效利用系数为 0.45,按照《十一五规划纲要》提出的 0.5 的目标,则需年均增长不低于 2.1%。我国耕地面积(总资源)于 2007 年开始出现下降,由以前的 1300392 千公顷减少到 121735.2 千公顷,降低了 6.4%。近几年我国节水灌溉面积稳步增长,由 2003 年的 19442.8 千公顷增加到 2007 年的 23489.5 千公顷,年均增长 4.8%。如果按 2006 年耕地面积计算,则 2003—2007 年我国节水灌溉面积占耕地面积的比重由 15.0% 提高到 18.1%,年均增加 0.775 个百分点。如果按 2007 年实际耕地面积计算,则 2007 年该指标数值为 19.30%。2005 年我国节水灌溉面积占耕地面积比重为 16.4%。按照我国节水灌溉面积和耕地面积的发展趋势推算,建议 2010 年我国节水灌溉面积占耕地面积比重为 23%

38. 城市节约用水率

简明定义	指城市节约用水量占实际用水量的比重
公式表达	城市节约用水量/城市实际用水量×100
指标单位	百分比(%)
指标性质	逆指标
数据来源	国内:《中国环境统计年鉴》11-6 各地区城市节约用水情况
指标标准值	2002—2007 年我国城市节约用水量的占实际用水量的比重分别为 5.4%、4.9%、6.0%、4.6%、5.1%、5.2%。2005 年安徽、湖北、湖南、云南等地区该比重都在 10% 以上,上海、江苏、浙江、福建、江西等地区也高于全国平均水平。建议 2010 年城市节约用水率标准值为 8%

39. 城市用水重复利用率

简明定义	城市用水重复利用量占实际用水量的比重
公式表达	城市用水重复利用量/城市实际用水量×100
指标单位	百分比(%)
指标性质	逆指标
数据来源	国内:《中国环境统计年鉴》11-6 各地区城市节约用水情况
指标标准值	2002—2007 年我国城市用水重复利用率分别为 69.87%、70.70%、68.83%、71.80%、70.95%、73.55%。2005 年天津、河北、山西等地区城市用水重复利用率都在 85%以上,辽宁、山东、河南、甘肃、宁夏等地区在 80%左右。建议 2010 年城市用水重复利用率标准值为 80%

40. 土壤酸化超过阀值

简明定义	土壤酸化超过临界负载值的土壤面积
公式表达	计算相应临界值模型,确定土壤酸化面积
指标单位	百分比(%)
指标性质	逆向指标
数据来源	由于土壤酸化与诸多因素相关,如硫和氮的空气沉淀,国际上很多土壤酸化临界值计算多和硫和氮两元素化合物排放量有关,而我国目前尚无官方指标描述。因此,借助二氧化硫、一氧化二氮排放量来衡量土壤酸化的可能性问题。此类数据来源于《中国能源统计年鉴》,《中国环境统计年鉴》,《中国统计年鉴》
指标标准值	联合国经济委员会欧洲(UNECE)远距离越境空气污染公约(CLRTAP)(日内瓦,1979)早就设定了硫和氮氧化物的排放协议。欧盟也采取相关措施防止超过临界值的土壤酸化问题 有学者研究了 2005 年排放量超过 CLmax 值的面积约为中国大陆面积的 28%,由于国家"十一五"规划对二氧化硫排放量减少 10%的要求,到 2010 年超过 CLmax(硫)的区域面积将会减少 9%[134]。因此,建议 2010 标准值为土壤酸化面积占国土面积的 19%

41. 森林退化率

简明定义	由于能源使用引起的森林消失
公式表达	$TRD = 100\left(1 - \left(\dfrac{Forest\ area_N}{Forest\ area_P}\right)^{\left(\frac{1}{N-P}\right)}\right)$ 为森林退化率 公式表达 $RD_{fw} = TRD\left(\dfrac{FWP}{TFF}\right)$,其中 RD 是由于能源使用引起的森林消失比例,FWP 为每年薪柴生产量,TFF 为总森林砍伐量[①]

---

① Energy Indicators for Sustainable Development: Guidelines and Methodologies. IAEA,2005.

（续表）

指标单位	百分比（%）
指标性质	逆向指标
数据来源	我国没有专门衡量由于能源使用的森林退林指标，主常用的林业指标是森林覆盖率。数据来源为《中国环境统计年鉴》《中国统计年鉴》。由于自 2005 年以来我国森林覆盖面积及森林覆盖率这一指标没有变化，因此采用世界银行的森林覆盖面积（森林覆盖率）。世界银行 WDI 数据库显示 2000—2007 年间年均中国森林消失率为 2.1% FWP 薪柴产量及 TFF 为总森林砍伐量见国家林业局年度公告林业产业发展部分①或《中国林业统计年鉴》产业发展中全国主要工业产品产量年度比较
指标标准值	国家"十一五"规划森林覆盖率在 2010 年达到了 20%。2008 年我国木材产量为 8 108.34 万立方米，薪柴产量为 751.02 万立方米。因此，建议 2010 年由于能源使用引起的森林退化率的标准值为 0

42. 单位工业增加固体废物排放量

简明定义	单位能源生产产生固废率指在萃取加工原始初级能源时产生的固体废弃物，后经焚烧、填埋、专业储存场封场处理、深层灌注、回填矿井及海洋处置等处置方法后拍到固体废物污染防治设施场所以外的量
公式表达	工业固体废弃物排放量/工业增加值
指标单位	千克/万元
指标性质	逆向指标
数据来源	由于我国只有工业废物排放量这一指标，数据来源于《中国环境统计年鉴》5-4 各行业工业固体废物产生和排放情况或《中国环境统计年鉴》主要统计指标
指标标准值	国际上没有相关国际会议及协议涉此标准问题。根据我国"十一五"规划主要污染物比 2005 年降低 10% 的要求，2005 年值为 214.253 千克/万元，此后为 149.4、119.5、71.3、59 千克/万元，变动率分别为 0.30、0.20、0.40、0.17，取平均下降率 0.26。因此，建议 2010 年单位工业增加固体废物排放量为 43.09 千克/万元

43. 工业固体废物综合利用率

简明定义	工业固体废物综合利用率综合处理率
公式表达	经适当处理的固体废弃物量/固体废弃物总量×100
指标单位	百分比（%）
指标性质	正向指标
数据来源	《中国环境统计年鉴》11-8 各地区城市市容环境卫生

---

① http://www.forestry.gov.cn/CommonAction.do? dispatch=index&colid=397

（续表）

| 指标标准值 | 国际上没有相关国际会议及协议涉及此标准问题
根据我国"十一五"规划工业固体废物综合利用 2010 年达到 60％的要求,建议标准值为 60％ |

44．城市生活垃圾无害化处理率

简明定义	通过卫生填埋、堆肥、焚烧实现城市生活垃圾无害化处理的比例
公式表达	无害化垃圾处理能力/生活垃圾产生量×100
指标单位	百分比（％）
指标性质	正指标
数据来源	《中国环境统计年鉴》5-1 全国历年工业废物产生、排放和综合利用情况
指标标准值	国际上没有相关国际会议及协议涉及此标准问题。《十一五规划纲要》指出,到 2010 年,城市污水处理率不低于 70％,城市生活垃圾无害化处理率不低于 60％。因此,建议标准值为 60％

第五节　节能减排综合评价方法研究

我国节能减排统计指标体系是个多指标、多层次的复杂系统,因此需借助多指标综合评价方法对节能减排的综合情况得出一个整体评价。多指标综合评价方法包括 6 个要点:第一,多指标综合评价包括多个统计评价指标;第二,多指标综合评价方法中的多个指标是分别描述被评价事物各个不同方面的,它们应该包含被评价对象的全面信息;第三,各评价指标的量纲可能是各不相同的;第四,多指标综合评价的前提是必须把异量纲的指标实际值转化为无量纲的相对评价值;第五,多指标综合评价方法要把各指标评价值合成在一起,得出一个整体性评价;第六,多指标综合评价方法不只是一个方法,而是一个方法系统。

其一般研究步骤有:第一,选取评价指标,建立评价指标体系;第二,根据被评价事物的实际情况,选定所用的无量纲化和合成公式;第三,确定指标的有关阈值和参数,如适度值、不允许值、满意值等,确定那些阈值、参数要随无量纲化方法的不同而不同;第四,确定每个指标在评价指标体系中的权数;第五,将指标实际值转化为指标评价值,即无量纲化;第六,将各指标评价值合成,即加权平均,以得出综合评价值。前 3 个步骤在我们前面几节中有所涉及,因此,我们在本节重点讨论后 3 个步骤的实现问题。

一、权重设定方法选择

指标的权重即各个指标在整个评价体系中相对重要性的数量表示。权重确定得合理与否对综合评价的结果和评价工作质量有着决定性的影响。在多指标综合评价中,人们提出了各种各样的评价方法。按赋权方法的不同,单一综合评价方法可以分为两大类:主观赋权和客观赋权法。主观赋权法是研究者根据其主观价值判断来指定各指标权重的方法,主要包括专家评判法、层次分析法等;客观赋权法是指直接将指标的数据通过数学或统计方法处理后获得权数的方法,主要有变异系数法、熵值法、主成分分析法、因子分析法等。然而,无论是选用主观赋权法,还是选用客观赋权法,都有其自身无法解决的缺点。主观赋权法虽然能充分吸收本领域专家高深的理论知识和丰富经验,体现出各个指标的重要程度,但以人的主观判断作为赋权基础不尽完全合理。客观赋权法虽然具有赋权客观、不受人为因素影响等优点,但也有不足之处:一是客观赋权法所得到各指标的权数不能体现各指标自身价值的重要性;二是各指标的权数随样本变化而变化。本节首先讨论几类赋权方法,作为后续权重设定的理论基础。

（一）主观赋权法——层次分析法

层次分析法(Analytic Hierarchy Process, AHP)是美国著名运筹学家萨泰(T. L. Saaty)于 20 世纪 60 年代提出的。AHP 法体现了决策思维的基本特征:分解、判断、综合,并以其简洁性、实用性和系统性在社会经济界得到广泛应用。AHP 的主要原理是把复杂的问题分解成各个组成元素,将这些元素按支配关系分组形成有序的递阶层次结构,根据一定的比率标度,通过两两比较的方法,将判断定量化,形成判断矩阵,计算确定层次中诸元素的重要性。具体做法是先计算各层指标单排序权重,然后再计算各层指标相对于总目标的总排序权重。其基本步骤如下:

1. 递阶层次结构的建立

首先根据我们对问题的了解和初步分析,把复杂问题分解成称之为元素的各组成部分,把这些元素按属性不同分为若干组,以形成不同层次。同一层次的元素作为准则,对下一层次的某些元素起支配作用,同时又受上一层次元素支配。这种从上到下的支配关系形成了一个递阶层次。处于最上边的层次称为目标层,通常只有一个元素,一般是分析问题的预定目标或理想结果。中间的层次一般是准则、子准则,称为准则层。最低一层是方案层(指标),其中排列了各种可能采取的方案和措施。

对我国节能减排的评价可分为 4 层:第一层为我国节能减排状况综合评价层,即目标层,记为 G。第二层、第三层为节能减排的中间层(或准则层),具体有 2 个一级准则,即:节能,记为 A1;减排,记为 A2。一级准则层节能下设能源生产、能源供应、能源消费、能源利用效率、能源安全 5 个二级准则,记为 B1、B2、B3、B4、B5;一级准则层减排下设大气、水、土地 3 个二级准则,记为 B6、B7、B8。第四层为三级准则层,包括能源生产总量、能源生产结构、能源储采比例、能源加工转换效率、能源消费总量、能源消费结构、综合生产效率、产业及部门能源使用效率、高耗能产品综合能耗、进口、战略燃料储备、可支付性、不平等、气体污染物排放、气体污染物治理、空气质量、水系污染物排放、水系污染物治理、水系质量、水资源节约、土地资源质量、土地资源污染物治理,记为 C1、C2、C3、C4、C5、C6、C7、C8、C9、C10、C11、C12、C13、C14、C15、C16、C17、C18、C19、C20、C21、C22。第四层为节能减排的指标层:人均能源生产,记为 D1;能源生产弹性系数,记为 D2;石油生产量占能源总产量比例,记为 D3;煤炭生产量占能源总产量比例,记为 D4;天然气生产量占能源总产量比例,记为 D5;可再生能源占能源总产量比例,记为 D6;石油储采比,记为 D7;煤炭储采比,记为 D8;天然气储采比,记为 D9;发电及电站供热效率,记为 D10;炼焦效率,记为 D11;炼油效率,记为 D12;总能源加工转换效率,记为 D13;人均能源消费,记为 D14;能源消费弹性系数,记为 D15;石油消费占能源消费总量份额,记为 D16;煤炭消费占能源消费总量份额,记为 D17;天然气消费占能源消费总量份额,记为 D18;可再生能源占能源份额,记为 D19;万元 GDP 能耗,记为 D20;万元 GDP 电耗,记为 D21;农业能源强度,记为 D22;工业能源强度,记为 D23;服务业能源强度,记为 D24;交通业能源强度构建,记为 D25;居民部门能源强度,记为 D26;单位乙烯综合能耗,记为 D27;吨钢可比能耗,记为 D28;纸与纸板综合能耗,记为 D29;水泥综合能耗,记为 D30;能源进口依存,记为 D31;单位关键能源消费储备,记为 D32;能源和电支出占家庭收入的比重,记为 D33;居民能源消费基尼系数,记为 D34;人均工业废气排放量,记为 D35;人均二氧化硫排放量,记为 D36;人均二氧化碳排放量,记为 D37;人均烟尘排放量,记为 D38;人均粉尘排放量,记为 D39;万元 GDP 二氧化碳排放量,记为 D40;工业二氧化硫去除率,记为 D41;工业烟尘达标排放率,记为 D42;工业粉尘达标排放率,记为 D43;城市区域周围空气污染浓度,记为 D44;重点城市空气质量好于Ⅱ级标准的天数超过 292 天的比例,记为 D45;人均工业废水排放量,记为 D46;人均化学需氧量排放量,记为 D47;人均氨氮排放量,记为 D48;工业废水排放达标率,记为 D49;城市污水处理率,记为 D50;工业废水化学需氧量去除率,记为 D51;工业废水氨氮去除率,记为 D52;地表水国控断面好于Ⅲ级的比例,记为 D53;七大水系国控断面好于Ⅲ级的比例,记为 D54;万元工业增加值用水量,记为 D55;万元农业增加值用水量,记为 D56;节水灌溉面积占耕地面积比重,记为 D57;工业节约用水率,记为 D58;城市用水重复利用率,记为 D59;土壤酸化超过阈值,记为 D60;能源使用引起的森林退化率,记为 D61;单位工业增加值固体废物排放量,记为 D62;工业固体废物综合利用率,记为 D63;城市生活垃圾无害化处理率,记为 D64。

2. 两两比较判断矩阵的构造

判断矩阵表示针对上一层次因素,本层次与之有关的因素之间相对重要性的比较。建立层次分析模型以后,就可以在各层元素中进行两两比较,构造出判断矩阵。假定上一层的元素 B_k 作为准则,对下一层的元素 $C_1,C_2,\cdots,C_N$ 有支配关系。在准则 B_k 之下,每次取两个元素 C_i 和 C_j,用 C_{ij} 表示 C_i 与 C_j 关于准则 B_k 的相对重要程度之比,其全部比较结果可用矩阵 C 表示,C 称为比较判断矩阵,一般来说判断矩阵的形式如表 6.3 所示。

• • •

表 6.3　判断矩阵

B_k	C_1	C_2	$\cdots$	C_n
C_1	C_{11}	C_{12}	$\cdots$	C_{1n}
C_2	C_{21}	C_{22}	$\cdots$	C_{2n}
$\vdots$	$\vdots$	$\vdots$		$\vdots$
C_n	C_{n1}	C_{n2}	$\cdots$	C_{nn}

矩阵 C 具有如下的性质：

(1) $C_{ij} > 0$ (6-1)

(2) $C_{ij} = 1/C_{ji}$ ($i \neq j$)   (6-2)

(3) $C_{ii} = 1$ ($i, j = 1, 2, \cdots, n$)   (6-3)

通常把这类矩阵 C 称为正反矩阵，对正反矩阵 C，若有对任意 i, j, k，均有 $C_{ij} \cdot C_{jk} = C_{ik}$，此时称该矩阵为一致矩阵。

在层次分析法中，为了使决策判断定量化，形成上述数值判断矩阵，通常根据一定的比率标度将判断定量化，这里给出一种常用的 1—9 标度方法，如表 6-4 所示。

表 6.4　判断矩阵标度及其含义

序号	重要性等级	赋值
1	i, j 两元素同等重要	1
2	i 元素比 j 元素稍微重要	3
2	i 元素比 j 元素明显重要	5
4	i 元素比 j 元素强烈重要	7
5	i 元素比 j 元素极端重要	9
6	对应以上两相邻判断的中间情况	2、4、6、8
7	i, j 两元素比较得 C_{ij}，则相反比较得为 C_{ji}	倒数

3. 判断矩阵的一致性检验

由于构造的判断矩阵可能会存在一定的误差，为了避免这种误差，要对判断矩阵进行一次性检验，取判断矩阵最大特征根（λ_{max}）与判断矩阵的阶数（n）的相对误差作为判断矩阵的一致性指标，记为 CI（Consistency Index）：

$$CI = \frac{\lambda \max - n}{n - 1} \quad （n \text{ 为判断矩阵的阶数}）\qquad (6-4)$$

为了量化 λ_{max} 与 n 的接近程度，Saaty 教授给出了平均随机一致性指标值（RI）：

表 6.5　1-9 阶矩阵的随机一致性指标（RI）

n	1	2	3	4	5	6	7	8	9
RI	0.00	0.00	0.85	0.90	1.12	1.24	1.32	1.41	1.45

表中，当 $n=1,2$ 时，$RI=0$，这是因为 $1,2$ 阶判断矩阵总是一致的。

当 $n \geqslant 3$ 时，令 $CR=CI/RI$，称 CR 为一致性比例。当 $CR<0.1$ 时，一般认为矩阵 A 具有满意的一致性；当 $CR>0.1$ 时，则认为矩阵上不具满意的一致性，需要对判断矩阵进行调整。

4．权重的确定

（1）层次单排序。

层次单排序是指确定本层次元素相对于上一层次某元素重要性的权重。原理上可归结为计算判断矩阵的最大特征根对应的特征向量，即计算满足：$AW=\lambda_{max}W$ 的最大特征根 λ_{max} 及相应的特征向量 W_i，对 W_i 归一化即为对应元素单排序的权重，本书利用 Matlab 软件计算各判断矩阵的特征向量。

（2）层次总排序。

对层次单排序后，就可以计算对上一层次而言本层次所有因素重要性的权重，即进行层次总排序。层次总排序需要从上而下逐层按顺序进行，对于目标层下的准则层，其层次单排序就是层次总排序。假定准则层 B 中所有因素 $B_1,B_2,\cdots,B_m$ 的单排序已完成，得到的权重分别为 $b_1,b_2,\cdots,b_m$，与 B_i 对应的指标层因素 $C_1,C_2,\cdots,C_n$ 单排序的结果为 $c_1,c_2,\cdots,c_n$。则指标层 C 的总排序结果是 $\sum\limits_{j=1}^{n} b_i c_j$，同理在对准则层 A 和准则层 B 进行排序，整合两个准则层，方法相同。

5．层次总排序的一致性检验

层次总排序的结果是否合理，还需要进行一致性检验，其检验量与判断矩阵的一致性检验类似，需要计算层次总排序一致性指标 CI，层次总排序平均随机一致性指标 RI 和总排序随机一致性比例 CR，它们的表达公式为：

$$CI = \sum_{i=1}^{m} b_i CI_i \tag{6-5}$$

$$RI = \sum_{i=1}^{m} b_i RI_i \tag{6-6}$$

$$CR = \frac{CI}{RI} \tag{6-7}$$

式中，CI_i 是与 B_i 对应的 C 层次中判断矩阵的一致性指标，RI_i 是与 B_i 对应的 C 层次中判断矩阵的平均随机一致性指标。同样，当 $CR<0.1$ 时，一般认为层次总排序具有满意的一致性。

（二）客观赋权法——信息量权重

信息量权数是从评价指标包含被评价对象分辨信息的多少来确定的一种权数。这种权数的设计思想是：评价指标是用来区分各被评价对象的，如果某指标数值能明确地区分开各被评价对象，则说明该指标数值在这项评价上分辨信息量比较丰富；反过来，若某指标数值在各被评价对象上都相同,那么,这项指标就无助于区分各被评价对象,就不具备什么分辨信息,在评价中就该淘汰,也就应将这项指标权数定为零。由此,可得出信息量权数的确定原则:某项指标在各被评价对象间数值的离差越大,则该指标分辨信息越多,其权数也越大;反之,离差越小,信息就越少,指标权数也就越小。信息量权重主要包括比重权重(熵值法)、变异权重(变异系数法)、排序权重(秩和比法)等。

1. 熵值法

信息熵是一个数学上颇为抽象的概念。在这里,我们把信息熵理解成某种特定信息的出现概率。根据查尔斯·H·班尼特(Charles H. Bennett)对 Maxwell's Demon 的重新解释,对信息的销毁是一个不可逆过程,所以销毁信息是符合热力学第二定律的。而产生信息,则是为系统引入负熵的过程。所以信息熵的符号与热力学熵应该是相反的。一般而言,当一种信息出现概率更高的时候,表明它被传播得更广泛,或者说,被引用的程度更高。我们可以认为,从信息传播的角度来看,信息熵可以表示信息的价值。这样,我们就有一个衡量信息价值高低的标准,可以做出关于知识流通问题的更多推论。在经济学中,熵被用来描述运动过程中的一种不可逆现象,后来用熵表示事物出现的不确定性。下面论述一种基于信息熵的多属性决策方法。具体步骤见:

步骤1:对于某一多属性决策问题,构造决策矩阵 $A = (a_{ij})_{n \times m}$,并利用适当的方法把它规范化为 $R = (r_{ij})_{n \times m}$。

步骤2:计算矩阵 $R = (r_{ij})_{n \times m}$,得到归一化矩阵 $\tilde{R} = (\tilde{r}_{ij})_{n \times m}$,其中

$$\tilde{r}_{ij} = \frac{r_{ij}}{\sum_{i=1}^{n} r_{ij}}, i \in \mathbf{N}, j \in M \tag{6-8}$$

步骤3:计算指标 u_j 输出的信息熵 E,

$$E = -\frac{\sum_{i=1}^{n} \tilde{r}_{ij} \ln \tilde{r}_{ij}}{\ln n}, j \in M \tag{6-9}$$

当 $\tilde{r}_{ij} = 0$ 时,规定 $\tilde{r}_{ij} \ln \tilde{r}_{ij} = 0$。

步骤4:计算指标权重向量 $w = (w_1, w_2, \cdots, w_m)$,其中

$$w_j = \frac{(1 - E_j)}{\sum_{k=1}^{m} (1 - E_k)} \tag{6-10}$$

2. 变异系数法

变异系数又称"标准差率",是衡量资料中各观测值变异程度的统计量,通常记为 C. V. 。当进行两个或多个资料变异程度的比较时,如果度量单位与平均数相同,可以直接利用标准差来比较。如果单位和(或)平均数不同时,比较其变异程度就不能采用标准差,而需采用标准差与平均数的比值(相对值)来比较。变异系数可以消除单位和(或)平均数不同对两个或多个资料变异程度比较的影响,从而反映单位均值上的离散程度,常

用在两个总体均值不等的离散程度的比较上。若两个总体的均值相等,则比较标准差系数与比较标准差是等价的。

$$步骤 1:计算各指标平均值 \mu_i = \frac{\sum\limits_{y=1}^{5} D_{iy}}{5} \tag{6-11}$$

$$步骤 2:计算各指标标准差 \sigma_i = \sqrt{\sum\limits_{y=1}^{5} (D_{iy} - \mu_i)^2} \tag{6-12}$$

$$步骤 3:计算各指标变异系数 CV_i = \frac{\sigma_i}{\mu_i} \tag{6-13}$$

$$步骤 4:计算各指标权重 w = (w_1, w_2, \cdots, w_m),其中 w_i = \frac{CV_i}{\sum\limits_{i=1}^{m} CV_i}$$

各类赋权方法各有千秋。主观赋权法虽然能充分吸收专家高深的理论知识和丰富经验,体现出各个指标的重要程度,但以人的主观判断作为赋权基础不尽合理。客观赋权法可以不受人为因素影响,针对各指标,权数随之变化。为避免使用单一方法所产生的局限性,在本书中将这两类客观赋权法有机结合起来,采用综合集成赋权法确定各项指标的权重。

二、综合权重计算

1. 数据及其处理

对我国节能减排工作开展情况进行评价,需要对其进行评价系统分析,确定评价范围,即从哪些角度进行切入;以 2005 年评价为起点,选取 2006 年至 2009 年作为评价时期,考察"十一五"以来我国节能减排政策的贯彻程度。本书定量指标数据来自 2011—2005 年《中国统计年鉴》、《中国能源统计年鉴》、《中国环境统计年鉴》、《BP 世界能源统计年鉴》、《中国林业统计年鉴》、世界银行相关数据、国际能源机构 IEA 相关数据、美国能源署 EIA 相关数据、全国环境统计公报(年报)、全国林业经济运行状况报告等。根据选取指标,利用搜寻所得统计数据,运用一定监测方法进行节能减排执行水平监测评价。具体数据如表 6.6、表 6.7 所示。

表 6.6　我国 2005—2009 年节能减排指标原始值

指标	2005 年	2006 年	2007 年	2008 年	2009 年	下限	上限	单位
D1	1.5760	1.7662	1.8715	1.9620	2.0578	1.5760	2.5943	标准煤吨/人
D2	0.98	0.58	0.46	0.56	0.59	0.98	0.3133	%
D3	12.6	11.3	10.8	10.5	9.9	12.6	10	%
D4	76.4	77.8	77.7	76.8	77.3	76.4	75	%

（续表）

指标	2005 年	2006 年	2007 年	2008 年	2009 年	下限	上限	单位
D5	3. 3	3. 4	3. 7	4. 09	4. 1	3. 3	5	％
D6	7. 7	7. 5	7. 8	8. 62	8. 7	7. 7	10	％
D7	1. 3	0	0. 8	0. 2	0. 4	0		年
D8	7	4	3	4	3	0		年
D9	7. 7	5. 2	4. 6	4. 9	3. 5	0		年
D10	39. 87	39. 87	40. 24	41. 04	41. 73	39. 87	42	％
D11	97. 57	97. 77	97. 56	97. 75	97. 38	97. 57	98	％
D12	96. 86	96. 86	97. 17	97. 17	96. 63	96. 86	97	％
D13	71. 55	71. 24	70. 77	71. 55	72. 01	71. 55	72. 5	％
D14	1. 707 9	1. 967 9	2. 123 0	2. 194 6	2. 297 8	1. 707 9	3. 000 0	标准煤吨/人
D15	0. 93	0. 76	0. 59	0. 41	0. 57	0. 93	0. 451 3	％
D16	21	19. 3	18. 8	18. 3	17. 9	21	15	％
D17	68. 9	71. 1	71. 1	70. 3	70. 4	68. 9	70	％
D18	2. 9	2. 9	3. 3	3. 7	3. 9	2. 9	5	％
D19	7. 2	6. 7	6. 8	7. 7	7. 8	7. 2	10	％
D20	1. 28	1. 24	1. 18	1. 12	1. 08	1. 28	1	标准煤吨/万元
D21	1. 338 7	1. 360 7	1. 368 9	1. 317 0	1. 284 7	1. 338 7	1. 089 0	千瓦时/万元
D22	0. 355 8	0. 356 6	0. 337 6	0. 233 6	0. 233 1	0. 355 8	0. 284 7	标准煤吨/万元
D23	2. 065 1	2. 009 0	1. 898 4	1. 900 7	1. 830 7	2. 065 1	1. 652 1	标准煤吨/万元
D24	0. 277 0	0. 257 9	0. 236 3	0. 198 3	0. 200 2	0. 277 0	0. 221 6	标准煤吨/万元
D25	0. 193 5	0. 211 2	0. 233 2	0. 240 2	0. 253 6	0. 179 3	0. 143 5	标准煤吨/人
D26	1. 691 4	1. 692 2	1. 644 1	1. 597 6	1. 583 6	1. 559 0	1. 247 2	标准煤吨/万元
D27	1. 073 0	1. 013 0	1. 026 0	1. 010 0	0. 976 0	1. 073 0	0. 650 0	千克标准煤/吨
D28	0. 732 0	0. 729 0	0. 718 0	0. 709 0	0. 679 0	0. 732 0	0. 685 0	千克标准煤/吨
D29	1. 380 0	1. 290 0	1. 255 0	1. 153 0	1. 131 0	1. 380 0	0. 678 0	千克标准煤/吨
D30	0. 167 0	0. 161 0	0. 158 0	0. 151 0	0. 120 0	0. 167 0	0. 148 0	千克标准煤/吨
D31	11. 338 1	11. 881 6	12. 442 3	12. 535 2	14. 963 6	11. 338 1	20. 000 0	％
D32	30	30	30	30	33	30	90	天

表 6.7　我国 2005—2009 年节能减排指标原始值

指标	2005 年	2006 年	2007 年	2008 年	2009 年	下限	上限	单位
D33	7.042 9	7.119 1	6.802 6	7.118 7	6.087 6	7.042 9	4.000 0	%
D34	0.235 9	0.226 9	0.218 4	0.223 8	0.223 3	0.235 9	0.150 0	无
D35	2.057 2	2.518 0	2.937 8	3.041 1	3.267 0	2.057 2	1.645 8	吨/人
D36	0.019 5	0.019 7	0.018 7	0.017 5	0.016 6	0.019 5	0.015 6	吨/人
D37	4.285 0	4.758 8	5.117 4	5.025 6	5.307 6	4.285 0	3.428 0	吨/人
D38	0.009 0	0.008 3	0.007 5	0.006 8	0.004 5	0.009 0	0.007 2	吨/人
D39	0.007 0	0.006 1	0.005 3	0.004 4	0.003 9	0.007 0	0.005 6	吨/人
D40	3.043 5	2.889 5	2.541 5	2.123 3	2.076 2	3.043 5	2.434 8	吨/人
D41	29.957 7	39.169 3	47.582 4	53.448 0	60.800 0	29.957 7	60	%
D42	94.568 1	96.461 2	97.027 1	97.851 3	98.200 0	94.568 1	95	%
D43	87.628 1	90.005 3	91.650 6	93.541 4	94.300 0	87.628 1	95	%
D44	76	74	69	66	65	76	63.45	微克/立方米
D45	67.741 9	67.741 9	80.645 2	87.096 8	87.096 8	67.741 9	90	%
D46	18.590 0	18.273 4	18.663 6	18.200 0	17.560 4	18.590 0	16.731 0	吨/人
D47	10.820 0	10.865 1	10.458 0	9.944 9	9.571 5	10.820 0	9.738 0	千克/人
D48	1.146 0	1.075 7	1.001 3	0.956 3	0.918 6	1.146 0	1.031 4	千克/人
D49	91.2	90.7	91.7	92.4	94.2	91.2	97	%
D50	51.99	57.1	62.1	70.2	75.3	51.99	70	%
D51	66.238 6	66.996 6	73.634 5	74.219 7	75.241 4	66.238 6	80	%
D52	41.916 7	56.550 5	62.851 2	68.673 0	70.146 6	41.916 7	80	%
D53	34.8	30.8	32.3	35.3	34	34.8	35	%
D54	0.309 2	0.272 5	0.275 5	0.298 7	0.297 4	0.309 2	43	%
D55	166	154	140	127	116	166	116.2	立方米/万元
D56	1 596.789	1 556.603	1 473.852	1 423.498	1 388.564	1 596.789	1 277.431	立方米/万元
D57	16.409 0	17.245 6	19.295 6	20.075 8	21.159 3	16.409 0	23	%
D58	4.610 9	5.124 9	5.200 0	7.199 9	7.321 3	4.610 9	8	%
D59	71.798 1	70.954 9	73.550 0	76.830 6	75.960 0	71.798 1	80	%
D60	27.7	27.2	27.7	26.7	26.2	27.7	19	%
D61	0.202 0	0.158 8	0.145 9	0.194 5	0.175 9	0.202 0	0	%
D62	214.253	149.4	119.5	71.3	59	214.253	192.827 7	千克/万元
D63	56.1	60.2	62	64.3	67	56.1	60	%
D64	51.7	52.2	62	66.8	71.4	51.7	60	%

　　由于统计指标体系由量纲不一致的多级指标构成,故需对其进行适当的数学处理才能得出一级指标。指标属性分为效益型和成本型,其中效益型属性是指属性值越大越好的属性,成本型属性是指属性值越小越好的属性。考虑到 2005 年数据作为评价的起点,因此以 2005 年数据为指标下限、上节讨论的 2010 年标准值为上限,得到 2006—2009 年数据的规范化结果,由此消除不同纲量对决策结果的影响。评价时按下列公式对指标属性值进行规范化处理:

$$效益型: r_{ij} = \frac{(a_{ij} - \min_i a_{ij})}{(\max_i a_{ij} - \min_i a_{ij})} \qquad (6\text{-}14)$$

$$成本型: r_{ij} = \frac{(\max_i a_{ij} - a_{ij})}{(\max_i a_{ij} - \min_i a_{ij})} \qquad (6\text{-}15)$$

得指标规范化后的值,见表 6.8、表 6.9 所示。

表 6.8　我国 2005—2009 年节能减排指标规范化值

指标	2006 年	2007 年	2008 年	2009 年
D1	0.186 8	0.290 2	0.379 1	0.473 1
D2	0.600 0	0.780 0	0.630 0	0.585 0
D3	0.232 1	0.321 4	0.375 0	0.482 1
D4	0.875 0	0.812 5	0.250 0	0.562 5
D5	0.058 8	0.235 3	0.464 7	0.470 6
D6	0.000 0	0.043 5	0.400 0	0.434 8
D7	1.000 0	0.000 0	0.600 0	0.200 0
D8	0.000 0	0.250 0	0.000 0	0.250 0
D9	0.000 0	0.080 0	0.020 0	0.300 0
D10	0.000 0	0.173 7	0.549 3	0.873 2
D11	0.465 1	0.000 0	0.418 6	0.000 0
D12	0.000 0	1.000 0	1.000 0	0.000 0
D13	0.271 7	0.000 0	0.450 9	0.716 8
D14	0.201 2	0.321 3	0.376 7	0.456 5
D15	0.355 1	0.710 3	1.000 0	0.752 0
D16	0.154 5	0.200 0	0.245 5	0.281 8
D17	0.360 7	0.360 7	0.229 5	0.245 9

（续表）

指标	2006 年	2007 年	2008 年	2009 年
D18	0.000 0	0.190 5	0.381 0	0.476 2
D19	0.000 0	0.000 0	0.178 6	0.214 3
D20	0.142 9	0.357 1	0.571 4	0.714 3
D21	0.000 0	0.000 0	0.086 7	0.216 1
D22	0.000 0	0.256 3	1.000 0	1.000 0
D23	0.135 8	0.403 6	0.398 1	0.567 5
D24	0.344 1	0.735 5	1.000 0	1.000 0
D25	0.061 4	0.137 6	0.161 8	0.208 3
D26	0.000 0	0.139 9	0.277 4	0.318 9
D27	0.141 8	0.111 1	0.148 9	0.229 3
D28	0.063 8	0.297 9	0.489 4	1.000 0
D29	0.128 2	0.178 1	0.323 4	0.354 7
D30	0.315 8	0.473 7	0.842 1	1.000 0
D31	0.888 2	0.772 9	0.753 8	0.254 3
D32	0.000 0	0.000 0	0.000 0	0.050 0

表 6.9　我国 2005—2009 年节能减排指标规范化值续表

指标	2006 年	2007 年	2008 年	2009 年
D33	0.000 0	0.079 0	0.000 0	0.313 9
D34	0.104 8	0.203 3	0.140 7	0.146 7
D35	0.000 0	0.000 0	0.648 3	0.257 2
D36	0.000 0	0.209 7	0.517 6	0.745 5
D37	0.662 7	1.000 0	1.000 0	1.000 0
D38	0.420 7	0.871 9	1.000 0	1.000 0
D39	0.587 6	1.000 0	1.000 0	1.000 0
D40	0.253 0	0.824 6	1.000 0	1.000 0
D41	0.306 6	0.586 7	0.781 9	1.000 0
D42	0.551 6	0.716 5	0.956 7	1.000 0
D43	0.322 5	0.545 7	0.802 1	0.905 0
D44	0.000 0	0.866 1	0.938 5	0.962 6

（续表）

指标	2006 年	2007 年	2008 年	2009 年
D45	0.000 0	0.579 7	0.869 6	0.869 6
D46	0.170 3	0.000 0	0.209 8	0.553 8
D47	0.000 0	0.334 6	0.808 8	1.000 0
D48	0.613 3	1.000 0	1.000 0	1.000 0
D49	0.000 0	0.086 2	0.206 9	0.517 2
D50	0.283 7	0.561 4	1.000 0	1.000 0
D51	0.055 1	0.537 4	0.580 0	0.654 2
D52	0.384 3	0.549 7	0.702 6	0.741 3
D53	1.000 0	0.625 0	0.000 0	0.200 0
D54	1.000 0	1.000 0	0.527 4	0.591 6
D55	0.241 0	0.522 1	0.783 1	1.000 0
D56	0.125 8	0.385 0	0.542 6	0.652 0
D57	0.126 9	0.438 0	0.556 3	0.720 7
D58	0.151 7	0.173 8	0.763 9	0.799 7
D59	0.000 0	0.213 6	0.613 6	0.507 4
D60	0.057 5	0.000 0	0.114 9	0.172 4
D61	0.213 7	0.277 9	0.037 1	0.129 3
D62	0.378 9	0.553 6	0.835 2	0.907 0
D63	1.000 0	1.000 0	1.000 0	1.000 0
D64	0.060 2	1.000 0	1.000 0	1.000 0

2. 熵值法权重计算

根据表 6.8、表 6.9 中求出的规范化矩阵和步骤 2 确定的方法，求得归一化矩阵（见表 6.10），方便计算，并且这个数据适用于以后的数据标准化部分：

表 6.10 我国 2006—2009 年节能减排指标归一化值

指标	2006 年	2007 年	2008 年	2009 年
D1	0.186 8	0.290 2	0.379 1	0.473 1
D2	0.600 0	0.780 0	0.630 0	0.585 0
D3	0.232 1	0.321 4	0.375 0	0.482 1

（续表）

指标	2006 年	2007 年	2008 年	2009 年
D4	0.875 0	0.812 5	0.250 0	0.562 5
D5	0.058 8	0.235 3	0.464 7	0.470 6
D6	0.000 0	0.043 5	0.400 0	0.434 8
D7	1.000 0	0.000 0	0.600 0	0.200 0
D8	0.000 0	0.250 0	0.000 0	0.250 0
D9	0.000 0	0.080 0	0.020 0	0.300 0
D10	0.000 0	0.173 7	0.549 3	0.873 2
D11	0.465 1	0.000 0	0.418 6	0.000 0
D12	0.000 0	1.000 0	1.000 0	0.000 0
D13	0.271 7	0.000 0	0.450 9	0.716 8
D14	0.201 2	0.321 3	0.376 7	0.456 5
D15	0.355 1	0.710 3	1.000 0	0.752 0
D16	0.154 5	0.200 0	0.245 5	0.281 8
D17	0.360 7	0.360 7	0.229 5	0.245 9
D18	0.000 0	0.190 5	0.381 0	0.476 2
D19	0.000 0	0.000 0	0.178 6	0.214 3
D20	0.142 9	0.357 1	0.571 4	0.714 3
D21	0.000 0	0.000 0	0.086 7	0.216 1
D22	0.000 0	0.256 3	1.000 0	1.000 0
D23	0.135 8	0.403 6	0.398 1	0.567 5
D24	0.344 1	0.735 5	1.000 0	1.000 0
D25	0.061 4	0.137 6	0.161 8	0.208 3
D26	0.000 0	0.139 9	0.277 4	0.318 9
D27	0.141 8	0.111 1	0.148 9	0.229 3
D28	0.063 8	0.297 9	0.489 4	1.000 0
D29	0.128 2	0.178 1	0.323 4	0.354 7
D30	0.315 8	0.473 7	0.842 1	1.000 0
D31	0.888 2	0.772 9	0.753 8	0.254 3
D32	0.000 0	0.000 0	0.000 0	0.050 0
D33	0.000 0	0.079 0	0.000 0	0.313 9

（续表）

指标	2006 年	2007 年	2008 年	2009 年
D34	0.104 8	0.203 3	0.140 7	0.146 7
D35	0.000 0	0.000 0	0.648 3	0.257 2
D36	0.000 0	0.209 7	0.517 6	0.745 5
D37	0.662 7	1.000 0	1.000 0	1.000 0
D38	0.420 7	0.871 9	1.000 0	1.000 0
D39	0.587 6	1.000 0	1.000 0	1.000 0
D40	0.253 0	0.824 6	1.000 0	1.000 0
D41	0.306 6	0.586 7	0.781 9	1.000 0
D42	0.551 6	0.716 5	0.956 7	1.000 0
D43	0.322 5	0.545 7	0.802 1	0.905 0
D44	0.000 0	0.866 1	0.938 5	0.962 6
D45	0.000 0	0.579 7	0.869 6	0.869 6
D46	0.170 3	0.000 0	0.209 8	0.553 8
D47	0.000 0	0.334 6	0.808 8	1.000 0
D48	0.613 3	1.000 0	1.000 0	1.000 0
D49	0.000 0	0.086 2	0.206 9	0.517 2
D50	0.283 7	0.561 4	1.000 0	1.000 0
D51	0.055 1	0.537 4	0.580 0	0.654 2
D52	0.384 3	0.549 7	0.702 6	0.741 3
D53	1.000 0	0.625 0	0.000 0	0.200 0
D54	1.000 0	1.000 0	0.527 4	0.591 6
D55	0.241 0	0.522 1	0.783 1	1.000 0
D56	0.125 8	0.385 0	0.542 6	0.652 0
D57	0.126 9	0.438 0	0.556 3	0.720 7
D58	0.151 7	0.173 8	0.763 9	0.799 7
D59	0.000 0	0.213 6	0.613 6	0.507 4
D60	0.057 5	0.000 0	0.114 9	0.172 4
D61	0.213 7	0.277 9	0.037 1	0.129 3
D62	0.378 9	0.553 6	0.835 2	0.907 0
D63	1.000 0	1.000 0	1.000 0	1.000 0
D64	0.060 2	1.000 0	1.000 0	1.000 0

根据 $E = -\dfrac{\sum\limits_{i=1}^{n} \tilde{r}_{ij} \ln \tilde{r}_{ij}}{\ln n}$,$j \in M$,当 $\tilde{r}_{ij} = 0$ 时,规定 $\tilde{r}_{ij} \ln \tilde{r}_{ij} = 0$。计算求得各个指标输出的信息熵 E,如表 6.11 所示。

表 6.11   我国 2006—2009 年节能减排指标信息熵表

指标	熵值	指标	熵值	指标	熵值	指标	熵值
D1	0.961 9	D17	0.984 5	D33	0.361 9	D49	0.630 1
D2	0.995 0	D18	0.747 5	D34	0.980 1	D50	0.927 0
D3	0.976 0	D19	0.497 0	D35	0.430 5	D51	0.863 8
D4	0.936 7	D20	0.905 3	D36	0.713 9	D52	0.978 7
D5	0.863 6	D21	0.432 0	D37	0.990 2	D53	0.677 3
D6	0.616 8	D22	0.698 5	D38	0.965 6	D54	0.970 4
D7	0.675 8	D23	0.930 2	D39	0.984 3	D55	0.921 7
D8	0.500 0	D24	0.950 3	D40	0.929 7	D56	0.909 1
D9	0.495 9	D25	0.944 1	D41	0.943 8	D57	0.905 0
D10	0.677 0	D26	0.754 3	D42	0.980 9	D58	0.831 0
D11	0.499 0	D27	0.973 7	D43	0.952 0	D59	0.734 5
D12	0.500 0	D28	0.789 5	D44	0.791 8	D60	0.729 6
D13	0.739 7	D29	0.943 7	D45	0.780 6	D61	0.873 6
D14	0.971 4	D30	0.934 4	D46	0.689 3	D62	0.961 6
D15	0.958 4	D31	0.942 1	D47	0.731 0	D63	1.000 0
D16	0.982 7	D32	0.000 0	D48	0.986 5	D64	0.846 7

计算属性权重向量 $w = (w_1, w_2, \cdots, w_m)$,$w_j = \dfrac{(1 - E_j)}{\sum\limits_{k=1}^{m} (1 - E_k)}$,得到各个指标权重,如表 6.12 所示。

表 6.12   熵值法客观权重

指标	权重	指标	权重	指标	权重	指标	权重
D1	0.018 59	D17	0.019 02	D33	0.006 99	D49	0.012 18
D2	0.019 23	D18	0.014 44	D34	0.018 94	D50	0.017 91
D3	0.018 86	D19	0.009 60	D35	0.008 32	D51	0.016 69

（续表）

指标	权重	指标	权重	指标	权重	指标	权重
D4	0.018 10	D20	0.017 49	D36	0.013 79	D52	0.018 91
D5	0.016 69	D21	0.008 35	D37	0.019 13	D53	0.013 09
D6	0.011 92	D22	0.013 50	D38	0.018 66	D54	0.018 75
D7	0.013 06	D23	0.017 98	D39	0.019 02	D55	0.017 81
D8	0.009 66	D24	0.018 36	D40	0.017 96	D56	0.017 57
D9	0.009 58	D25	0.018 24	D41	0.018 24	D57	0.017 49
D10	0.013 08	D26	0.014 58	D42	0.018 96	D58	0.016 06
D11	0.009 64	D27	0.018 82	D43	0.018 40	D59	0.014 19
D12	0.009 66	D28	0.015 26	D44	0.015 30	D60	0.014 10
D13	0.014 29	D29	0.018 24	D45	0.015 08	D61	0.016 88
D14	0.018 77	D30	0.018 06	D46	0.013 32	D62	0.018 58
D15	0.018 52	D31	0.018 21	D47	0.014 13	D63	0.019 32
D16	0.018 99	D32	0.000 00	D48	0.019 06	D64	0.016 36

3. 变异系数法权重计算

同样基于规范化数据，计算各指标规范值的平均水平 $\mu_i = \dfrac{\sum\limits_{y=1}^{5} D_{iy}}{5}$ 及标准差 $\sigma_i = \sqrt{\sum\limits_{y=1}^{5}(D_{iy}-\mu_i)^2}$ ，得到各指标变异系数 $CV_i = \dfrac{\sigma_i}{\mu_i}$ ，结果见表6.13。

表 6.13　我国 2006—2009 年节能减排指标变异系数

指标	变异系数	指标	变异系数	指标	变异系数	指标	变异系数
D1	0.100 7	D17	0.012 8	D33	0.064 0	D49	0.014 8
D2	0.315 8	D18	0.136 5	D34	0.028 7	D50	0.149 7
D3	0.092 4	D19	0.069 5	D35	0.173 5	D51	0.060 2
D4	0.007 7	D20	0.069 9	D36	0.072 4	D52	0.190 9
D5	0.100 7	D21	0.025 6	D37	0.080 8	D53	0.055 7
D6	0.068 9	D22	0.212 1	D38	0.239 3	D54	0.054 7
D7	0.958 7	D23	0.048 6	D39	0.232 8	D55	0.142 9
D8	0.391 2	D24	0.148 8	D40	0.172 4	D56	0.059 0

指标	变异系数	指标	变异系数	指标	变异系数	指标	变异系数
D9	0.298 9	D25	0.105 7	D41	0.260 9	D57	0.104 7
D10	0.020 1	D26	0.031 0	D42	0.014 8	D58	0.215 7
D11	0.163 7	D27	0.034 4	D43	0.029 6	D59	0.034 5
D12	0.239 0	D28	0.029 8	D44	0.069 3	D60	0.024 1
D13	0.640 3	D29	0.082 3	D45	0.125 3	D61	0.134 3
D14	0.111 6	D30	0.122 0	D46	0.024 0	D62	0.512 3
D15	0.304 9	D31	0.110 0	D47	0.054 5	D63	0.066 7
D16	0.063 2	D32	0.000 0	D48	0.090 0	D64	0.143 9

随后计算属性权重向量 $w = (w_1, w_2, \cdots, w_m)$，$w_i = \dfrac{CV_i}{\sum\limits_{i=1}^{m} CV_i}$，得到各个指标权重，如

表 6.14 所示。

表 6.14　变异系数法客观权重

指标	权重	指标	权重	指标	权重	指标	权重
D1	0.011 42	D17	0.001 45	D33	0.007 26	D49	0.001 68
D2	0.035 83	D18	0.015 49	D34	0.003 25	D50	0.016 98
D3	0.010 49	D19	0.007 88	D35	0.019 69	D51	0.006 83
D4	0.000 88	D20	0.007 93	D36	0.008 21	D52	0.021 66
D5	0.011 42	D21	0.002 91	D37	0.009 17	D53	0.006 32
D6	0.007 82	D22	0.024 06	D38	0.027 16	D54	0.006 21
D7	0.108 78	D23	0.005 52	D39	0.026 41	D55	0.016 22
D8	0.044 39	D24	0.016 88	D40	0.019 57	D56	0.006 69
D9	0.033 91	D25	0.011 99	D41	0.029 60	D57	0.011 88
D10	0.002 28	D26	0.003 52	D42	0.001 68	D58	0.024 48
D11	0.018 57	D27	0.003 91	D43	0.003 35	D59	0.003 92
D12	0.027 12	D28	0.003 39	D44	0.007 86	D60	0.002 73
D13	0.072 66	D29	0.009 34	D45	0.014 22	D61	0.015 24
D14	0.012 66	D30	0.013 85	D46	0.002 72	D62	0.058 13
D15	0.034 60	D31	0.012 48	D47	0.006 18	D63	0.007 57
D16	0.007 18	D32	0.000 00	D48	0.010 21	D64	0.016 33

（三）综合集成赋权法

由于主观赋权法和客观赋权法各有其优点与缺点，为克服两种方法的缺点，吸引两种方法的优点，现将两者有机地结合起来，使所确定的权重同时体现主客观两方面的信息，这就是综合集成赋权法。综合集成赋权法的计算方法大体上可归为两类：一是乘法集成法，一是加法集成法。

1. 乘法集成法

乘法集成法利用每一项指标的主客观赋权法权重的乘积除以所有指标主客观赋权法权重乘积的和来确定该指标的合成权重，计算公式为：

$$w_j = \frac{p_j q_j}{\sum\limits_{j=1}^{m} p_j q_j}, j = 1, 2, \cdots, m \tag{6-16}$$

乘法集成法对使用不同分析方法得到的权重的一致性要求较高，只有在每一种方法确定的权重一致的情况下，合成后的权重才能反映现实情况。如果有一种方法确定的权重数值偏小，则合成后的权重也会偏小。

2. 加法集成法

加法集成法的基本原理是：设 p_j、q_j 分别是主观赋权法和客观赋权法确定的指标 x_j 的权重，利用一定的合成系数采用加法方式将它们进行合成，计算公式为：

$$w_j = k_1 p_j + k_2 q_j \quad (j = 1, 2, \cdots, m) \tag{6-17}$$

式中，w_j 是同时体现主客观信息的集成权重系数；k_1、k_2（k_1、$k_2 > 0$，且 $k_1 + k_2 = 1$）为合成系数。k_1、k_2 的确定可通过以下方法：

（1）数学模型生成。

对于指标体系综合评价值，

$$\sum_{i=1}^{m} y_i = \sum_{i=1}^{m} \sum_{j=1}^{n} (k_1 p_j + k_2 q_j) x_{ij} \tag{6-18}$$

确定 k_1、k_2，使其取值最大。在满足条件 k_1、$k_2 > 0$，且 $k_1 + k_2 = 1$ 下，应用拉格朗日条件极值原理，可得：

$$k_1 = \frac{\sum\limits_{i=1}^{m} \sum\limits_{j=1}^{n} p_j x_{ij}}{\sqrt{\left(\sum\limits_{i=1}^{m} \sum\limits_{j=1}^{n} p_j x_{ij}\right)^2 + \left(\sum\limits_{i=1}^{m} \sum\limits_{j=1}^{n} q_j x_{ij}\right)^2}} \tag{6-19}$$

$$k_2 = \frac{\sum\limits_{i=1}^{m} \sum\limits_{j=1}^{n} q_j x_{ij}}{\sqrt{\left(\sum\limits_{i=1}^{m} \sum\limits_{j=1}^{n} p_j x_{ij}\right)^2 + \left(\sum\limits_{i=1}^{m} \sum\limits_{j=1}^{n} q_j x_{ij}\right)^2}} \tag{6-20}$$

（2）主观偏好决定。

k_1、k_2 的确定可由决策者（或评价者）的主观偏好确定。特别是，当取 $k_1 = k_2$ 时，也可

由 $w_j = \dfrac{p_j + q_j}{\sum\limits_{l=1}^{m}(p_j + q_j)}$ 确定比例。

加法集成法对使用不同分析方法得到的权重的一致性要求不高，只要合成后的权重较符合现实情况，而不关心每一种方法得到的权重差异是否较大。

本书根据实际情况，只要求最后的合成权重能够反映现实情况，因此采用加法合成法，利用数学模型生成法计算 $k_1 = 0.5008$，$k_2 = 0.4992$，大致认定两种客观评价方法的重要性基本等价，得到我国节能减排统计指标体系各指标权重，见表 6.15。

表 6.15　我国节能减排指标体系指标综合权重

指标	综合权重	指标	综合权重	指标	综合权重	指标	综合权重
D1	0.015 00	D17	0.010 22	D33	0.007 13	D49	0.006 92
D2	0.027 54	D18	0.014 97	D34	0.011 08	D50	0.017 45
D3	0.014 67	D19	0.008 74	D35	0.014 01	D51	0.011 75
D4	0.009 47	D20	0.012 70	D36	0.011 00	D52	0.020 29
D5	0.014 05	D21	0.005 62	D37	0.014 14	D53	0.009 70
D6	0.009 86	D22	0.018 79	D38	0.022 91	D54	0.012 47
D7	0.061 00	D23	0.011 74	D39	0.022 72	D55	0.017 01
D8	0.027 05	D24	0.017 62	D40	0.018 77	D56	0.012 12
D9	0.021 77	D25	0.015 11	D41	0.023 93	D57	0.014 68
D10	0.007 67	D26	0.009 04	D42	0.010 30	D58	0.020 28
D11	0.014 12	D27	0.011 35	D43	0.010 86	D59	0.009 05
D12	0.018 40	D28	0.009 31	D44	0.011 57	D60	0.008 40
D13	0.043 52	D29	0.013 78	D45	0.014 65	D61	0.016 06
D14	0.015 71	D30	0.015 95	D46	0.008 01	D62	0.038 39
D15	0.026 57	D31	0.015 34	D47	0.010 15	D63	0.013 44
D16	0.013 07	D32	0.000 00	D48	0.014 63	D64	0.016 35

三、统计指标的无量纲化

节能减排统计指标体系的各个评价指标之间，由于其量纲、经济意义、表现形式以及对总目标的作用趋向各不相同，不具有可比性，必须进行无量纲化处理，消除指标量纲影响后才能计算综合评价结果。

无量纲处理，即对评价指标数值的标准化、正规化处理，它是通过一定的数学变换来消除原始指标量纲影响的方法,即把不同性质、不同量纲的指标转化为可以进行综合的相对数——"量化值"。

四、综合评价结果的计算

指标权重的计算和"价值"的量化是计算综合评价结果的准备,解决了这两个关键的问题后,即可运用量化值和加权函数的方法计算综合评价结果,即我国近年来节能减排综合评价效果。其计算公式为:

$$Z = \sum_{i=1}^{n} z(x_i) \times w_i \quad (i = 1,2,\cdots n) \tag{6-21}$$

其中,Z 为综合评价得分,$z(x_i)$ 是各指标实现程度,w_j 是各指标的权重。各准则层的节能减排建设综合评价的计算公式为:

$$Z(B_j) = \frac{\sum_{i=1}^{m_j} z(x_i) \times w_i}{\sum_{i=1}^{m_j} w_i} \tag{6-22}$$

其中,m_j 为每个准则层包含的指标个数。计算时需要将权重由百分数换算成小数,最终加权获得评价值。

利用前面规范化的数据,对我国节能减排 2010 年既定目标检测 2006—2009 年综合实现程度,对其进行评价,综合得分如表 6.16 所示。

表 6.16 2006—2009 年我国节能减排综合得分

	2006 年	2007 年	2008 年	2009 年
总实现程度	0.306 71	0.428 25	0.600 67	0.617 17
节能实现程度	0.163 73	0.162 40	0.262 91	0.252 16
能源生产	0.031 85	0.041 98	0.041 38	0.046 51
能源供应	0.079 39	0.028 24	0.085 18	0.063 39
能源消费	0.018 31	0.033 07	0.045 31	0.042 36
能源利用效率	0.019 41	0.044 44	0.077 91	0.092 14
能源安全	0.014 78	0.014 67	0.013 12	0.007 76
减排实现程度	0.142 98	0.265 85	0.337 77	0.365 02
大气	0.053 64	0.120 49	0.154 21	0.158 30
水	0.056 47	0.089 85	0.120 15	0.138 59
土地	0.032 88	0.055 50	0.063 41	0.068 13

五、综合评价结果的分析

通过以上综合评价,我们发现自国家提出节能减排战略以来,我国能源环境可持续发展程度估值逐年改善,但可以发现:"十一五"期间,我国节能减排实现状况呈现"前快后慢"的基本特征。以 2005 年为起点,设定 2010 年节能减排目标,发现 2006 年、2007 年、2008 年实现了 30.67％、42.83％、60.07％,但 2009 年节能减排进程明显放缓,实现程度仅提高不到 2 个百分点。

从节能主题看,"十一五"期间国内节能进程出现反复,这种状况与国际国内形势密切相关。由于 2008 年爆发的金融危机逐步波及能源市场,能源产品、能源价格、能源技术投入等势必会受到影响,进而影响实体经济发展,使得 2009 年节能效果被显著影响。其中国内能源生产、供应、消费领域受制于国际市场变动,综合评价结果在 2006—2009 年出现反复,体现一定经济波动特征;能源利用效率领域一直维持较快增长,2006—2008 年接近每年翻一番的速度变化,2009 年也变动了 2 个百分点,其对节能进程影响最为突出;能源安全领域却不容乐观,伴随我国石油进口依赖度的逐年攀升、国际原油价格的不断飙涨、国际能源经济格局的日益复杂,国内能源安全状况应引起更高重视。

从减排主题看,"十一五"期间国内减排力度不断加大,减排成效日益明显,2006—2007 年减排程度提高幅度超过 10 个百分点,2008 年增幅回落至 10 个百分点以内,2009 年增幅仅为 2.8 个百分点。其中大气领域成果显著,二氧化硫、工业烟尘、工业粉尘经处理后达标率 2010 年标准值,城市空气质量不断改善,能源引发的人均二氧化碳排放量也处于有效控制阶段,2006—2007 年废气类减排任务完成量增长较快,2008—2009 年废气类减排任务完成量增长较慢;水领域环境质量改善成果也很明显,工业废水中 COD、氨氮等经处理达标率也较高,城市污水治理成效显著,废水类减排任务完成量增长较为平均,但 2009 年也出现了短暂小幅变动;土地领域包括固体废物及森林、土地资源等,虽指标权重所占比例不大,但从数据趋势可以看出,其减排效果也十分明显。在污染物排放及治理方面,大气的权重最大,其次为土地、水,这与我国国策也息息相关。我国政府在 2009 年哥本哈根会议上庄严承诺,到 2020 年单位 GDP 二氧化碳排放要降低 40％～45％,这使得政府对污染物排放和治理相当重视。

综合评价结果说明我国能源可持续发展具有阶段性特征,即经济为先下的能源消费和生产也为先,环境监测跟进的污染物排放为中,社会共进下的能源安全及公平分配为后的阶段性特点。当前我国处于经济蓬勃发展时期,能源资源短缺及国际能源资源价格波动、环境污染等不利因素却在时刻考验经济社会的协调发展能力。

第七章　节能减排统计体系的应用

理论来源于实践,又指导实践;理论的生命力在于应用于实践,分析并回答实践中的问题。前面章节从中国实际情况出发,借鉴国外经验,在定性分析与定量分析的统一中,建立了中国节能减排统计体系。同样,节能减排统计体系的理论价值和生命力在于分析与揭示中国节能减排的状况及问题,支撑中国节能减排战略的实施,推进生态文明建设和美丽中国建设。本章主要运用能源流核算方法、SEEA-E 流量账户和计量分析方法,结合上海市、长三角和全国的节能减排数据,分析研究能源消费的能源流、能源效率变化的影响因素和 SEEA-E 流量账户。

第一节　能源消费的能源流分析

一般认为能源平衡表是一种能源统计方法,但是能源平衡表也是能源经济和能源可持续发展研究的有力工具。地区能源统计工作最终生成的地区能源平衡表系统地梳理了能源统计资料,能够反映地区的综合能源平衡。能源平衡表的框架结构不仅能够直观地揭示能源的资源、转换和终端消费间的平衡关系,而且可以提供各种能源品种重要的能源流的数量、结构及其变化信息。通过加总经济圈内各省市能源平衡表的相应数据得到经济圈的能源平衡表,同时各个省市内部又可以分层级形成各层次的能源平衡表,这样形成的能源平衡表体系为研究能源流各阶段供应与消耗以及能源与经济、环境的关系的地区结构、相对比较问题提供了数据基础。

通过能源平衡表的数据处理,可以提取能源系统总体以及能源流各阶段的总量、比较、结构、动态和强度指标,这些指标反映了地区能源的结构特征、地区差异及其变化过程和发展趋势,这些指标往往与地区的地理区位、资源禀赋、经济水平、区域分工、技术条件、环境状况相关联。利用地区能源平衡表对能源使用过程的不同能源流阶段进行分解,结合上述的总量、比较、结构、动态和强度指标,可以揭示地区特有的能源与经济、环境之间的联系,从而可以发现减少能源消耗、提高能源效率的切实可行的政策办法。

一、分析方法和数据来源

这里的分析方法是基于地区能源平衡表的平衡关系[135]。首先,将能源消费分解为可供长三角地区消费的能源量、加工转换损失、输配损失和终端消费量 4 种类型,这四者的平衡关系式为:可供本地区消费的能源量＋加工转换损失＋输配损失＝终端消费量。其次,可供本地区消费的能源量来自于本地生产、外来调拨和库存,其平衡关系式为:①可供本地区消费的能源量=一次能源生产量+回收能+外地(省、市)调入量+进口量+我轮、机在外国加油量-本地(省、市)调出量-出口量-外轮、机在我国加油量+库存增(-)、减(+)量;加工转换损失量等于各种损失量之和,其平衡关系式为:②转换损失量=一次能源投入加工转换量-产出的二次能源量;终端消费量是生产和居民生活所使用的能源量的总和,其平衡关系式为:③终端消费量=三次产业消费+生活消费。再次,在得出各种消费量的总量和分量指标的基础上,导出长三角与其省市能源对外依赖度、加工转换损失率、输配损失率、三次产业与居民消费占终端消费的比重等项指标,结合国内生产总值、产业增加值和人口指标构造 GDP 能源强度、产业能源强度和生活消费能源强度。地区能源对外依赖度、加工转换损失率、输配损失率反映能源供应系统的特征和效率,终端消费的结构比重和生活消费能源强度、GDP 能源强度、产业能源强度指标则反映生产和生活的能源使用分配和效率。最后,利用 Log Mean Divisia 因素分析法分解 GDP 能源强度变化总效应,分别得到长三角各区域 GDP 能源强度变化的结构效应、部门强度效应。

本章的数据来源于《中国能源统计年鉴》中相应年度的地区能源平衡表(实物量)中长三角两省一市和全国能源平衡表(标准量)的部分、《中国统计年鉴》中的国民经济核算和人口资料、长三角各省市统计年鉴的国民经济核算和人口资料。为了简化计算,使用统一的转换系数对中国能源年鉴长三角区域各种能源的实物量进行转换以得到标准量的能源平衡表,全国的能源平衡表(标准量)直接采用《中国能源年鉴》的数据。本书选取了 1995 年和 2007 年度的长三角各省市和全国年度数据,长三角区域的能源平衡表由两省一市的能源平衡表简单加总生成[①],全国、长三角、上海市、江苏省和浙江省的数据形成1995 和 2007 年度的面板数据集,这样以便于分析动态发展并作相对比较。

二、可供消费的能源量

(一)能源供应量和结构

随着经济的快速发展,能源需求迅猛增长,带动长三角能源供应量的快速上升,2007年供应量为 43 600 万吨标煤,是 1995 年 16 944 万吨标准煤的 2.56 倍。受国内能源资源和经济水平制约,长三角同全国一样,初始能源消费构成以煤炭为主,煤炭在初始能源消费结构中的比重虽然逐步降低,但其基础能源的地位在长期内保持不变。由于当前煤炭能源的技术特性,以煤为主的初始能源结构会导致能源效率较低、能源污染比较严重。同时,十几年来能源供应的多样性得以加强,石油、天然气、外来电、热力和其他能源的比重有着不同程度的增加。煤油供应的品种结构也增加了热值高的品种供应,比如煤炭增

---

①　实际的长三角地区能源平衡表的调入量、调出量数据不同于由两省一市的能源平衡表简单加总生成的数据,我们为了计算简便,做了这样的处理。

加了洗精煤的供应比重,缩小了原煤的供应比重(从 88.6% 降到 83%),油品增加了汽油、燃料油的供应比重,缩小了原油的供应比重(从 99% 降到 94.6%)。

近年来,长三角省市政府做了很多开发多样化能源的政策努力,致力于长三角供应结构的优化。上海市的这种变化更加明显,1995 年上海市初始能源有煤、油和少量的热力与其他能源,比例大致是 70:27:3,没有天然气供应,电力有少许供应输出外地;2007年煤、油、天然气、外来电、热力和其他能源的比例大致是 48.4:43:4:4.4:0.2,结构相对优化,但与发达国家的能源结构相比还有一定差距。表 7.1 显示了全国、长三角及其省市 1995 年以及 2007 年能源供应量的具体情况。

表 7.1　全国与长三角地区能源供应对比　　　　　单位:万吨标煤

	全国 1995 年	全国 2007 年	长三角 1995 年	长三角 2007 年	上海 1995 年	上海 2007 年	江苏 1995 年	江苏 2007 年	浙江 1995 年	浙江 2007 年
煤	95 189	179 466	12 991	30 454	3 298	4 522	6 606	16 407	3 087	9 525
油	23 029	52 428	3 680	10 461	1 242	4 018	1 455	3 402	983	3 041
天然气	2 387	9 398	3	1 203	0	369	3	593	0	241
电	2 434	6 739	156	1 277	−4	417	−3	287	163	573
热力和其他	0	918	164	206	146	19	13	39	5	148
供应总计	123 038	248 030	16 994	43 601	4 682	9 345	8 074	20 728	4 238	13 528

(二) 能源对外依赖度

由于长三角化石燃料能源资源贫乏,只有江苏、浙江有少量的煤矿资源,一次能源供应的对外依赖度高,随着区域内资源的耗竭,化石燃料能源基本上需要从外部调入,所以全国的和全世界的能源波动会直接影响长三角的能源安全。近年来,长三角加强了太阳能、风能的开发利用,多方面寻找能源来源渠道,加强外来能源输入的基础设施建设,以应对能源安全的挑战。表 7.2 对比了 1995 年和 2007 年全国、长三角及其省市的能源对外依赖度、净进口比例、净外省调入比例、石油对外依赖度、煤对外依赖度[①]。

表 7.2　全国与长三角地区能源对外依赖度对比

	全国 1995 年	全国 2007 年	长三角 1995 年	长三角 2007 年	上海 1995 年	上海 2007 年	江苏 1995 年	江苏 2007 年	浙江 1995 年	浙江 2007 年
能源对外依赖度	1%	10%	87%	94%	100%	99%	75%	89%	95%	97%
净进口比例	−3%	−3%	3%	18%	4%	28%	0%	11%	13%	22%

---

①　能源对外依赖度=(可供消费的能源总量−本地生产能源总量)/可供消费的能源总量

净进口比例=(能源进口−能源出口)/可供消费的能源总量

净外省调入比例=(能源外省调入−能源调出外省)/可供消费的能源总量

（续表）

	全国 1995 年	全国 2007 年	长三角 1995 年	长三角 2007 年	上海 1995 年	上海 2007 年	江苏 1995 年	江苏 2007 年	浙江 1995 年	浙江 2007 年
净外省调入比例			81％	70％	91％	57％	73％	72％	85％	75％
石油对外依赖度	7％	49％	96％	97％	100％	100％	90％	92％	100％	99％
煤对外依赖度	－2％	－1％	85％	94％	100％	100％	71％	89％	98％	100％

三、能源加工转换消费

（一）加工转换投入产出

为了终端能源的方便使用、提高终端能源效率和减少排放,能源需要经过加工转换,将一种能源形式（一般为一次能源）,经过一定的工艺,加工或转换成另外一种能源形式（二次能源）。过去十几年间,长三角能源加工转换投入量同样增长快速,加工转换损失也水涨船高,2007 年加工转化损失是 1995 年的 2.8 倍。表 7.3 是全国和长三角、长三角各省市可供本地区消费的能源量、加工转换投入量和加工转换损失量详细数据。

表 7.3　全国与长三角地区能源加工转换数量指标对比　　　　　　单位:万吨标煤

	全国 1995 年	全国 2007 年	长三角 1995 年	长三角 2007 年	上海 1995 年	上海 2007 年	江苏 1995 年	江苏 2007 年	浙江 1995 年	浙江 2007 年
能源供应量	124 168	249 015	16 994	43 601	4 682	9 345	8 074	20 728	4 238	13 528
加工转换投入量	－54 613	－144 232	－6 304	－20 065	－1 604	－2 916	－3 282	－10 262	－1 417	－6 887
加工转换产出量	13 541	41 783	2 198	8 531	616	1 113	1 098	4 154	484	3 264
加工转换损失量	－41 072	－102 449	－4 105	－11 533	－989	－1 803	－2 183	－6 108	－933	－3 623

（二）加工转化效率

加工转换损失增长大于可供本地区消费的能源量增长,致使加工转换损失占可供本地区消费的能源量的比重上升,这是由于用于加工转换的能源占可供本地区消费的能源量的比重显著增加,而且大于加工转换效率的进步[①]。2007 年长三角加工转换的比重从1995 年的 37.1％增加到 46％,同时加工转换效率从 1995 年的 34.9％增加到 42.5％,两者综合作用的结果使加工转换损失占可供本地区消费的能源量的比重从 1995 年的12.9％上升到 19.6％。这种趋势同样可以从长三角各省市和全国范围内体现出来,参见图 7.1。加工转换投入能源占可供本地区消费的能源量的比重上升是由于终端能源消费需求结构优化的驱动。加工转换效率的提高显示了能源加工转换装置、生产工艺与管理水平的进步。长三角加工转换效率要比全国水平高,2007 年两者分别为:42.5％、29％。

---

①　能源加工转换效率＝（加工转换产出量/加工转换投入量）×100％

浙江省的加工转换效率在长三角里面属于最高,2007 年长三角两省一市的加工转换效率分别为:上海 38.2%、江苏 40.5%、浙江 47.4%。

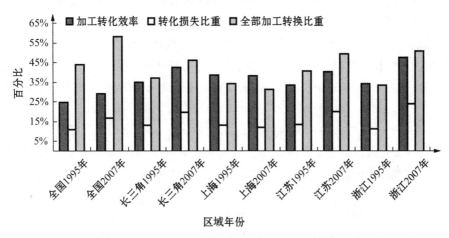

图 7.1 全国与长三角地区能源加工转换效率对比

（三）能源加工转换比重

与可供本地区消费的能源品种结构相同,用于加工转换投入的能源主要是原煤、洗精煤和原油,加工转换投入比重的增加主要是由于这些能源品种的加工转换比重增加的结果。图 7.2 显示了长三角、长三角各省市和全国可用于本地区消费的原煤、洗精煤和原油的加工转换比重。

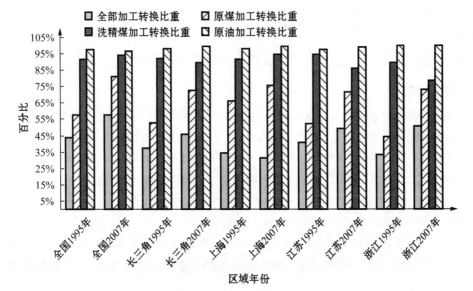

图 7.2 全国与长三角地区能源加工转换比重对比

（四）能源加工转换形式

不同能源品种通常用于不同的能源加工转换过程，有 7 种主要的能源加工转换过程：火力发电、供热、洗选煤、炼焦、炼油、制气和煤制品加工。长三角能源加工转换的内容是：煤、油、天然气和一些其他能源经过火力发电和供热过程成为电力和热力，这些是最大部分的加工转换过程；部分原煤洗选煤生成洗精煤；接近全部的原油炼制生成汽油、煤油、柴油、燃料油；原煤还用于制气，洗精煤多用于炼焦和制气，炼焦生成焦炭、焦炉煤气和其他煤气，制气生成焦炉煤气和其他煤气。原煤最大的中间投入是火力发电，其次是供热，1995 年长三角火力发电和供热的比例是 83％、8.7％，2007 年两者的比例是82.2％、13.6％。火力发电主要投入的能源是原煤，还有少量的洗精煤、焦炭、焦炉煤气、柴油、燃料油和其他能源，1995 年长三角煤品和油品的火力发电投入比例是 96％、4％，2007 年的比例是 99％、1％。

加工转换损失最多发生在火力发电，其次是供热、炼油和洗选煤，加工转换效率火力发电最差，其次炼焦能源热值损失较少，制气还有能源热值增加。表 7.4 是长三角与全国 1995 年和 2007 年加工转换效率的对比，总的来说长三角火力发电、供热和炼油的加工转换效率得到了提高，但是江苏洗选煤效率下降。

表 7.4　全国与长三角地区能源加工转换效率指标对比

转换效率	全国 1995 年	全国 2007 年	长三角 1995 年	长三角 2007 年	上海 1995 年	上海 2007 年	江苏 1995 年	江苏 2007 年	浙江 1995 年	浙江 2007 年
火力发电	31％	36％	33％	37％	37％	33％	32％	38％	30％	38％
供热	84％	78％	77％	83％	81％	82％	76％	78％	75％	88％
洗选煤	90％	97％	89％	73％			89％	73％		
炼油	98％	97％	93％	100％	95％	100％	91％	99％	95％	100％

（五）输配损失

长三角在能源输配损失总量上有成倍的上升，从 1995 年的 252.36 万吨标煤上升到2007 年的 628.79 万吨标煤；但是损失量占可供本地区消费的能源量的比重有所下降，从1997 年的 1.5％下降到 2007 年的 1.4％。1995 年的损失主要是电力、煤品和热力（损失量比重分别为 54％、25％、15％），2007 年的损失主要是电力和热力（损失绝对量比重分别为 74％、14％），可见电力和热力损失是主要的能量损失来源，显示了电力和热力的输配效率并没有像其他能源输配那样得到显著的改善。

表 7.5 归纳了全国、长三角及两省一市的总输配损失率和分能源品种的输配损失率[①]。全国和长三角各分品种的能源输配损失率都有显著的下降，而且长三角的下降幅

---

① 损失率＝（能源损失量／能源消费总量）×100％

度更大,显示了输配领域效率的提升,特别是上海的提升幅度更大。上海市的电力、热力的输配效率一直比较优异,在这期间电力还有改善,热力却出现反弹;江苏省电力输配效率没有得到改善,热力效率改善明显;浙江省的两者都有显著的进步。全国和江苏省的总损失率出现反常,其原因应是由于生成的较多数量的电力和热力等二次能源没有被计入可供本地区消费的能源量里,而电力和热力等二次能源却被计入损失量里,这个总损失率的上升并不意味着输配领域效率的下降。

表7.5 全国与长三角地区能源输配损失率对比

	全国1995年	全国2007年	长三角1995年	长三角2007年	上海1995年	上海2007年	江苏1995年	江苏2007年	浙江1995年	浙江2007年
总损失	1.0%	1.2%	1.5%	1.4%	2.0%	1.3%	1.2%	1.5%	1.5%	1.4%
煤品	0.0%	0.0%	0.5%	0.1%	1.6%	0.4%	0.0%	0.0%	0.4%	0.0%
油品	1.0%	0.5%	0.4%	0.3%	0.2%	0.2%	0.9%	0.6%	0.0%	0.0%
天然气	2.2%	1.6%	10.5%	1.5%	0.0%	0.0%	10.5%	0.7%	0.0%	0.0%
电力	7.4%	6.3%	7.3%	6.2%	6.0%	5.2%	7.1%	7.1%	8.7%	5.4%
热力	1.4%	1.2%	5.9%	3.8%	3.0%	4.0%	9.3%	3.7%	4.5%	3.9%

四、终端能源消费

(一)终端能源消费的品种结构

终端能源消费是能源直接用于国民经济生产和居民生活。经过一次能源供给结构的优化以及加工转换的比重上升,供给长三角终端消费的能源结构更加合理。2007年比1995年终端消费更少比重的煤品,更多比重的油品、电力、热力和其他能源,天然气也从无到有,而且煤品也由更多热值更高的二次能源构成。相对来讲,上海有更加优良的终端能源结构,上海2007年煤品、油品、天然气、电力、热力和其他能源的结构比重为:24.1%、52.9%、3.2%、16.9%、3.0%。表7.6总结了全国、长三角、长三角各省市的终端能源结构,表7.7对比了1995年和2007年长三角煤品终端消费的分类品种结构。

表7.6 全国与长三角地区终端能源消费品种结构对比

	全国1995年	全国2007年	长三角1995年	长三角2007年	上海1995年	上海2007年	江苏1995年	江苏2007年	浙江1995年	浙江2007年
煤	30%	44%	57%	36%	53%	24%	60%	47%	56%	30%
油	33%	26%	24%	32%	27%	53%	22%	22%	26%	30%
天然气	5%	4%	0%	2%	0%	3%	0%	2%	0%	1%
电	25%	21%	14%	23%	13%	17%	14%	24%	15%	26%
热力等	6%	5%	5%	7%	7%	3%	4%	6%	3%	13%

表 7.7   全国与长三角地区终端消费的分类品种结构对比

年份	原煤	洗精煤	其他洗煤	型煤	焦炭	焦炉煤气	其他煤气	其他焦化产品
1995 年	74.96%	1.24%	0.36%	2.99%	11.05%	3.36%	5.00%	1.03%
2007 年	60.20%	2.43%	0.10%	0.77%	24.38%	2.06%	8.71%	1.35%

(二)终端能源消费的用途结构和消耗量

终端能源消费在三次产业和生活消费的分配结构见图 7.3。长三角 2007 年比 1995 年第三产业比重有所上升,一、二产业和生活消费的比重有所下降;上海市、浙江省结构有和长三角一样的变化趋势,只是结构变化的幅度上海市更大而浙江省较小而已;江苏省的二、三产业的比重上升,第一产业和生活消费比重下降;全国第二产业比重上升,第一、三产业生活能源消费比重下降。

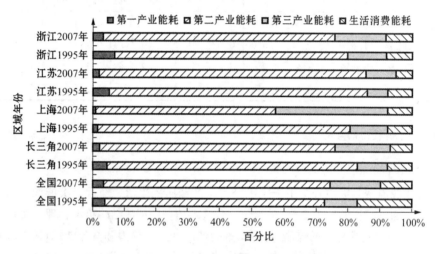

图 7.3   全国与长三角地区终端能源消费用途结构对比

为了更加详尽地了解终端能源消费的能源效益变化状况,计算 1995 年、2007 年的长三角及其省市和全国的各产业和生活消费的终端能耗数据。长三角及其各省市 1995 年、2007 年各产业和生活消费的终端能源消耗量如表 7.8 所示。从量上来看,除江苏省 2007 年第一产业能耗比 1995 年有所下降外,其他区域终端能源消费的各个领域的消费量都有所增长。

表 7.8   全国与长三角地区终端能源消费结构对比   单位:万吨标煤

	全国 1995 年	全国 2007 年	长三角 1995 年	长三角 2007 年	上海 1995 年	上海 2007 年	江苏 1995 年	江苏 2007 年	浙江 1995 年	浙江 2007 年
第一产业	3 914	6 084	574	669	53	66	299	282	223	321
第二产业	70 828	130 434	9 886	23 136	2 841	4 169	4 683	11 938	2 362	7 029

（续表）

	全国 1995 年	全国 2007 年	长三角 1995 年	长三角 2007 年	上海 1995 年	上海 2007 年	江苏 1995 年	江苏 2007 年	浙江 1995 年	浙江 2007 年
第三产业	10 490	28 841	1 190	5 488	427	2 594	370	1 348	393	1 546
产业终端	85 232	165 358	11 650	29 293	3 321	6 829	5 351	13 568	2 978	8 896
生活消费	17 518	18 188	980	2 127	275	577	442	737	263	813
终端总耗	12 906	183 546	12 630	31 420	3 596	7 406	5 793	14 305	3 241	9 709

（三）终端能源强度

伴随着终端能源消费增长的是产业增加值和人口的增长，用能源强度的相对指标可以比绝对量指标了解更多能耗的信息，这也是目前中国官方节能减排指标考核的核心所在。除了上海市第三产业能源强度上升、浙江省第一产业能源强度基本持平外，全国、长三角及其省市各产业和全部国内生产总值的能源强度 2007 年比 1995 年都有显著的下降。每个年度内比较，第二产业比第一、三产业有更高的能源强度。图 7.4 概括了 1995 年、2007 年区域的产业能源强度。

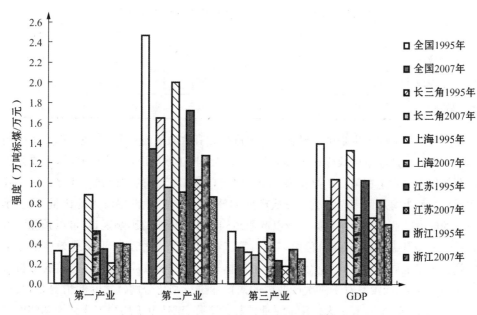

图 7.4　全国与长三角地区终端能源强度对比

表 7.9 概况了 1995 年、2007 年区域的生活消费能源强度，随着经济水平的上升、城市化的推进[136]，长三角地区各省市的居民消费强度呈快速上升之势。

表 7.9   全国与长三角地区生活消费能源强度对比   单位:吨标煤/人

年份	全国	长三角	上海	江苏	浙江
1995 年	0.145	0.076	0.187	0.063	0.060
2007 年	0.138	0.146	0.314	0.095	0.162

(四) 终端能源强度变化决定效应

GDP 能源强度(终端能源消耗/GDP)的下降可以由两个效应共同决定:部门强度效应和产业结构效应。为了得到两种效应的具体数值,本书使用 Log Mean Divisia 因素分析法进行分解,得出各区域的结构效应、部门强度效应和总效应如表 7.10 所示(大于 1 表示能源强度优化的正面效应,小于 1 表示负面效应)。由于各个产业能源强度的下降,所以可以定性地判断部门强度对能源强度的下降是正面的效应,我们的分解结果正如定性的判断。在产业结构效应方面,除了上海市第二产业比重下降以外,全国、长三角及江苏省、浙江省的第二产业比重 2007 年均比 1995 年有一定增长,由于第二产业比第一、三产业有更高的能源强度,所以产业结构效应的方向并不明朗。分解结果表明部门强度效应是最主要的效应。

表 7.10   全国与长三角地区能源效率下降效应对比

	全国	长三角	上海	江苏	浙江
结构效应	1.031	0.996	0.905	1.037	1.008
部门强度效应	0.573	0.624	0.577	0.613	0.703
总效应	0.591	0.621	0.522	0.636	0.709

部门强度效应的产生是由于显著的技术进步和有效的节能管理,这些可以在短期内得到快速提升。产业结构效应在大部分的区域(全国、江苏和浙江)是负面的,主要是由于产业替代主要发生在第二产业和第一产业之间,而第二产业的部门强度比之第一产业要大得多。而上海地区率先完成了三次产业的替代,第三产业占用较大的比重,则显示为正面的三次产业结构影响效应。所以产业结构并非不重要的影响因素,可以预测随着经济的进一步升级,第二产业份额更多地被第三产业所代替之后,产业结构效应的正面影响就会更多地展现出来,产业结构效应更加体现为长期的效应。另外,上述的分析只分解到三次产业,而没有对于三次产业内的次产业进行细化分解。实际的情况是,长三角地区对总体经济能效起最大作用的工业能耗的下降,正是由于加快工业结构调整的结果。长三角地区长期致力于能源节约,将节能降耗与产业结构调整相结合,淘汰落后产能并积极升级产业结构,特别是工业结构,所以上述正向的部门强度效应正是由于部门内结构效应影响所致。总之,产业结构效应和部门强度效应的综合作用才能导致经济能效水平的平稳快速下降。

经济发展以及居民生活水平的不断提高推动我国能源消费的不断上涨。节能不是简单的少用能源,而是提高能源效率,使同等数量的能源得到更有效的利用、创造出更高的经济产出。我们一般把单位 GDP 能耗当作衡量能源效率的重要指标,这个指标也是我国官方节能减排监测的最重要的经济变量之一,是我国政府施行严格的问责制和"一票否决制"的基础。经过上面能源消费的能源流解构之后,我们可以充分认识能源消耗的各部分构成,从而能有效分析影响单位 GDP 能耗的各种因素,针对这些因素挖掘节能降耗的对策,进行有效的节能管理。将节能管理分为供应侧和需求侧两个方面,供应侧的管理包括一次能源的品种结构、加工转换、输配,需求侧的管理包括影响终端消费的产业结构和部门能源强度,以及居民能源消费。

第二节　能源效率变化的影响因素分析

单位 GDP 能耗是衡量经济综合能耗的能源强度指标,是我国官方节能减排监测的最重要的经济变量之一,是我国政府施行问责制的基础。一般能源强度结构分解研究文献所指的能源强度的数学表达式是创造 GDP 的产业终端能耗量对整体国民经济产出的比值,这与单位 GDP 能耗的算式并不一致。考虑到能源效率受到很多因素的影响,比如经济水平、经济结构、能源价格、能源组合、能源政策以及能源利用技术等,因此,能源强度结构分解方法侧重于分析产业结构与各产业内部的能源强度的变化对于产业终端能源消耗强度的影响效应。

一、能源效率影响因素分解方法

如果按产业终端能源消费量对整体国民经济产出的比例来衡量能源强度,产业结构和各个产业内部能源强度的变动会对这一能源强度指标产生重大的影响,结构分解方法是用以定量分析这两种影响程度的因素分析方法。该方法将能源强度的变化拆解为两个部分:第一个部分与产业结构有关,被称为"结构效应"(Structural Effect);第二个部分与各产业内部的能源强度有关,被称为"部门强度效应"(Sectoral Intensity Effect)。依照拆解方法的不同,这两个效应乘积或加总的结果被用来解释能源强度的变化,从而研究能源效率的变动。由于能源强度是能源消费量相对经济产出的比值,上述方法经过简单的变形就可以应用于分析能源消费量变化的经济增长、产业结构和部门强度三因素的影响效应。

(一)基础结构分解方法的选择

Ang 在 A survey of index decomposition analysis in energy and environmental studies[137] 一文中,根据表达形式、指数细分方法的不同,对 100 多篇研究能源问题的文献所采用的结构分解方法进行汇总整理,如表 7.11 所示。Ang 对这些结构分解方法进行了时间互换检验

（Time reversal Test）、循环检验（Circular Test）和要素互换检验（Factor Reversal Test）[①]，得出结论认为能够通过这三种检验的结构分解方法有 Log Mean Divisia 法和 Refined Laspeyres 法，但后者的指标只能以加总的形式出现。

表 7.11　不同因素分析法的汇总整理

表达形式	指数方法	指数方法细分	基本表达式
乘积形式	Laspeyres 法	基本 Laspeyres 法	$D_k = \dfrac{\sum\limits_i X_{i1,0}\cdots X_{ik,t}\cdots X_{in,0}}{\sum\limits_i X_{i1,0}\cdots X_{ik,0}\cdots X_{in,0}}$
	Divisia 法	算术平均	$D_k = \exp\left\{\sum\limits_i\left(\dfrac{(\omega_{i,0}+\omega_{i,t})}{2}\right)\ln\dfrac{\sum\limits_i X_{ik,t}}{\sum\limits_i X_{ik,0}}\right\}$
		Log 平均	$D_k = \exp\left\{\sum\limits_i\left(\dfrac{L(\omega_{i,0},\omega_{i,t})}{\sum\limits_i L(\omega_{i,0},\omega_{i,t})}\right)\ln\dfrac{\sum\limits_i X_{ik,t}}{\sum\limits_i X_{ik,0}}\right\}$
	其他	Paasche 法	$D_k = \dfrac{\sum\limits_i X_{i1,t}\cdots X_{ik,t}\cdots X_{in,t}}{\sum\limits_i X_{i1,t}\cdots X_{ik,0}\cdots X_{in,t}}$
加总形式	Laspeyres 法	基本 Laspeyres 法	$\Delta V_k = \sum\limits_i X_{i1,0}\cdots(X_{ik,t}-X_{i1,0})\cdots X_{in,0}$
		改进 Laspeyres 法	$\Delta V_k = \left\{\left[\sum\limits_i X_{i1,0}\cdots(X_{ik,t}-X_{ik,0})\cdots X_{in,0}\right]+(残差项分配)\right\}$
	Divisia 法	算术平均	$\Delta V_k = 0.5\sum\limits_i(V_{i,t}+V_{i,0})\ln\dfrac{X_{ik,t}}{X_{ik,0}}$
		Log 平均	$\Delta V_k = \sum\limits_i L(V_{i,t},V_{i,0})\ln\dfrac{X_{ik,t}}{X_{ik,0}}$

① 时间互换检验要求从基期到 t 期的单向指数变化与从 t 期回溯到基期的单向指数变化互为倒数，即 $X_{0,t}=1/X_{t,0}$。应用在结构分解法中意味着能源效率的变化既可以 t 期相对于基期的变化来衡量，也可以基期相对于 t 期的变化来衡量，两者的结论具有一致性。循环检验要求从基期到 t 期的指数变化不因为路径的变化而出现不同，即 $X_{0,t}=X_{0,k}X_{k,t}$。应用在结构分解法中意味着能源效率的变化可以单纯地凭借基期和 t 期两个时点的数据来确定，而不依赖中间任何一期的情况，这给研究带来了极大的方便。要素互换检验要求所有分解项的变动比例的乘积等于整体指标的变动比例，即 $\dfrac{V_t}{V_0}=\prod\limits_{i=1}^{n}X_i$。应用在结构分解法中意味着选用的方法没有残差，即能源效率的所有变化都可以用分解项来解释。

（续表）

表达形式	指数方法	指数方法细分	基本表达式
加总形式	其他	Paasche 法	$\Delta V_k = \sum_i X_{i1,t} \cdots (X_{ik,t} - X_{i1,0}) \cdots X_{in,t}$
		Marshall-Edgeworth 法	$\Delta V_k = 0.5 \sum_i \left(\prod_{j \neq k} X_{ij,t} + \prod_{j \neq k} X_{ij,0} \right) (X_{ik,t} - X_{ik,0})$

资料来源：Ang, B. W. , Zhang, F. Q. A Survey of Index Decomposition Analysis in Energy and Environmental Studies[J]. Energy, 2000(25)：1149-1176.

（二）Log Mean Divisia 法

Ang 对结构分解方法检验的三原则符合我们对基础方法保证计算精确度的要求，另外乘积形式有利于下个步骤所要求的将产业终端能耗强度的结构分解拓展到总能耗强度的结构分解，结构效应和部门强度效应比较容易用乘积的形式同其外的其他效应一起完成对总能耗强度变化的分析。综上所述，Log Mean Divisia 法正是我们所要选择的基础结构分解方法。Log Mean Divisia 法的计算方法如下：

$$D_{ind} = D_{structure} * D_{intensity} ; \tag{7-1}$$

$$D_{structure} = \prod_i D_{i. structure} = \exp \left\{ \sum_i \frac{L(w_{i,T}, w_{i,0})}{\sum_i L(w_{i,T}, w_{i,0})} \ln(S_{i,T}/S_{i,0}) \right\} \tag{7-2}$$

$$D_{intensity} = \prod_i D_{i. intensity} = \exp \left\{ \sum_i \frac{L(w_{i,T}, w_{i,0})}{\sum_i L(w_{i,T}, w_{i,0})} \ln(I_{i,T}/I_{i,0}) \right\} \tag{7-3}$$

其中，D_{ind} 表示 t 期创造 GDP 的终端能源消耗的能源强度相对于基期产生的百分比变化，表示式为：$D_{ind} = I_{indt}/I_{ind0}$，其中 $I_{ind} = E_{ind}/Y$，I_{ind} 为创造 GDP 的终端能耗强度，E_{ind} 为创造 GDP 的终端能耗，Y 为对应的全部经济产出（GDP）；$D_{structural}$ 表示上述能源强度变化因结构效应而产生的百分比变化份额，第 i 部门结构效应 $D_{i. structure} = \exp \left\{ \frac{L(w_{i,T}, w_{i,0})}{\sum_i L(w_{i,T}, w_{i,0})} \ln(S_{i,T}/S_{i,0}) \right\}$；$D_{intensity}$ 表示其中因部门强度效应而产生的百分比变化，第 i 部门强度效应 $D_{i. intensity} = \exp \left\{ \frac{L(w_{i,T}, w_{i,0})}{\sum_i L(w_{i,T}, w_{i,0})} \ln(I_{i,T}/I_{i,0}) \right\}$；$L$ 函数为对数平均函数，对数平均函数的计算公式为：$L(x,y) = \dfrac{(y-x)}{\ln\left(\frac{y}{x}\right)}$；$w_{i,T}$ 和 $w_{i,0}$ 分别为 T 期和基期第 i 部门能耗占经济总体能耗的比重；$S_{i,T}$ 和 $S_{i,0}$ 分别为 T 期和基期第 i 部门产值占经济总产值的比重；$I_{i,T}$ 和 $I_{i,0}$ 分别为 T 期和基期第 i 部门能源强度。

（三）修正的结构分解方法

根据标准量能源平衡表，创造 GDP 的终端能耗部分是总能源消费量减去加工转换

损失量、经营输配损失量,再扣除居民生活能源消费量的部分。假设:

$$r_{tran} = (E_{tot} - E_{ltran})/E_{tot} \tag{7-4}$$

其中,r_{tran} 为加工转换系数,E_{tot} 为总能源消耗量,E_{ltran} 为加工转换损失。

$$r_{dis} = E_{ter}/(E_{tot} - E_{ltran}) \tag{7-5}$$

其中,r_{dis} 为能源输配效率,E_{ter} 为终端能耗;

$$r_{ind} = E_{ind}/E_{ter} \tag{7-6}$$

那么,t 期和基期创造 GDP 的终端能耗强度与单位 GDP 能耗可以通过以下的表达式建立联系:

$$I_{ind,t} = I_t * r_{tran,t} * r_{dis,t} * r_{ind,t} \tag{7-7}$$

$$I_{ind,0} = I_0 * r_{tran,0} * r_{dis,0} * r_{ind,0} \tag{7-8}$$

将式(7-7)除以式(7-8),另设 $D_{tran} = r_{tran,0}/r_{tran,t}$,$D_{dis} = r_{dis,0}/r_{dis,t}$,$D_{rind} = r_{ind,0}/r_{ind,t}$ 可得:

$$D_{ind} = D/D_{tran}/D_{dis}/D_{rind} \tag{7-9}$$

整理可得:

$$D = D_{ind} * D_{tran} * D_{dis} * D_{rind} \tag{7-10}$$

将式(7-1)代入式(7-10)可得:

$$D = D_{structure} * D_{intensity} * D_{tran} * D_{dis} * D_{rind} \tag{7-11}$$

经过上述变化,单位 GDP 能耗的百分比变化可以分解为 5 个相乘的效应,其中两个是创造 GDP 的终端能耗强度的效应:因结构效应而产生的百分比变化份额 $D_{structural}$,因产业部门强度效应而产生的百分比变化 $D_{intensity}$;另外 3 个是修正模型增加的 3 个效应:加工转换系数变化而产生的百分比变化 D_{tran},输配效率变化而产生的百分比变化 D_{dis},创造 GDP 的终端能源消耗部分占终端总能耗比重变化而产生的百分比变化 D_{rind}。通过式 6-1 至式 6-6 算式,很容易看出:终端能耗强度的下降,或加工转换效率、输配效率以及创造 GDP 的终端能源消耗部分占终端总能耗比重的提高,能够引起单位 GDP 能耗的下降。这 5 个部分是容易通过政策影响的领域,$D_{structural}$、$D_{intensity}$ 和 D_{rind} 隶属能源需求侧的变化效应,D_{tran}、D_{dis} 隶属能源供应侧,我们可以通过这 5 个政策作用领域的剖析,找出适当的政策和措施,促进单位 GDP 能耗的下降,也就是促进整体经济的能源效率提升。

二、单位 GDP 能耗变化的效应分解

本书采用上一部分推导的修正结构分解方法,分析 1991—2007 年间中国单位 GDP 能耗变化的 5 个影响效应。能耗数据来自历年的《中国能源统计年鉴》的全国能源平衡表(标准量)。历年国内生产总值和产业增加值数据利用累计 CPI 作为价格调整系数进行调整,基期设在 1991 年,CPI 的数据同样来自 2008 年中国统计年鉴。对能源平衡表终端消费量进行如下的分类汇总,农、林、牧、渔、水利业作为第一产业;工业与建筑业一起

作为第二产业;交通运输、仓储及邮电通讯业与批发和零售贸易业、餐饮业以及其他一起作为第三产业,生活消费单独作为一类。

(一)数据描述

(1)能源消耗。在能源平衡表里,产业终端的能耗等于总能耗减去加工转换消耗、输配损失并减去居民的生活能源消费,产业终端的能耗又可以区分为第一产业、第二产业与第三产业的能耗。总能耗从 1991 年到 1996 年逐年有较慢的上升,幅度在 6.5% 以下;1996 年之后到 2000 年则有逐年小幅的下降,2001 年又有小幅上升,此后则有较大幅度上升,特别是 2003 年、2004 年上升幅度超过 15%。2007 年总能耗 253 488.46 万吨标煤是 1991 年 100 412.82 万吨标煤的 2.5 倍。加工转换损失除 1997 年、1998 年有所下降外,其余年份均保持升势。输配损失除 1995 年、1998 年有下降外,其余年份均上升。产业终端总能耗的升降轨迹几乎与总能耗一致,占其大部分比重的第二产业能耗也差不多相似,第一产业在 17 年间升降有更多的起伏,第三产业除 1994 年、1995 年下降外,其余年份均为上升。

(2)产业结构。1991 年以来,中国经济产业结构调整的主要特征是:第二产业一直占最大比重的份额,保持在 40%~50% 之间;产业结构调整的幅度不大,节奏比较温和;第一产业的份额逐步下降,从 1991 年的 24.5% 下降至 11.26%;第一产业让出的份额为第二产业和第三产业的增长所替代,第二产业从 1991 年的 41.79% 调整至 2007 年的 48.64%,第三产业从 1991 年的 33.94% 调整至 2007 年的 40.1%;第二产业从 1991 年至 1997 年略有上升,此后有所下降,1999 年至 2001 年后稍有波伏,此后又呈小幅上升态势,而至 2007 年却小有下滑;第三产业 1991 年至 1997 年发展有所起伏,其后至 2002 年一直保持小幅上涨,之后又略有涨落。

(3)单位 GDP 能耗、终端 GDP 能源强度与各产业能源强度。不管是产业能源强度,还是终端 GDP 能源强度、单位 GDP 能耗,以能源强度衡量的中国经济能源效率在 1991—2007 年间都有显著的提高,特别体现在第二产业能源强度、终端 GDP 能源强度、单位 GDP 能耗上。第二产业能源强度从 1991 年的 5.98(吨标煤/万元)持续下降,一直到 2002 年、2003 年之后却逆势上扬,2005 年之后又逐步回落,2007 年的最低点为 2.37,是 1991 年的 40%。这种升降的模式同样呈现在其余几个能源强度上。第一产业能源强度从 1991 年的 0.71 下降到 2007 年的 0.48,降幅为 33%;第三产业能源强度从 1.19 下降到 0.64,降幅为 47%;终端 GDP 能源强度从 3.07 下降到 1.46,降幅为 52%;单位 GDP 能耗从 4.61 下降到 2.24,降幅为 51%。这个期间第二产业能源强度最高,第三产业能源强度稍高于第一产业,大体上第二产业能源强度是第一产业的 4 倍以上,是第三产业的 4 倍左右。终端 GDP 能源强度、单位 GDP 能耗介于第二产业与第三产业之间,单位 GDP 能耗是终端 GDP 能源强度的 1.5 倍左右,2000 年前在 1.5 倍处起伏,2000 年后都略大于 1.5 倍。

(4) 能源加工转换系数、输配效率与终端消费产业比重。这几个指标数据在1991—2007年间并没有大幅度的变化。加工转换系数有所下降,从1991年的0.821下降到2007年的0.736;输配效率保持在98.2%～98.8%之间;创造GDP的产业消费占终端能源消费的比重除了中间几个年份有所涨落,总的趋势是小有上升,从1991年的82.2%上升到2007年的90.1%。

(二) 分解结果

(1) 单位GDP能耗变化及其效应(同比上年)。利用分解计算公式,针对1991—2007年的能耗和经济产出数据进行运算,可以得到单位GDP能耗年度变化(同比上年)以及这种变化的5个因素效应:结构效应、部门强度效应、加工转换效应、输配效应以及终端比重效应,结构效应与部门强度效应的累积又可以得到终端GDP能源强度的变化效应,见表7.12。

表 7.12　1991—2007年我国单位GDP能耗因素效应

年份(年)	结构效应(%)	部门强度效应(%)	终端GDP效应(%)	加工转换系数效应(%)	输配效应(%)	终端比重效应(%)	总效应(%)
1991	100.00	100.00	100.00	100.00	100.00	100.00	100.00
1992	103.00	88.90	91.57	100.60	100.03	98.24	90.53
1993	104.84	88.07	92.33	101.49	100.04	98.43	92.27
1994	99.97	97.46	97.44	99.65	100.41	98.82	96.35
1995	100.82	97.41	98.21	102.14	99.52	99.06	98.89
1996	100.54	98.54	99.07	98.62	99.98	100.78	98.43
1997	100.21	87.69	87.88	105.12	100.15	98.76	91.37
1998	98.37	92.24	90.74	99.66	100.04	98.18	88.82
1999	99.57	91.77	91.38	99.97	100.14	100.22	91.68
2000	100.39	88.75	89.10	101.34	100.14	100.26	90.67
2001	99.15	93.64	92.85	100.85	100.07	100.20	93.89
2002	99.60	98.53	98.14	100.93	100.02	99.91	98.99
2003	101.57	102.54	104.16	100.30	99.82	99.78	104.05
2004	100.27	108.13	108.42	98.02	99.85	98.86	104.90
2005	101.94	95.88	97.74	100.50	100.12	99.86	98.21
2006	101.28	94.04	95.24	101.19	100.05	99.78	96.22
2007	99.97	95.44	95.40	100.77	100.02	99.77	95.94

大于 100％表示带来单位 GDP 能耗上升的效应,小于 100％表示带来下降的效应。这个时期内,部门强度效应主导了单位 GDP 能耗的变化,其余因素效应的贡献比之都要小得多。单位 GDP 能耗大部分年度的变化幅度在 10％之内,其中一个例外是在 1997—1998 年之间,减幅达到 11.18％。与单位 GDP 能耗的增减变化方向一致的是终端 GDP 能源强度的变化以及部门强度效应,其余效应的变化方向则不确定。对比单位 GDP 能耗的变化比例和终端 GDP 能源强度的变化比例的数值,可以发现两者是接近的,差值在 2％之内。结构效应、加工转换效应、输配效应、终端比重效应增减幅度都比较小,大部分年度受限在 1％之内,只有几个超过 1％并低于 2％;特殊值是 1993 年结构效应(上升 4.84％)以及 1997 年加工转换效应(上升 5.12％)。

(2) 单位 GDP 能耗变化及其效应(1991 年为基期)。定基累计的因素效应可以展现较长时期内总的发展变化,图 7.5 显示了各种效应的定基累计效应(1991 年为基期)。1991—2007 年时期内单位 GDP 能耗定基累计变化效应基本上是下降的,2007 年相比 1991 年下降了 48.6％,1991—2002 年一直呈下降趋势,2003 年开始反复上升,2005 年又有下降,此后这几年一直保持下降势头。产业总效应、部门强度效应的累计效应具有单位 GDP 能耗相同的变化模式。部门强度效应相比产业总效应以及单位 GDP 能耗总效应有较大的升降幅度,2007 年相比 1991 年下降了 57.52％。5 个因素效应中,总体下降的还有终端比重效应,2007 年相比 1991 年下降了 8.74％,除了 1996 年、1999 年、2000年、2001 年有上升外,其余年份均为下降。结构效应、加工转换效应和输配效应的累计效应总的来讲是上升的。结构效应 2007 年相比 1991 年上升 11.95％,下降的年份是 1994年、1998 年、1999 年、2001 年、2002 年和 2007 年,其余年份均为上升。加工转换效应2007 年相比 1991 年上升 11.54％,下降的年份是 1994 年、1996 年、1998 年、1999 年和

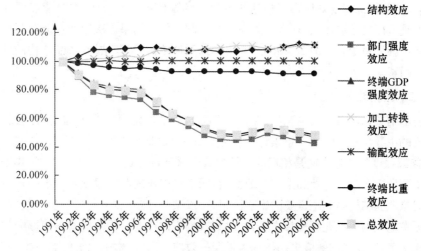

图 7.5　1991—2007 年我国单位 GDP 能耗累计因素效应

2004 年,其余年份均为上升。输配效应只是呈现微弱的上升,2007 年相比 1991 年上升了 0.4%,下降的年份是 1995 年、1996 年、2003 年和 2004 年,其余年份均为上升。由于部门强度效应、终端比重效应(主要是部门强度效应)的下降幅度盖过了其他 3 个效应的上升幅度,所以导致了单位 GDP 能耗总效应和终端 GDP 强度效应的下降,而且下降的幅度接近于部门强度效应。

由于单位 GDP 能耗总效应和终端 GDP 强度效应之间的区别是单位 GDP 能耗总效应在部门强度效应、结构效应外增加了加工转换效应、输配效应和终端比重效应,后三者的累积效应在 100% 左右波动,最大偏离 100% 幅度是 3.58%,所以从图 7.5 看,单位 GDP 能耗总效应和终端 GDP 强度效应的两条曲线几乎是重叠的。

三、单位 GDP 能耗变化的影响因素分析

(一) 主导单位 GDP 能耗变化的部门强度效应

从表 7.12、图 7.5 可以看出,部门强度效应主导了 1991—2007 年时期的单位 GDP 能耗变化。部门强度效应的变化又是三次产业强度效应的累积。通过 1991 年为基期的累计部门强度效应的三次产业贡献率的计算,我们发现部门强度效应的变化大部分是由于第二产业强度效应变化造成的,这是因为第一产业、第三产业的能源强度同比第二产业较低、变化幅度较小以及经济产出的份额较小。同期,第三产业强度效应的下降幅度又比第一产业较大,原因与上述相同。但是对于特定年度来讲,三次产业强度效应的变化方向和部门强度效应是大体上一致的,第一产业、第三产业的能源强度的变化也为 GDP 能耗变化的部门强度效应贡献了力量。1991—2007 年这个时期除了"十五"的几个年份逆势上扬外,三次产业能源强度变化的大方向是下降的,特别是"九五"时期第二产业、第三产业能源强度效应得到快速的下降。韩智勇等(2004)认为,产业能源强度下降本质上是节能技术进步、管理水平提高以及体制创新的结果。决定产业能源强度下降的因素除了韩智勇等归纳的 3 点外,产业内能源品种结构、行业结构、产品结构的优化也是重要的因素。

(二) 结构效应

分解结果显示,1991—2007 年期间结构效应并非决定单位 GDP 能耗和终端 GDP 能源强度的主导因素,从 2007 年累计结构效应来看,其影响甚至与单位 GDP 能耗和终端 GDP 能源强度的变化方向是相反的。结构效应这种特征是由于 1991—2007 年期间产业替代主要发生在第二产业和第一产业之间,而第二产业的部门强度比之第一产业要大得多。但是产业结构并非不重要的影响因素,可以预测:随着经济的进一步升级,第二产业份额更多地被第三产业所代替之后,长时间段累积的产业结构效应的正面影响就会更多地展现出来,产业结构效应更加体现为长期的效应。另外,本书只分解到三次产业,而没有对于三次产业内分行业的细化分解。近年来,对单位 GDP 能耗起最大作用的工业能

源强度的下降,正是由于加快了工业结构调整,关、停、改落后工艺、技术、设备和产品,扶植能效高、附加值高的企业,降低了高能耗行业的比重。

(三)加工转换系数效应、输配效率效应和终端比重效应

能源加工转换系数、输配效率和终端产业消费比重的上升会带来下降的相应效应,反之亦然。此外还有两个因素能够使能源加工转换系数上升,一是一次能源不经过加工转换就直接用于终端消费的比重,二是加工转换效率的提升。由于加工转换设备技术、管理水平的提升,中国加工转换效率得到一定的提升。但是,由于一次能源结构的局限性,为了满足终端消费优质化能源的要求,一次能源用于加工转换的比重趋于上升。此两者在所研究期间逐年的作用大致互抵,所以导致了环比计算的能源加工转换效应并不明显(100%上下小幅徘徊)。2007 年累计的能源加工转换效应为 111.54%,表明所研究期间累进的演化结果是一次能源用于加工转换的比重的作用处于上方。

输配效率变化幅度并不太大,这导致了输配效率效应并不显著,即使从较长的首末17 年的时间来看,也是如此。从百分比来看,输配损失率并不太大(1.2%~1.8%之间),但是损失绝对量是比较大的,2007 年达到 3 075.76 万吨标煤。这与中国能源资源和产业经济布局、集中式能源供应模式有关,中国能源资源主要集中在西部,经济活跃地区却落于东部,为了满足产业经济发展需要,必须长距离输送能源,这样导致了巨大的能源输配损失,所研究期间能源经济布局和能源供应模式并没有显著的改变。

所研究期间终端居民生活消费与产业消费能源各有升降。产业消费 1991—1996 年逐年上升、1996—2000 年逐年下降,居民生活消费 1991—1995 年逐年下降,之后开始上升,所以终端产业消费比重在 1995 年逐年上升,后有升有降。2000 年之后居民生活与产业消费均为上升,但是 2001 年后产业消费上升的幅度相对较大,所以其后终端产业消费比重逐年上升。总的来讲,终端产业消费比重逐年变化幅度不大,但由于升多降少,所以导致了较长时期内累积的下降的终端比重效应,2007 年定基终端比重效应为 91.26%。终端能源消费在产业与居民生活之间的分配,在一定程度上反映了我国 GDP 在投资和消费之间的分配对应关系。

第三节　SEEA-E 流量账户分析
——以上海市 2007 年为例

我国的 SEEA 研究主要偏重于国外理论与方法的引进和经验介绍,以及全国性的综合或专题核算框架和具体编制路径与方法、地区性绿色 GDP 核算的探索,尚未看到我国SEEA 能源流量核算方面的专门文献。由于上海市能源资料相对全面,因此,本节以上海市 2007 年数据为基础,利用 SEEA 流量核算的方法(参见 SEEA 2003 第三章、第四章相关的内容)编制 2007 年上海市 SEEA-E 流量账户。按照 SEEA 的观点,研究能源流量

除了考虑能源产品在经济系统内的流量外,还应该考虑能源利用引起的经济与环境间的交界流量。所以,理论上能源流量账户应该包括 3 类流量的核算:①能源产品流量,一般通过编制能源产品供应使用表进行核算;②能源资源从环境到经济的流量,一般通过编制能源资源使用表进行核算;③能源利用引起的排放从经济到环境的流量,一般通过编制残余物供应使用表进行核算。根据测量单位是使用实物量还是货币量的不同,流量核算可以有实物流量核算、货币流量核算和混合核算。

　　由于上海市化石能源资源匮乏,大部分能源来自外来调拨,仅有近海赋存油气资源,近年来得到小量的开发并进入社会经济领域。可再生能源得到一定程度上的开发,但是可再生能源发电的规模尚小,2007 年上海地区能源平衡表中只有 0.40 亿千瓦时的记录。上海近年来不再有生物质能源的利用记录。总的来讲,目前上海市能源资源从环境到经济的流量很小,所以本节没有编制能源资源使用表。由于没有充分的能源价格数据,所以不编制能源货币流量的相关表格。由于篇幅有限,经济系统里能源利用引起的排放即从经济到环境的流量仅核算了二氧化碳。另外,创建能源利用、行业增加值与二氧化碳排放的对应表(以下称 3E 对应表)来代表混合流量账户。这样,本节的研究内容包括能源产品实物供给表、能源产品实物使用表、能源利用二氧化碳排放(供给)表和 3E 对应表。数据来源于 2008 年《上海市工业能源交通统计年鉴》、2008 年《中国能源统计年鉴》和 2008 年《上海统计年鉴》,各种能源二氧化碳排放系数见附录 1。本节的研究集中在核算技术的应用创新上,将各种原始统计数据设为既定,不涉及数据取得过程。

一、SEEA-E 流量账户

(一) 上海 2007 年能源产品实物供给表

　　参考我国能源平衡表的分类方式,能源产品供给来源分为一次能源生产、加工转换产出、外省(区、市)调入、进口、出去加油(指我轮机在外国加油)以及库存缩减 5 个部分。能源产品包括能源平衡表的各种商品能源分类:原煤、洗精煤、其他洗煤、型煤、焦炭、焦炉煤气、其他煤气、原油、汽油、煤油、柴油、燃料油、液化石油气、炼厂干气、其他石油制品、其他焦化产品、天然气、热力、电力、其他能源(泛指回收能),以及来自农村的非商品能源(生物质能源):沼气、秸秆、薪柴。测量单位采用实物单位或标准量。为了显示的方便,这里采用了利于汇总的标准量,并对煤品(包括原煤、洗精煤、其他洗煤、型煤)、油品(包括原油、汽油、煤油、柴油、燃料油、液化石油气、炼厂干气、其他石油制品)和生物质能源(包括沼气、秸秆、薪柴)进行了汇总。本节采用 2008 年上海市工业能源交通统计年鉴中上海地区能源标准量平衡表中的数据①。

---

　　① 上海市工业能源交通统计年鉴和中国能源统计年鉴实物量的数据有不一致的地方,本项目以上海市工业能源交通统计年鉴标准量为准。

表 7.13　上海 2007 年能源产品实物供给表　　单位:万吨标准煤

项　　目	煤品	焦炭	焦炉煤气	其他煤气	油品	天然气	其他焦化产品	热力	电力	其他能源	生物质能	合计
初级生产	0	0	0	0	40	66	0	11	26	10	0	153
加工转换		748	148				70	282	2 334		0	3 582
回收能	0	0	0	129	0	0	0	0	0	0	0	129
市外调入	7 399	0	1	0	5 148	295	0	0	1 104	0	0	13 947
进口量	0	76	0	0	2 636	0	0	0	0	0	0	2 712
出去加油	0	0	0	0	910	0	0	0	0	0	0	910
库存减	18	0	0	0		0		0	0	0	0	18
合计	7 417	824	149	129	8 735	361	70	293	3 464	10	0	21 451

(二) 上海 2007 年能源产品使用表

能源产品的分类、汇总和测量单位同于能源产品供应表;使用去向的分类与国民经济核算、能源平衡表相衔接,包括:生产、消费、投资、出口、调出本市、进来加油(指外轮、机在我国加油)、加工转换投入以及库存增加;由于能源产品没有投资用途的记录,所以省去;生产的分类采用能源平衡表的行业分类:①农、林、牧、渔、水利业;②工业;③建筑业;④交通运输、仓储和邮政业;⑤批发、零售业和住宿、餐饮业;⑥其他。消费分为城市消费和农村消费。加工转换投入计入工业的能源产品使用,输配损失计入批发、零售业和住宿、餐饮业的能源产品使用。

表 7.14　上海 2007 年能源产品使用表　　单位:万吨标准煤

项　　目	煤品	焦炭	焦炉煤气	其他煤气	油品	天然气	其他焦化产品	热力	电力	其他能源	生物质能	合计
本市调出	3 278	109	0	0	4 415	0	0	0	52	0	0	7 854
出口	0	0	0	0	26	0	0	0	0	0	0	26
进来加油	0	0	0	0	184	0	0	0	0	0	0	184
库存增加	0	0	0	0	42	0	0	0	0	0	0	42
生产消费	4 070	678	146	82	3 848	300	63	292	2 996	10	0	12 486
农林牧渔	1	0	0	0	58	0	0	0	17	0	0	76
工业	3 985	678	146	40	1 520	254	39	272	2 069	10	0	9 013
建筑业	8	0	0	0	109	0	1	1	58	0	0	176
交仓邮政	4	0	0	1	1 762	3	0	1	62	0	0	1 833
批零餐住	36	0	0	30	167	22	12	14	378	0	0	659

（续表）

项　目	煤品	焦炭	焦炉煤气	其他煤气	油品	天然气	其他焦化产品	热力	电力	其他能源	生物质能	合计
其他	35	0	0	12	232	21	12	4	413	0	0	728
生活消费	69	0	3	46	225	61	0	1	417	0	0	822
城镇	52	0	3	45	143	54	0	1	387	0	0	683
乡村	17	0	0	1	82	7	0	0	30	0	0	139
消费合计	4 139	678	149	129	4 073	361	63	293	3 414	10	0	13 308
总合计	7 416	787	149	129	8 740	361	64	293	3 465	10	0	21 413

（三）上海 2007 年能源二氧化碳排放表

能源产品的分类和汇总同于能源产品供应表，二氧化碳的排放来源包括上海市内生产和消费的能源利用，生产和消费的分类同于能源产品使用表中生产和消费的分类。各类二氧化碳排放只计算终端消费除热力、电力外的能源产品利用引起的部分，同时将利用各类能源产品制造热力、电力引起的排放计入工业行业分类，不计算输配损失引起的排放。根据 IPCC 给出的温室气体指导方针目录（2006 年修订版），二氧化碳排放总量可以通过估算各种能源消费导致的二氧化碳排放量并加总得到，能源利用引起的二氧化碳排放包括燃烧引起排放和溢散排放，溢散排放相对较少，对于上海市来讲则更少。本节只计算能源燃烧引起的排放，应用的以吨/吨标准煤为单位的上海二氧化碳排放系数见附表 1。IPCC 认为生物质能源燃烧不影响大气中温室气体浓度的结构变化，所以不予考虑。

能源消费导致的二氧化碳排放量估算公式如下：

$$C_j = \sum_i C_{i,j} = \sum_i EC_{i,j} \cdot ef_{i,j} \cdot (1 - cs_{i,j}) \cdot o_{i,j} \cdot (44/12) \qquad (7\text{-}12)$$

式中，C 为二氧化碳排放量；i 为第 i 种能源；j 为第 j 种二氧化碳的排放来源；EC 为能源消费总量；ef 为燃料中的含碳量；cs 为能源中未被氧化而作为原料进入产品中所占的分数；o 为碳的氧化分数；数值 44 和 12 分别为二氧化碳和碳的摩尔量。为了简易计算，将 cs 设为 0，o 设为 1，这样的假设和实际的情形相差不大。

表 7.15　上海 2007 年能源二氧化碳排放表　　　　单位：万吨

项　目	煤品	焦炭	焦炉煤气	其他煤气	油品	天然气	其他焦化产品	其他能源	合计
生产合计	11 639	2 124	198	1 021	8 222	416	180	30	20 307
农林牧渔	4	0	0	0	123	0	0	0	127
工业	11 233	2 124	197	837	3 109	364	112	30	14 736

（续表）

项　目	煤品	焦炭	焦炉煤气	其他煤气	油品	天然气	其他焦化产品	其他能源	合计
建筑业	22	0	0	0	234	0	2	0	256
交仓邮政	15	0	0	3	3 866	4	0	0	3 885
批零餐住	199	0	0	112	371	13	33	0	582
其他	167	0	0	70	520	35	34	0	721
生活合计	468	0	3	274	458	100	0	0	1 026
城镇	413	0	3	267	294	88	0	0	796
乡村	55	0	0	7	164	12	0	0	230
总合计	12 107	2 124	201	1 296	8 680	516	180	30	21 333

（四）上海 2007 年 3E 对应表

3E 对应表用来核算经济生产过程中各类行业的能源消费[①]、增加值以及二氧化碳排放量。生产行业的分类和归并原则同于能源产品使用表中生产的处理方法。

表 7.16　上海 2007 年 3E 对应表

项目	能源消费（万吨标煤）	行业增加值（亿元）	CO_2 排放（万吨）
生产合计	8 903.52	12 189	20 307
农林牧渔	76.48	102	127
工业	5 430.67	5 298	14 736
建筑业	176.36	380	256
交仓邮政	1 833.06	723	3 885
批零餐住	658.77	1078	582
其他	728.18	4 608	721

二、流量账户分析

（一）结构分析

能源流量账户提供详细的、与国民经济核算相一致的分类（行业分类、产品分类等）

---

① 这里计算的生产能源消费不同于能源产品使用表分行业的能源使用量，是分行业的能源净使用。工业的能源消费等于工业终端消费量加上加工转换损失，也就是能源产品使用表工业的能源使用量减去加工转换产出；其他行业的能源消费等于其终端能源消费，也就是能源产品使用表相应行业的能源使用量。

分解的能源资源、产品和排放的指标数据,相比总量指标能够提供更加有价值的信息。这些信息的一个重要用途是结构分析,可以揭示能源供应、使用和排放最重要的来源或去向,从而为能源经济环境政策的制定提供方向。

1. 上海2007年能源产品供应来源结构

2007年上海在供应总量里最主要的能源产品是煤品、油品、电力和焦炭,分别占总量[①]的34.6%、40.7%、16.2%以及3.8%;供应来源最主要来自市外调入、加工转换和进口,分别占总量的65.4%、16.7%以及12.6%;一次能源的来源基本来自市外调入或进口,来自于一次能源生产占供应总量的份额仅0.5%,仅限少量原油、天然气和电力(可再生能源发电),在天然气分品种供应里却占了18.3%的比例;二次能源的来源主要来自加工转换、市外调入和进口;煤品的供应都来自市外调入,油品的供应主要来自于市外调入、进口和出去加油(58.9%、30.2%和10.4%),电力的供应主要来自于加工转换和市外调入(67.4%、31.9%),仅有0.8%来自于回收能;焦炭来自于加工转换和市外调入(90.8%和9.2%);回收能占供应总量的0.8%,产品形式是其他煤气、其他能源和电力。各种分品种能源产品的供应来源结构见图7.6。

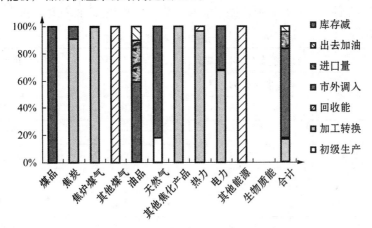

图7.6 上海2007年能源产品供应来源结构

2. 上海2007年能源产品使用去向结构

与能源产品供应相对应,能源产品使用的最主要的品种是油品、煤品、电力和焦炭。2007年供应上海市场1/3的能源产品要调出市外,其中油品占56.2%、煤品占41.7%,显示了上海市作为国内贸易中心在能源贸易里起到了重要作用。同时,作为国际航运中心,有2.1%的油品要供给国外轮、机进来加油;市内消费的能源大部分用于生产,其中大部分又用于工业生产;除此之外,有19.7%的油品用于交通运输、仓储和邮政业。分品种

---

① 这里的总量合计包括能量的重复计算,重复计算部分是加工转换产出的部分。

能源产品的使用去向结构见表 7.17。

表 7.17 上海 2007 年分品种能源产品使用去向结构　　　　单位:%

项　目	煤品	焦炭	焦炉煤气	其他煤气	油品	天然气	其他焦化产品	热力	电力	其他能源	合计
本市调出	44.2%	13.9%	0.0%	0.0%	50.5%	0.0%	0.0%	0.0%	1.5%	0.0%	36.7%
出口	0.0%	0.0%	0.0%	0.0%	0.3%	0.0%	0.0%	0.0%	0.0%	0.0%	0.1%
进来加油	0.0%	0.0%	0.0%	0.0%	2.1%	0.0%	0.0%	0.0%	0.0%	0.0%	0.9%
库存增加	0.0%	0.0%	0.0%	0.0%	0.5%	0.0%	0.8%	0.0%	0.0%	0.0%	0.2%
生产消费	54.9%	86.1%	98.3%	63.9%	44.0%	83.1%	99.2%	99.8%	86.5%	100%	58.3%
农林牧渔	0.0%	0.0%	0.0%	0.0%	0.7%	0.0%	0.0%	0.0%	0.5%	0.0%	0.4%
工业	53.7%	86.1%	98.1%	31.4%	17.4%	70.4%	61.7%	93.0%	59.7%	100%	42.1%
建筑业	0.1%	0.0%	0.0%	0.0%	1.2%	0.0%	0.9%	0.3%	1.7%	0.0%	0.8%
交仓邮政	0.1%	0.0%	0.0%	0.4%	20.2%	0.7%	0.0%	0.3%	1.8%	0.0%	8.6%
批零餐住	0.5%	0.0%	0.0%	23.0%	1.9%	6.1%	18.1%	4.8%	10.9%	0.0%	3.1%
其他	0.5%	0.0%	0.2%	9.1%	2.7%	5.9%	18.5%	1.3%	11.9%	0.0%	3.4%
生活消费	0.9%	0.0%	1.7%	36.1%	2.6%	16.9%	0.0%	0.2%	12.0%	0.0%	3.8%
城镇	0.7%	0.0%	1.7%	35.1%	1.6%	14.8%	0.0%	0.2%	11.2%	0.0%	3.2%
乡村	0.2%	0.0%	0.0%	0.9%	0.9%	2.1%	0.0%	0.0%	0.9%	0.0%	0.6%
消费合计	55.8%	86.1%	100%	100%	46.6%	100%	99.2%	100%	98.5%	100%	62.1%
总合计	100%	100%	100%	100%	100%	100%	100%	100%	100%	100%	100%

3. 上海 2007 年能源利用的二氧化碳排放结构

生产和生活能源利用引起的二氧化碳排放分别占总排放的 95.2% 和 4.8%,前者包括:农、林、牧、渔、水利业 0.6%,工业 69.1%,建筑业 1.2%,交通运输、仓储和邮政业 18.2%,批发、零售业和住宿、餐饮业 2.7%,其他 3.4%;后者包括:城市 3.7%,乡村 1.1%。各种排放源的分能源二氧化碳排放结构见表 7.18。

表 7.18 上海 2007 年各种排放源二氧化碳排放的分能源结构　　　　单位:%

项目	煤品	焦炭	焦炉煤气	其他煤气	油品	天然气	其他焦化产品	其他能源	合计
生产合计	57.3%	10.5%	1.0%	5.0%	40.5%	2.0%	0.9%	0.1%	100%
农林牧渔	3.2%	0.0%	0.0%	0.0%	96.8%	0.0%	0.0%	0.0%	100%
工业	76.2%	14.4%	1.3%	5.7%	21.1%	2.5%	0.8%	0.2%	100%

（续表）

项目	煤品	焦炭	焦炉煤气	其他煤气	油品	天然气	其他焦化产品	其他能源	合计
建筑业	8.5%	0.0%	0.0%	0.1%	91.4%	0.1%	0.6%	0.0%	100%
交仓邮政	0.4%	0.0%	0.0%	0.1%	99.5%	0.1%	0.0%	0.0%	100%
批零餐住	34.2%	0.0%	0.0%	19.2%	63.7%	2.2%	5.6%	0.0%	100%
其他	23.1%	0.0%	0.0%	9.6%	72.1%	4.8%	4.7%	0.0%	100%
生活合计	45.6%	0.0%	0.3%	26.7%	44.6%	9.8%	0.0%	0.0%	100%
城镇	51.9%	0.0%	0.4%	33.6%	37.0%	11.1%	0.0%	0.0%	100%
乡村	23.7%	0.0%	0.0%	3.1%	71.0%	5.3%	0.0%	0.0%	100%
总合计	56.8%	10.0%	0.9%	6.1%	40.7%	2.4%	0.8%	0.1%	100%

4. 生产的能源消费、经济产出与二氧化碳排放结构

由于生产是能源使用的主要去向,生产能源利用引起的二氧化碳排放是其最主要的来源,所以将生产部分按照行业分类进行结构性分析,可以揭露行业经济产出、能源使用以及二氧化碳排放结构比例的对应关系。具体见表7.19。

表 7.19   上海 2007 年生产的能源消费、经济产出与二氧化碳排放结构   单位:%

项目	能源消费(%)	行业增加值(%)	二氧化碳排放(%)
生产合计	100.0	100.0	100.0
农林牧渔	0.9	0.8	0.6
工业	61.0	43.5	72.6
建筑业	2.0	3.1	1.3
交仓邮政	20.6	5.9	19.1
批零餐住	7.4	8.8	2.9
其他	8.2	37.8	3.6

（二）强度分析

可以通过能源消费、二氧化碳排放与 GDP 或人口的比例构建强度指标,强度指标能够衡量能源使用和二氧化碳排放的效率或密度,分行业的能源和二氧化碳排放强度指标可以解释生产的能源消费、经济产出与二氧化碳排放结构的差异。上海 2007 年能源强度、二氧化碳排放强度的计算结果见表7.20。其中,全经济的能源强度是能源消费合计除以 GDP,其余能源强度是生产的能源消费除以 GDP 或行业增加值,人均能源强度是能源消费合计除以当年常住人口,人均生活能源强度是生活能源消费除以当年常住人口,

二氧化碳排放强度的含义是相同的。

表 7.20 上海 2007 年能源强度、二氧化碳排放强度

项目	能源强度 （吨标煤/万元或吨标煤/人）	二氧化碳排放强度 （吨/万元或吨/人）
全经济	0.798 027	1.750 186 5
生产	0.730 455	1.666 003
农林牧渔	0.749 804	1.242 879 3
工业	1.025 042	2.781 409 9
建筑业	0.464 105	0.673 697 4
交仓邮政	2.535 353	5.373 789 6
批零餐住	0.611 104	0.539 835 5
其他	0.158 025	0.156 473 4
人均	5.296 33	11.615 605
人均生活	0.447 396	0.558 707 4

上海是一个人口密集、一次化石能源资源稀缺、环境容量有限的特大型城市，如何实现能源与经济、环境的协调可持续发展是重大的战略问题。SEEA-E 流量核算能够针对这个问题提供详细的内在一致的能源、经济和环境数据的分析框架。

为了满足经济快速发展对于能源不断增长的需求，必须从市外调拨或进口越来越多的各种能源，这增加了国家和世界的能源资源紧缺，同时恶化的供求形势增加了能源安全风险。为了保障能源安全，必须促使能源供给品种和来源的多样化，应该增加市内供应的比例，除了开发近海的油气资源，更应该加快对于可再生能源的开发。可再生能源开发的意义，不仅在于缓解能源供需矛盾，还是潜在的经济增长点，以及减轻化石能源造成的环境污染。2007 年上海市可再生能源发电在能源平衡表里记录的仅有 0.4 亿千瓦时，不足电力消费总量的万分之四。可再生能源利用刚刚启动，以后应该有大幅度的上升。

除了改变能源供应结构，也应该改变能源使用的模式。通过节能降耗，可以提升能源效率并且减少温室气体排放。通过减少化石能源特别是煤炭能源的消费份额，也可以显著地减少温室气体排放。但是工业化和城市化的持续推进，能源需求不断上扬，能源供应和使用模式又具有相对的惯性，上海必须面对艰难的节能减排挑战。

SEEA-E 流量核算揭示了生产是节能减排最主要的领域。通过生产部分的 3E 对应表的结构分析，我们发现：工业消耗了 61% 的能源，排放了 72.6% 的二氧化碳，仅贡献了 43.5% 的增加值；交通运输、仓储和邮政业消耗了 20.6% 的能源，排放了 19.1% 的二氧化碳，仅贡献了 5.9% 的增加值；同时"其他"行业（包括产生高附加值的服务行业）消耗了

8.2%的能源,排放了 3.6%的二氧化碳,却贡献了 37.8%的增加值。这是由于工业的能源强度 1.025 0 吨标煤/万元、二氧化碳排放强度 2.781 4 吨/万元,交通运输、仓储和邮政业的能源强度 2.535 3 吨标煤/万元、二氧化碳排放强度 5.373 8 吨/万元,而"其他"行业的能源强度 0.158 0 吨标煤/万元、二氧化碳排放强度 0.156 4 吨/万元。从节能减排角度出发,应该加强产业结构调整,促进二、三产业融合发展,大力培育附加值高、能耗低、污染少的"其他"行业的发展,同时加强工业和交通运输、仓储和邮政业的节能降耗和能源产品结构调整。

第八章　中国节能减排的政策

能源是人类生存和发展所必需的物质条件。节能减排是实现可持续发展战略一个新的提升,其开展进程及实现程度是国家意志的重要体现。新中国建立以来,特别是改革开放后的 30 多年,党和政府重视节能减排工作,根据国民经济和社会发展的需要,制定了一系列节能减排政策。

第一节　基于节约能源的政策演进

一、计划经济下的能源政策:1949—1978 年

在建国后至改革开放前这一阶段,由于国家实行计划经济,因此能源供应和消费都由国家计划调拨,能源政策是以产定销,无论能源生产企业的生产经营业绩如何都可以确保生存。能源工业完全是封闭式的,发展步伐缓慢,从而导致能源的无度开采和低效利用,造成资源浪费和环境破坏。概括来看,这个阶段的主要特点是:自给自足,计划单一,政策简单,能源效率低,技术落后,环保意识薄弱[138]。

二、《节能法》制定前的能源政策:1978—1997 年

改革开放以后,国家开始把能源作为经济社会发展的战略重点,能源工业从计划经济开始转向市场经济,逐渐尝试运用市场机制调节能源生产和消费,突出表现在放开煤价、进行油价改革和电价改革。能源政策的制定借鉴了国外经验,积极改革了过去的能源管理体制,形成了一批通知、报告、条例等[139]。

1. 1979 年《关于提高我国能源利用效率的几个问题的通知》

1978 年国家制定了以经济建设为中心的方针,我国经济加速发展,能源严重短缺,"停三开四"成为专用名词,能源成为制约国民经济发展的"瓶颈"。企业用能是按指标分配的,因此,缺能成为节能的最大动力。

从 1979 年国家科委在杭州召开第一次能源政策座谈会以来,我国能源界逐渐形成了比较一致的看法,即我国面临着能源短缺。为了缓和电力、燃料等能源供应紧张的局面,增强全民节约能源、降低消耗、杜绝浪费的自觉性,深入、持久地开展能源节约工作,1979 年国家经委决定把每年 11 月定为"节能月"。1979 年,国务院转发《关于提高我国能源利用效率的几个问题的通知》,对于我国在能源利用效率方面提出了具体规定。

2. 1980 年《关于加强节约能源工作的报告》与《关于逐步建立综合能耗考核制度的通知》

1980 年,国务院批转国家经济委员会、国家计划委员会《关于加强节约能源工作的报告》和《关于逐步建立综合能耗考核制度的通知》。节能作为一项专门工作被纳入到国家宏观管理的范畴,同时国家成立了专门的节能管理机构,制定并实施了我国资源节约与综合利用工作"开发与节约并重,近期把节约放在优先地位"的长期指导方针。

1980 年 8 月 30 日,第五届全国人民代表大会第三次会议提出了能源节约方面准备采取的措施:继续加强能源管理。各地区、各部门都要在改变工业结构和产品结构方面,采取有效办法,尽可能节约能源。大力开展以节能为中心的技术改造,成为一个长时期的节能途径,也是向工业现代化前进的重大步骤。继续搞好烧油改烧煤的工作。重点是改那些原来设计烧煤,以后改为烧油的电站和工业锅炉。制订法规,规定各种能耗标准以及有关的奖惩办法。

从 1980 年开始,国家计委、经委组织编制五年节能规划和年度节能计划,开始把节能工作纳入国民经济规划。

3. 1981 年《对工矿企业和城市节约能源的若干具体要求(试行)》与《超定额耗用燃料加价收费实施办法》

1981 年,国家计委、国家经委、国家能源委员会联合发布《对工矿企业和城市节约能源的若干具体要求(试行)》(即"58 条")。同年,国家计委、国家经委、国家能源委、财政部、国家物资局颁发了《超定额耗用燃料加价收费实施办法》。这些指令性规定结合实际,要求全社会节能,具有很强的操作性。在国家大的宏观政策下,各地方也开始重视节能,上海市和浙江、辽宁等省,也制订了相应的能源管理办法。

4. 1982 年《关于按省、市、自治区实行计划用电包干的暂行管理办法》

1982 年,为了保证电力的合理分配使用,提高电能利用的经济效益,国务院批转水利电力部《关于按省、市、自治区实行计划用电包干的暂行管理办法》。1980—1982 年国务院先后发布了关于各种工业锅炉和工业窑炉烧油、节约用电、节约成品油、节约工业锅炉用煤、发展煤炭洗选加工合理用能等 5 个节能指令。上述政策举措有力地支持和推动了当时的节能工作。

5. 1985 年《国家经委关于开展资源综合利用若干问题的暂行规定》

1985 年是我国能源供应十分紧张的一年,华东、华南等地的煤价在几个月之内上涨了一倍左右。根据这两个地区申报的缺能数量,总共只有 40Mt 煤,不到该年全国产量的 5%,而一般估计我国能源的浪费量则远超过 5%。因此,资源综合利用成为焦点问题。

同年 9 月 30 日,国务院批转《国家经委关于开展资源综合利用若干问题的暂行规定》,其中规定:国家鼓励企业积极开展资源综合利用,对综合利用资源的生产和建设,实行优惠政策。企业必须执行治理污染和综合利用相结合的方针。能源消耗大的企业,应当把利用余热、压差、高炉的焦炉煤气以及水的循环利用作为建设和改造的主要内容。

对企业开展综合利用,实行"谁投资、谁受益"的原则。

6. 1986 年《节约能源管理暂行条例》

1986 年中央控制了经济增长速度。虽然从 80 年代初,国家就开始重视节约能源,但是,能源不足,尤其是电力供应紧张,仍然是当时国民经济和社会发展中的一个比较突出的薄弱环节。

为贯彻国家对能源实行开发和节约并重的方针,合理利用能源,降低能源消耗,提高经济效益,保证国民经济持续、稳定、协调的发展,1986 年 1 月 12 日国务院发布了《节约能源管理暂行条例》。《条例》中称:国务院建立节能工作办公会议制度,研究和审查有关节能的方针、政策、法规、计划和改革措施,部署和协调节能工作任务。省、自治区、直辖市人民政府和国务院有关部门,应当指定主要负责人主管节能工作,并可建立节能工作办公会议制度。此条例在 1998 年《节能法》正式颁布前起到了法规的作用。

7. 1987 年"关于实施《民用建筑节能设计标准(采暖居住建筑部分)》的通知"与《企业节能管理升级(定级)暂行规定》

1987 年 9 月 25 日,城乡建设环境保护部、国家计委、国家经委、国家建材局印发"关于实施《民用建筑节能设计标准(采暖居住建筑部分)》的通知"。民用建筑节能受到各地主管部门的重视。华北、东北、西北等地以及江苏省都先后制定了本地区的《标准》实施细则,建成了一大批节能 30% 的节能建筑,同时在北京、哈尔滨、西安等地开展了建筑节能 50% 的试验住宅小区和试点工程建设,促进了各种新型保温复合墙体材料、节能型建筑塑料窗、采暖供热技术的应用与发展,提高了当地社会的建筑节能意识,得到了明显的经济、社会和环境效益。

同时,针对当时我国工业技术装备水平和管理水平比较落后,能源消耗高、经济效益低的问题,国家认识到做好节能工作,必须调动企业的积极性,使节能同企业的发展结合起来。要广泛宣传节能的重大意义,认真抓好技术进步、科学管理、人才培训、健全责任制,综合运用经济的、法律的和行政的手段。

8. 1994 年《"1994 年全国节能宣传周"活动安排意见》

1994 年,国家经济贸易委员会、国家计划委员会、广播电影电视部、中华全国总工会、共青团中央委员会、中国科学技术协会联合印发关于《"1994 年全国节能宣传周"活动安排意见》。意见中指出:根据国务院第六次节能办公会议精神,为了进一步贯彻"开发与节约并重"的能源方针,增强全民节能意识,定于 1994 年 10 月 3 日至 8 日开展"1994 年全国节能宣传周"活动。在宣传周期间,国家经贸委、国家计委拟推荐 500 种优质节能产品和 500 项优秀节能科技成果,再通过《人民日报》、《经济日报》予以发布,并提出相应的节能减排的标题口号,如:节约能源,保护环境,造福子孙;坚持开发与节约并重的能源方针;资源节约和综合利用是我国经济发展的一项长远战略方针;增强全民的节能意识、资源意识、环境意识;厉行节约,反对浪费;节约能源,人人有责;向科学管理要能源,向技术进步要能源;发扬节约一度电、一滴油、一克煤、一滴水的勤俭作风。

9. 1995 年《关于新能源和可再生能源发展报告》、《1996—2010 年新能源和可再生能源发展纲要》与《中国电力法》

1995 年国务院批准了国家有关部门提出的"关于新能源和可再生能源发展报告"和"1996—2010 年新能源和可再生能源发展纲要"。在刚开始实施的国家"十五"计划纲要中,再次提出了积极发展风能、太阳能、地热等新能源和可再生能源。这些措施无疑有力地推动着可再生能源事业的发展。

为了保障和促进电力事业的发展,维护电力投资者、经营者和使用者的合法权益,保障电力安全运行,经第八届全国人民代表大会常务委员会第十七次会议于 1995 年 12 月 28 日通过颁布中国第一部专论能源的法律——《中国电力法》。

10. 1997 年《中华人民共和国节约能源法》

为了推动全社会节约能源,提高能源利用效率,保护和改善环境,促进经济社会全面协调可持续发展,中国政府从 1995 年起开始制定节能法,于 1997 年 11 月经全国人大通过了《中华人民共和国节约能源法》,1998 年 1 月 1 日正式实施。

该法指出:节能是国家发展经济的一项长远战略方针。国务院和省、自治区、直辖市人民政府应当加强节能工作,合理调整产业结构、企业结构、产品结构和能源消费结构,推进节能技术进步,降低单位产值能耗和单位产品能耗,改善能源的开发、加工转换、输送和供应,逐步提高能源利用效率,促进国民经济向节能型发展。要求"采取技术上可行、经济上合理以及环境和社会可以承受的措施,减少从能源生产到消费各个环节中的损失和浪费,更加有效、合理地利用能源","国家对落后的耗能过高的用能产品、设备实行淘汰制度"。

《节能法》的公布和实施确定了节能在中国经济社会建设中的重要地位,用法律的形式明确了"节能是国家发展经济的一项长远战略方针",为中国的节能行动提供了法律保障。

11. 2011 年《"十二五"节能减排综合性工作方案》

《"十二五"节能减排综合性工作方案》提出"十二五"期间节能减排的主要目标和重点工作,把降低能源强度、减少主要污染物排放总量、合理控制能源消费总量工作有机结合起来,形成"倒逼机制",推动经济结构战略性调整,优化产业结构和布局,强化工业、建筑、交通运输、公共机构以及城乡建设和消费领域用能管理,全面建设资源节约型和环境友好型社会。

第一,优化产业结构。中国坚持把调整产业结构作为节约能源的战略重点。严格控制低水平重复建设,加速淘汰高耗能、高排放落后产能。加快运用先进适用技术改造提升传统产业。提高加工贸易准入门槛,促进加工贸易转型升级。改善外贸结构,推动外贸发展从能源和劳动力密集型向资金和技术密集型转变。推动服务业大发展。培育发展战略性新兴产业,加快形成先导性、支柱性产业。

第二,加强工业节能。工业用能占到中国能源消费的70%以上,工业是节约能源的重点领域。国家制定钢铁、石化、有色、建材等重点行业节能减排先进适用技术目录,淘汰落后的工艺、装备和产品,发展节能型、高附加值的产品和装备。建立完善重点行业单位产品能耗限额强制性标准体系,强化节能评估审查制度。组织实施热电联产、工业副产煤气回收利用、企业能源管控中心建设、节能产业培育等重点节能工程,提升企业能源利用效率。

第三,实施建筑节能。国家大力发展绿色建筑,全面推进建筑节能。建立健全绿色建筑标准,推行绿色建筑评级与标识。推进既有建筑节能改造,实行公共建筑能耗限额和能效公示制度,建立建筑使用全寿命周期管理制度,严格建筑拆除管理。制定和实施公共机构节能规划,加强公共建筑节能监管体系建设。推进北方采暖地区既有建筑供热计量和节能改造,实施"节能暖房"工程,改造供热老旧管网,实行供热计量收费和能耗定额管理。

第四,推进交通节能。全面推行公交优先发展战略,积极推进城际轨道交通建设,合理引导绿色出行。实施世界先进水平的汽车燃料油耗量标准,推广应用节能环保型交通工具。加速淘汰老旧汽车、机车、船舶。优化交通运输结构,大力发展绿色物流。提高铁路电气化比重,开展机场、码头、车站节能改造。积极推进新能源汽车研发与应用,科学规划和建设加气、充电等配套设施。

第五,倡导全民节能。加大节能教育与宣传,鼓励引导城乡居民形成绿色消费模式和生活方式,增强全民节约意识。严格执行公共机构节能标准和规范,发挥政府机关示范带头作用。动员社会各界广泛参与,积极开展小区、学校、政府机关、军营和企业的节能行动,努力建立全社会节能的长效机制。推广农业和农村节能减排,推进节能型住宅建设。

三、《节能法》制定后的能源政策:1997年至今

自《节能法》公布并实施后,我国将节能放到了更加重要的位置,为配合《节能法》的实施,我国政府制定了配套法规和政策,如:《中国节能技术大纲》、《固定资产投资"节能篇"编制和评估规定》、《重点用能单位节能管理办法》、《节约用电管理办法》、《民用建筑节能管理规定》、《中国节能产品认证管理办法》、《能源效率标识管理办法》、《能源基础与管理国家标准目录》等,我国的节能步伐迈上了一个新的台阶。

这一阶段中国的能源发展战略与政策开始向全面化和成熟化迈进。国家制定了"十五"能源专题规划,明确了中国在"十五"期间能源发展的总体目标,并提出总体能源政策是"保障能源安全,优化能源结构,提高能源效率,保护生态环境,继续扩大开放,加快西部开发"。

1. 1999 年《中国节能产品认证管理办法》与《重点用能单位节能管理办法》

为节约能源、保护环境,有效开展节能产品的认证工作,保障节能产品的健康发展和市场公平竞争,促进节能产品的国际贸易,根据《中华人民共和国产品质量法》、《中华人民共和国产品质量认证管理条例》和《中华人民共和国节约能源法》,我国于 1999 年 2 月 11 日出台了《中国节能产品认证管理办法》。《办法》中确定了"节能产品"的定义:指符合与该种产品有关的质量、安全等方面的标准要求,在社会使用中与同类产品或完成相同功能的产品相比,它的效率或能耗指标相当于国际先进水平或达到接近国际水平的国内先进水平。

同年 3 月 10 日,国家经济贸易委员会颁布了《重点用能单位节能管理办法》。《办法》明确了:重点用能单位是指年综合能源消费量 1 万吨标准煤以上(含 1 万吨)的用能单位;各省、自治区、直辖市经济贸易委员会指定的年综合能源消费量 5 000 吨标准煤以上(含 5 000 吨)、不足 1 万吨标准煤的用能单位。重点用能单位应遵守《中华人民共和国节约能源法》及本办法的规定,按照合理用能的原则,加强节能管理,推进技术进步,提高能源利用效率,降低成本,提高效益,减少环境污染。

2. 2000 年《节约用电管理办法》及《民用建筑节能管理规定》

为了加强节能管理,提高能效,促进电能的合理利用,改善能源结构,保障经济持续发展,2000 年 3 月,国家经济贸易委员会国家发展计划委员会颁布《节约用电管理办法》。其中规定:"加强用电管理,采取技术上可行、经济上合理的节电措施,减少电能的直接和间接损耗,提高能源效率和保护环境","电力用户应当根据本办法的有关条款,积极采取经济合理、技术可行、环境允许的节约用电措施,制定节约用电规划和降耗目标,做好节约用电工作"。

2000 年 10 月 1 日起施行《民用建筑节能管理规定》。《规定》中指出国务院建设行政主管部门负责全国民用建筑节能的监督管理工作,对不符合节能标准的项目,不得批准建设,建设单位应当按照节能要求和建筑节能强制性标准委托工程项目的设计。此外,国家经济贸易委员会、国家发展计划委员会、公安部、国家环境保护总局施行了《关于调整汽车报废标准若干规定的意见》(12 月)以及《交通行业实施节能法细则》等。这些政策措施使我国的节能法规、规范、标准体系更趋完善。

3. 2001 年《夏热冬冷地区居住建筑节能设计标准》

为进一步推进长江流域及其周围夏热冬冷地区建筑节能工作,提高和改善该地区人民的居住环境质量,全面实现建筑节能 50% 的第二步战略目标,建设部组织制定了中华人民共和国行业标准《夏热冬冷地区居住建筑节能设计标准》(JGJ134—2001)于 2001 年 7 月颁布,自 2001 年 10 月 1 日起施行。

2001 年 11 月 20 日,建设部科技司发布"关于实施《夏热冬冷地区居住建筑节能设计标准》的通知"。通知指出:《节能标准》对夏热冬冷地区居住建筑从建筑、热工和暖通空调设计方面提出节能措施,对采暖和空调能耗规定了控制指标,达到了指导设计的深度。各地应当从次年 10 月 1 日起施行;同时可结合实际编制《节能标准》的实施细则。

4. 2004 年《能源中长期规划纲要(草案)》

温家宝同志 2004 年 6 月 30 日主持召开国务院常务会议,会议认为,能源是经济社会发展和提高人民生活水平的重要物质基础。制定并实施能源中长期发展规划,解决好能源问题,直接关系到中国现代化建设的进程。必须坚持把能源作为经济发展的战略重点,为全面建设小康社会提供稳定、经济、清洁、可靠、安全的能源保障,以能源的可持续发展和有效利用支持我国经济社会的可持续发展。

会议强调,从根本上解决我国的能源问题,必须牢固树立和认真贯彻科学发展观,切实转变经济增长方式,坚定不移走新型工业化道路。要大力调整产业结构、产品结构、技术结构和企业组织结构,依靠技术创新、体制创新和管理创新,在全国形成有利于节约能源的生产模式和消费模式,发展节能型经济,建设节能型社会。

会议讨论并原则通过了《能源中长期发展规划纲要(2004—2020 年)》(草案),明确提出"在全国形成有利于节约能源的生产模式和消费模式,发展节能型经济,建设节能型社会"。此外,2004 年 11 月国务院出台了节能领域的第一个中长期规划;并先后对焦炭、钢铁、水泥、电解铝等高耗能行业出台了一系列加大产业结构调整力度的政策文件,进一步强化了节能标准、标识及认证工作。在此期间,电冰箱、空调器、洗衣机、照明器具等数十类产品的能效标准相继出台,酝酿已久的《乘用车燃料消耗量限值》(GB19578—2004)、《实行能源效率标识的产品目录(第一批)》也于 2004 年 10 月、12 月出炉。上述政策的颁布和实施一定程度上缓解了"十五"末期我国能源供求形势,也将在未来相当长时间内对节能降耗发挥更大的作用。

5. 2005 年《关于做好建设节约型社会近期重点工作的通知》及《可再生能源法》

2005 年 7 月,国务院发布了《关于做好建设节约型社会近期重点工作的通知》,强调必须加快建设节约型社会。以提高资源利用效率为核心,以节能、节水、节材、节地、资源综合利用和发展循环经济为重点。

2005 年 2 月 28 日第十届全国人民代表大会常务委员会第十四次会议通告了《中华人民共和国可再生能源法》。该法律明确规定了政府、企业和公众等各种有关法律主体在可再生能源开发利用方面的责任与义务,确立了政府推动和市场引导相结合的可再生能源发展体制,规定了一系列重要的法律制度和措施,包括制定可再生能源中长期总量目标与发展规划,鼓励可再生能源产业发展和技术开发,支持可再生能源并网发电,实行可再生能源优惠上网电价和全社会分摊费用,设立可再生能源财政专项资金等。这些法律制度和措施的有效贯彻实施,对于有效扩大可再生能源的市场需求,增强开发利用者的市场信心,加快我国可再生能源产业的快速发展,必将产生深远的影响。

6. 2006 年《民用建筑节能管理规定》(修订)及《国务院关于加强节能工作的决定》

《民用建筑节能管理规定》共 30 条,对民用建筑节能的定义、发布的意义和目的,以及如何落实民用建筑节能等均提出了具体的要求,这将对全国各地做好建筑节能工作产生深远的影响,起到积极的指导作用。

这次发布的《规定》,大力鼓励发展建筑节能新技术和产品、施工工艺、管理技术及可再生能源的开发利用,并详细列出了鼓励发展建筑节能技术和产品的 8 个方面,这就为推动民用建筑节能工作指出了明确的发展方向。《规定》还对建设单位、工程施工、供热单位、公共建筑所有权人、物业管理单位、房地产开发企业、设计单位及审查机构等都提出了实施建筑节能工作的具体要求。同时,对不按规定进行设计、施工的单位如何给予处罚,确定了具体实施标准。

同年 8 月 31 日,新华社受权发布了《国务院关于加强节能工作的决定》。《决定》指出,能源问题已经成为制约中国经济和社会发展的重要因素,要从战略和全局的高度,充分认识做好能源工作的重要性,高度重视能源安全,实现能源的可持续发展。

《决定》提出,解决中国能源问题,根本出路是坚持开发与节约并举、节约优先的方针,大力推进节能降耗,提高能源利用效率。必须把节能工作作为当前的紧迫任务,列入各级政府重要议事日程,切实下大力气,采取强有力措施,确保实现"十一五"能源节约的目标,促进国民经济又快又好地发展。

《决定》明确,到"十一五"期末,万元国内生产总值(按 2005 年价格计算)能耗下降到 0.98 吨标准煤,比"十五"期末降低 20% 左右,平均年节能率为 4.4%。重点行业主要产品单位能耗总体达到或接近本世纪初国际先进水平。

《决定》强调,要建立节能目标责任制和评价考核体系。《决定》还规定,建立固定资产投资项目节能评估和审查制度。对未进行节能审查或未能通过节能审查的项目一律不得审批、核准,从源头杜绝能源的浪费。

7. 2007 年《"十一五"资源综合利用指导意见》、《能源发展"十一五"规划》、《国务院关于印发节能减排综合性工作方案的通知》及《中华人民共和国节约能源法》

2007 年 1 月 16 日,国家发改委发布了《"十一五"资源综合利用指导意见》。《指导意见》在分析我国资源综合利用现状的基础上,提出了 2010 年资源综合利用目标、重点领域、重点工程和保障措施。《指导意见》提出加快资源综合利用立法进程,逐步形成以《循环经济法》为核心、《资源综合利用条例》为基础,包括与主要废物资源化利用管理专项法规相配套的资源综合利用法律法规体系。建立资源综合利用统计制度,将重要资源综合利用信息数据纳入国民经济统计体系,为国家宏观调控和企事业单位开展资源综合利用提供统一、权威的数据信息。这些措施为开展再生资源回收与循环利用统计提供了基础环境。

《指导意见》提出:到 2010 年,我国矿产资源总回收率与共伴生矿产综合利用率在 2005 年的基础上各提高 5 个百分点,分别达到 35% 和 40%。工业固体废物综合利用率达到 60%,其中粉煤灰综合利用率达到 75%,煤矸石综合利用率达到 70%。主要再生资源回收利用量提高到 65%,再生铜、铝、铅占产量的比重分别达 35%、25%、30%。木材综合利用率由目前 60% 左右提高到 70% 左右。

2007 年 4 月,国家发展改革委发布《能源发展"十一五"规划》,规划中提出:到 2010 年,我国一次能源消费总量控制目标为 27 亿吨标准煤左右,年均增长 4%。煤炭、石油、天然气、核电、水电、其他可再生能源分别占一次能源消费总量的 66.1%、20.5%、5.3%、0.9%、6.8% 和 0.4%。与 2005 年相比,煤炭、石油比重分别下降 3.0 和 0.5 个百分点,天然气、核电、水电和其他可再生能源分别增加 2.5、0.1、0.6 和 0.3 个百分点。

该规划主要阐明了国家能源战略,明确能源发展目标、开发布局、改革方向和节能环保重点,是未来 5 年我国能源发展的总体蓝图和行动纲领。有关方面要按照规划要求,结合具体实际,积极开展工作,努力完成规划确定的各项任务。

2007 年 6 月 3 日,新华社受权发布了《国务院关于印发节能减排综合性工作方案的通知》。节能减排综合性工作方案提出,要对新建建筑实施建筑能效专项测评,节能不达标的不得办理开工和竣工验收备案手续,不准销售使用。同时,方案还透露中国将适时出台燃油税,研究开征环境税。

发布《国务院关于印发节能减排综合性工作方案的通知》打响了节能减排的发令枪,体现了国家对环保的重视。在政策监督下,未来遏制高耗能高污染行业过快增长,加快淘汰落后生产能力,加快能源结构调整将成为节能减排的重要工作内容。

2007 年 10 月 28 日,全国人大常委会表决通过修改后的节约能源法。修改后的节约能源法自 2008 年 4 月 1 日起施行。新的节能法由原来的 6 章 50 条增加为 7 章 87 条,分别为总则、节能管理、合理使用与节约能源、节能技术进步、激励措施、法律责任、附则。与 1998 年 1 月 1 日开始施行的节能法相比,新的节能法进一步明确了节能执法主体,强化了节能法律责任。

修改后的节能法进一步完善了我国的节能制度,规定了一系列节能管理的基本制度。修改后的节能法进一步明确了重点用能单位的节能义务,强化了监督和管理。在新法中,政府机构也被列入节能法监管重点。

《中华人民共和国节约能源法》使节约资源成为我国基本国策。它进一步完善了我国的节能制度,规定了一系列节能管理的基本制度,如实行节能目标责任制和节能考核评价等制度,国务院和县级以上地方各级人民政府每年向本级人民代表大会或者其常务委员会报告节能工作,省、自治区、直辖市人民政府每年向国务院报告节能目标责任的履行情况;实行固定资产投资项目节能评估和审查制度等。

8. 2007 年《单位 GDP 能耗统计指标体系实施方案》、《单位 GDP 能耗监测体系实施方案》、《单位 GDP 能耗考核体系实施方案》、《主要污染物总量减排统计办法》、《主要污染物总量减排监测办法》、《主要污染物总量减排考核办法》

2007 年 11 月 17 日,国务院批转节能减排统计监测及考核实施方案和办法的通知,国务院同意发展改革委、统计局和环保总局分别会同有关部门制订的《单位 GDP 能耗统计指标体系实施方案》、《单位 GDP 能耗监测体系实施方案》、《单位 GDP 能耗考核体系实施方案》和《主要污染物总量减排统计办法》、《主要污染物总量减排监测办法》、《主要污染物总量减排考核办法》。旨在建立和健全节能减排统计、审计、监测三大体系,使之成为节约能源,科学合理利用能源,提高能源的利用效率的重要举措。

9. 2008 年《关于贯彻实施〈中华人民共和国节约能源法〉的通知》

2008 年 8 月国家发改委下发通知,要求进一步做好 2012 年 4 月 1 日起正式施行的新修订《中华人民共和国节约能源法》(以下简称《节约能源法》)的贯彻实施。

通知共分 7 个部分,分别从贯彻实施《节约能源法》的重要性和紧迫性、完善《节约能源法》配套法规和标准、重点工程、重点企业和重点领域节能管理、实施有利于节能的经济政策、做好《节约能源法》贯彻落实情况的监督检查、加大《节约能源法》宣传和培训的力度、加强组织领导几个方面对《节约能源法》的进一步实施作了说明。通知指出"十一五"节能目标是具有法律效力的约束性指标,是政府对人民的庄严承诺,必须通过合理配置公共资源,有效运用经济、法律和行政手段,确保实现。各地区要按照《节约能源法》要求,设立节能专项资金,切实加大节能资金投入,引导企业开展节能技术研发与改造,形成稳定可靠的工程技术节能能力。中央财政要继续加大资金投入,支持燃煤工业锅炉(窑炉)改造、余热余压利用、电机系统改造、节约和替代石油等十大重点节能工程,2012年力争形成 3 500 万吨标准煤的节能能力。

10. 2011 年《关于发展天然气分布式能源的指导意见》

2011 年 11 月国家发展改革委、财政部、住房城乡建设部和国家能源局联合发布《关于发展天然气分布式能源的指导意见》,旨在提高能源利用效率,促进结构调整和节能减排,推动天然气分布式能源有序发展。

天然气分布式能源是指利用天然气为燃料,通过冷热电三联供等方式实现能源的梯级利用,综合能源利用效率在 70% 以上,并在负荷中心就近实现能源供应的现代能源供应方式,是天然气高效利用的重要方式。与传统集中式供能方式相比,天然气分布式能源具有能效高、清洁环保、安全性好、削峰填谷、经济效益好等优点。天然气分布式能源在国际上发展迅速,但我国天然气分布式能源尚处于起步阶段。推动天然气分布式能源,具有重要的现实意义和战略意义。天然气分布式能源节能减排效果明显,可以优化天然气利用,并能发挥对电网和天然气管网的双重削峰填谷作用,增加能源供应安全性。目前,我国天然气供应日趋增加,智能电网建设步伐加快,专业化服务公司方兴未艾,天然气分布式能源在我国已具备大规模发展的条件。

这项《指导意见》以提高能源综合利用效率为首要目标,以实现节能减排任务为工作抓手,重点在能源负荷中心建设区域分布式能源系统和楼宇分布式能源系统。包括城市工业园区、旅游集中服务区、生态园区、大型商业设施等,在条件具备的地方结合太阳能、风能、地源热泵等可再生能源进行综合利用。

11. 2012 年《天然气利用政策》

根据近年来中国天然气供需形势和市场的发展变化,国家发改委于 2012 年 10 月 14 日发布了新的《天然气利用政策》。新《政策》在原本原则和政策目标、天然气利用领域和顺序、保障措施等方面作了大幅度调整修改和重新界定,并制定了适用规定。这项政策将天然气用户分为优先、允许、限制和禁止等四类。根据《政策》规定,居民用气、公共设施用气以及车船用气等被列入优先类用气名单。而包括陕、蒙、晋、皖等十三个大型煤炭基地所在地区建设基荷燃气发电和天然气制甲醇都被列入禁止类。

新《政策》将促进天然气高效利用项目的大规模推广应用,大幅度地提升城镇天然气的气化率,推动天然气发电项目的建设,限制低效天然气化工项目的发展,加快天然气价格机制改革的进程,逐步建立起天然气交易市场。新《政策》从优化资源配置、提高利用效率和节能减排的目标出发,明确了中国天然气的利用方向、利用领域、利用顺序和保障措施,对引导今后一定时期内中国天然气科学、合理地消费利用及促进天然气市场健康、可持续发展都具有重要作用。

12. 2013 年《关于加快发展节能环保产业的意见》

2013 年 8 月,国务院印发《关于加快发展节能环保产业的意见》。这是新一届政府统筹稳增长、调结构、促改革、惠民生,持续推出的又一项既利当前又利长远的重大举措,对于缓解资源环境瓶颈制约、扩大有效需求、转变经济发展方式、促进产业转型升级、增强发展内生动力,都具有重要意义。

《意见》指出,加快发展节能环保产业要围绕提高产业技术水平和竞争力,以企业为主体、以市场为导向、以工程为依托,强化政府引导,完善政策机制,培育规范市场,着力加强技术创新,大力提高技术装备、产品和服务水平,以释放市场潜在需求,形成新的增长点,为稳增长、调结构、扩内需,改善环境质量,保障和改善民生,推动加快生态文明建设作出贡献。

《意见》提出了近 3 年促进节能环保产业加快发展的目标:到 2015 年,节能环保产业总产值要达到 4.5 万亿元,产值年均增速保持 15% 以上,产业技术水平显著提升,为实现节能减排目标奠定坚实的物质基础和技术保障。

《意见》明确了当前促进节能环保产业加快发展的四项重点任务。一是围绕重点领域,促进节能环保产业发展水平全面提升。加快发展节能、环保、资源循环利用技术装备,提高技术水平;创新发展模式,壮大节能环保服务业。二是发挥政府带动作用,引领社会资金投入节能环保工程建设。加强节能技术改造,实施污染治理重点工程,推进园区循环化改造,加快城镇环境基础设施建设,开展绿色建筑、交通行动。三是推广节能环保产品,扩大市场消费需求。继续实施并调整节能产品惠民政策,实施能效"领跑者"行动计划,完善环保产品认证制度,开展再制造"以旧换再",拉动节能环保产品消费。四是加强技术创新,提高节能环保产业市场竞争力。重点支持企业技术创新能力建设,加快掌握重大关键核心技术,促进科技成果产业化转化,推动国际合作和人才队伍建设。

《意见》强调,要采取有效措施,强化约束激励,为节能环保产业发展创造良好的市场和政策环境。一是健全法规标准。加快制(修)订节能环保标准,完善法律法规,严肃查处各类违法违规行为。二是强化目标责任。落实节能减排目标责任制,完善节能评估和审查制度,加大对重点耗能企业的评价考核力度。三是加大中央预算内投资和中央财政节能减排专项资金对节能环保产业的投入。四是拓展投融资渠道。支持绿色信贷和金融创新,支持符合条件的节能环保企业发行企业债券、中小企业集合债券、短期融资券等债务融资工具。五是完善价格、收费和土地等政策。制定和落实鼓励余热余压余能发电及背压热电、可再生能源发展的上网和价格政策,落实燃煤电厂脱硫、脱硝电价和居民用电阶梯价格,完善城镇污水、垃圾处理收费等政策。六是推进改革创新。建立生产者责任延伸制度,深化排污权有偿使用和交易试点。开展生态文明先行先试,选择有代表性的地区开展生态文明先行示范区建设。七是加强节能环保宣传教育。加强生态文明理念和资源环境国情教育,普及节能环保知识和方法,倡导绿色消费新风尚。

13. 2013 年《页岩气产业政策》

2013 年 10 月,为深入贯彻落实科学发展观,加快发展页岩气产业,根据《页岩气发展规划(2011—2015 年)》及相关法律法规,国家能源局发布了《页岩气产业政策》。这项政策明确将页岩气开发纳入国家战略性新兴产业,加大对页岩气勘探开发等的财政扶持力度;鼓励多元化投资主体进入页岩气勘探开发和销售市场,并加强关键技术的自主研发。该政策特别强调,页岩气开发应坚持勘探开发和生态保护并重的原则,走可持续发展道路。

国家将按页岩气开发利用量,对页岩气生产企业直接进行补贴。同时鼓励地方财政根据情况对页岩气生产企业进行补贴。对页岩气开采企业减免矿产资源补偿费、矿权使用费,并将研究出台资源税、增值税、所得税等税收激励政策。

这项政策尤为突出的一点,是特别强调了页岩气开发过程中的节约利用和环境保护,为内容最丰富的章节。其中,提出要加强节能和能效管理,明确规定引进技术、设备等应达到国际先进水平;规定钻井液、压裂液等应做到循环利用,开采过程逸散气体禁止直接排放;钻井、压裂、气体集输处理等作业过程必须采取各项对地下水和土壤的保护措施,防止页岩气开发对地下水和土壤的污染;钻井、井下作业产生的各类固体废物必须得到有效处置,防止二次污染。同时,国家对页岩气勘探开发利用开展战略环境影响评价或规划影响评价,从资源环境效率、生态环境承载力及环境风险水平等多方面,优化页岩气勘探开发的时空布局。

第二节　基于环境保护的政策演进

一、计划经济下的环境保护政策：1949—1978 年

从新中国诞生至 1972 年，这个时期在法规建设方面还没有环境保护的专门法规，但在一些相关法规中，包含了环境保护的要求，推动了环境方面的建设，如 1956 年卫生部、国家建委联合颁发的《工业企业设计暂行卫生标准》和 1957 年国务院颁发的《中华人民共和国水土保持暂行纲要》。此段时间工业建设中注意了工业建设的合理布局、注意了工业区与市区之间的隔离带，以及其他一些防治措施，这些都对保护和改善生活环境起到了积极的作用；在全国开展了除害灭病，改善环境卫生为主要内容的爱国卫生运动等；在农村开展了大规模的农田水利基本建设，进行了淮河、黄河、海河、长江等的大型水利工程的建设，加强了植树造林和水土保持工作，从而改善了农业生产条件，并增加了农业抗御自然灾害的能力。国务院在 1963 年发布了《森林保护条例》和《矿产资源保护条例》。

1973 年 8 月 5 日至 20 日，第一次全国环境保护会议在北京召开，通过了中国第一个全国性环境保护文件——《关于保护和改善环境的若下规定（试行）》，这是中国历史上第一个由国务院批转的具有法规性质的文件[140]。

二、改革开放中的环境保护政策：1978—1992 年

1978 年《宪法》明确规定：国家保护环境和自然资源，防止污染和其他公害。其后将 1979 年 9 月通过的《中华人民共和国环境保护法》(试行)作为中国环境保护的基本法，为制定环境保护方面的其他法规提供了依据，也为改革开放环境下的环境保护提供了法律依据。1982 年末，环境保护被纳入到国民经济和社会发展第六个五年计划中，这是国家将环境保护与经济协调发展的一项重要举措[74]。

1. 1978 年《中华人民共和国宪法》

1978 年 3 月 5 日，第五届全国人民代表大会第一次会议通过了《中华人民共和国宪法》，明确规定："国家保护环境和自然资源，防治污染和其他公害"。其以根本大法的形式，对环境保护做出规定，这在我国尚属首次，为以后的环境保护立法提供了法律依据。同年召开的十一届三中全会做出了将工作重点转移到经济建设上来，与经济发展密不可分的环境问题也势必成为越来越突出的热点和焦点问题，邓小平同志就曾明确指出应该制定环境保护法，将环境保护法的制定提到了国家立法的日程。

2. 1979 年《环境保护法》

1979 年 9 月，中国颁布了新中国成立以来第一部综合性的环境保护基本法——《中

华人民共和国环境保护法（试行）》，把中国的环境保护方面的基本方针、任务和政策，用法律的形式确定下来。

《环境保护法》共 7 章，33 条。其中第一章（总则）规定：环境保护法的任务，是通过"保证在社会主义现代化建设中，合理地利用自然环境，防治环境污染和生态破坏"，达到"为人民造成清洁适宜的生活和劳动环境，保护人民健康，促进经济发展"的目的。治理现有污染源的原则："谁污染谁治理"。

《环境保护法》的颁布是中国环境管理走上法治道路的标志，对全国的环境保护工作、环境立法和司法起着积极的促进作用。但是该法为"原则通过"的"试行"法，所以，应根据实施中出现的问题和情况的变化，在条件成熟时加以修订。《环境保护法》是一个基本法，为使其中规定的方针、原则、要求等得到正确实施，还要制定各种有关的单行法规，如大气污染防治、水体污染防治、海洋环境保护、噪声控制等方面的法规，以及关于环境污染纠纷的处理、违法者应承担的各种责任方面的法规。

3. 1982 年《征收排污费暂行办法》

1982 年 2 月 5 日，国务院发布《征收排污费暂行办法》（国发 1982—21 号）。该办法的制定是根据《中华人民共和国环境保护法（试行）》第十八条关于"超过国家规定的标准排放污染物，要按照排放污染物的数量和浓度，根据规定收取排污费"的规定。征收排污费的目的，是为了促进企业、事业单位加强经营管理，节约和综合利用资源，治理污染，改善环境。

4. 1983 年《中华人民共和国环境保护标准管理办法》与《中华人民共和国防止船舶污染海域管理条例》

1983 年 11 月 11 日，城乡建设环境保护部发布《中华人民共和国环境保护标准管理办法》，环保标准是为了保护人群健康、社会物质财富和维持生态平衡，对大气、水、土壤等环境质量，对污染源、监测方法以及其他需要所制订的标准。环保标准包括环境质量标准，污染物排放标准，环保基础标准和款保方法标准等。

1983 年 12 月 29 日，国务院发布《中华人民共和国防止船舶污染海域管理条例》规定：在中华人民共和国管辖海域、海港内的一切船舶，不得违反《中华人民共和国海洋环境保护法》和本条例的规定排放油类、油性混合物、废弃物和其他有毒物质。任何船舶不得向河口附近的港口淡水水域、海洋特别保护区和海上自然保护区排放油类、油性混合物、废弃物和其他有毒物质。

5. 1984 年《中华人民共和国水污染防治法（试行）》

为防治水污染，保护和改善环境，以保障人体健康，保证水资源的有效利用，促进社会主义现代化建设的发展，1984 年 5 月 11 日第六届全国人民代表大会常务委员会第五次会议通过了《中华人民共和国水污染防治法（试行）》。

该法规定：国务院有关部门和地方各级人民政府，必须将水环境保护工作纳入计划，采取防治水污染的对策和措施。各级人民政府的环境保护部门是对水污染防治实施统一监督管理的机关。国务院环境保护部门制定国家水环境质量标准。省、自治区、直辖市人民政府可以对国家水环境质量标准中未规定的项目制定地方补充标准,并报国务院环境保护部门备案。

《水污染防治法》的出台可以反映出我国对于水污染的重视。水环境保护成为政府部门的一项重要工作内容。

6. 1985 年《工业企业环境保护考核制度实施办法(试行)》

为了加强工业企业环境保护的计划管理,合理利用资源能源,减少污染物的排放,力求做到经济效益、社会效益、环境效益的统一。1985 年 6 月 30 日,国务院环保委员会、国家经委颁布了《工业企业环境保护考核制度实施办法(试行)》。《办法》规定:工业企业在利用能源和各种资源生产产品的同时,要积极采用无污染或少污染工艺,搞好综合利用,尽可能不排放或少排放污染物,避免对周围环境的污染与破坏。工业企业环境保护工作的成果,是评定工业企业经营效果好坏的一个重要内容。

7. 1988 年《中华人民共和国水法》

《中华人民共和国水法》于 1988 年 1 月 21 日第六届全国人民代表大会常务委员会第 24 次会议上通过,1988 年 1 月 21 日中华人民共和国主席令第 61 号公布,自 1988 年 7 月 1 日起施行。该法要求各级人民政府应当依照水污染防治法的规定,加强对水污染防治的监督管理。《水法》的颁布实施标志着我国对水资源的管理进入了法制化轨道。在该法颁布后,水利部即确定每年的 7 月 1 日至 7 日为"中国水周"。

同年,国务院第 10 号令颁布《污染源治理专项基金有偿使用暂行办法》。为做好污染源治理,合理使用污染源治理资金,国家设立了污染源治理专项基金。

8. 1989 年《中华人民共和国水污染防治法实施细则》

1989 年 7 月 12 日,国家环境保护局令第 1 号发布《中华人民共和国水污染防治法实施细则》。企业事业单位向水体排放污染物的,必须向所在地环境保护部门提交《排污申报登记表》。环境保护部门收到《排污申报登记表》后,经调查核实,对不超过国家和地方规定的污染物排放标准及国家规定的企业事业单位污染物排放总量指标的,发给排污许可证。对超过国家或者地方规定的污染物排放标准,或者超过国家规定的企业事业单位污染物排放总量指标的,应当限期治理,限期治理期间发给临时排污许可证。新建、改建、扩建的企业事业单位污染物排放总量指标,应当根据环境影响报告书确定。

9. 1990 年《中华人民共和国防治陆源污染物污染损害海洋环境管理条例》与《国务院关于进一步加强环境保护工作的决定》

国务院第 61 号令《中华人民共和国防治陆源污染物污染损害海洋环境管理条例》于1990 年 6 月 22 日颁布,8 月 1 日开始实施。其目的是为了加强对陆地污染源的监督管理,防治陆源污染物污染损害海洋环境。条例中规定:禁止在岸滩采用不正当的稀释、渗透方式排放有毒、有害废水；禁止向海域排放含高、中放射性物质的废水；向海域排放含油废水、含有害重金属废水和其他工业废水，必须经过处理，符合国家和地方规定的排放标准和有关规定；处理后的残渣不得弃置入海；向自净能力较差的海域排放含有机物和营养物质的工业废水和生活废水，应当控制排放量。

同年 12 月 5 日，国务院发布的《国务院关于进一步加强环境保护工作的决定》中要求：严格执行环境保护法律法规；依法采取有效措施防治工业污染；积极开展城市环境综合整治工作；地方各级人民政府必须加强对环境保护工作的统一领导，实行环境保护目标责任制。

10. 1991 年《中华人民共和国大气污染防治法实施细则》

1991 年 5 月 8 日经国务院批准，5 月 24 日国家环境保护局令第五号公布，7 月 1 日起施行《中华人民共和国大气污染防治法实施细则》。《细则》规定：地方各级人民政府，应当对本辖区的大气环境质量负责，并采取措施防治大气污染，保护和改善大气环境。各级人民政府的经济建设部门，应当根据同级人民政府提出的大气环境保护要求，把大气污染防治工作纳入本部门的生产建设计划，并组织实施。

三、可持续发展观下的环境保护政策：1992 年至今

从 1992 年 6 月，在里约热内卢召开了联合国环境与发展大会，这标志着世界环境保护工作迈上了新的征程：探求环境与人类社会发展的协调方法，实现人类与环境的可持续发展。联合国号召各国走可持续发展道路。至此，环境保护工作从单纯的治理污染扩展到人类发展、社会进步这个更广阔的范围，即可持续发展成为世界环境保护工作的主题。

随着我国经济建设的高速发展和市场经济的建立，生产力水平的提高，伴随着工业污染和其他公害问题的加剧，环境恶化的状况日益严重，环境保护成为我国进行可持续发展的一个重要任务。这一时期制定了大量有关环境保护的法律法规，并对以前颁布的一些环境保护的法律或行政法规进行了修订，这些环境立法涉及了社会生活的许多方面，对当今已经出现或即将出现的环境问题做了多层次、多方位的规定。

1. 1994 年《中国 21 世纪议程》

1994 年，中国在国家计委、国家科委、国家经贸委、国家环保局主持下，组织了 52 个部门、机构和社会团体，在联合国开发署的（UNDP）支持和帮助下，制定了具有重要意义的《中国 21 世纪议程——中国 21 世纪人口、环境与发展白皮书》。其中的第四部分为资源的合理利用与环境保护。这部分包括水、土等自然资源保护与可持续利用、生物多样性保护、土地荒漠化防治、保护大气层和固体废物的无害化管理共 5 章，设 21 个方案领域。

2. 1996 年《关于环境保护若干问题的决定》、《中华人民共和国环境噪声污染防治法》及《国家环境保护"九五"计划和 2010 年远景目标》

1996 年 8 月 3 日,国务院颁布了《关于环境保护若干问题的决定》。《决定》要求:到 2000 年,全国所有工业污染物要达到地方规定的标准;各地区内主要污染物排放总量控制在国家规定的排放总量指标内;实行"一控双达标"。污染防治的重点是控制工业污染;要重点保护好饮用水源、防治大气污染。《决定》目标明确,重点突出,要求高、可操作性强。

同年 10 月 29 日,中华人民共和国第八届全国人民代表大会常务委员会第二十次会议通过了《中华人民共和国环境噪声污染防治法》,自 1997 年 3 月 1 日起施行。其中要求:国务院和地方各级人民政府应当将环境噪声污染防治工作纳入环境保护规划,并采取有利于声环境保护的经济、技术政策和措施。

3. 1998 年《建设项目环境保护管理条例》及《全国环境保护工作(1998—2002)纲要》

上世纪 90 年代后期,在我国扩大内需、拉动经济增长的战略决策和深化房改、加快住宅建设的产业政策支持下,我国房地产市场进入了新的发展时期。与此同时,项目开发建设过程中的污染问题也引起了人们的关注,为此,国家加强了对建设项目的环境保护管理。

为防止建设项目产生新的污染、破坏生态环境,1998 年 11 月 18 日国务院第 10 次常务会议通过了《建设项目环境保护管理条例》。要求:"建设产生污染的建设项目,必须遵守污染物排放的国家标准和地方标准;在实施重点污染物排放总量控制的区域内,还必须符合重点污染物排放总量控制的要求","改建、扩建项目和技术改造项目必须采取措施,治理与该项目有关的原有环境污染和生态破坏"。

4. 2000 年《中华人民共和国水污染防治法实施细则》、《中华人民共和国大气污染防治法》及《全国生态环境保护纲要》

2000 年 3 月 20 日,中华人民共和国国务院第 284 号令发布并施行《中华人民共和国水污染防治法实施细则》,规定:对实现水污染物达标排放仍不能达到国家规定的水环境质量标准的水体,可以实施重点污染物排放总量控制制度。

《中华人民共和国大气污染防治法》由中华人民共和国第九届全国人民代表大会常务委员会第十五次会议于 2000 年 4 月 29 日修订通过,2000 年 9 月 1 日起施行。要求"国家采取措施,有计划地控制或者逐步削减各地方主要大气污染物的排放总量","地方各级人民政府对本辖区的大气环境质量负责,制定规划,采取措施,使本辖区的大气环境质量达到规定的标准"。

2000 年 11 月国务院发布的《全国生态环境保护纲要》在"建立经济社会发展与生态环境保护综合决策机制。各地抓紧编制生态功能区划,指导自然资源开发和产业合理布局,推动经济社会与生态环境保护协调、健康发展。制定重大经济技术政策。在制定社会发展规划、经济发展计划时,应该依据生态功能区划,充分考虑生态环境问题",要求"要把生态环境保护和建设规划纳入各级经济和社会发展的长远规划和年度计划,保证各级政府对生态环境保护的投入"。要建立生态环境保护与建设的审计制度,确保投入与产出的合理性和生态效益、经济效益和社会效益的统一。

5. 2001 年《国家环境保护"十五"计划》

2001 年《国家环境保护"十五"计划》强调,"建立综合决策机制,促进环境与经济的协调发展","进一步建立环境与发展综合决策机制,处理好经济建设与人口、资源、环境之间的关系,完善和强化环境保护规划和实施体系,探索开展对重大经济和技术政策、发展规划以及重大经济和流域开发计划的环境影响评价,使综合决策做到规范化、制度化。逐步开展重大环境政策、规划和法规的社会经济影响评价,提高环境政策的社会经济效率。开展环境污染和生态破坏损失及环境保护投资效益的统计与分析,进行环境资源与经济综合核算试点,深入研究和试行可持续发展指标体系。理顺环境管理体制,强化环保工作的统一立法、统一规划、统一监管。完善部门协调机制,加强部际联席会议作用,协调解决地区、流域间重大环境问题,审议重大环境政策等重要事项。"

6. 2002 年《排污费征收使用管理条例》、《清洁生产促进法》及《环境影响评价法》

2002 年 1 月 30 日国务院第 54 次常务会议通过了《排污费征收使用管理条例》。《条例》规定:"县级以上人民政府环境保护行政主管部门、财政部门、价格主管部门应当按照各自的职责,加强对排污费征收、使用工作的指导、管理和监督","排污费的征收、使用必须严格实行收支两条线"。《排污费征收使用管理条例》发布施行后,1982 年 2 月 5 日国务院发布的《征收排污费暂行办法》和 1988 年 7 月 28 日国务院发布的《污染源治理专项基金有偿使用暂行办法》同时废止。

在新的《排污费征收使用管理条例》实施之前,只有超标排放污染物的企业才需缴纳一定数额的排污费。之后,随着新的条例的实施,所有排污企业都需缴纳一定数额的排污费。但这一费用,仅仅是用于抵消污水处理的实际成本,外部环境成本仍然没有被计入。随着中国环境形势不断恶化,排污权交易逐渐引起了业内人士的广泛关注。

2002 年 6 月通过的《清洁生产促进法》第 18 条规定:新建、改建和扩建项目应该进行环境影响评价,对原料使用、资源、消耗、资源综合利用以主污染物产生与处置等进行分析论证,优先采用资源利用率高以及污染物产生量少的清洁生产技术、工艺和设备。

2002 年出台的《环境影响评价法》规定不仅对建设项目进行环评,而且要对规划进行环评,这就使得决策部门在决策时必须考虑环境因素、决策的后果对环境的影响,并采取有效的措施,这就是在"源头"上控制对环境资源的破坏以及污染的频繁发生,从而使综合决策有了坚实有效的法律保障。这些说明了我国有关综合决策正趋于建立和深化。

7. 2005 年《国务院关于落实科学发展观加强环境保护的决定》

2005 年 12 月国务院作出《关于落实科学发展观加强环境保护的决定》。《决定》明确提出"坚持环境优先"的发展理念,并提出未来的环境目标:到 2010 年,力争环境污染的状况有所减轻,生态环境恶化趋势开始减缓,重点城市和地区的环境质量得到改善,初步建立起适应社会主义市场经济体制的环境保护政策法规和管理体系。到 2020 年,环境质量和生态状况明显改善;大力发展循环经济,积极发展环保产业;切实解决突出的环境问题,主要有水污染、大气污染、生态保护等 7 项内容。在这 7 项内容中,将防止水污染放在首位,说明国家已将关系人民群众生命健康安全作为根本出发点,是以人为本在环保领域的体现。作为建设社会主义新农村的一个重要方面,《决定》中首次把加强农村环保工作作为重点。建立和完善环境保护的长效机制,包括法规、管理体制,经济、技术政策等,如《决定》中规定"各级环保部门要严格执行各项环境监管制度,责令严重污染单位限期治理和停产整顿"环保部门的权力较以前增大了。

《决定》是中国 21 世纪新时期环保工作的一个总的战略、总政策。《决定》指出"加强环境保护有利于促进经济结构调整和增长方式转变,实现更快和更好地发展,有利于带动环保和相关产业发展,培育新的经济增长点和增加就业",要"在发展中落实保护,在保护中促进发展",同时规定把环境损失和环境效益逐步纳入经济发展的评价体系,作为评价领导政绩的一项指标。这是一种对新型环境与经济关系的认识。这一规定表明,中国的环保指导思想和环境政策已经有了重大的转变。

8. 2007 年《中央财政主要污染物减排专项资金项目管理暂行办法》

《中央财政主要污染物减排专项资金项目管理暂行办法》于 2007 年 5 月 11 日由国家环境保护总局、财政部制定。主要是为确保主要污染物减排指标、监测和考核体系建设顺利实施,推动主要污染物减排目标的实现。对规范中央财政主要污染物减排专项资金项目管理具有重要作用。该《办法》共分 6 章,21 条。

9. 2008 年《污染源自动监控设施运行管理办法》

《污染源自动监控设施运行管理办法》由国家环境保护部于 2008 年 3 月 18 日印发。主要是为加强对污染源自动监控设施运行的监督管理,保证污染源自动监控设施正常运行,加强对污染源的有效监管。落实污染减排"三大体系"(节能减排统计、监测和考核体系)建设的重要措施。

《办法》规定,国家支持鼓励将自动监控设施委托给有资质的专业化运行单位的社会化运行模式,同时对加强对社会化运行单位的监督管理提出了具体要求;污染源自动监控设施社会化运行单位不受地域限制获得设施运行业务;污染源自动监控设施必须与环境保护行政主管部门直接联网,实时传输数据。县级以上环境保护行政主管部门应组织对污染源自动监控设施运行状况进行定期检查,出现检查不合格的情况,可责令其限期整改;对社会化运行单位可建议国务院环境保护行政主管部门对其运营资质进行降级、停用、吊销等处罚。

10. 2009 年《规划环境影响评价条例》及《重点流域水污染防治专项规划实施情况考

核暂行办法》

2009 年 8 月通过的《规划环境影响评价条例》包括 6 章 36 条,旨在加强对规划的环境影响评价工作,提高规划的科学性,从源头预防环境污染和生态破坏,促进经济、社会和环境的全面协调可持续发展。

条例规定,国务院有关部门、设区的市级以上地方人民政府及其有关部门,对其组织编制的土地利用的有关规划和区域、流域、海域的建设、开发利用规划,以及工业、农业、畜牧业、林业、能源、水利、交通、城市建设、旅游、自然资源开发的有关专项规划,应当进行环境影响评价。

2009 年 5 月通过的《重点流域水污染防治专项规划实施情况考核暂行办法》适用于对淮河、海河、辽河、松花江、三峡水库库区及上游、黄河小浪底水库库区及上游、太湖、巢湖、滇池等水污染防治重点流域各省(区、市)人民政府实施相关专项规划情况的考核。

11. 2011 年《"十二五"全国环境保护法规和环境经济政策建设规划》

为指导和推进全国环境保护法规和环境经济政策的制定与实施,依据《国民经济和社会发展第十二个五年规划纲要》、国务院印发的《"十二五"节能减排综合性工作方案》、《国务院关于加强环境保护重点工作的意见》和环境保护部"十二五"规划总体安排中关于建立完善的环境保护法规政策体系,实施有利于环境保护的经济政策等相关要求,环境保护部组织编制了《"十二五"全国环境保护法规和环境经济政策建设规划》。

这项规划要求紧紧围绕科学发展的主题、加快转变经济发展方式的主线和提高生态文明水平的新要求,加强环境保护法规和环境经济政策建设,为推动从主要用行政办法保护环境到综合运用法律、经济、技术和必要的行政办法解决环境问题的历史性转变,探索代价小、效益好、排放低、可持续的中国环保新道路提供有力保障。主要目标是根据我国环境保护法规和环境经济政策建设的现状以及我国环境保护的实际需要,借鉴国外和国内其他领域立法和政策制定的经验,加快修订现有法律法规和制定新法,积极推进环境经济政策的研究、制定和实施工作,到 2015 年形成比较完善的、促进生态文明建设的环境保护法规和环境经济政策框架体系。

12. 2013 年《国家环境保护标准"十二五"发展规划》

环境保护标准是落实环境保护法律法规的重要手段,是支撑环境保护各项工作的基础。为不断完善环境保护标准体系,进一步发挥标准对环境管理转型的支撑作用,在充分总结"十一五"环境保护标准工作基础上,环境保护部组织编制了《国家环境保护标准"十二五"发展规划》。

这项规划坚持改革创新,以环境质量改善为目标导向,不断推进环境管理转型,努力实现新时期环保标准工作的四个转变,即:由数量增长型向质量管理型转变、由侧重发展国家级标准向国家级与地方级标准平衡发展转变、由各个标准单元建设向针对解决重点环境问题的标准簇建设转变、由以标准制修订为主的工作模式向包括标准制修订、宣传培训、实施评估、标准体系设计与能力建设的全过程工作模式转变。

13. 2013 年《环境空气细颗粒物污染综合防治技术政策》

为贯彻《中华人民共和国环境保护法》,防治环境污染,改善空气质量,保障人体健康和生态安全,促进技术进步,环境保护部组织制定了《环境空气细颗粒物污染综合防治技术政策》。

该技术政策旨在贯彻《中华人民共和国环境保护法》和《中华人民共和国大气污染防治法》等法律法规,改善环境质量,防治环境污染,保障人体健康和生态安全,促进技术进步。这项技术政策为指导性文件,提出了防治环境空气细颗粒物污染的相关措施,供各有关方面参照采用。

14. 2014 年《企业环境信用评价办法(试行)》

环境保护部会同国家发改委、人民银行、银监会联合发布了《企业环境信用评价办法(试行)》(以下简称《办法》),指导各地开展企业环境信用评价,督促企业履行环保法定义务和社会责任,约束和惩戒企业环境失信行为。

企业环境信用评价是指环保部门根据企业环境行为信息,按照规定的指标、方法和程序,对企业遵守环保法律法规、履行环保社会责任等方面的实际表现,进行环境信用评价,确定其信用等级,并向社会公开,供公众监督和有关部门、金融等机构应用的环境管理手段。开展企业环境信用评价,是环保部门提供的一项公共服务,通过企业环境信用等级这一直观的方式,向公众披露企业环境行为实际表现,方便公众参与环境监督;还可以帮助银行等市场主体了解企业的环境信用和环境风险,作为其审查信贷等商业决策的重要参考;同时,相关部门、工会和协会可以在行政许可、公共采购、评先创优、金融支持、资质等级评定、安排和拨付有关财政补贴专项资金中,充分应用企业环境信用评价结果,共同构建环境保护"守信激励"和"失信惩戒"机制,解决环保领域"违法成本低"的不合理局面。

这个《办法》包括以下四个方面的主要内容。一是企业环境信用评价工作的职责分工。省级环保部门负责组织国家重点监控企业的环境信用评价,其他参评企业的环境信用评价的管理职责,由省级环保部门规定。环保部门也可以委托有能力的社会机构,开展企业环境信用评价工作。二是应当纳入环境信用评价的企业范围。包括环境保护部公布的国家重点监控企业,地方环保部门公布的重点监控企业,重污染行业内企业,产能严重过剩行业内企业,可能对生态环境造成重大影响的企业,污染物排放超标、超总量企业,使用有毒、有害原料或者排放有毒、有害物质的企业,上一年度发生较大以上突发环境事件的企业,上一年度被处以 5 万元以上罚款、暂扣或者吊销许可证、责令停产整顿、挂牌督办的企业。三是企业环境信用评价的等级、方法、指标和程序。企业环境信用等级分为环保诚信企业、环保良好企业、环保警示企业、环保不良企业 4 个等级,依次以"绿牌"、"蓝牌"、"黄牌"、"红牌"标示。评价指标主要包括污染防治、生态保护、环境监理、社会监督 4 方面 21 项。《办法》还规定了实行"一票否决"的 14 种情形,即在上一年度,企业有未批先建、恶意偷排、构成环境犯罪等情形之一的,实行一票否决,直接评为环保不良企业(红牌)。四是环境保护"守信激励、失信惩戒"具体措施。针对不同环境信用等级的四类企业,《办法》规定了相应的激励性与约束性措施,旨在促进有关部门协同配合,加快建立环境保护"守信激励、失信惩戒"的机制,推动环保信用体系建设。

第三节　国外节能减排政策与中国节能减排政策展望

国外关于节能减排工作的开展主要是受 20 世纪 70 年代石油危机引起的能源恐慌的影响。对因能源供应问题可能带来经济衰退的担忧使发达国家政府开始认真审视本国的能源政策,出台了各种措施提高本国的能源利用效率,保障本国的能源安全。随着经济发展带来的环境问题日益严重,减少环境污染物的排放也逐渐提上各国政府工作议程。

一、国外节能减排政策

(一)美国相关政策

美国是能源消耗大国和温室气体排放大国。第一次石油危机给美国能源政策带来了全方位的影响,从而促进其实施了一系列的政策和措施。

1. 加快可再生能源及替代能源开发工作

美国从 1998 年至 2007 年出台的各种法案中不断提高可再生电力和生物乙醇燃料的发展目标。2009 年奥巴马政府提出到 2012 年美国的电力有 10％来自可再生能源,到 2050 年有 25％来自可再生能源的发展目标。美国的替代能源战略主要是大力发展核能。核能一直在国内能源结构中占有重要比例。此外,风能、太阳能、氢能、垃圾沼气、地热利用发展很快。2004 年 2 月,能源部出台了《氢能技术研究、开发与示范行动计划》,制订了发展氢经济的步骤和向氢经济过渡的时间表。这些可再生及替代能源的开发和利用,有效缓解了传统能源的供给压力。

2. 鼓励提高能效、节约能源、减少污染

1998 年出台的《综合国家能源战略》提出了详尽的节能要求。美国高度重视对先进节能技术的支持,政府牵头注入研发资金,且对刚刚迈入商业化的新技术给予各种政策优惠措施。2001 年出台的《美国能源政策》,高度重视建筑节能和交通节能问题,并强调通过高技术提高能源利用效率,如发展热电联产、混合动力汽车技术等。《洁净煤研究计划》是一项为期 10 年、支出达 20 亿美元的传统能源产业技术改造计划,目的是减轻美国对国外能源的依赖,同时大大减少温室气体和其他污染物质的排放。2004 年美国又提出第二阶段的《洁净煤发电计划》,期望使洁净煤发电成为美国能源构成中的一个永久和巨大的部分。2007 年美国政府出台了《清洁能源法》,积极促进清洁的、可再生能源的发展,提高产品、建筑物和车辆的能源利用效率,推动关于削减温室气体的研究,促进联邦政府的节能工作。

3. 强调能源安全、实现多元化能源战略

2003 年 8 月,美国能源部发表的《2025 年前能源部战略计划》中强调,美国将提高"国家安全、经济安全和能源安全"的综合保证能力。2005 年 8 月,美国颁布《能源政策法》,希望社会各界加大对能源技术开发投入力度,降低美国对国外能源的依赖。在美国重新批准的可再生能源生产计划中,加大了对太阳能、地热能、生物质能的资助力度,并计划到 2013 年使可再生能源占美国全部能源消费的 7.5% 以上。

为实现能源多元化战略,美国采取的措施主要有:首先,增加国内能源的供给。在能源供应问题上,美国过去偏重于以贸易和海外开发的方式利用国外资源,导致美国对外能源依存度上升。在新的多元化能源战略中,美国把国内的能源生产作为重点,不断提高国内多种能源的生产能力,积极开发可再生能源和替代能源。通过不同的能源品种间的替代作用,实现能源品种的多元化,减少了对单一能源品种的过度依赖。近年来,页岩气革命使得美国能源独立之路向前迈进了一大步。美国页岩气产量从 2000 年 122 亿立方米爆发式增长至 2012 年的 2480 亿立方米,占其国内天然气产量的比重升至 38% 左右,已于 2009 年超过俄罗斯成为世界第一大天然气生产国。目前,美国的部分石油开始被所天然气替代,能源进口的比重不断降低,自给率逐步上升。2005—2012 年,美国石油自给率从 30.1% 上升至 55%,一次性能源自给率从 69.2% 上升至 78%。页岩气革命不仅逆转了美国天然气进出口局面,并可能进一步改写全球天然气市场格局。据美国能源信息署(EIA)预计,美国将在 2016 年成为液化天然气(LNG)净出口国,2021 年成为总体天然气净出口国,2025 年成为管道天然气净出口国。其次,加大政策支持力度,加强能源基础设施建设。美国把能源基础设施现代化作为能源多元化战略的一个重要组成部分。其主要行动有:尽快更新跨越阿拉斯加管道系统的许可审批,确保阿拉斯加的石油继续不断地运往美国西海岸;加强与加拿大、阿拉斯加州的密切合作,加强天然气管道建设等。最后,促使能源进口多元化,降低对中东石油的依靠。美国早在 20 世纪 90 年代就开始实施石油进口来源多元化政策,能源进口国来源的多元化结构在一定程度上保证了美国能源国外供应的稳定性和可持续性[141]。

(二) 德国相关政策

德国是世界上第五大能源消费国。德国除拥有较为丰富的煤炭资源外,其石油、天然气资源相对贫乏,大部分依赖进口。20 世纪 70 年代石油危机发生后,德国努力进行结构调整、降低能耗,鼓励开发和使用水能、风能、太阳能及生物能等可再生能源,扩大进口渠道,减轻对进口石油的依赖程度。近年来,德国在发展清洁能源、提高能源利用效率和减少温室气体排放等方面取得了有目共睹的成绩。对外积极参与全球能源与气候合作,对内不断完善减缓气候变化的能源政策及法规措施等。

1. 能源政策明确目标

德国现有能源政策包括"供应安全"、"经济效率"、"环境可承载"。能源供应安全以改善能源结构、多样性供应源和建立战略石油储备予以保证;能源经济效率主要通过优化市场环境、提高能源市场竞争效率加以保障;环境可承载则通过节约能源、提高能效、使用可再生能源来实现。德国政策为实现这三大政策,设定了一些关键目标:2020年温室气体排放量较1990年减少40%;2020年能源效率较1990年提高一倍;2020年18%的最终能源来自于可再生能源,至少30%的电能来自于可再生能源。

2. 可再生能源发展受到政府支持

德国政府重视可再生能源的发展,制定并且实施行之有效的政策。第一,信贷扶持。德国1990年起对投资可再生能源的企业提供长达12年的低于市场利率1%～2%,相当于设备投资成本75%的优惠贷款,还为中小风电场提供总投资额80%的融资。第二,投资补贴。德国为投资风电的企业提供20%～60%额度不等的投资补贴,还实行分阶段补偿机制。第三,用户补贴。德国的太阳能安装用户可获得50%～60%电池费用的补贴。从2000年起,德国政府对于家用太阳能系统采取一次性补贴400欧元的办法;对用木材作为取暖能源,每年提供150欧元的补贴。第四,产品补贴。德国的风电企业每生产1kWh风电可获得0.06～0.08马克的津贴[141]。

3. 能源立法体系日益健全

德国一直注重通过法律手段对能源产业、能源供需制度进行调节和监管。1935年德国就制定了《能源经济法》,标志着德国有了独立、系统的能源法律规则,具有历史性意义。1998年新《能源经济法》作为能源基本法,明确将"保障提供最安全的、价格最优惠的和与环境相和谐的能源"作为立法目的,此后经历了2003年、2005年两次修改。

在能源基本法的引领下,德国建立了以能源类别及制度为立法对象的能源专门立法体系,主要是煤炭、石油和天然气、可再生能与核能、节约能源、能源生态税等立法。包括1919年《煤炭经济法》、1958年《原子能法》、1974年《能源供应安全保障法》、1978年《石油及石油制品储备法》、1999年《引入生态税改革法》、2000年《可再生能源优先法》、2001年《生物质能条例》、2002年《节约能源条例》等[142]。

(三) 英国相关政策

英国也是节能减排工作开展较早的国家之一,早在1977年即颁布了旨在应对能源危机,保障能源供给的《长期节能规划》。经过30多年来的发展,英国政府的相关政策逐渐从应对能源危机转为着眼与减少污染、保护环境。

1. 严格有效的法律法规

英国政府先后颁布了40多部法律法规和78个行业标准,运用法律手段从源头上防控污染,如《碱业法》、《工业发展环境法》、《空气洁净法》、《烟气排放法》等;在节能方面,出台《国家节能计划》、《家庭节能法》和《建筑节能新标准》;签署实施《气候变化法案》,使英国成为全球第一个通过立法手段强制限定温室气体排放并以法律形式确定减排目标的国家。

2. 新型的财政调控手段

英国政府重视采用财政政策调控节能减排工作。第一,税收手段。英国政府以碳税为主要调控手段,针对电力、天然气、煤炭等能源使用,根据相关能源的供应量征收,并根据通货膨胀率逐年调整。此举大幅增加了企业使用能源的成本,迫使企业积极开展节能工作。同时,征收碳税带来了可观的财政收入,英国政府又把这部分收入用于补偿节能减排工作。第二,补贴手段。针对企业节能减排技术研发的国家援助及针对个人建筑节能改造或采购节能设备,如太阳能热水器发放的居民节能补贴等,此外还设立了节能基金,针对节能设备投资和研发项目予以贷款利息补贴;引入对家庭和单位的能耗审计制度。

3. 不同产业下的节能减排约束和激励

对第二产业,一方面严格限制矿产资源开采企业生产、约束高耗能高污染生产型企业,另一方面利用税费减免和基金互助方式帮助企业节能减排。对占 GDP 比重 70% 以上的银行、保险以及商业等第三产业是英国节能减排的重点:鼓励大型商业机构自发节能并对节能减排进行促销宣传,减少一次性塑料袋的使用,鼓励企业开发利用新能源和产品促进节能,对部分行业企业如包装材料制造商提出明确节能减排要求,提出"绿色办公室"标准等。

(四) 日本相关政策

资源约束是日本能源政策选择的重要因素。政府不断通过发展高科技调整产业结构,积极促进能源使用效率的提高和能源结构的多样化发展。

1. 注重中长期能源战略

进入 21 世纪,日本加大了能源政策的调整力度,并开始着手制定面向更长期的能源战略。2002 年,日本出台了基于"确保供应、环境友好、市场导向"3 个基本方针的《能源政策基本法》,并于 2003 年 10 月制定了配套的《日本能源基本计划》;2004 年,日本开始加紧酝酿和制定面向 2030 年的中长期能源新战略,并发布了《2030 年日本能源供需展望》;2006 年 5 月,日本《新国家能源战略》出台,并着手对《日本能源基本计划》进行修改;2007 年,日本政府发布了修订后的《日本能源基本计划》,同年发布了《2010 年能源技术战略》。

2. 注重能源预警应急体系建设

进入新世纪,地缘政治对能源开发、贸易和安全的影响日益显著,恐怖活动以及事故、天灾等造成的能源市场波动时有发生,日本政府更加注重能源预警应急体系的建设,进一步加强能源储备:①加强国家对石油储备的管理,2005 年日本解散石油公团,将石油储备由民间经营改为国家直接管理,并将其上升为国家事业;②在强化石油储备体系建设的基础上,开始建立天然气储备体系;③加强应急体系中不同能源品种、不同行业、不同地区的横向合作。

3. 注重国际能源与环境合作

日本在加强与资源国开展能源合作的基础上,开始重视与亚洲周边国家开展国际能源与环境合作。通过建立日本主导的 ASEAN＋3(中日韩)、亚太经合组织(APEC)、东亚首脑会议(EAS)等亚洲地区多边框架及组织,积极推进与亚洲各国在节能、新能源开发、核能开发、煤炭的清洁利用、温室气体减排以及构建亚洲储备体系等方面的合作[144]。

4. 注重产业结构演进及高科技发展政策

经历了上个世纪八九十年代的经济萧条后,日本制定了一系列经济计划,促进产业结构调整,如《面向 21 世纪的日本经济结构改革思路》(1995 年)、《经济结构改革行动计划》(1998 年)等。同时,日本政府积极推进产业结构向以知识密集型产业为主转型,努力推进技术创新,提出以信息产业为主导产业,集中发展 IT 产业,并提出"IT 立国"的口号。当前,日本政府投入大量人力、物力,采取政府和民间联合的方式,开发新能源,研究节能技术,并积极开发以核电为主,包括太阳能、地热等在内的替代能源,积极促进能源使用效率的提高和能源结构的多样化发展。

(五) 小结

以里约热内卢"联合国环境与发展大会"的召开为标志,国际节能减排工作进入了一个新阶段,1997 年日本京都会议又形成了《京都议定书》,对各缔约国的减排目标提出了具体要求。2007 年联合国气候变化大会通过的"巴厘岛行动计划"(BAP),要求 2009 年12 月要完成发达国家在 2012 年后减少温室气体排放量化义务、发展中国家未来减排行动、发达国家向发展中国家资金和技术转让等一系列重大议题的谈判,从而构筑起到2020 年的保护全球气候的国际气候变化基本制度和规则。而 2009 年的哥本哈根会议各国也对碳排放进行了相关承诺。从现阶段的情况看,国际能源政策呈现出 4 大发展特点:

第一,重视能源安全。1999 年以来的石油涨价对世界经济产生的负面影响,给各个对石油进口依赖度高的国家敲响了警钟。如何保障本国的能源安全,特别是石油安全问题被提到重要日程,节能减排也成为其重要的政策工具。

第二,关注气候变化、减少温室气体排放。1997 年京都会议以后,不少发达国家围绕减排目标和要求,积极调整能源政策,在机构设置中加强节能减排功能,修订政策和法规,强化了节能减排的管理力度。

第三,提高高新能源企业国际竞争力。发达国家十分重视以节能降耗为主的技术开发和技术改造,并给予财政支持,其目的是鼓励企业在激烈的市场竞争中通过节能降耗,降低生产成本,提高在国际市场上的竞争力。

第四,提倡多元化能源发展战略。对能源的品种、进口来源、运输途径、消费上都要实现多元化发展。能源发展战略带动了世界经济新的发展模式,由此产生的绿色经济、低碳经济已成为世界经济新的增长点。

二、对中国节能减排政策的启示

为应对气候变化和因此而带来的对国际产业布局和国际贸易的影响,各国都制定了一系列能源政策,以促进本国能源可持续发展并在新一轮经济增长中争取主动权。这些政策对我国节能减排政策的制定有着较好的启示作用。

1. 发挥两种手段和两个市场积极作用

在促进节能减排方面,国内外主要采取的政策手段包括两类,即市场手段和行政手段。目前,节能减排的市场手段主要通过征收能源税或环境税等价格调控手段,促进社会各界节约能源,降低排放。实现方式有两类:一是放开价格管制,促进能源和环保产业的市场化;二是征收能源税或环境税。节能减排的行政手段通常以颁布各类行政规章和标准的形式实现政府对能源利用和经济发展模式的引导。通过上述两类手段的实施,旨在实现三大结构调整目标,即能源消费结构调整、经济结构调整、进出口贸易产品结构调整。

两个市场指国内及国际市场。国内市场中,要把提高能效作为确保能源安全战略的重要措施。能源发展战略要坚持开源与节流并举,确立节能的首要位置;加快建立以企业为主体的技术创新体系,组织重大技术开发,推动"产、学、研"联合,促进能源节约与资源综合利用科技成果的产业化;组织实施能源节约与资源综合利用重大示范工程,加大支持力度;积极培育和发展能源技术市场,运用市场机制促进新技术、新工艺、新设备等的推广应用。国外市场中,积极展开能源国际合作,加深参与国际能源合作的程度,保障能源安全。

2. 坚持可持续发展战略,优先发展可再生能源

可借鉴国外经验,加大可再生能源发展的政策支持力度,提供减免税收、价格补贴、低息贷款等优惠政策,加强引导和规划,促进可再生能源的开发。此外,利用《京都议定书》中联合履约(JI)、排放贸易(ET)和清洁发展机制(CDM)3个灵活机制,我国应积极参与"CDM",利用发达国家的"免费"资金促进我国可再生能源发展[145]。

3. 充分发挥政府职能,推进节能减排

健全法律法规体系,促进节能减排从"软约束"走向"硬约束"。从英国经验看,建立完善的法律法规体系是促进节能减排的根本,在财政、税收和金融服务等方面出台了一系列有利于节能减排的优惠措施,逐渐形成了一套推动全民节能减排的政策体系,并构建比较完备的能源监测管理系统和能源统计系统。

因此,我国政府应针对具体情况,在不同阶段制定科学合理的政策规范。其一,我国应当尽快建立健全以节能减排为主要内容的法律法规体系,抓紧建立与完善节能和环保

标准,研究制定高耗能产品能耗限额强制性国家标准;其二,按照"政府引导,企业负责"的原则,逐步建立和完善鼓励企业、组织、个人节能减排的激励约束机制,真正实现节能减排者得实惠,高耗能者高成本;其三,政府根据具体情况,确定不同阶段的节能减排指标,并加以严格执行,以促使节能减排整体目标的实现;其四,促进产业结构调整,构建节能降耗型产业结构,加大鼓励发展低能耗、低污染的先进生产能力的力度,加快发展高新技术产业,运用高新技术改造传统产业,促进传统产业升级,提高工业整体水平。

三、中国节能减排政策展望

2007年《中国的能源状况与政策》白皮书[146]中指出,中国能源发展坚持节约发展、清洁发展和安全发展。坚持发展是硬道理,用发展和改革的办法解决前进中的问题。落实科学发展观,坚持以人为本,转变发展观念,创新发展模式,提高发展质量。坚持走科技含量高、资源消耗低、环境污染少、经济效益好、安全有保障的能源发展道路,最大程度地实现能源的全面、协调和可持续发展。

中国能源发展坚持立足国内的基本方针和对外开放的基本国策,以国内能源的稳定增长,保证能源的稳定供应,促进世界能源的共同发展。中国能源的发展将给世界各国带来更多的发展机遇,将给国际市场带来广阔的发展空间,将为世界能源安全与稳定作出积极的贡献。

中国能源战略的基本内容包括:坚持节约优先、立足国内、多元发展、依靠科技、保护环境、加强国际互利合作,努力构筑稳定、经济、清洁、安全的能源供应体系,以能源的可持续发展支持经济社会的可持续发展。

2010年,国家能源局着手编制"十二五"能源规划,将重点围绕实现中央提出的实现2020年非化石能源比重达到15%和碳减排40%～45%"两项目标"展开。这两个目标既是中国政府对全世界的承诺,也是我国促进发展方式转变的重要内容。

1. 能源节约政策

中国政府进一步提出把节约资源作为基本国策,发布了《国务院关于加强节能工作的决定》。始终将节约能源作为宏观调控的主要内容,作为转变发展方式、优化结构的突破口和抓手。在推进节能减排工作中,做到"六个依靠":依靠结构调整,这是节能减排的根本途径;依靠科技进步,这是节能减排的关键所在;依靠加强管理,这是节能减排的重要措施;依靠强化法制,这是节能减排的重要保障;依靠深化改革,这是节能减排的内在动力;依靠全民参与,这是节能减排的社会基础。制定并实施了《节能中长期专项规划》,确定了"十二五"期间能耗降低目标,并将节能任务具体落实到各省、自治区和直辖市以及重点企业。不断完善国内生产总值和能源消耗指标体系,将能源消耗纳入各地经济社会发展综合评价和年度考核,实行单位国内生产总值能耗指标公报制度,实施节能目标责任制和问责制,构建节能型产业体系,促进经济发展方式的根本转变。中国全面落实能源节约的政策措施可能涉及范围：推进产业结构调整，推行工业节能、管理节能、社会节能等。

2. 能源供给政策

确保能源自给率，中国能源资源的开发潜力较大。煤炭已发现的资源量仅占资源蕴藏量的13％，可采储量占已发现资源量的40％。水力资源开发利用程度仅为20％。石油资源探明程度为33％，开始进入勘探中期，仍有较大潜力。天然气资源探明程度为14％，处于勘探早期，资源前景广阔。非常规能源资源尚处于开发利用初期，开发潜力较大。可再生能源开发利用刚刚起步，发展空间很大。资源节约、综合利用和循环利用等方面，也存在着很好的前景。保证中国能源供给能力政策措施可能涉及的范围：有序发展煤炭、积极发展电力、加快发展油气、大力发展可再生能源等。

3. 能源与环境协调发展政策

中国作为负责任的发展中国家，高度重视环境保护和全球气候变化。中国政府将保护环境作为一项基本国策，签署了《联合国气候变化框架公约》，成立了国家气候变化对策协调机构，提交了《气候变化初始国家信息通报》，建立了《清洁发展机制项目管理办法》，制订了《中国应对气候变化国家方案》，并采取了一系列与保护环境和应对气候变化相关的政策和措施。并于2009年11月26日正式对外宣布控制温室气体排放的行动目标，决定到2020年单位国内生产总值二氧化碳排放比2005年下降40％～45％，致力在未来把中国从目前的低效能源使用者变成高效能源使用者。中国正在积极调整经济结构和能源结构，全面推进能源节约，重点预防和治理环境污染的突出问题，有效控制污染物排放，促进能源与环境协调发展。保证能源与环境协调发展政策措施可能涉及的范围：全面控制温室气体排放、大力防治生态破坏和环境污染、严格能源项目的环境管理等。

4. 能源体制改革政策

中国正在按照观念创新、管理创新、体制创新和机制创新的要求，进一步深化能源体制改革，提高能源市场化程度，完善能源宏观调控体系，不断改善能源发展环境。政策涉及范围：一是加强能源立法，完善能源法律制度，为增加能源供应、规范能源市场、优化能源结构、维护能源安全提供法律保障，对已颁布的《清洁生产促进法》、《可再生能源法》、《节约能源法》、《能源法》、《循环经济法》、《石油天然气管道保护法》、《建筑节能条例》、《矿产资源法》、《煤炭法》和《电力法》要注重修订。同时，积极着手研究石油天然气、原油市场和原子能等能源领域的立法。二是完善应急体系，逐步建立电力、石油和天然气供应应急保障体系，确保供应安全。三是加快市场体系建设及价格机制改革，充分发挥市场配置资源的基础性作用，鼓励多种经济成分进入能源领域，积极推动能源市场化改革。全面完善煤炭市场体系，构建政企分开、公平竞争、开放有序、健康有序的电力市场体系，加快石油天然气流通体制改革，促进能源市场健康有序发展。积极稳妥地推进能源价格改革，逐步建立能够反映资源稀缺程度、市场供求关系和环境成本的价格形成机制。

5. 能源国际合作政策

中国是国际能源合作的积极参与者,在能源政策、信息数据等方面与世界许多能源消费国和生产国都开展了广泛的沟通与交流。在国际能源合作中,中国既承担着广泛的国际义务,也发挥着积极的建设性作用。在国际能源合作方面,一是强调加强开发利用的互利合作,加强能源政策磋商和协调,完善国际能源市场监测和应急机制,促进石油天然气资源开发以增加供应,实现能源供应全球化和多元化,保证稳定和可持续的国际能源供应,维护合理的国际能源价格,确保各国的能源需求得到满足。二是形成先进技术的研发推广体系,应大力加强节能技术研发和推广,推动能源综合利用,支持和促进各国提高能效。三是确保国际能源通道安全和畅通,避免地缘政治纷争干扰全球能源供应。

第九章　中国节能减排的对策建议

2009 年 11 月 25 日国务院常务会议决定,将到 2020 年我国单位 GDP 二氧化碳排放量比 2005 年下降 40%~45%,作为约束性指标纳入"十二五"及其后的国民经济和社会发展中长期规划,并制定相应的国内统计、监测、考核办法。2009 年 12 月 18 日,温家宝同志在哥本哈根气候变化会议领导人会议上发表题为"凝聚共识,加强合作,推进应对气候变化历史进程"的重要讲话,重申了这一目标,并表示中国政府确定减缓温室气体排放的目标是根据自身国情采取的自主行动,不附加任何条件,不与任何国家的减排目标挂钩。

节能减排事关中华民族的长远利益,我们要坚持科学发展观,严格遵守国家节能减排方针,从国家社会经济发展实际出发,学习借鉴先行工业化国家的经验和教训,立足当前,着眼长远,统筹考虑,深入持久地抓紧抓好,促进经济社会又好又快发展。

第一节　改革和完善中国国民经济核算体系

虽然中国国民经济核算体系取得了较大的进步,但与 SNA—2008 相比,与发达国家相比,与政府管理部门、社会公众和国际社会日益增长的需求相比,还存在很大差距,特别是不适应科学发展观的要求。因此,我们要立足国情,借鉴国际理论与经验,完善与发展国民经济核算体系,以满足创新驱动、转型发展的需要。

一、建立绿色核算

2012 年 6 月 22 日联合国召开的可持续发展大会("里约+20"峰会)是自 1992 年联合国环境与发展大会和 2002 年可持续发展世界首脑会议后,联合国在可持续发展领域举行的又一次重要的国际会议,有近 130 位国家元首、政府首脑和 5 万多名代表参加。如此大规模、高级别的国际会议,在当今世界几乎是独一无二的,这说明可持续发展确实是关系到人类生存前景的重大命题。此次会议最重要的意义在于进一步增强了国际社会推动可持续发展的内在动力。具体包括:国际社会对可持续发展有了更为深刻和理性的认识;增强了各国发展的可持续导向;维护和强化了国际社会加强合作的精神。与会各方围绕"可持续发展和消除贫困背景下的绿色经济"和"促进可持续发展机制框架"两大主题,就 20 年来国际可持续发展各领域取得的进展和存在的差距进行了深入讨论,通过了题为《我们憧憬的未来》的成果文件,重申了"共同但有区别的责任"原则,首次就制定可持续发展目标达成共识,认可绿色经济是实现可持续发展的重要手段之一。鼓励各国根据不同国情和发展阶段实施绿色经济政策。决定建立高级别政治论坛,取代现有的联合国可持续发展委员会。承诺加强联合国环境规划署职能和在联合国系统内的发言权及其履行协调任务的能力。敦促发达国家履行官方发展援助承诺,要求发达国家以优惠条件向发展中国家转让环境友好技术,帮助发展中国家加强能力建设。

《中共中央关于制定国民经济和社会发展第十二个五年规划的建议》指出:"面对日趋强化的资源环境约束,必须增强危机意识,树立绿色、低碳发展理念,以节能减排为重点,健全激励和约束机制,加快构建资源节约、环境友好的生产方式和消费模式,增强可持续发展能力。"要实现绿色低碳发展,必须将自然资源和环境纳入国民经济核算体系,建立绿色国民经济核算体系。

第一,加强绿色国民经济核算理论与方法研究,提高国民经济核算理论水平。我们要立足国情,借鉴国外经验,全面、系统地研究绿色国民经济核算的理论、方法与制度,以推动中国国民经济核算理论与方法的创新,力争用较短的时间建立绿色国民经济核算制度。当前,中国绿色国民经济核算研究面临两大任务:一是确立绿色国民经济核算的标准与原则。绿色国民经济核算与传统的国民经济核算一样,也是一个以平衡为原则的完整的统计描述体系,它必须通过对各种自然资源与环境资产的概念的建立、分类,对它们的账户结构、记账规则、记录时间和计量方法等一系列核算原则的统一定义,建立起一个统一的体系,以使其具备一致的逻辑关系,并能由此产生绿色经济指标体系。二是科学估价自然资源和环境。绿色国民经济核算的重要环节是对自然资源与环境进行估价,包括经济过程中消费的那些资源与环境。但是对于各种生态系统而言,更重要的是对其服务的估价。要通过对资源与环境的价值理论和估价方法的研究,明确环境物品质量和环境质量损害的关系、自然资源与其服务价值之间的关系、自然资产存量与资产价值的关系,核算环境质量损害与自然资源服务价值、各种污染物对各种不同受体造成的质量损害价值,编制货币资产账户,核算自然资源的耗减。

第二,建立绿色会计、审计制度和生态补偿制度,夯实绿色国民经济核算基础。绿色会计核算是绿色国民经济核算的微观基础,没有绿色会计、审计核算制度,就难以保证绿色国民经济核算的科学性和准确性。因此,要借鉴国外经验,加快中国绿色会计、绿色审计制度建设。在绿色会计方面,一要促使企业形成环境责任的道德理念,充分认识绿色会计在建立健全中国绿色信息公开化制度中的重要意义和作用;二要建立科学合理、系统完整并符合中国国情的企业绿色会计理论与方法体系;三要建立完整的绿色会计信息系统和企业绿色报告信息披露制度;四要设计与制定具有可操作性的绿色会计准则。在绿色审计方面,审计机关应建设绿色审计制度,依法独立检查被审计单位的会计凭证、会计账簿、会计报表以及其他与财政收支、财务收支有关的资料和资产,监督财政收支、财务收支的真实性、合法性和效益性,保障绿色会计制度的科学性和顺利实施。绿色国民经济核算离不开生态补偿制度。建立生态补偿机制就是要根据不同地区内不同的资源、人口、经济、环境总量来制定不同的发展目标与考核标准,让生态脆弱的地区更多地承担保护生态而非经济发展的责任。建立下游地区对上游地区、开发地区对保护地区、受益地区对受损地区、城市对乡村、富裕人群对贫困人群的生态补偿机制可以平衡各方利益。

第三,建立健全绿色法律法规,保障绿色国民经济核算制度的运行。绿色国民经济核算涉及面十分广泛,需要各行各业的绿色会计核算、绿色业务核算、绿色统计核算和绿色税等资料,这样就需要"绿化"中国的法律体系,不仅要修改有关投资、消费、金融、统计、计划和税收等方面的法律,而且要制定与绿色国民经济核算相关的新法律。中国绿色法律法规建设应在宪法的指导下,以资源环境保护法为基本法,以土地法、草原法、森林法、能源法、野生动物保护法、大气污染防治法、海洋保护法、清洁生产促进法、循环经济法、可持续发展法等为骨干的法律体系,建立健全排污权交易制度、绿色技术标准、绿色环境标志制度、绿色包装制度、绿色卫生检疫制度、生态税收和绿色补贴制度等法律、制度、标准体系,促进清洁生产和循环经济健康发展。按照"谁污染、谁承担"的原则,我们要努力促进环境成本内部化和利用经济手段解决环境污染问题。要建立健全环境收费或环境税制度,要将二氧化碳税、二氧化硫税、固体废物税、垃圾税、水污染税、噪音税等逐步试点推广;实行可交易的许可证制度,建立健全排污权交易制度;实行饮料包装物押金制度;实行绿色环境标志制度、绿色包装物制度、绿色卫生检疫制度、生态税收和绿色补贴制度等。我们要使中国的环境法律制度符合科学发展观要求,保障绿色国民经济核算制度的正常运行。

第四,改革与发展资源环境统计方法与制度,建立经济社会发展综合评价体系。绿色低碳发展要求经济社会发展综合评价体系必须充分体现人与自然和谐发展。因此,要以绿色国民经济核算制度建设为龙头,建立健全能源核算体系,改革与发展资源环境统计方法与制度,完善自然资源指标体系、生态环境指标体系、环境污染指标体系、节能指标体系、污染减排考核指标体系、循环经济指标体系。根据绿色国民经济核算制度和资源环境统计制度,建立一整套评价包括物质文明、精神文明、政治文明、生态文明和社会文明的指标体系,以此来引导政府、企业和居民的行为,科学考核政府和干部政绩。力求将经济发展、社会发展、环境保护、资源节约、人民福祉等结合起来,作为地方政绩的综合考核指标,以便实践中有所遵循。

第五,加强宣传与教育工作,提升社会对绿色国民经济核算的认识水平。建立绿色国民经济核算制度是中国国民经济核算制度和社会经济发展评价体系的重大改革。要顺利推进这项重大改革,必须进行广泛深入的思想教育、知识教育和宣传工作。首先,要端正各级领导干部的指导思想,通过思想教育工作,转变各级领导干部的观念。要使他们认识到,作为一个合格的领导干部,应该具有可持续发展观念和环境保护意识,不应只考虑本地区 GDP 的增长,更应考虑长远利益和全局利益。其次,要加强绿色国民经济核算知识的教育和宣传,提高人们对绿色国民经济核算的认识。像 GDP 是国民经济核算的最高指标一样,绿色 GDP 是绿色国民经济核算的最高指标。要认识与了解 GDP,必须具备国民经济核算的基本知识,同样,要认识与了解绿色 GDP,也必须掌握绿色国民经济核算的基本知识。因此,我们不仅要有计划、有步骤地培训干部和企业管理人员,而且要在学校开设与绿色国民经济核算相关的课程,还要出版普及读物,发表通俗文章,充分利用各种媒体,宣传绿色国民经济核算理论知识,树立国民的环境与生态意识,使保护自然资源和环境,走绿色低碳发展道路的思想深入人心。

第六,加强国际合作,借鉴国际先进经验。自可持续发展观提出以来,以联合国为代表的国际组织和有关国家及地区一直努力研制绿色国民经济核算体系。2005 年 3 月,联合国统计委员会决定成立一个环境经济核算委员会(UNCEEA),同年 8 月委员会纽约会议确定了 3 大目标:一是将绿色国民经济核算和相关统计主流化;二是在 2010 年形成绿色国民经济核算的国际标准;三是推进绿色国民经济核算工作。联合国等 6 大国际组织几经努力,于 2012 年发布了绿色国民经济核算体系——《环境经济核算体系——中心框架》(System of Environmental-Economic Accounting-Central Framework)[147],为世界各国及地区进行绿色国民经济核算工作提供指南。中国进行绿色国民经济核算,不仅要加强国际合作,吸收国际先进经验,而且要努力创新。

第七,加快绿色 GDP 核算的试点工作,推进绿色 GDP 核算工作的进程。绿色 GDP 核算作为一项崭新的核算制度,它不仅存在着与现行国民经济核算制度不接轨从而统计数据收集分析的困难,而且由于庞大的、涉及众多部门的第一手数据收集的要求,推行起来比较困难。我们应该遵守"学中干,干中学"准则,有计划、有步骤地在一些省市进行绿色 GDP 核算账户的试编和核算工作。通过试点核算工作,不仅可以检验绿色 GDP 核算理论与方法的可行性,而且可以逐步积累经验,不断完善绿色 GDP 核算制度,以绿色 GDP 核算为抓手,建立适应科学发展观需要的国民经济核算体系。

综上所述,我们要以十八届三中全会精神为指导,按照"五位一体"的总体布局,以科学性、理论性、前瞻性和适用性为原则,加快绿色 GDP 核算理论与方法研究和制度建设。在理论与方法上,科学估价自然资源与环境的价值;建立绿色 GDP 核算账户体系和绿色经济指标体系;修正现行的经济分析理论与方法,构建国民经济运行监测预警系统。在政策与法规上,制定绿色统计、会计和审计的准则、制度和法规,为绿色 GDP 核算理论与方法的应用创造良好的条件。在实践上,有计划、有步骤地开展绿色 GDP 核算工作,加快绿色 GDP 核算的基础工作建设,逐步积累经验,不断完善我国绿色国民经济核算理论、方法和制度,既落实科学发展观,又提升我国国民经济核算的国际地位。

二、健全能源核算

能源在经济发展中起到了基础性的作用。能源为可持续发展提供动力,是农业经济走向现代工业经济以及服务型经济的关键因素。同时,能源是居民生活所必需,是消除贫困、增加社会经济福利和提高生活水平的重要因素,日常生活和经济活动过程都离不开能源。能源在从生产到消费的整个生命周期内产生的污染会对人类健康和环境造成危害。能源统计核算数据为国家能源安全的监测、能源产业发展和节能技术推广的计划、环境统计、经济决策、国际组织以及普通大众等目的和用户所需要。将能源统计作为官方统计的一部分,在概念和定义、分类、数据来源、数据编制方法、组织安排、数据质量评估办法、元数据和传播政策上具备基本的原则,能保障能源信息的有效、可靠、全面、协调和及时。节能减排是中国绿色低碳发展的重点,而有效的节能减排工作离不开温室气体排放和节能减排统计监测制度,统计监测制度离不开统计指标体系,因为统计指标体系是建立完善温室气体排放和节能减排统计监测制度的基础。温室气体排放和节能减排统计指标体系不仅需要与能源及污染排放相关的货币量指标,也需要实物量指标;不仅需要能源产量和消费指标,也需要能源生产、流通、消费、加工转换、库存、利用效率、综合利用及污染排放等全过程的指标;不仅需要生产性能源指标,也需要生活性能源指标。

中国现行的国民经济核算体系满足不了低碳发展的需要,主要表现在:一是能源统计核算没有反映全社会能源的生产、消费、调入、调出、加工、转换以及市场销售和市场供求的指标,不能有效地提供能源供需、能源管理与效率、能源与生产、能源开发与节能等决策信息,不能全面掌握能源生产、购进、消费、库存情况及发展趋势,对能源节约、能源经济效益、能源生产与需求缺乏预测,使各级能源的社会管理部门在制定能源发展规划和考核能源消耗控制目标时欠缺依据。二是新能源与可再生能源和一些污染排放指标尚未被纳入统计核算范围。三是没有全部覆盖三次产业和居民生活的能源消耗与排放。这就给国民经济统计核算理论研究和实际工作提出了新课题和高要求。为了建立科学、完整的温室气体排放和节能减排统计指标体系,我们需要借鉴国际上先进的国民经济核算理论与方法,完善能源核算体系,支撑中国低碳发展。

物质流核算(Material Flow Accounting,MFA)是运用系统思想研究经济活动中物质资源新陈代谢的一种方法。它基于经济活动中物质流动的分析,测算投入到经济系统中的物质量、流出经济系统的物质量以及留在经济系统中的物质存量,是利用物理量对物质采掘、生产、转换、消费、循环使用直到最终处理进行的核算,分析的物质包括元素、原材料、基本材料、产品、制成品以及废弃物。物质流核算内容包括两个方面:一是物质总量核算模型,核算与分析一定经济规模所需要的物质投入、消耗和总循环量;二是物质使用强度模型,核算与分析一定生产或消费规模下,物质的使用强度、消耗强度和循环强度。物质流核算的基本观点是,人类活动对环境产生的影响主要取决于输入经济系统的自然资源和物质的质量与数量,以及从经济系统排入环境的废弃物的质量与数量。前者引起环境的耗减和退化,后者导致环境污染。

20世纪90年代初,欧洲国家应用物质流核算方法分析研究经济系统中自然资源和物质的流动状况。现在,完成物质流核算工作的发达国家有奥地利、日本、德国、英国、荷兰、意大利、美国、芬兰、瑞典、澳大利亚等。欧盟为推广物质流核算,还设立了专门的基金,以帮助欧盟以外的国家开展物质流核算工作。除欧盟外,世界资源研究所(World Resources Insititute,WRI)是世界上研究物质流核算的第二个大机构,1997 年它们完成了"工业经济的物质基础"的研究报告,对美国、德国、日本、奥地利和荷兰等五国的物质投入流进行分析。2000 年,该研究所又完成了"国家之重"(The Weight of Nations:Material Outflows From Industrial Economies)[148] 的研究,对上述五国的物质排出流进行了分析。2001 年,欧盟统计局颁布物质流核算指标的指导性文件,推动了物质流核算研究的进一步深化。欧盟推荐的物质流核算账户体系包括 11 个分账户,分别是:直接物质投入账户、国内物质消费账户、实物贸易平衡账户、国内生产排出账户、存量净增账户、实物存量账户、直接物质流账户、国内非直接使用开挖量账户、非直接流账户、物质总需求账户、物质总消费账户。

我们可以立足国情,借鉴物质流核算理论与经验,建立能源流核算(Energy Flow Accounting,EFA)体系,完善中国能源核算体系,以服务于中国低碳发展。能源流核算的重要任务是对国民经济和社会发展中能源流进行核算与分析,全面把握能源的流向与流量。建立在能源流核算基础上的能源管理则是通过对能源流动方向和流量的调控,提高能源的利用效率,以实现设定的目标。这与中国低碳发展的宗旨是一致的。低碳发展要求从源头上减少能源消耗,有效利用能源,减少污染物排放。低碳发展谋求以最小的能源成本获取最大的社会经济和环境效益,并以此来解决能源消耗与经济发展之间的尖锐矛盾。因此,能源流核算是低碳发展的重要支撑系统。

能源流核算在低碳发展中的重要功能主要体现在 5 个方面:第一,减少能源投入总量。在社会经济活动中,能源投入量的多少直接决定能源的开采量和对生态环境的影响程度。特别是对于不可再生能源,能源投入量的减少就意味着能源使用年限的延长,这对社会经济发展和环境保护有十分重要的意义。因此,低碳发展强调要在减少能源总投入的情况下实现社会经济目标。通过减少能源总投入,实现经济发展、能耗降低和环境保护的多重目标。如何在减少能源投入总量的前提下保障经济效益,通过技术和管理手段,不断提高能源利用率和增加能源循环使用量是两个关键。第二,提高能源利用效率。能源利用效率反映了能源、产品之间的转化水平,其中生产技术和工艺是提高能源利用效率的核心。通过能源流核算,可以分析和掌握能源投入和产品产出之间的关系,并通过技术、工艺改造和更新,提高物质、产品之间的转化效率,提高能源利用效率,做到以尽可能少的能源投入达到预期社会经济发展目标。第三,增加能源循环量。通过提高废弃物的再利用和再资源化,可以增加能源的循环使用量,延长能源的使用寿命,减少初始资源投入,从而最终减少能源的投入总量。第四,减少最终废弃物排放量。在社会经济活动中,通过提高能源利用效率,增加能源循环量,不但可以减少能源投入的总量,同时也可以实现减少最终废弃物排放的目的。因此,在经济发展过程中,生产工艺和技术的进步,生态工业链的发育和静脉产业的发展壮大,可以通过提高能源使用效率、增加能源循环和减少能源总投入,达到减少最终废弃物排放量的目的。第五,支撑温室气体排放和节能减排统计指标体系。能源流核算体系可统计核算能源投入、能源消费、能源效率和能源排出等指标,提供现行国民经济核算体系尚不具备的指标,从而支撑温室气体排放和节能减排统计指标体系的构建及应用。

三、健全服务业核算

实施创新驱动发展战略、推进经济结构战略性调整、加快转变经济发展方式是我国科学发展的战略抉择。由于受 MPS 核算限于物质生产领域的影响,中国服务业核算基础薄弱,核算方法尚不完善。存在统计范围不全、部门分类粗、资料搜集方法单一等问题,特别是诸如租赁业、广告业、居民服务业等新兴服务行业资料难以取得,核算依据不足,不能科学完整地反映服务业发展的规模、结构和效率。因此,服务业核算问题是中国国民经济核算发展的重要课题。中国必须健全服务业核算,服务经济发展方式的转变。为此,一要建立服务业统计数据获得及其质量保障体系。基于服务让渡的实质,选择以服务业范围界定作为研究的逻辑起点。通过对国际标准产业分类 ISCI 第四版、SNA—2008、欧美国家服务业制度规范以及中国现行的核算范围的全面研究,对服务业核算范围进行科学合理的界定,探讨部门分类边界。二要加强常规性服务业核算。中国的常规性服务业统计比较薄弱,第一次经济普查结果表明,常规性服务业统计存在的问题严重影响 GDP 数据的准确性和完整性[149]。三要研究服务业生产价格指数和服务贸易价格指数的编制理论与方法。一是服务业生产者价格指数编制。中国目前没有编制服务业生产者价格指数,许多服务业不变价增加值计算采用的是居民消费价格指数中对应的服务项目价格指数。但是,计算机服务、会计师服务和广告服务等服务对象往往不是居民住户,因此这些服务业不变价增加值计算实际上没有对应的价格指数。这样,只能用有关价格指数替代,这会影响到服务业不变价增加值数据的准确性。二是服务贸易价格指数编制。中国目前还没有编制服务贸易价格指数,服务进出口的不变价计算只能参考货物贸易价格指数和国内外相关的服务价格指数,这会影响到服务进出口不变价数据的准确性。为了解决不变价计算存在的价格指数缺口问题,需要研究编制有关服务业生产者价格指数和服务贸易价格指数。四要健全服务业产出核算。服务产出核算的关键之一是产品定价。服务产品定价不同于货物产品定价:第一,服务是一个过程,其生产与消费是相伴随的,而货物的生产与消费是相分离的。第二,服务让渡的是整个系统,是消费者到"服务"中去完成生产、实现消费;而货物是其产品介入到消费者系统才能发挥效用。第三,服务的多元需求使得定价机制产生偏差,偏差的实质在于难以实现服务标准化。第四,与货物产出兼具实物量和价值量双重度量标准不同,一般意义上,服务产出难以进行实物量计量,货币计量成为唯一方式。因此,服务产品定价机制的完善和可操作十分重要,需要加以深入研究。在服务业具体核算环节,我们要注意货物生产核算与服务核算的差异,从消费与生产合而为一中探索服务产出核算,探讨区别于工业化生产理念下产生的服务产出核算模式。尝试模块化核算,按照功能构设并行的核算组织架构,减少数据传递过程中的信息衰减和官员修正冲动,同时发挥非政府调查系统的作用。五要加强服务业核算的应用。应用服务业核算方法与数据,可以完善 GDP 核算方法与制度、修正GDP 数据、分析中国服务业发展的总量与结构、揭示服务业发展规律,从而确立中国服务业发展战略与政策,以及研究服务业发展对节能减排和科技创新的影响。

四、完善 R&D 核算

当今世界,科技创新在综合国力竞争中的地位日益突出,已成为引领经济发展和人类文明进步的主要动力。研究与试验发展(R&D)活动是科技活动中最具创新性的部分,对科学技术向现实生产力转化起到了至关重要的作用。R&D 核算是对一个国家科学技术活动规模、布局、结构及其成果的推广应用和影响的定量测定,它能够为科技管理和决策提供有效的数据支撑和平台,因而受到各国的高度重视。R&D 核算存在一定难度,而它对于现实的国民经济的核算情况而言又具有一定的紧迫性,因此,国际组织和大多数国家高度重视研究 R&D 活动的核算。自 20 世纪 60 年代初期以来,经济合作与发展组织(OECD)致力于 R&D 核算,并为将 R&D 核算纳入 SNA 体系中而努力。该组织在成员国范围内建立起了定期的科技统计调查制度,并有效地开展了国家之间的比较分析。OECD 的有关专家对如何解决科技产出问题进行了多方探索,提出了技术创新的概念及统计测量规范,通过 R&D 活动向生产性开发和商业性活动延伸,给出了科技投入—技术获取—成果转化—产出的系统的测量方法,开展了技术创新统计;随后,为适应研究产业结构变化的需要,OECD 又着手进行了高技术产业和高技术产品统计,并据此进行成员国之间的比较研究。英国、美国、韩国和印度等国家在 R&D 核算方面取得了较大的成就。美国商务部经济分析局(BEA)还编制了 R&D 卫星账户。该账户在扩展国民经济核算的核算范围与功能方面走出了重要一步,是对国民经济核算体系账户的补充。

从 20 世纪 50 年代起,中国的一些职能部门就曾根据各自管理的需要收集编辑了部分科技统计资料,但较为系统地提出科技指标并将其应用于常规科技统计调查则始于 80年代中期,1985 年中国在借鉴联合国教科文组织(UNESCO)、OECD 有关科技指标的基础上,实施了首次全国科技普查,并以此为基础,形成了以科技部、教育部、国家统计局为三大实施主体的基本科技统计调查框架体系。之后,国家统计局经过协调,在部门科技统计的基础上,建立了科技综合统计年报制度,综合反映中国科技投入总量及其分布情况。科技综合统计报表制度的建立,使得中国科技投入能够在国家层次上进行国际比较,反映中国与发达国家科技能力建设的差距,为国家加大科技投入力度提供依据。从

20世纪90年代起,随着中国综合国力迅速提升和科技体制深化改革的进行,社会各界和各级政府管理部门对科技统计信息的需求显著增强,使得科技统计得到较快发展,尤其进入21世纪,中国的科技统计制度规范化程度显著提高,科技统计资料的综合利用随着信息平台的完善而在国民经济建设中起着越来越重要的作用。

虽然中国科技统计工作取得了长足的进步,但科技统计的制度建设仍然滞后,科技统计工作不能快速、灵活地满足政府科技管理和宏观决策工作不断提出的需求。现行的科技统计调查制度是一个综合性科技活动调查制度,调查内容包括科技资源、科技投入和产出等方面。它的优点是信息量大,避免了重复调查。但这种调查制度在科技评价体系方面还缺乏科学的理论支撑和实际的工作经验,不能很好地反映科技投入及科技投入所产生的经济和社会效益,调查与技术创新调查不够规范,各项调查指标间的关系比较复杂,实施起来难度较大等。R&D统计核算尚无成熟完善的统计核算指标体系,指标缺乏规范和统一,统计资料难以综合利用和实现信息共享,在目前各类统计活动中R&D活动的产出成果的度量是一项十分重要但又难度极大的工作。由于R&D活动本身的发散性、滞延性和间接性,对其度量存在一定的难度。可以说R&D统计核算的对象是人类各种活动中复杂而又难以量化的科技活动。在社会的各个领域无不渗透着科技活动,这一特点使R&D统计的调查实施具有相当难度。我们至今还没有建立起全社会的R&D调查体系,也没有一套成熟的指标体系。在科技和经济发展不断融合的今天,R&D统计核算与经济统计发展的不平衡却愈来愈明显,现在这种科技统计的情况基本上无法反映科技作为第一生产力的地位和作用。

中国R&D核算旨在全面统计核算中国R&D活动的总体规模和分布情况,研发队伍的规模和素质状况,研发资源的投入、成果及产出效益情况,政府对R&D活动扶持政策的落实情况等。通过核算,进一步规范科技统计工作,完善科技统计指标体系,夯实统计基础,提高数据质量,为贯彻落实国民经济和社会发展中长期规划、人才中长期规划、教育发展中长期规划和科技发展中长期规划,监测和评估中国自主创新能力和创新型国家建设进程提供依据。

第二节　优化节能减排的财政政策

政府要在财政预算中安排一定的资金奖励等方式,支持节能减排重点工程、高效节能产品和节能新技术推广、节能管理能力建设及污染减排监管体系建设等。加强政府机构对节能和绿色产品的采购,激励企业向生产节能和绿色产品方向发展。鼓励政府部门采购各种节能产品和环境标志产品,按照政府采购节能和环境标志产品公示公告制度,不断扩大节能和环境标志产品政府采购的范围,充分发挥其消费导向作用。

一、加大财政投入

财政扶持资金可以为节能降耗与污染减排提供支撑保障,对节能环保产业实施扶持,优先采购节能、环保型产品,利用财政投入、政府收取的排污费或外国政府支援投资为基础设立专项资金,引导资金向节能减排、循环经济、环境保护投放,发挥政府财政资金的导向作用和拉动效应。发展有利于节能降耗、减少污染的项目和技术,以此鼓励企业在产品生产过程中采用节能环保新技术、新工艺,增加节能、环保设备的购置使用。

(1)将节能减排资金纳入财政公共预算。首先,公共预算作为政府的年度基本财政收支计划,是政府从事资源配置活动的重要决策安排,反映着政府的活动方向,直接规定并控制着政府的开支项目和开支数额。公共财政预算是政府推进节能减排的重要财力来源,能有效地推进节能减排的技术进步,提高能源利用效率,使节能、环保与经济发展步入良性发展轨道。从政策到财力重视节能减排投入,为逐步建立一个资源节约型社会作出应有的贡献。其次,在经常性预算中,增设节能支出科目,安排相应的节能支出项目,特别是对符合国家产业政策和节能减排要求的项目和企业增加预算。在预算中安排必要的资金,增加节能技术的研究和推广,开展节能减排教育培训和咨询服务。在建设性预算中,增大财政对节能减排的投资力度。一方面逐渐提高节能投资占预算内投资的比例。另一方面要选择一些重要的、投资数额大的节能项目,国家财政采取直接投资的方式予以支持。政府在财政预算中安排专门资金,采用补助、奖励等方式,支持节能减排重点工程、高效节能产品和节能新技术推广,进一步加大财政预算投资向节能环保项目的倾斜力度。

(2)采取政府采购招标节能环保产品的配套措施。节能、环保产品和环境标志产品实行政府采购招标机制。

(3)提高专项转移支付能力。财政大力支持城市污水处理设施建设,利用好上级财政重点加大对污水处理设施管网建设的补助,支持农村水源污染防治,推进新农村建设方面的转移支付政策,通过专项转移支付对关停污染企业的地区给予一定财政补助,引导经济结构调整和产业升级:将落后产能淘汰,安排资金支持淘汰落后产能,中央、省财政通过增加转移支付,对经济困难企业给予适当补助和奖励。搞好中央对地方的节能专项拨款的应用,通过中央财政设立的可再生能源发展专项资金,与地方优势结合,重点支持风能、太阳能、生物质能源等可再生能源的开发利用。

二、优化财政激励机制

利用财政激励手段发展循环经济。粗放型经济发展方式的弊端不仅在于片面追求外延扩张,而且在于资源的一次性使用。发展循环经济,促进资源的循环使用、产业的循环组合,是转变经济发展方式的有效选择。实践表明,发展循环经济对于节约资源、减少污染、提高经济效益具有显著效果。目前,发展循环经济仍处于起步阶段,少数企业的成效不错,但整体上有待进一步突破。针对高消耗、高污染行业比重较大的实际情况,应以提高资源有效利用率、降低污染物排放量为目标,在冶金、建材、化工等行业广泛开展清洁生产和资源综合利用,发展循环经济型产业、建设循环经济型园区和发挥生态经济园区,促进工业经济与节能环保的协调发展。同时,在农业领域大力发展循环型农业,抓住农作物秸秆、肥料的综合利用和循环利用。

财政帮扶节能技术改造与创新。建立产学研相结合技术创新体系,搞好企业与科研机构、高等院校的合作,搭建科技创新平台。建立政府主导、企业为主体、产学研相结合的节能减排技术创新与成果转化体系,搭建技术共同开发、成果共同享用的节能减排科技创新平台,建设一批国家级、省级技术中心。组织节能减排科技开发专项,实施一批节能减排重点项目,如秸秆发电、工业三废、沼气利用等,攻关节能减排的关键和共性技术,为节能减排提供技术支撑。积极建设技术推广网络平台,提供节能减排技术成果信息化服务。

结构调整是实现节能目标的关键,结构调整对节能的贡献度超过60%上。因此,实现节能降耗目标关键要在结构调整上下功夫。面对全球经济一体化,中国在世界经济格局中的定位应不仅仅强调经济发展生产规模的继续扩张,还应进一步转变经济增长的模式,逐步调整产业结构,特别是工业的发展应依靠高新技术,大力发展低能耗、低污染、技术密集型行业,提高产品的附加值,降低单位产品能耗,否则未来的发展从能源角度将难以维系为此。全国应发展优先地区,如长三角、珠三角、京津唐,共同制定区域性产业准入门槛,合力推进产业结构调整,促进经济结构优化,缓解经增长与能源消费之间的矛盾,从根本上推动节能减排。

三、完善税收政策

我们要科学运用激励性的税收政策和惩罚性的税收政策,有效促进节能减排。激励性的税收政策包括:第一,税收减免政策。对节能产业和节能产品减税或免税,以鼓励企业购买使用节能产品和设备,扶持节能产业的发展。第二,消费型增值税和加速资产折旧。消费型增值税可鼓励企业购买节能生产设备和治污的设备,加速资产折旧可促进节能和排污设备的更新与推广。第三,对节能减排相关技术的税收优惠。对开发节能环保产品的研发费用采取税前扣除。对节能减排技术的推广和利用给予税收优惠,引导节能减排技术的发展方向。第四,节能减排技术推广应用的相关研发机构和科研院校一定的经费资助和税收优惠措施,如减免营业税,以促进节能减排技术的推广和普及。惩罚性的税收政策包括:第一,消费税制度,税收对节约与浪费的调节主要是通过消费品的价格来调控,因此,可以提高消费税的税率,促进节约能源,减少高能耗产品的消费。第二,资源税制度,将土地资源、矿产资源、森林资源、水资源、海洋资源等资源纳入到资源税的计税范围,以显示资源的价值。第三,调整进出口关税政策,对高能耗产品的出口进行抑制。对能耗较大的产品,出口时不给予退税,对在我国进行进料加工又出口而消耗能源较大的产品,不得免征进口关税和增值税的进项税抵扣。对能耗较大、污染物排放量较大的企业,都不给予相关税收优惠。

(1)运用税收优惠政策鼓励节能减排。在税收优惠政策方面,按照国家节能、节水、节地、节材、资源综合利用和环保等产业政策,实行节能环保项目企业所得税优惠政策,对节能减排设备投资给予增值税进项税抵扣,对资源综合利用产品增值税实行优惠。实行节能、节地、环保型建筑和既有建筑节能改造的税收优惠。我国已出台了很多促进能源资源节约和环境保护税收政策,对促进能源资源节约和环境保护起到了积极的推动作用。①有减有免的税收支持开发利用可再生能源。支持可再生能源的开发利用,对于改善我国的能源消费结构意义重大,随着经济快速发展和能源消耗的加快,我国对可再生能源开发利用的税收扶持政策逐年增多。②有奖有罚的税收力促节约能源。经济发展与能源密不可分,能源的状况制约着经济的发展,而能源并不是取之不尽,用之不竭的。因此,节能已成为经济良性发展的重要措施。当前我国资源浪费和环境污染问题严重,环境污染与生态破坏所造成的经济损失与日俱增。因此,促进环境友好型、资源节约型社会的建设已成为我国经济发展必须要面对的课题。

(2)运用税收优惠推动节能环保产业发展和资源的综合利用。税收优惠鼓励资源综合利用和环保企业。首先,在优惠的节能、环保产业政策下,企业可享受一定的所得税减免;在增值税优惠政策中,对企业购置的环保设备允许进项抵扣,从而鼓励企业对先进环保设备的购置使用;对节能环保设备实行加速折旧;鼓励节能环保投资包括吸引外资,实行节能环保投资退税等。其次,对高新技术的研究、开发、转让、引进和使用予以税收鼓励,包括:技术转让收入的税收减免、技术转让费的税收扣除、对引进节能环保技术的税收优惠等。再次,加大税收优惠,扶植引导环境无害产业和节能环保产业的发展。如降低节能环保企业各种税负,以及节能环保产业设备、仪器的进口关税,对于"三废"综合利用产品和清洁生产给予一定的税收优惠等。改变原有的单一的减免税的优惠形式,采取加速折旧、税收支出等多种优惠形式,大力发展循环经济和绿色经济。还有,灵活准确地运用关税手段(如降低税率、特别关税、反倾销税等),积极参与国际竞争,保护国内环境和资源。降低木材及木制品、石油、天然气进口关税税率或实行零关税,提高木材、石油的进口数量。企业综合利用资源,生产符合国家产业政策规定的产品所取得的收入,可以在计算应纳税所得额时扣除。企业购置用于环境保护、节能节水、安全生产等专用设备的投资额,按一定比例实行税额抵免。

(3)运用税收减免支持开发利用可再生能源。税收减免支持开发利用可再生能源,开发利用可再生能源是节能减排的有效办法,太阳能、风能、海洋能、地热能等可再生能源,是很好的能源。在使用过程中会产生极低的温室气体,产生的污染气体对生态系统和环境影响很小,因此备受关注。大力开展可再生能源技术的研究,开发能源技术。风力发电、太阳能光伏发电、垃圾发电、太阳能热利用、地热利用、沼气利用、秸秆气化等很多可再生能源新技术正逐步进入市场化,优惠的税收手段更加推动了可再生能源的开发利用。

(4) 运用税收政策促进清洁生产。清洁生产是有效的节能减排途径,是能源消耗控制污染的最佳方式,实践证实,清洁生产具有投资少见效快、易被企业所接受的的特点,实施清洁生产逐步成为提高节能水平、减少污染的有效途径。税收作为一种重要的经济手段可以介入清洁生产的全过程,运用它能有效克服在清洁生产过程中产生的外部性问题,从而推进企业实施清洁生产。税收的介入,一方面不仅能解决清洁生产中的外部性问题,另一方面使企业的生产成本增加,使税收成为企业产品生产决策的影响因素。这能促使企业对其生产过程进行定位,尽最大努力减少污染,运用先进工艺推进清洁生产;要求企业在产品确定生产之初就要考虑资源的消耗和环保的要求。不仅要考虑经济原则,也要遵循生态原则。同时,通过对高耗能、高污染的产品在消费时征税,使产品的污染成本加入到价格中,使消费者及企业对高耗能、高污染的产品予以排斥,这就减少了该产品的消费。因此,通过税收可以改变企业行为,促使企业推广清洁生产。能促使企业对其生产过程进行定位,尽最大努力减少污染,运用先进工艺推进清洁生产;要求企业在产品确定生产之初就要考虑资源的消耗和环保的要求。不仅要考虑经济原则,也要遵循生态原则。同时,通过对高耗能、高污染的产品在消费时征税,使产品的污染成本加入到价格中,使消费者及企业对高耗能、高污染的产品予以排斥,这就减少了该产品的消费。因此通过税收可以改变企业行为,促使企业推广清洁生产。

我国要保持可持续发展,关键要看是否具有资源和环境的可持续性。近年来我国能源消耗强度增大,能源弹性系数上升,说明经济增长的成本增加今后必须走资源消耗低、环境污染少的新型工业化道路,建设节约型社会。为此,在一些发达地区,率先联合制定和实施强制性、超前性产品能效标准,把能源政策与产业政策紧密结合,采取财政税收价格等政策手段,鼓励生产和使用节能产品等,推广使用先进高效的节能产品;严格执行国家发展和改革委员会关于加强固定资产投资项目节能评估和审查工作的通知,对未按规定进行节能审查和未通过节能审查的项目一律不得审批核准备案,更不得开工建设,从投资源头上杜绝能源的浪费。

第三节　创新节能减排的金融政策

一、实行能源效率贷款

能源效率贷款具有的优点:①经济效益和社会效益共存。企业上项目时,在评估项目给银行带来的经济效益的同时,也注重项目实施后的社会效益,即是否符合节能环保要求。②融资期限延长,可向企业提供中长期贷款,能够较好地帮助中小企业解决中长期贷款难的问题,这个问题目前在中国非常普遍。③降低担保标准,减轻企业负担。适当降低担保门槛,能够较好解决企业担保难的问题。④能源效率贷款还款可采用分期付款的方式,根据项目实施的现金流和企业自身的经营情况来选择还款期限,能够较好缓解企业还款压力。⑤国际金融公司还可以为节能减排企业能效项目提供技术方面的帮助。

我国能源效率贷款产品已涉及建材、化工、电力等多个行业,适用的项目也开始增加,分布于能源生产、输送、使用等环节,在节约能源的同时,这些项目的环境效益也非常好,能有效地降低二氧化碳等温室气体、二氧化硫等有害气体和大气悬浮颗粒物、污水等污染物的排放。

按中国银监会要求,许多银行已经关注信贷方向上限制高耗能、高污染企业,加大对节能减排企业的信贷力度。国家金融机构认真贯彻中央各项方针政策,以融资推动市场建设和规划先行,支持节能减排和民生领域发展,主要经营指标继续保持国际先进水平。银行严控高能耗、高污染行业贷款,坚决不向国家限制和淘汰类项目发放贷款,支持符合国家环保要求的大容量、低能耗火电项目,水电、风电等清洁能源项目,以及高耗能、高污染行业节能减排技术改造。为此,"绿色信贷"市场规模将越来越大。本着推行节能减排技术和新能源开发的"绿色信贷"也叫作"能效贷款",其已成为支持企业节能减排的重要融资方式。

财政部发布的《可再生能源发展专项资金管理暂行办法》,发展专项资金重点扶持潜力大、前景好的石油替代、建筑物供热、采暖和制冷,以及发电等可再生能源的开发利用。包括:无偿资助和贷款贴息。①无偿资助方式。无偿资助方式主要用于盈利性弱、公益性强的项目。除标准制订等需由国家全额资助外,项目承担单位或者个人须提供与无偿资助资金等额以上的自有配套资金。②贷款贴息方式。贷款贴息方式主要用于列入国家可再生能源产业发展指导目录、符合信贷条件的可再生能源开发利用项目。在银行贷款到位、项目承担单位或者个人已支付利息的前提下,才可以安排贴息资金。贴息资金根据实际到位银行贷款、合同约定利息率以及实际支付利息数额确定。

二、运用信贷政策调整产业结构

推进产业结构优化升级是实现科学发展、和谐发展、跨越发展的迫切需要。产业结构的优劣是一个地区经济发展质量和水平的重要标志,产业结构的转换和演变决定着工业化、现代化的进程,合理、高效的产业结构是经济又好又快发展的必备条件。正确处理经济发展与环境保护的关系,大力发展循环经济,经济增长方式由粗放型向集约型转变,实现经济发展和环境保护双赢。

　　加快调整结构是节能减排的根本途径。据测算,如果我国第三产业增加值的比重提高一个百分点,第二产业中工业增加值比重相应地降低一个百分点,那么能源消费总量就可以减少约 2 500 万吨标准煤,相当于万元 GDP 能耗降低约 1 个百分点。如果高技术产业增加值比重提高一个百分点,而冶金、建材、化工等高耗能行业比重相应地下降 1 个百分点,那么能源消费总量可减少 2 775 万吨标准煤,相当于万元 GDP 能耗降低 1.3 个百分点。调整经济结构,当前应主要从以下几方面着手。一是控制高耗能、高污染行业过快增长。二是依法淘汰高耗能、高污染行业的落后生产能力、工艺装置和技术设备。"十一五"时期,关停小火电机组 5 000 万千瓦,淘汰落后炼铁能力 1 亿吨、落后炼钢能力 5 500 万吨。通过淘汰落后产能,我国 5 年实现节能 1.18 亿吨标准煤,减排二氧化硫 240 万吨。三是积极推进能源结构调整。大力发展可再生能源,稳步发展替代能源。四是促进服务业、高技术产业加快发展。2013 年第三产业增加值比重为 46.1%,第三产业增加值占比首次超过第二产业。

　　发挥金融手段作用,银行应与环保等相关部门逐步把企业环保审批、认证、先进奖励等信息纳入企业信用评价系统,同时还应积极引导商业银行严格限制对高耗能、高污染及生产能力过剩行业中落后产能和工艺的信贷投入,利用金融手段调控企业节能减排。坚决遏制高耗能高排放,加大节能减排实施力度,应严格高耗能、高排放行业固定资产投资项目管理,严把土地、信贷两个闸门,提高节能环保市场准入门槛。建立新开工项目管理的部门联动机制和项目审批问责制。对重点地区和重点行业实行更加严格的市场准入标准。同时我国出台的《财政节能技术改造奖励资金管理办法》,对企业节能技术改造项目,按改造后实际形成的节能量给予奖励,积极落实中央财政新增安排支持十大重点节能工程。

　　信贷是企业筹措资金的重要渠道,对于企业项目开工、建设及投产达产有着重要作用,因此信贷的调控对生产者选择何种产品进行生产有很大影响。对于高耗能、高污染项目,银行提高信贷标准要求,利用信贷政策,控制贷款规模,对不符合国家产业政策和节能减排标准的企业坚决停止贷款。银行对高耗能、高污染企业的信贷政策执行到位,既有利于节能环保,又有利于银行自身经营安全规避风险。因为高耗能、高污染企业不仅不利于节能环保,不受国家扶持,而且效益低下,又有被关停的可能,容易形成坏账损失,因此银行应利用相关的政策及时调整,对节能环保的产品开发、推广及普及,在贷款额度、利率、期限上提供帮助。对于高耗能、高污染、效益差、违反产业政策的项目,坚决不放贷,已放贷的应逐步收回,迫使高耗能、高污染、低效益的产品退出市场。

三、发展碳金融体系

　　碳金融(Carbon Finance)是指为减少温室气体排放而制定或采取的各种金融制度安排和金融交易活动,既包括与碳排放权有关的各类权益交易及其金融衍生交易,又包括基于温室气体减排的直接投融资活动以及为减少温室气体排放的企业或机构提供的金融中介服务。碳金融是为实现碳排放权这一稀缺资源的优化配置而产生的,是对碳排放权这种特殊的交易对象进行的跨期、跨空间配置。碳金融将生态效益纳入金融考量范围,弥补了传统金融忽视环境功能的缺陷。碳金融旨在解决世界范围内最大的外部性问题——气候变暖问题,通过控制全球碳排放总量在降低排放与经济增长之间达到平衡。

近些年来,世界各国一直为改变全球气候变暖而积极努力。《联合国气候变化公约》及《京都议定书》于 1992 年、1997 年相继签署;2003 年英国发表《能源白皮书》,首次提出低碳经济,要求经济活动的"碳足迹"接近或等于零;2009 年哥本哈根世界气候大会的召开,进一步明确了世界经济"低碳转型"的大趋势。由于金融是现代经济调节与配置的核心,碳金融于 20 世纪 90 年代迅速兴起,并逐步成为低碳经济发展的新引擎。

碳金融的产生源于碳排放权。全球气候变暖及其各种负面影响导致温室气体排放权不再是一项免费的公共资源。碳排放权具有需求性、稀缺性及流动性特征,在确立其合法性的前提下,该权利可以像商品一样进行买卖。以碳排放权为标的进行的自由交易过程,其实质是环境产权在不同所有者之间的转移。碳金融的发展则始于"境外减排"。《京都议定书》三大机制所确定的"境外减排"充分佐证了人类行为的经济理性。在实现《京都议定书》规定的减排目标的过程中,各国承受着不同的减排成本,且差价悬殊。发达国家由于能源结构优化、新的能源技术被大量采用、能源利用效率高等原因,在本国实施温室气体减排需要付出高昂的成本,因而减排进展缓慢。碳金融的前景十分可观。在世界经济竞争日益激烈的今天,各国碳排放需求量不断增加。特别是在"总量控制"以及责任到每个国家单位的情形下,发达国家碳排放量需求更大;发展中国家减排潜力大,供应能力强,国际碳交易市场由此发展迅猛。联合国和世界银行测算,2012 年全球碳交易市场容量约为 1 400 亿欧元(约合 1 900 亿美元)。全球碳交易市场容量即将超过石油市场,成为世界第一大交易市场,而碳排放额度也将取代石油成为世界第一大商品。为占据这一领域的优势地位,一些国家和地区,特别是发达国家,纷纷加大资金投入,以国际化、长期化、开放型的发展战略大力推进碳金融。国际能源署发布的《2010 年世界能源技术展望》指出,2010—2030 年间,每年用于气候变化方面的资金需求总计将达 7 500 亿美元;2030—2050 年间,每年用于应对气候变化的技术投资将达到 16 000 亿美元。如此巨大的发展投入,将进一步加快所在国家和地区的国际化进程和开放性转型,世界碳金融的前景十分可观。

我国处于碳金融产业价值链的末端,碳金融目前仍处于起步阶段。与国外金融机构相比,我国金融机构对碳金融业务的利润空间、运作模式、风险管理、操作方法及项目开发、审批等还缺乏经验,有关碳金融业务的组织机构和专业人才也非常短缺。这使中国在碳排放权购买方的谈判中处于弱势地位,也严重制约了我国低碳经济的发展。因此,我国碳金融的发展必须结合国情,在现有基础上对我国碳金融体系予以完善,从功能金融理论出发,构建符合我国国情的碳金融市场体系、组织体系、产品体系和政策体系,使其充分发挥清算与支付、聚集和分配资源、便利资源在不同时空不同主体之间转移、提供风险管理、提供信息、解决信息不对称带来的激励问题等核心功能,更好地为国家战略服务。

(一)构建碳金融市场体系

第一,建立国际化的碳交易市场。整合现有碳交易所或环境交易所,打造大型、统一、国际化的碳交易市场。目前,我国已经在北京、上海、天津、广州、徐州等城市建立了碳交易所、环境交易所、产权交易所或能源交易所,为打造国际化大型碳交易市场奠定了基础。我国应学习借鉴发达国家在制度设计、区域规划、平台建设三方面的经验,合理布局中国碳排放交易所,可以相对集中发展有特色、分层级的区域性交易市场,在此基础上,利用我国碳交易资源大国优势,吸引国际碳交易主体在我国碳交易市场进行交易,提升我国碳交易市场的影响力,逐步打造有一定影响的国际性碳交易市场。在现货交易的基础上,还可以推出碳期货交易、碳掉期交易等衍生交易,建立二级交易市场,丰富和完善市场功能,满足碳交易各方的需求。通过碳交易市场,整合各种资源与信息,通过引入竞价机制充分发现价格,有效避免暗箱操作。同时,建立碳交易市场,不仅有利于减少买卖双方寻找项目的搜寻成本和交易成本,还将增强中国在国际碳交易定价方面的话语权,让碳交易信息、资金和技术在我国形成“漏斗效应”,为大力发展我国碳金融打好基础。

第二,推动人民币成为碳交易计价结算货币。碳交易的计价结算与货币的绑定机制使发达国家拥有强大的定价能力,这是全球金融的又一失衡。目前,欧元是碳现货和碳衍生品交易市场的主要计价结算货币,日元也正在摩拳擦掌,试图使其成为碳交易计价结算的第三货币。近年来,我国政府已经加快了人民币国际化的步伐。碳金融发展为我国提升人民币国际地位提供了“弯道超车”的机会,我国在建立国际化碳交易市场的同时,要充分利用我国作为碳资源大国的优势,将人民币结算方式与碳交易进行捆绑,使人民币成为碳交易计价的主要结算货币,打破美元、欧元等货币制衡,实现人民币国际化,提升我国在国际金融体系中的地位。

第三,建立碳金融产品市场。在建立碳交易市场的同时,还要建立功能齐全的碳金融产品市场。一方面,我国可以借助现有的证券市场和债券市场,为节能减排项目或企业发行债券或股票提供专门通道,便利企业通过股票发行或债券发行吸引社会资本,为低碳项目筹措资金。另一方面,完善证券交易所等二级市场功能,便利碳金融产品交易与流通,为投资者提供资产流动性,促进碳金融市场的繁荣与发展。

(二)构建碳金融组织体系

第一,金融机构应积极参与碳金融体系构建。金融机构是碳金融组织体系的重要组成部分,商业银行是金融机构的重要成员,我国的商业银行已经开始涉足碳金融融资及其他相关交易,商业银行是碳金融体系的主力军,应该看到碳金融的巨大商机,加快了解碳交易规则,不断优化、改造现有业务流程,打造适合低碳金融市场的法人治理结构、信贷评审标准和风险管理体系,积极研发碳金融产品,参与碳金融相关业务,分享碳金融成果。相对商业银行而言,政策性银行不以盈利为主要目的,在一些商业银行从盈利角度考虑不愿意融资或者其资金实力难以达到的领域,或者是一些投资规模大、周期长、经济效益见效慢、资金回收时间长的项目上能够发挥自身优势,提供融资。另外,政策性银行还可以走出国门,为国际碳买家提供授信支持,间接支持我国的碳出口项目。保险公司可以发挥自身优势,综合分析低碳项目和碳交易存在的风险点,利用价格杠杆,设计不同的保险产品,参与到低碳项目保险和碳交易保险中去。

第二,积极引导非金融机构参与碳金融发展。如果仅仅依靠商业银行无法完全满足碳金融发展的各项要求,还需要更多非银行金融机构参与进来,提供更全面的金融产品和服务。如信托投资公司是一种以受托人的身份,代人理财的金融机构。我国信托投资公司的业务范围主要限于信托、投资和其他代理业务,少数确属需要的经中国人民银行批准可以兼营租赁、证券业务和发行一年以上的专项信托受益债券,用于进行有特定对象的贷款和投资,但不准办理银行存款业务。信托投资公司可以通过发行信托产品,筹集信托资金定向投资于低碳项目或者购买节能减排企业股票或债券,满足低碳项目资金需求。此外应允许我国商业公司和个人投资者资金,通过直接投资低碳项目或者通过二级市场购买碳金融产品获取回报,为低碳项目提供资金支持。

第三,积极发展碳金融中介机构。由于CDM机制项下的碳减排额是一种虚拟商品,其交易规则十分严格,开发程序也比较复杂,销售合同涉及境外客户,合同期限很长,非专业机构难以具备此类项目的开发和执行能力。在国外,CDM项目的评估及排放权的购买大多数是由中介机构完成,而我国本土的中介机构尚处于起步阶段,难以开发或者消化大量的项目。另外,也缺乏专业的技术咨询体系来帮助金融机构分析、评估、规避项目风险和交易风险。所以,我国需要培育熟悉交易规则和具备项目运作经验的专业碳金融中介机构,促进碳金融发展。

(三)发展碳金融产品

产品是碳金融发展的载体,金融机构必须借助产品实现金融功能。相比欧美等发达国家,我国碳金融产品过于单一,亟待开发适合我国国情的碳金融产品,构建完善的碳金融产品体系。从功能金融角度出发,借鉴国际发达国家先进经验,结合我国实际国情,我国需要研发更多的碳金融产品,完善碳金融产品体系,支持低碳经济的发展。

目前,比较适合我国的碳金融产品有:面向普通客户的碳基金理财产品;为我国的CDM项目建设开发需要的设备提供融资租赁,即金融机构将设备出租给项目企业使用,企业从出售CERs的收入中支付租金;专门针对企业设计的信托类碳金融产品,为那些具有环保意识和碳金融知识的企业设立碳信托投资基金,将这笔资金投资于具有CDM

开发潜力的项目中,通过这些项目的开发获得相应的 CERs 指标;在开发潜力非常好的 CDM 项目中引入私募基金;碳资产证券化,也即是企业将具有开发潜力的 CDM 项目(碳资产)卖给投资银行,投资银行将这些碳资产汇入资产池,再以该资产池所产生的现金流 (CERs 收益)为支撑在金融市场上发行有价证券融资,最后用资产池产生的现金流来清偿所发行的有价证券。碳债券,拥有优质减排项目的企业,除了向银行申请贷款之外,还可以就未来 CERs 收益向社会公众发行企业债券——碳债券,未来通过转让 CERs 获得的资金来偿还债券本息。此外还可以发展碳期货、期权或者掉期交易合约,建立碳期货市场,为碳期货或碳期权交易提供平台,碳交易一方或金融机构可以利用该产品锁定远期交易价格,规避碳交易价格波动造成的风险,为即期价格提供参考,也能满足投机者套利的需求。

(四)构建碳金融政策体系

国家政策是碳金融发展的大环境,如果没有好的政策体系作为支撑,碳金融难以得到健康发展。国家相关监管和服务机构为碳金融制定了宽松的发展环境,为碳金融发展提供政策制度支持。

第一,健全碳金融市场交易制度。碳金融市场交易制度包括碳交易制度和碳金融产品交易制度。在搭建国际化碳交易市场的同时,需要建立健全相应交易制度,交易规则尽量与国际接轨,确保交易公平公正,防止暗箱操作,充分保障交易各方的权利,防范交易风险。在遵守《京都议定书》交易规则的同时,我国还应加大对自愿减排交易规则——"熊猫规则"的完善,满足自愿减排交易体系运作,增强我国在自愿减排市场上的竞争力。

第二,提供支持碳金融发展的优惠政策。政府各级部门需要出台切实可行的优惠政策,支持碳金融的发展。比如,为保证可以通过降低 CDM 项目的有关税率,适当延长免税期以提高项目的经济强度,对商业银行开展碳金融业务的收入进行税收优惠等措施来提高商业银行参与碳金融的积极性;在银行监管上,可以采取在 CDM 项目贷款额度内对存款准备金要求的适当减免,加大项目贷款利率的浮动范围,降低 CDM 项目贷款资本金要求等差异化的监管措施以促使商业银行的业务向碳金融领域倾斜,并通过财政拨款成立专项基金,为商业银行 CDM 项目贷款提供必要的利息补贴等。

第三,完善碳金融发展相关法律法规,规范碳金融发展。碳金融是个全新的领域,不仅交易规则独特,而且涉及国内国际交易,现有的法律法规难以适应碳金融领域的发展,需要有针对性地修改一部分法律法规或者出台专项法规,对碳金融活动进行规范。比如出台有关排污权等抵质押的法律规范,制定国内碳排放的计量方法和标准等。

低碳经济已经成为世界经济发展的方向,低碳经济的发展离不开碳金融,碳金融具有巨大的市场发展潜力,碳金融的发展程度在未来将决定一国在国际金融体系的地位。在后金融危机时代,美国的金融霸主地位受到挑战,我国发展碳金融面临巨大的历史机遇与挑战。要发展碳金融,必须建立功能齐全、行之有效的碳金融体系。我国在碳金融发展上起步较晚,在市场发达程度、金融机构参与程度、人才储备和政策扶持上与欧美等发达国家相比较还存在较大差距,碳金融体系并没有真正意义上建立起来。因此,我国需要借鉴国际先进经验,在现有传统金融体系基础之上,构建完善的碳金融市场体系、碳金融机构体系、碳金融产品体系和碳金融政策体系,丰富和完善碳金融体系功能,促进我国低碳经济发展,提高我国在国际金融体系中的地位。

第四节　发展绿色低碳经济

发展低碳经济已成为具有全球共识的选择。2003 年英国政府发布了能源白皮书《我们能源的未来:创建低碳经济》,首次明确提出"低碳经济"(Low Carbon Economy)一词,该白皮书指出英国将在 2050 年将其温室气体排放量在 1990 年的水平上减少 60%,从根本上把英国变成一个低碳经济的国家。2007 年 7 月,美国参议院提出了《低碳经济法案》,表明低碳经济的发展道路将成为美国未来的重要战略选择。日本、欧盟也都以不同方式制订了发展低碳经济的路线。在此背景之下,转变经济发展模式,从传统的高碳经济向低能耗、低排放、低污染的模式转型逐渐被世界各国提上议事日程。

一、深刻认识低碳经济

低碳经济与其说是一种具体的经济发展方式,不如说是人类在应对气候、环境变化的过程中,在发展目标、操作手段、行为态度和认知取向方面所达成的共识。深刻认识低碳经济的内涵,才能有助于我们采取行之有效的对策措施,切实走绿色低碳发展的道路。

(一) 低碳经济是一种人类自救行为

随着各种气候变化相关研究报告的面世,尤其是 IPCC 第四次气候变化评估报告的结论得到广泛认同,人们认识到近两个多世纪的气候变化是由人类活动引起的,而这种变化正在和即将严重影响人类当代和未来的生存发展。以二氧化碳为主体的温室气体大量积存于大气圈带来的气候变化,最可怕的并不是平均气温的升高,而是升温引起的冰川融化以及洪水、暴雨、暴雪、干旱、热浪、龙卷风等极端天气事件的频率和强度增加,从而对人类生存产生最直接的威胁。根据物质不灭定律,地球生物圈的碳储量是恒定的,大气中二氧化碳含量增加意味着非气态碳"过多地"转化为气态碳,使得单位时间内通过大气的二氧化碳量(即碳通量)超过了地球生态系统的碳平衡阀值,导致大气中的碳过剩。这是由近 200 年来人类依赖化石能源大肆发展工业文明、忽略环境影响的直接后果。因此,不控制碳排放就意味着放弃了人类未来的发展,从这个意义上讲,低碳经济是一种旨在修复地球生态圈碳失衡的人类自救行为。

(二)低碳经济是一种新的发展模式

低碳经济毋宁说是一种新的经济模式,不如说是一种新的发展模式。从表面上看低碳经济是为减少温室气体排放、减缓气候变化所做的努力,但实质上,低碳经济是经济发展方式、能源消费方式乃至人类生活方式的一次新变革,它将全方位地改造建立在化石燃料(能源)基础之上的现代工业文明,将人类文明的发展方向导向人与自然和谐相处的生态文明。就像"知识经济"强调经济发展中较高的知识和技术含量,"循环经济"强调经济发展中的资源循环利用一样,低碳经济意味着更加注重资源、能源、环境边际效应的经济发展方式。具体来说,低碳经济发展模式就是以"低能耗、低污染、低排放"和"高效能、高效率、高效益"(三低三高)为基础,以低碳发展为发展方向,以节能减排为发展方式,以碳中和等技术为发展方法的绿色发展模式。低碳经济要实现的是经济增长、社会发展、环境改善等多重发展目标。

(三)低碳经济,重点在低碳,目的仍在发展

低碳经济是应对气候变化的产物,但绝不能以牺牲经济发展为代价,而是一种更具竞争力、更可持续的发展。尤其对中国这样的发展中国家来说,发展经济、消除贫困、提高人民生活水平仍然是第一要务,必须在转变经济增长方式的同时保证人民的发展权,发达国家也有责任为发展中国家留出充分的发展空间,而不应让低碳经济成为进一步扩大世界经济格局二元化裂痕、遏制发展中国家发展的手段。

当然我们也应该看到,虽然从短期来说温室气体排放的指标约束会限制经济发展的速度,提高能源利用效率也会占用大量的资金和技术力量,似乎对经济增长起到负作用。但从长远来看,低碳的发展要求将引导经济社会向更健康的方向发展,一方面通过改善能源结构、调整产业结构、提高能源效率、增强技术创新能力、增加碳汇等措施,降低经济发展对煤炭、石油、天然气等化石能源的依赖,促进经济体摆脱碳依赖,摆脱工业化、城市化进程的高碳能源依赖,使经济发展转入既满足减排要求、又不妨碍经济增长的低碳轨道,从而实现经济增长质量的提高和经济结构的健康化,另一方面通过改变人们的高碳消费倾向和碳偏好,减少化石能源的消费量,减缓碳足迹对生态环境的破坏,实现低碳式生存和发展,有利于经济增长与社会发展、生活质量提高、自然环境改善的统一。

(四)低碳经济,落脚在经济,同时具有丰富的社会和制度涵义

在社会层面,低碳要求促使企业经营理念、人民消费理念的根本性变化,企业、社会将和政府一起成为低碳经济的共同参与者。在工业社会下形成的"快捷消费"、"一次性消费"、"炫耀性消费"等消费观念及习惯将随着经济基础的变化而逐渐为"绿色消费"、"健康消费"所取代。而企业承担的社会责任则要求其在遵循减排规则的基础上转变生产经营理念,自觉通过技术创新、流程优化、产品升级等措施承担起减排的主体角色。

在制度层面,要克服环境与资源利用过程中的负外部性,政府采取非市场化手段作

为对市场化机制的补充是必要的。虽然非国家主体在环境制度创建和实践中发挥着重要作用，但政府是一种可置信的管制威胁，大大鼓励了各类主体采取行动来保护环境。由政府作为主导角色制定的相关法律和规制对低碳经济的发展尤其是起步阶段非常关键。

低碳经济是通过低碳产业获得经济收益的一个概念，它与传统的经济增长、经济发展概念并不矛盾。金融危机下经济恢复有两种模式，一种是属于传统的保增长，把资金投资在传统的行业里；另外一种是投资在绿色行业里保增长，也即发展低碳经济。把资金投资在传统的行业里，固然可以推动经济增长，但是经济增长始终受资源环境的制约，资源环境的瓶颈始终无法打破；相反，把有限的资金投资在新兴的低碳行业中，不仅可以推动经济增长，转变经济的发展方式，更为有效的是在长期内可以突破资源瓶颈的束缚，使经济增长走上健康的道路。

低碳经济不是单纯的节能减排，它不要求我们放弃制造业，而是要求将制造业进行升级，升级成为低污染的制造业。低碳经济和产业结构调整是紧密挂钩的，是产业向高端发展的基础，实现了制造业高端化在某种层面上就是实现了的低碳经济。

二、重视低碳经济制度的设计与执行

通过产业结构、城市空间、生活方式和政府行为等方面的低碳经济转型，为发展低碳经济创造市场条件并提出新的制度设计。

（1）确立低碳产业为新的经济增长点。在经济发达地区，重点发展低碳产品。如长三角是我国经济龙头，具有强大的科研基础和产业集聚实力，以此为依托大力发展高科技低碳行业，不仅有利于长三角转变经济发展方式，更有利于长三角地区的节能减排战略的实施。一方面，发展低碳经济并不代表要放弃制造业，而是要放弃传统高污染、高排放的制造业，把长三角的制造业引领到科技的最前沿，用高科技取代高能耗；另一方面，大力发展低污染的服务业，包括低碳服务业。长三角的人力资源和技术资源使其成为中国的知识服务中心，这也符合中央对于长三角的定位。

（2）推进低碳技术研发和技术支持。发展低碳经济不仅要搞好低碳经济的战略规划，也要有具体的发展方法，即具体的低碳技术，不是单一的技术，而是整体的技术群，这个技术群应以碳中和技术为代表支撑着低碳城市建设。另外，低碳技术还要求建设第三方的机制群，包括技术评价、包括金融支撑等。

（3）加快能源结构调整。要依托科技人才的优势，突破面向未来的低碳技术，培育新型战略性产业和增长点，新能源产业将会成为全球重振经济的强大引擎。加大能源结构调整，发展低碳能源是我国能源结构调整的主要方向之一。这里有两层含义：第一层是进一步扩大低碳能源的利用，比如发展风能、太阳能和生物质能，大力推广分布式功能系统，保持适度比例的外来电，提高可再生能源在一次能源中的比例。要扩大低碳能源的利用。第二层意思是发展传统化石能源的低碳化应用,利用洁净的煤技术,利用二氧化碳,形成低碳产业链。

(4)坚持不懈地推进节能减排。节能减排不等于低碳经济,但是包含于低碳经济的概念之中。从操作层面来讲,低碳技术主要的重点是要推进三大领域的节能降耗,即工业、建筑和交通三大领域。从工业节能来讲,就是要推进高效节能技术的应用,实施工业用电设备工程、能量的系统优化节能等。从建筑节能来讲,我们要提倡建筑节能的标准,实行建筑节能改造,推广节能施工新技术,开展节能建筑示范工程,包括家用电器、政府机构的节能。从交通节能来讲,主要以交通模式优化促进,大力发展公共交通,提高公共交通的运行比例和出行比重,包括推进新能源和节能环保型车辆的运用。

(5)大力发展新能源和节能服务业。新能源产业化要进一步强化技术研发,核电要实现成套能力,风电要实现大型的海上化,太阳能主要是发展薄膜电池,提高技术水准和产业能级,组建太阳能研究中心。高度重视广电技术在新能源技术中的应用,新能源汽车的发展主要是加快产业化,主攻油电混合动力汽车和纯电力汽车的两大重点。要进一步促进减排和循环经济的发展,包括提高电子垃圾、生活垃圾的循环利用率。节能服务业要进一步健全市场平台,培养要素市场,培育完善环境能源交易所的功能,拓展节能减排与环境保护的技术、资本、权益的交易,把国家部分的二氧化碳、气候、环保等权益性的交易产权化,同时推进碳交易市场创新,引入基金机构等战略投资者。

(6)倡导低碳社会氛围和生活方式。创建以服务经济为主导的低碳实践区,在全社会宣传和推广节能减排理念;改正那些浪费能源、增加排污的不良行为;培养良好的市民出行习惯和节能用能习惯,比如鼓励市民乘坐公共交通,注意节约用电、用水,科学处理生活垃圾等;营造全社会低碳生活氛围,鼓励市民低碳的生活方式,从而发挥节能减排的巨大潜力。

第五节 打造中国经济的升级版

全球性金融危机、高涨的能源价格、严峻的环境问题,使第二次工业革命以来形成的生产形态面临着愈来愈多的制约,而互联网技术与可再生能源结合,使新一轮工业革命具备了现实基础。能源生产与使用、社会生产方式、生产流程、组织方式以及生活方式等方面的变革,将重塑比较优势,改变全球产业分工与贸易格局,解构产业关系,革新经济地理,使全球利益分配重新洗牌。第三次工业革命的到来,将对中国"世界工厂"的地位提出严峻挑战,但也为中国实现跨越式发展提供了机遇。中国必须加快打造经济升级版,走创新驱动、转型发展道路。

一、认清第三次工业革命的影响

2011年美国学者杰里米·里夫金(Jeremy Rifkin)的著作《第三次工业革命》[150]的出

版和2012年4月保罗·麦基里（Paul Markillie）的论文《制造和创新：第三次工业革命》在英国《经济学家》杂志发表，确立了第三次工业革命的概念及其内涵，引起了国际社会的高度关注。第三次工业革命主要是指20世纪70年代以来以信息和新能源技术创新引领并孕育的新一轮工业革命，不仅包括"制造业数字化革命"，而且包括"能源互联网革命"，还将包括生物电子、新材料和纳米等技术革命。

18世纪中期，由于木材匮乏引发的能源危机，使得英国人毅然在热能和机械能领域实现转轨，通过调整能源结构实现了国家整体性产业变迁，完成了经济史的重大转折，由此引发了第一次工业革命。19世纪末期第二次工业革命，电能的广泛应用带领人类社会步入了电气时代，而以石油为内燃机的出现提供了有效的动力来源，电能的普遍应用与内燃机的发明，又促进了新交通工具及新通讯手段等方面的巨大进步，形成了以电力、钢铁、石油化工、汽车制造为代表的四大支柱产业，确定了工业在国民经济中居主导地位。人类在前两次工业革命中建立的以化石能源为核心的能源生产和消费模式，深刻长远地影响着居民、企业、行业和国家行为。对国家来说，能源的开发利用在国民经济和社会发展中发挥着基础性作用；对居民而言，能源成为居民消除贫困、增加社会经济福利和提高生活质量的重要因素。类似前两次工业革命，随着新技术创新在多产业显现并加速扩散应用，第三次工业革命通过向可再生能源转型、分散式生产、使用氢和其他存储技术存储间歇式能源、能源互联网和将传统的运输工具转向插电式以及燃料电池动力车等五大支柱，重新塑造着人们的生产生活方式，将给人类社会带来比前两次工业革命更为广泛深远的影响。

与第一次工业革命和第二次工业革命一样，第三次工业革命是一个长达六七十年甚至上百年的创造性"毁灭"过程，它在诱发一系列技术创新浪潮的同时，将导致生产方式和组织结构的深刻变革，从而使国家竞争力的基础和全球产业竞争格局发生彻底重构，对世界发展将产生革命性影响。

第一，重构国家间比较优势。一是终端产品的竞争优势来源不再是同质产品的低价格竞争，而是通过更灵活、更经济的新制造装备生产更具个性化的、更高附加值的产品，发展中国家通过低要素成本大规模生产同质产品的既有比较优势将可能丧失。二是支撑制造业数字化的新型装备是实现终端产品"大规模定制"的基础，拥有新型制造装备的技术和生产能力至关重要。然而，这些新型制造装备属于技术密集型和资本密集型产品，更符合发达国家的比较优势。因此，第三次工业革命既强化了发达国家的比较优势，又削弱了发展中国家的传统比较优势，从而进一步固化了不利于发展中国家的世界产业体系。

第二，重构产业关系。就产业关系而言，由于制造业的生产制造主要由高效率、高智能的新型装备完成，与制造业相关的生产性服务业将成为制造业的主要业态，制造业企业的主要业务将是研发、设计、IT、物流和市场营销等，制造业和服务业深度融合；更为重要的是,为了及时对市场需求迅速做出反应,要求制造业和服务业进行更为深度的融合,包括空间上更为集中,以及二、三产业的界线模糊化。就就业结构而言,一方面,由于生产环节大量使用新型装备替代劳动力,使得制造业环节的劳动力需求绝对减少;另一方面,随着服务业活动成为制造业的主要活动,制造业的主要就业群体将是为制造业提供服务支持的专业人士,这就使得二、三产业的相对就业结构朝着服务业就业人口比重增长方面发展。在这样的产业发展趋势下,低技能的生产工人对产业发展的重要性下降,高技能的专业服务提供者的重要性进一步增加。这对各国的教育、人才培育和就业结构将产生极为深远的影响。

第三,重构世界经济地理。随着国家间比较优势和产业结构的变化,世界经济地理格局也必将随之改变。一是当发达国家重新获得生产制造环节的比较优势,曾经为寻找更低成本要素而从发达国家转出的生产活动有可能重新回流至发达国家,制造业重心向发达国家偏移。二是由于发达国家拥有技术、资本和市场等先发优势,将更有可能成为新型装备、新材料的主要提供商。在此趋势下,发达国家有可能成为未来全球高附加值终端产品、主要新型装备产品和新材料的主要生产国和控制国,发达国家的实体经济将进一步增强。三是由于与第二产业的融合度更高,发达国家在高端服务业领域内的领先优势将得到进一步的加强。

第四,重构国家间利益分配机制。第三次工业革命将导致生产关系以及分配方式的革新。一是生产制造环节低附加值的格局可能会发生改变。当前生产制造环节附加值低的重要原因是因为产业转移至低要素成本的发展中国家完成简单、重复性的生产任务,进入门槛较低。这一模式在第三次工业革命中将难以为继。生产制造环节由更多、更高效、更智能的资本品和装备产品参与,不仅要完成简单重复性的工作,还要完成更为灵活、更为精密的任务,生产制造环节的利润更高,这也是制造业回流至发达国家的重要驱动因素。二是第三次工业革命强化了服务业对制造业的支撑作用。而由于服务业在很大程度上是由专业技能人员组成的,所提供服务的价值更高、行业的进入门槛更高、从业人员谈判能力更高等各种因素,使得服务业在整个价值链分配中所占的份额更大。因此,随着更高附加值的制造业和相关专业服务业向发达国家进一步集中,发达国家更有可能享受国家间产业结构调整的"结构红利"[151]。

中国作为一个发展中国家,凭借低成本的要素供给、庞大的市场需求和不断积累的技术能力,逐渐确立了全球制造业大国的地位。但是在第三次工业革命的浪潮下,中国产业不仅可能面临既有比较优势丧失之忧,而且因产业竞争力弱而难以占据产业链高附加值环节的局面会进一步恶化。

二、认识中国经济结构问题的严重性

经过 35 年的持续高速增长,我国经济发生了深刻变化。从数量指标来看,2012 年我国国内生产总值(GDP)总量达 51.9 万亿元,按可比价格计算比改革开放初期增长约 24 倍,年均增长约 9.8%,按现行汇率折算已近 8 万亿美元,居世界第二位,占世界 GDP 总量的 10%左右;人均 GDP 达 3.8 万元,按可比价格计算比改革开放初期增长 17 倍左右,年均增长 8.7%左右,按现行汇率折算达 5 800 美元,超过了当代世界中等收入国家 3 400 美元的平均线,若按购买力评估法,据世界银行测算,2009 年就已达到 6 710 国际元,超过当代中等收入国家 6 340 国际元的平均线,达到了上中等收入国家的水平。货物贸易占世界份额,由不足 1%上升到 11%,成为全球第一货物出口大国。制造业总产值超过美国,成为全球第一制造业大国。但是,中国的产业结构方面的一些突出问题已经成为制约中国经济进一步发展的限制因素。中国的三次产业结构以及三次产业内部结构,特别是轻重工业结构、制造业结构基本上是合理的,产业结构方面的问题主要不是各层次产业之间比例的高低,而是由产业的发展方式粗放和发展质量低下引发的相关问题,主要包括:

第一,产业处于低端的国际分工地位。虽然中国已经是位居世界第二的工业和制造业大国,但离世界工业和制造业强国还有很大差距。从产业结构上看,发达国家的制造业中高技术产业的比重大,而中国的低技术产业和资源密集型产业仍占很大比重。从产业内部的结构看,中国处于国际价值链的低端。中国出口的制成品仍以初级制成品为主,即使在所谓高技术产品中,中国所从事的很大一部分工作也是劳动密集型的加工组装活动,附加价值和利润很低。

第二,企业整体竞争力不强。虽然在 2012 年中国 500 强企业中,入围的制造业企业达 272 家,但利润占比仅为 25.04%,凸显我国制造业整体水平不高、附加值较低、具有比较优势的仍为劳动密集型产业等多方面问题。从国际来看,虽然我国制造业规模已成为世界第一,但离制造业强国还有很长一段距离,特别是缺乏世界一流大型企业与知名品牌,在全球产业链的高附加值环节份额相对较小。

第三,资源环境形势严峻。改革开放以来特别是近年来的重新重工业化以来,中国对能源和资源性产品的需求快速增长。一是由于经济的快速发展带来的经济规模扩大、城市化快速推进和人民生活水平的提高,这是经济发展一般规律作用的结果;二是在重化工业化的过程中,石化、化学等重化工业快速增长,带动了对作为原料和燃料的成品油的需求;三是中国低廉的劳动力和资源、环境成本吸引跨国公司将一些资源、能源高消耗型产业转移到中国。中国作为世界上最大的发展中国家,自从改革开放以来,一直保持了较高的经济增长率,开创了中国经济发展史上前所未有的快速发展时期。与此同时,经济高速增长付出了巨大的能源和环境代价。从能源消费总量看,已由 1978 年的 5.71 亿吨标准煤,增长到 2013 年的 37.5 亿吨标准煤(按发电煤耗计算法),增加了 6.6 倍。国内经济的快速发展伴随各类能源消费的持续走高,2010 年煤、石油、天然气三类能源消费增长量就显著高于世界平均水平,分别为 10.1%、10.4%、21.8%,我国业已成为世界能源消费第二大国和煤炭消费第一大国。与此同时,国内能源储备相对有限,除煤炭外,石油、天然气等相对匮乏,可供生产年限也仅为 35 年、9.9 年、29 年;石油对外依存度超过 55%,能源安全形势严峻。由此可见我国能源供需矛盾不断加剧。从环境污染角度看,由于工业化、城市化和交通现代化,对能源的大量使用,国内大气污染、水污染、土地污染等问题日益突出,各类污染物排放增速显著。美国能源部橡树岭国家实验室二氧化碳信息分析中心(CDIAC)公布了 2010 年中国二氧化碳排放量为 82.4 亿吨,人均排放量为 6.2 吨;《中国环境状况公告(2010)》的数据表明,2010 年全国废水排放总量为 617.3 亿吨,是 1999 年的 1.54 倍;工业固体废物产生量为 240 943.5 万吨,是 1999 年的 3.07 倍;二氧化硫排放量为 2185.1 万吨,是 1999 年的 1.18 倍;氨氮排放量为 120.3 万吨,烟尘排放量为 829.1 万吨,工业粉尘排放量为 448.7 万吨,部分污染物排放趋势有所下降,但总量仍十分巨大。从整体上看,能源瓶颈制约矛盾仍相当突出,环境状况总体恶化趋势没有得到根本遏制。这些问题一方面引发国内对能源环境问题的强烈关注,另一方面也面临越来越多的国际舆论压力。当前,国内经济呈现"高投入、高能耗、高排放、低效益"的粗放型发展模式,资源消耗巨大、要素配置效率低下、产业结构不合理、环境污染日益严重等问题始终让国人担忧经济增长的可持续性。

第四,资本深化与就业吸纳能力下降之间的矛盾。推进产业结构升级是提高经济增长效益的需要,是塑造新的竞争优势、实现可持续发展的需要,也是适应经济发展的国际环境变化的需要。产业升级说到底就是以资本、技术密集型产业替代劳动和资源密集型产业,将竞争优势从劳动密集型产业转换到资本、技术密集型产业,是资本有机构成不断提高即资本不断替代劳动的过程。当前,中国出现了资本深化、产业升级与就业吸纳能力下降之间的矛盾。

第五,研发投入不够。近年来,我国对研发的重视程度不断加大,研发投入规模占 GDP 比重从 1995 年的 0.6% 逐步提升到 2013 年的 2.09%,但与美欧发达经济体仍有较大差距。美欧发达经济体长期以来积累的研发优势使其抢占了技术制高点,其借此在相关技术的各种指标上设定的所谓国际标准,更是对我国制造业向高端发展形成明显阻碍。

第六,生产性服务业发展滞后。生产性服务业是为保持工业生产过程的连续性、促进工业技术进步、产业升级和提高生产效率提供保障服务的服务行业。它是与制造业直接相关的配套服务业,是从制造业内部生产服务部门而独立发展起来的新兴产业,本身并不向消费者提供直接的、独立的服务效用。它依附于制造业企业而存在,贯穿于企业生产的上游、中游和下游诸环节中,以人力资本和知识资本作为主要投入品,把日益专业化的人力资本和知识资本引进制造业,是二、三产业加速融合的关键环节。与发达国家乃至与中国发展水平相当的国家相比,中国生产性服务业的发展水平因为整体服务业的发展水平较低而相对较低,物质性投入消耗相对较大,而服务性投入消耗相对较小。即使与发展阶段相近的印度、巴西、俄罗斯 3 国相比,中国生产性服务业的发展水平仍是较低的。2012年,中国服务业增加值占国内生产总值的44.6％,大大低于发达国家70％以上的份额,也比同等收入水平的发展中国家低10个百分点左右。[152]

第七,产能过剩现象突出。中国的产业政策以及名目繁多的各种政府补贴推动了整个行业在一夜之间迅速扩张。雄心勃勃的地方政府官员喜欢把巨额的政府资金投向他们希望能够成功的企业,进而带来仕途升迁。美国前财长汉克·保尔森(Hank Paulson)认为:"采用行政措施将造成严重的产能过剩。而中国的很多领域都出现了产能过剩的局面。不仅仅是清洁能源领域,钢铁、造船等凡是我们叫得出来的各个领域,普遍存在这一问题。"[153]从化工和水泥到推土机和平板电视,产能过剩在中国各个产业中随处可见,这拉低了企业在中国国内以及海外市场的利润水平,并进一步威胁到中国已然疲弱的经济增长势头。中国政府为应对2008年金融危机而出台的举措使这一局面进一步恶化。虽然多年以来,中央政府为遏制产能过剩采取了多种举措,但这一问题仍继续恶化。中国生产的铝和钢材在全球总产量中所占比重已接近二分之一,水泥产量则约为全球总产量的60％。即便目前中国经济趋于降温,新的产能仍在快速扩张。近年来铝的价格出乎意料地下跌,目前中国半数以上的铝厂处于亏损经营状态。即便如此,中国各地仍建造熔炼炉,而生产铝所需用到的大量能源、水以及铝土矿都是中国目前所稀缺的。中国铝供给过剩的溢出效应,也导致大量外国铝生产商被迫关门歇业。中国企业联合会所做的一项调查显示,去年中国水泥产能的利用率仅为约三分之二。

三、把握中国经济升级版内容的精髓

在2013年3月17日的中外记者见面会上,李克强总理提出,持续发展经济,关键在推动经济转型,把改革的红利、内需的潜力、创新的活力叠加起来,形成新动力,并且使质量和效益、就业和收入、环境保护和资源节约有新提升,打造中国经济的升级版。这是新一届政府第一次提出经济发展的思想与战略。同年3月底在上海调研期间,李克强总理再三强调要用开放促进改革,要以勇气和智慧打造中国经济升级版。2014年3月5日,李克强总理在第十二届全国人民代表大会第二次会议上所作政府工作报告中,9次提出经济升级。"中国经济升级版"思想的提出在国内外引起了强烈反响,这是中国新一届政府提出的战略目标,全国振奋,世界关注。打造中国经济升级版是中国经济高速增长30多年后"百尺竿头,更进一步"的必然选择,也是实现"中国梦"的重要路径。中国经济走到今天,增长中潜伏着风险,成就中积累着矛盾,"不平衡、不协调、不可持续"问题依然突出。站在更高的平台上,如何继续保持经济长期平稳增长,如何化解潜在的系统性风险,如何实现居民收入与经济同步增长,如何突破日益趋紧的资源和环境压力?打造中国经济升级版,就是要改变粗放的经济发展方式,调整不合理的经济结构,加快提升产业能级,由要素驱动转向创新驱动和消费驱动,实现经济的转型升级,让经济的质量和效益、就业和收入、民生、环境保护和资源节约等方面有新的大幅度提升。

中国经济升级版是对中国经济现在版本的继承、发展和提升。中国经济现在的版本是一种以外延增长为主,以低劳动成本、低原材料价格为基础,主要依靠投资拉动的速度型、外向依赖型的经济增长版。深刻理解和把握中国经济升级版的思想,是迎接第三次工业革命,发掘新的经济增长点,加快科学发展,全面提升中国国力的关键。打造中国经济升级版,我们要清醒地认识中国经济发展的现状和潜力。中国虽然已经是世界第二大经济体,但仍然处于社会主义初级阶段。中国只是一个数量型经济大国,不是一个质与量有机统一的经济强国。中国人均 GDP 虽然已经达到 6 000 多美元,但区域差距、城乡差距、个人收入差距仍然较大,农村还很落后,农民的收入水平还很低、生活质量还很差。虽然中国经济不可能再保持两位数的增长,但支撑中国经济未来继续较高增长速度的各种红利还没有得到全面发掘和释放,不能认为中国已经进入较低水平的一位数增长阶段。必须看到,有多种积极因素特别是改革红利远未释放、城镇化水平正在提升、城乡和区域差别比较大、技术创新潜力远未发掘等,还会支撑中国经济保持一个较长时期的较快增长。基于这样的认识,我们可以进一步将中国经济升级版的思想概括为转型、升级、高质量和高效益的发展版。中国经济升级版是从外延型增长为主升级为内涵型增长为主的经济发展;是从低劳动成本、低附加值为主升级为知识型劳动和较高附加值为主的技术推动型的经济发展;是从过于依靠外需拉动的速度型增长升级为内需外需协调拉动的高质量的经济发展;是从过于依靠投资拉动的速度型增长升级为投资和消费共同拉动、速度和效益有机结合的内生增长型的经济发展;也是升级为资源得到更有效利用、环境得到更好保护的经济发展;是从外需主导转变成内需主导,要让居民能消费、敢消费、愿消费。要做到这些,就要通过提高居民购买力,改善社会保障体系,免除居民医疗、入学的后顾之忧,并提供给居民愿意消费的产品等措施来实现;是从外生动力转变成内生动力。推动经济和社会发展的最终因素是人,所以,要真正转为内生动力,归根结底要靠教育,要把教育放在非常重要的位置上,靠教育来提高全民思想道德文化素质和民族创新能力,因为经济只能保证我们的今天,科技只能保证我们的明天,只有教育才能保证我们的后天。

四、致力打造中国经济的升级版

中国要面对第三次工业革命的挑战,立足国情,加强顶层设计,把握历史机遇,着力打造中国经济升级版,实现中国经济社会的科学发展。

第一,提高技术创新能力,走自主创新道路。技术革命始终是工业革命的核心动力。众所周知,中国经济大而不强的问题主要在于自主创新能力不强,缺乏关键核心技术。因此,为了积极主动迎接第三次工业革命的挑战,中国必须实施创新驱动、转型发展的道理,突破一批关键核心技术,发挥创新在转型升级中的关键作用。要加强技术创新的顶层设计和统筹规划,科学性、前瞻性地部署战略性新兴产业领域的重大技术攻关,集中力量攻克一批关键核心技术,支持面向行业的基础共性技术的推广应用,增强创新驱动发展新动力。尤其要加强机制体制设计,重视引导创新要素向企业集聚,增强企业对创新资源的全球化配置能力,建立健全以企业为主体的创新体系,构建有利于产业创新发展的制度体系。

第二,研发新能源技术,变革能源利用方式。第三次工业革命将推动风能、太阳能等新能源的大规模应用和智能化供给,绿色、低碳、智能将成为新生产方式的重要特征。中国仍处于工业化、信息化、城镇化和农业现代化快速发展阶段,资源大量快速消耗的态势短期内难以改变。中国 2012 年消费能源 36.2 亿吨标准煤,日本消耗了 7 亿吨标准煤,德国消耗了 6 亿吨标准煤,但是工业产值的附加值比中国并不低多少,这说明中国的经济结构和能源有问题,现在工业增加值率只有 26.5%,73.5% 是转移到物化劳动的消耗。中国消耗了世界 20% 能源只生产了世界 10% 左右的 GDP,还消耗了 50% 左右的钢材、55% 的水泥,消耗了大量土地、水资源,而产出率这么低,这说明中国改革创新、节能领域潜力巨大。[154] 因此,迫切要求中国推动能源资源利用方式的深刻变革,大幅度提升能源资源利用效率。加快产业转型升级,必须以破解能源资源约束和缓解生态环境压力为出发点,积极利用风能、太阳能、核能等清洁可再生能源,推广重点节能技术、设备和产品,推行清洁生产和污染治理,加大资源综合利用力度,加强低碳技术研发和应用,逐步削减重点行业污染物排放量。同时,要完善落后产能退出机制,健全激励和约束机制,加强各类政策的协调配合,引导各级领导干部和企业把科学发展理念真正落实到绿色发展、循环发展、低碳发展上来,加快形成低消耗、可循环、低排放、可持续的产业结构和消费模式,促进工业文明与生态文明协调发展,加快美丽中国建设,实现中华民族永续发展。

第三,推动信息化与工业化、城镇化、农业现代化的深度融合,提升产业智能化水平。第三次工业革命的核心内涵是信息技术创新,主要特征是产业智能化。信息化与工业化和城镇化联系密切。城镇化是信息化的主要载体,信息化是城镇化的提升机。城镇化对信息化具有推动作用,而信息化对城镇化具有带动作用。一方面,城镇化能够为信息化的发展提供广阔的发展空间,为信息产业提供需求,使信息化在城镇里发挥作用;另一方面,信息化能够提升和整合城镇功能,改善城镇产业、就业结构,提高城镇居民素质,使城镇功能和产业结构进一步优化,使城镇化在信息化中提升,带动城镇化向更高级的城镇化迈进。信息化在推动工业化、农业现代化、城镇化加速发展中发挥着至关重要的支撑作用,对促进"四化"协调共同发展,打造中国经济升级版意义重大。因此,要发挥好信息化在推动工业化、农业现代化、城镇化加速发展中的支撑作用。一要继续推进信息化和工业化深度融合。目前,经济全球化和新技术革命迅猛发展,发达国家在实现工业化的基础上大力推进信息化,加快从工业社会向信息社会转型。中国要紧紧抓住信息化的机遇,充分利用信息化加速推进工业化,利用信息技术推动产业结构升级,促进发展方式转变。开创科技含量高、管理机制新、资源消耗低、环境污染少、人力资源充分利用、经济社会生态效益好和可持续发展的新型工业化道路。二要找准以信息化提高农业现代化发展水平的着力点，在农业种植、养殖、农产品流通等关键环节推广应用信息技术。三要利用信息化提升和整合城镇功能，在城镇市政建设、综合治理、交通运输、人口管理等方面充分利用信息技术。推进智慧城市建设，在城市建设管理中推广应用云计算、物联网等技术，引导城镇产业集聚发展，促进城镇可持续发展。使城镇化在信息化中提升，带动城镇化向更高级的城镇化迈进。

第四，提升产品附加值，推进制造业服务化进程。第三次工业革命也将加速制造业服务化的进程。制造业服务化是一种新的制造模式和生产组织方式，其通过不断强化面向客户的个性化研发设计、咨询规划、金融支持、供应链管理、在线监测维护等业务，构建柔性化生产方式，从而强化自身的竞争优势。生产性服务业是中国三次产业协调发展的关键，大力发展生产性服务业，一方面有利于促进中国从工业大国向工业强国转变，另一方面还促进了第三次产业的发展，因此，我们必须把生产性服务业发展作为真正的战略性产业来大力发展。从国际上来看，发达国家制造业竞争力的提升，离不开服务业，尤其是生产性服务业的发展。从企业层面看，产前的市场和定位调研服务等，研发中的设计服务、创意服务、模具服务等，生产中的工程技术服务、设备租赁服务等，营销中的物流服务、网络品牌服务、出口服务等，都具有增强产品差别化和区分竞争对手的作用，从而强化企业的定价能力和控制市场能力。同时运输、电信、商业、金融保险等生产性服务业具有很强的外部经济性，已经成为经济发展的重要的基础设施。生产性服务是制造业的重要"中间投入"，如英国 20 世纪 90 年代中期制造业对生产性服务业的依赖程度为16.71%，比 20 世纪 70 年代早期的 1.67% 提高了 10 倍。

第五，抓住第三次工业革命的机遇，抢占世界产业分工与财富版图。考察世界经济强国走过的发展道路，我们可以发现：每一个经济强国的崛起都是在特定的背景条件下，牢牢抓住历史与现实赋予的战略发展机遇，实现了经济社会的跨越式发展。葡萄牙、西班牙和荷兰等国家借助地理大发现的巨大历史机遇，广泛进行殖民扩张和海外贸易，建立起庞大的经济版图，实现了国家的崛起。每一次产业革命都意味新的发展机遇。美国、日本、德国等工业化后起之国，紧紧地抓住第二次工业革命和第三次工业革命的战略机遇期，顺应历史发展潮流，充分利用全球资源和全球市场，从而实现了经济强国的目标。近年来，全球性金融危机、高涨的能源价格、严峻的环境问题，使第二次工业革命以来形成的生产形态面临愈来愈多的制约，而互联网技术与可再生能源的结合，使新一轮工业革命具备了现实基础。能源生产与使用、社会生产方式、生产流程、组织方式以及生活方式等方面的变革，将重塑比较优势，改变全球产业分工与贸易格局，解构产业关系，革新经济地理，使全球利益分配重新洗牌。第三次工业革命的到来，将对中国"世界工厂"的地位提出严峻挑战，但也为中国实现跨越式发展提供了机遇。中国只有加快打造经济升级版，走创新驱动、转型发展道路，才可能在全球抢占产业分工与财富版图。中国错过了第一次工业革命，只是在过去 20 年间第二次工业革命达到顶峰时才加入。中国的一些城市看起来很现代，但实际上仍在经历第二次工业革命，对于第三次工业革命只是略有涉及。如果中国不能从理论上、政策上、实践上全面认识和把握第三次工业革命的精髓，不能取得核心关键技术的突破，那么中国就会失去机遇，就会在新一轮的产业分工与财富版图切割中被边缘化。

第六，改革政绩考核体系，引领发展方式转变。为了适应改革开放，从 1985 年起国家和地方分别核算 GDP。一直以来，中国的经济增长存在三种现象：第一，经济增长速度居高不下。例如，"十五"计划将经济增长速度目标设定为 7%，旨在把经济增长速度降下来，但实际增长是 9.5%。"十一五"规划将经济增长速度目标设定为 7.5%，但每年经济增长计划目标都是 8%左右，而实际增长是年均 11.2%。第二，经济增长方式粗放。第三，省区市的生产总值之和一直与国家统计局发布的全国 GDP 数据存在差距。2012 年，全国各省（区、市）生产总值总和达到 57.69 万亿元，比国家统计局公布的 2012 年GDP51.93 万亿元高出 5.76 万亿元，相当于多出一个广东省的经济总量。之所以出现地方生产总值增速高于全国、地方生产总值之和大于全国的现象，是因为地方政绩考核与GDP 增长紧密挂钩。多年来，由于政绩考核体系中"唯 GDP 论"的引导，地方政府为了政绩，把发展片面地理解为以投资为抓手，以 GDP 为中心，在房地产上大做文章。有的地方官员为了谋取政绩，甚至不惜采取统计数据造假的违法行为，以谋取政绩。2013 年 6月 28 日至 29 日，习近平总书记在全国组织工作会议上讲话强调，要改进考核方法手段，把民生改善、社会进步、生态效益等指标和实绩作为重要考核内容，再也不能简单以国内生产总值增长率来论英雄了[155]。

第七，转变政府职能，推动制度创新和管理变革。第三次工业革命带来了传统的集中式、大规模、同质化生产向分散式、小批量、个性化制造的转变，这一新的趋势对传统的政府行为方式带来了巨大的冲击，迫切要求厘清政府与市场的边界，加快转变政府职能。长期以来，中国的政府与市场的关系还没有完全理顺，尚存在对微观经济活动直接干预过多、市场竞争缺乏公平、投融资体制改革滞后、政府履职重管理轻服务等问题，抑制了个人和企业创新活力及其向现实生产力的转化。

第八，完善宏观调控，实现稳定增长。在市场经济中，社会总供需平衡受价值规律这只"看不见的手"的支配。在市场失灵时，经济会出现过热或衰退，政府必须采用经济手段、法律手段和行政手段等这只"看得见的手"调控经济。经济学大师约翰·梅纳德·凯恩斯的"相机抉择"和米尔顿·弗里德曼的"单一规则"是宏观调控的两大重要理论。"相机抉择"理论要求宏观经济政策的基本原则是相机抉择的逆经济风向而动，在经济衰退时采用扩张性政策，在经济繁荣时采用紧缩性政策。"单一规则"理论认为，由于货币扩张或紧缩对物价水平的影响有"时滞"，所以，中央银行采取相机抉择的货币政策会产生过头的政策行为，对经济活动造成不利的影响，导致了物价水平的波动，这是产生通货膨胀的重要原因。因此,弗里德曼认为应实行单一规则的货币政策。考察中国改革开放以来的历次宏观调控,我们可以发现凯恩斯的"相机抉择"理论对中国宏观经济运行的影响较大。中国的宏观调控主要采用逆经济风向行事,经济过热,就采用紧缩性政策;经济不景气,就采用扩张性政策。虽然中国的宏观调控取得了成绩,积累了经验,但依然存在一些问题,"一控就死,一放就乱"现象一直没有得到解决,经济的波动性较大,不仅增加了宏观调控的成本,而且影响了民生。如近一轮通货膨胀与中国应对美国金融危机而采取的扩张性财政政策和宽松的货币政策有直接联系。这表明,中国宏观调控的能力、水平、艺术和科学性依然有待提高。因此,我们必须改革和完善宏观调控体系,尽可能提高经济增长的稳定性。为此,一要从中国的国情出发,借鉴国外宏观调控的理论和经验,如"单一规则"和"理性预期"理论,不断提高中国宏观调控体系的科学性。二要增强宏观调控的全面性,注重经济建设、生态建设、文化建设、社会建设和政治建设的协同与统一,避免宏观调控中的"头痛医头,脚痛医脚"现象。三要增强宏观调控的前瞻性,制定政策要站得高、看得远、想得深,避免走一步看一步的短期化行为。四要重视宏观调控的全球性,充分考虑国际经济形势变化及国外政府宏观调控的意图和政策,加强宏观调控政策的国际合作,避免仅就国内情况制定宏观调控方针和政策。五要增强宏观调控的协调性,实现多种宏观调控的手段的有机配合,努力做到调控审慎灵活、适时适度,不断提高政策的针对性和灵活性。尽可能避免出现宏观调控手段不配套、甚至相互"打架"的现象,要真正实现调控手段打"组合拳",形成政策合力。

综上所述,在全球第三次工业革命的深入发展的背景下,打造中国经济升级版必须科学设计路径:一是通过制度改革提高经济效率。根据党的十八大报告的精神,改革应该是"五位一体"——经济建设、政治建设、文化建设、社会建设和生态文明建设。但改革不会是一步到位的,李克强总理已经提出了优先的改革方向,比如政府改革、财税制度改革、金融制度改革、收入分配制度改革等。二是通过要素升级降低对要素粗放投入的依赖。三是通过结构优化升级提高资源配置效率。对于中国这样一个处于工业化、信息化、城镇化和农业现代化快速发展阶段的国家来说,结构优化是经济升级的关键因素。

中国错过了第一次工业革命,只是在过去20年间第二次工业革命达到顶峰时才加入。中国的一些城市看起来很现代,但实际上仍在经历第二次工业革命,对于第三次工业革命只是略有涉及。如果中国不能从理论上、政策上、实践上全面认识和把握第三次工业革命的精髓,不能取得核心关键技术的突破,那么就难以迎接第三次工业革命的挑战,就会失去机遇,中国经济会在新一轮的产业分工与财富版图切割中被边缘化。因此,打造中国经济升级版的任重道远、时不我待。

附　　录

附表 1　各种能源二氧化碳排放系数　　　　　单位:吨/吨标准煤

原煤	洗精煤	其他洗煤	型煤	焦炭	焦炉煤气
2.76	2.77	2.77	2.82	3.14	1.30
其他煤气	原油	汽油	煤油	柴油	燃料油
5.92	2.15	2.05	2.09	2.15	2.27
液化石油气	炼厂干气	天然气	其他石油制品	其他焦化产品	其他能源
1.85	1.69	1.64	2.15	2.86	2.93

附表 2　各类能源折算标准煤的参考系数

品　种	折标准煤系数
原煤	0.7143 千克标准煤/千克
洗精煤	0.9000 千克标准煤/千克
洗中煤	0.2857 千克标准煤/千克
煤泥	0.2857～0.4286 千克标准煤/千克
焦炭	0.9714 千克标准煤/千克
原油	1.4286 千克标准煤/千克
汽油	1.4714 千克标准煤/千克
煤油	1.4714 千克标准煤/千克
柴油	1.4571 千克标准煤/千克
燃料油	1.4286 千克标准煤/千克
液化石油气油	1.7143 千克标准煤/千克
炼厂干气	1.5714 千克标准煤/立方米
油田天然气	1.3300 千克标准煤/立方米
气田天然气	1.2143 千克标准煤/立方米
煤田天然气(即煤矿瓦斯气)	0.5000～0.5174 千克标准煤/立方米
焦炉煤气	0.5714～0.6143 千克标准煤/立方米

（续表）

品　　种	折标准煤系数
其他煤气	
(1)发生炉煤气	0.178 6 千克标准煤/立方米
(2)重油催化裂解煤气	0.657 1 千克标准煤/立方米
(3)重油热裂煤气	1.214 3 千克标准煤/立方米
(4)焦炭制气	0.557 1 千克标准煤/立方米
(5)压力气化煤气	0.514 3 千克标准煤/立方米
(6)水煤气	0.357 1 千克标准煤/立方米
电力(等价)	0.404 0 千克标准煤/千瓦小时(用于计算最终消费)
电力(当量)	0.122 9 千克标准煤/千瓦小时(用于计算火力发电)
热力(当量)	0.034 12 千克标准煤/百万焦耳
	(0.142 86 千克标准煤/1 000 千卡)

附录3　各种排放源的二氧化碳排放系数

排放源项目	煤炭	焦炭	汽油	煤油	柴油	燃料油	天然气	水泥
碳含量 (t-C/TJ)	27.28	29.41	18.9	19.6	20.17	21.09	15.32	——
热值量 (TJ/万吨或 TJ/亿立方米)	178.24	284.35	448	447.5	433.3	401.9	3893.1	
碳氧化率	0.923	0.928	0.98	0.986	0.982	0.985	0.99	——
碳排放系数 (t-C/吨或 t-C/亿立方米)	0.449	0.776	0.83	0.865	0.858	0.835	5.905	——
二氧化碳排放系数 (t-CO$_2$/吨或 t-CO$_2$/亿立方米)	1.647	2.848	3.045	3.174	3.15	3.064	21.67	0.527

附录4　统计指标解释——能源生产和消费

能源生产总量指一定时期内全国一次能源生产量的总和,是观察全国能源生产水平、规模、构成和发展速度的总量指标。一次能源生产量包括原煤、原油、天然气、水电、核能及其他动力能(如风能、地热能等)发电量,不包括低热值燃料生产量、生物质能、太阳能等的利用和由一次能源加工转换而成的二次能源产量。

能源消费总量指一定时期内全国物质生产部门、非物质生产部门和生活消费的各种能源的总和,是观察能源消费水平、构成和增长速度的总量指标。能源消费总量包括原煤和原油及其制品、天然气、电力,不包括低热值燃料、生物质能和太阳能等的利用。能源消费总量分为终端能源消费量、能源加工转换损失量和损失量3部分。

(1) 终端能源消费量:指一定时期内全国生产和生活消费的各种能源在扣除了用于加工转换二次能源消费量和损失量以后的数量。

(2) 能源加工转换损失量:指一定时期内全国投入加工转换的各种能源数量之和与产出各种能源产品之和的差额,是观察能源在加工转换过程中损失量变化的指标。

(3) 能源损失量:指一定时期内能源在输送、分配、储存过程中发生的损失和由客观原因造成的各种损失量,不包括各种气体能源放空、放散量。

能源生产弹性系数是研究能源生产增长速度与国民经济增长速度之间关系的指标。计算公式为:

能源生产弹性系数=能源生产总量年平均增长速度/国民经济年平均增长速度

国民经济年平均增长速度,可根据不同的目的或需要,用国民生产总值、国内生产总值等指标来计算。

电力生产弹性系数是研究电力生产增长速度与国民经济增长速度之间关系的指标。一般来说,电力的发展应当快于国民经济的发展,也就是说电力应超前发展。计算公式为:

电力生产弹性系数=电力生产量年平均增长速度/国民经济年平均增长速度

能源消费弹性系数是反映能源消费增长速度与国民经济增长速度之间比例关系的指标。计算公式为:

能源消费弹性系数=能源消费量年平均增长速度/国民经济年平均增长速度

电力消费弹性系数反映电力消费增长速度与国民经济增长速度之间比例关系的指标。计算公式为:

电力消费弹性系数=电力消费量年平均增长速度/国民经济年平均增长速度

能源加工转换效率指一定时期内能源经过加工、转换后,产出的各种能源产品的数量与同期内投入加工转换的各种能源数量的比率。它是观察能源加工转换装置和生产工艺先进与落后、管理水平高低等的重要指标。计算公式为:

能源加工转换效率=能源加工、转换产出量/能源加工、转换投入量×100%

参 考 文 献

[1] UN Commission on Sustainable Development. Report on the Ninth Session[R]. E/CN. 17/ 2001/19. UN, New York. http://www. un. org/esa/sustdev/csd/ecn172001-19e. htm.

[2] OECD. Towards Sustainable Development: Indicators to Measure Progress. Proceedings of the OECD[R]. Rome Conference, Paris, 2000.

[3] Bartelmus, P. Environment, Growth and Development-The Concepts and Strategies of Sustainability[M]. Routledge, London. 1994.

[4] 联合国, 等. 综合环境经济核算——2003[R]. 国家统计局国民经济核算司, 2004.

[5] 叶文虎, 仝川. 联合国可持续发展指标体系述评[J]. 中国人口资源与环境, 1997(9).

[6] EUROSTAT. Measuring Progress towards a More Sustainable Europe: Proposed Indicators for Sustainable Development[R]. EUROSTAT, Luxembourg, 2001.

[7] 庞元动. 国际环保咨询—永续发展指标建立之研究[R]. 台湾"行政院环境保护署"委托研究计划——期末报告, EPA-87-FA04-03-10, 1998.

[8] IAEA, UNESA, IEA, et al. Energy Indicators for Sustainable Development: Guidelines and Methodologies [R]. Vienna: IAEA, 2005.

[9] World Energy Council. Energy Effieieney Policies and Indieators[EB/OL]. [2009-08-12]. http://www. worldenergy. org/wec-geis/Publications/default/launehes/eepi/eepi. asp.

[10] 陈丽萍. 能源可持续发展研究现状评述[J]. 国土资源情报, 2005(11).

[11] Onyssee-Energy Efficiency Indicators in Europe[EB/OL]. [2009-08-12]. http://www. odyssee-indicators. org/registred/verifa1. php.

[12] 朱启贵. 能源流核算与节能减排统计指标体系[J]. 上海交通大学学报(哲学社会科学版), 2010(6).

[13] Bozo, M. G. Energy Policies in Latin America and the Caribbean and the Evolution of Sustainability[J]. International Journal of Energy Sector Management. 2008(1).

[14] UK Department of the Environment. Indicators of Sustainable Development for the United Kingdom[R]. London: HMSO, 1996.

[15] UK Energy Sector Indicators 2007[EB/OL]. [2009-08-12]. http://www. berr. gov. uk/ energy/statistics/Publieations/indieators/Page39558. htrnl.

[16] NRTEE. National Round Table on the Environment and the Economy. Measuring Ecoefficiency in Business: Developing a Core Set of Ecoefficiency Indicators[R]. Ottawa: National Round Table on the Environment and the Economy, 1997.

[17] 吴优, 李锁强, 任宝莹. 加拿大资源环境统计与核算的主要内容和方法[J]. 统计研究,

2007(6).

[18] U. S. Interagency Working Group on Sustainable Development Indicators. Sustainable Development in the United States: An Experimental Set of Indicators: A Progress Report 1998[EB/OL]. [2009-08-14]. http://www. sdi. gov.

[19] Wuppertal Institute. Towards Sustainable Europe[R]. Friends of the Earth Europe, 1996.

[20] National Institute of Public Health and the Environment. Environmental Balance 2000, A Review of the State of the Environment in the Netherlands[R]. Amsterdam, 2000.

[21] European Commission. EU Member State Experiences with Sustainable Development Indicators[R]. Brussel, 2004.

[22] Montgomerya, R. , Sanchesb, L. Efficiency: The Sustainability Criterion that Provides Useful Guidance for Statistical Research[J]. Statistical Journal of the United Nations Economic Commission for Europe, 2002, 19(1-2).

[23] Neelis, M. , Ramirez, A. and Patel, M. Physical Indicators as a Basis for Estimating Energy Efficiency Developments in the Dutch Industry[R]. Report NW&S-E-2004-20 Department of Science, Technology and Society, Copernicus Institute for Sustainable Development and Innovation. Utrecht University, Utrecht, 2004(8).

[24] Neelis, M. , Ramirez, A. and Patel, M. Physical Indicators as a Basis for Estimating Energy Efficiency Developments in the Dutch Industry-update 2005[R]. Report NW&S-E-2005-50 Department of Science, Technology and Society, Copernicus Institute for Sustainable Development and Innovation. Utrecht University,Utrecht, 2005(7).

[25] Roes, A. L. , Neelis, M. L. and Ramirez, C. A. Physical Indicators as a Basis for Estimating Energy Efficiency Developments in the Dutch Industry-update 2007[R]. Report NWS-E-2007-19 Department of Science, Technology and Society, Copernicus Institute for Sustainable Development and Innovation. Utrecht University, Utrecht, 2007(4).

[26] Roes, L. , Patel, M. K. Physical Indicators as a Basis for Estimating Energy Efficiency Developments in the Dutch Industry—update 2008[R]. 2008(5).

[27] Block, C. , Van Gerven, T. and Vandecasteele, C. Industry and Energy Sectors in Flanders: Environmental Performance and Response Indicators[J]. Clean Technologies Environmental Policy, 2007(1).

[28] Van Steertegem, M. MIRA-T 2004: Milieu-en natuurrapport Vlaanderen: thema's. Leuven, Belgium: Vlaamse Milieumaatschappij & Lannoo Campus, 2006.

[29] Galitsky, C. , Price, L. and Worrell, E. Energy Efficiency Programs and Policies in the Industrial Sector in Industrialized Countries[Z]. Environmental Energy Technologies Division, LBNL-54068, 2004(6).

[30] Dahlstrom, K. , Ekins, P. Eco-efficiency Trends in the UK Steel and Aluminum Industries [J]. Journal of Industrial Ecology, 2005(4).

[31] Schipper, L. , Unander, F. , Murtishaw, S. , and Ting, M. Indicators of Energy Use and

Carbon Emissions：Explaining the Energy Economy Link[J]. Annual Review of Energy and the Environment，2001(26).

[32]　周伏秋. 国际能源评价指标体系及对我国的启示[J]. 中国能源，2006(11).

[33]　游士兵. 国民经济可持续发展危机识别研究[M]. 武汉：武汉大学出版社，2007.

[34]　解振华. 2007 年中国节能减排(政策篇)[M]. 北京：中国发展出版社，2008.

[35]　王庆一. 中国的能源效率及国际比较上[J]. 节能与环保，2003(8).

[36]　史丹. 中国能源效率的地区差异与节能潜力分析[J]. 中国工业经济，2006(10).

[37]　王珊珊. 我国能源效率指标及提升对策的研究[D]. 青岛大学硕士论文，2007.

[38]　刘征福. 建立能源利用效率评价指标体系的研究[J]. 能源与环境，2007(2).

[39]　荆克晶，等. 能源规划环境影响评价指标体系的建立探讨[J]. 邢台职业技术学院学报，2004(3).

[40]　李继文，等. 中国能源利用状况评估指标初步研究[J]. 能源环境保护，2006(2).

[41]　张鹤丹，等. 中国城市能源指标体系初探[J]. 中国能源，2006(5).

[42]　刘书俊. 环境库兹涅茨曲线与节能减排[J]. 环境保护，2007(12).

[43]　宋马林. 国内各地区节能减排评价研究[J]. 资源开发与市场，2008(1).

[44]　孙霄凌，等. 我国区域能源可持续发展水平评价模型的构建与实证分析[J]. 资源与产业，2008(8).

[45]　王彦鹏. 我国节能减排指标体系研究[J]. 煤炭经济研究，2009(2).

[46]　何斯征，黄东风. 浙江省可持续发展能源指标的研究[J]. 能源工程，2007(2).

[47]　郝存. 上海市能源利用研究及节能策略分析[D]. 上海交通大学硕士毕业论文，2007.

[48]　张小丽. 湖北省节能的绿色投入产出分析[D]. 华中科技大学硕士论文，2007.

[49]　李爱军. 关于湖北省节能的投入产出分析[J]. 数学的实践与认识，2007(7).

[50]　"台湾行政院科学委员会". 永续台湾的评量系统[R]. 专题研究计划，1999.

[51]　吴国华，等. 中国城市节能评价的实证研究[J]. 技术经济，2007(5).

[52]　蔡升，等. 油田企业能源综合利用评价指标体系设计[J]. 集团经济研究，2007(08z).

[53]　段釽. 节能型社会指标体系研究(工业、政策、观念部分)[D]. 华北电力大学硕士论文，2005.

[54]　李虹. 工业企业发展循环经济指标体系的研究[J]. 集团经济研究，2007(1).

[55]　杨华峰，等. 企业节能减排效果综合评价指标体系研究[J]. 工业技术经济，2008(10).

[56]　张旭，等. 中国电力工业的环境学习曲线与节能减排潜力分析[J]. 华北电力大学学报(社会科学版)，2008(2).

[57]　张慧颖. 山西省各行业节能降耗实证研究：2005—2007 年[J]. 统计教育，2009(1).

[58]　杨新秀. 湖北省道路运输行业节能减排评价研究[D]. 武汉理工大学，2008.

[59]　陈华敏，等. 基于 AHP 和"3R"原则的节能建筑评价指标体系的构建[J]. 生态经济，2009(1).

[60]　樊耀东. 电信运营业节能减排指标体系研究[J]. 电信科学，2008(5).

[61]　高敏雪，等. 综合环境经济核算——基本理论与中国应用[M]. 北京：经济科学出版社，2007.

[62]　United Nations，European Commission，International Monetary Fund，Organisation for Economic Co-operation and Development，World Bank. Integrated Environmental and

Economic Accounting 2003 ［R］. http://unstats. un. org/unsd/envaccounting/seea2003. pdf.

［63］ Haberl，H. The Energetic Metabolism of Societies Part I：Accounting Concepts ［J］. Journal of Industrial Ecology，2002(1).

［64］ 德内拉·梅多斯，等. 增长的极限［M］. 于树生，译. 北京：商务印书馆，1984.

［65］ 史新峰. 气候变化与低碳经济［M］. 北京：中国水利水电出版社，2010.

［66］ UNDP. Human Development Report 1990，1992，1993，1994，1995 and 1996［M］. New York：Oxford University Press，1997.

［67］ Cobb，C.，Halstead，T. and Rowe，J. If the GDP is Up，Why is America Down? ［Z］. The Atlantic Monthly，1995.

［68］ UNEP. Towards a Green Economy：Pathways to Sustainable Development and Poverty Eradication ［EB/OL］. ［2011-11-02］. http://www. unep. org/greeneconomy/greeneconomyreport/tabid/29846/default. aspx.

［69］ 张学文，叶元煦. 黑龙江省区域可持续发展评价研究［J］. 区域经济，2002(5).

［70］ 赵多，卢剑波，阆怀. 浙江省生态环境可持续发展评价指标体系的建立［J］. 环境污染与防治，2003(6).

［71］ 乔家君，李小建. 河南省可持续发展指标体系构建及应用实例［J］. 河南大学学报（自然科学版），2005(3).

［72］ 刘国，许模. 成都市可持续发展综合评估研究［J］. 国土资源科技管理，2008(2).

［73］ 赵旭，胡水伟，陈培安. 城镇化可持续发展评价指标体系初步探讨［J］. 资源开发与市场，2009(10).

［74］ 李平，王钦，贺俊，吴滨. 中国制造业可持续发展指标体系构建及目标预测［J］. 中国工业经济，2010(5).

［75］ 巴里·康芒纳. 封闭的循环［M］. 侯文蕙，译. 长春：吉林人民出版社，1997.

［76］ Pearce，D. W.，Turner，R. K. Economics of Natural Resources and the Environment［M］. London：Harvester Wheatsheaf，1990，35-41.

［77］ 中国科学院可持续发展战略研究组. 中国可持续发展战略报告［M］. 北京：科学出版社，2004.

［78］ 章波，黄贤金. 循环经济发展指标体系研究及实证评价［J］. 中国人口·资源与环境，2005(4).

［79］ 杨华峰，张华玲. 论循环经济评价指标体系的构建［J］. 科学学与科学技术管理，2005(9).

［80］ 于丽英，冯之浚. 城市循环经济评价指标体系的设计［J］. 中国软科学，2005(12).

［81］ 钟太洋，黄贤金，璐璐. 区域循环经济发展评价：方法、指标体系与实证研究——以江苏省为例［J］. 资源科学，2006(2).

［82］ 国家发展改革委，国家环保总局，国家统计局. 关于印发循环经济评价指标体系的通知（发改环资［2007］1815 号）［EB/OL］. ［2007-06-27］. http://hzs. ndrc. gov. cn/newzwxx/t20070814_153503. htm.

［83］ 江涛，张天柱. 煤炭行业循环经济发展模式与指标体系研究［J］. 中国人口·资源与环境，

2007(6).

[84] 吴开亚.巢湖流域农业循环经济发展的综合评价[J].中国人口·资源与环境,2008(1).

[85] 沙景华,欧玲.矿业循环经济评价指标体系研究[J].环境保护,2008(4).

[86] 陈帆,吴波,祝秀莲.造纸工业循环经济模式评价指标体系研究[J].环境污染与防治,2008(5).

[87] 卢远,王娟,陆赛.区域农业循环经济能值评价的实证研究[J].中国生态农业学报,2008(2).

[88] 曹小琳,晏永刚,景星蓉.区域循环经济测度指标体系、评价方法与实证研究——以重庆市为例[J].重庆大学学报(社会科学版),2008(3).

[89] 刘浩,王青,宋阳.基于能值分析的区域循环经济研究——以辽宁省为例[J].资源科学,2008(2).

[90] 冯之浚,刘燕华,周长益.我国循环经济生态工业园发展模式研究[J].中国软科学,2008(4).

[91] 徐建中,马瑞先.基于AHP的企业循环经济发展水平灰色综合评价研究[J].科技管理研究,2008(4).

[92] Grossman, G. M., Krueger, A. B. Environmental Impacts of a North American Free Trade Agreement[R]. NBER Working Paper No. 3914, 1991.

[93] 陶良虎.中国低碳经济[M].北京:研究出版社,2010.

[94] 付加锋,庄贵阳,高庆先.低碳经济的概念辨识及评价指标体系构建[J].中国人口·资源与环境,2010(8).

[95] 胡大立,丁帅.低碳经济评价指标体系研究[J].科技进步与对策,2010(22).

[96] 李晓燕.基于模糊层次分析法的省区低碳经济评价探索[J].华东经济管理,2010(2).

[97] 赵彦云,林寅,陈昊.发达国家建立绿色经济发展测度体系的经验及借鉴[J].经济纵横,2011(1).

[98] 赵立成,任承雨.绿色经济视角下环渤海经济圈经济效率的再评价[J].资源开发与市场,2012(1).

[99] 关琰珠,郑建华,庄世坚.生态文明指标体系研究[J].中国发展,2007,7(2).

[100] 张静,夏海勇.生态文明指标体系的构建与评价方法[J].统计与决策,2009(21).

[101] 梁文森.生态文明指标体系问题[J].经济学家,2009(3).

[102] 刘文静.生态文明及其指标体系研究述评[J].中国人口、资源与环境,2009(19).

[103] 韩永伟,范小衫,刘成程,等.生态文明建设背景下的生物多样性保护—生态文明指标体系构建[C].第七届中国生物多样性保护与利用高新科学技术国际论坛,2010.

[104] 高珊,黄贤金.基于绩效评价的区域生态文明指标体系构建——以江苏省为例[J].经济地理,2010(5).

[105] 严耕,林震,杨志华.中国省域生态文明建设评价报告(ECI 2010)[M].北京:社会科学文献出版社,2010.

[106] 张黎丽.西部地区生态文明建设指标体系的研究[D].浙江大学,2011.

[107] 王金南,蒋洪强,等.迈向美丽中国的生态文明建设战略框架设计[J].环境保护,2012(23).

[108] 成金华.科学构建生态文明评价指标体系[N].光明日报,2013-2-6(11).

[109]　朱启贵. 可持续发展评估[M]. 上海：上海财经大学出版社，1999.

[110]　International Atomic Energy Agency，United Nations Department of Economic and Social Affairs，International Energy Agency，Eurostat and European Environment Agency. Energy Indicators for Sustainable Development：Guidelines and Methodologies[R]. Vienna：IAEA，2005.

[111]　百度百科. 能源平衡表[EB/OL]. [2013-10-01]. http://baike. baidu. com/view/1382533. html.

[112]　Bos，F. The National Accounts as A Tool for Analysis and Policy：In View of History, Economic Theory and Data Compilation Issues[M]. Saarbrucken：VDM Verlag Dr. Muller，2009.

[113]　United Nations，European Commission，International Monetary Fund，Organisation for Economic Co-operation and Development，World Bank. System of National Accounts 2008 [R]. New York 2009. http://unstats. un. org/unsd/nationalaccount/docs/SNA2008. pdf.

[114]　Postner，H. H. The 1993 Revised System of National Accounts：Where Do We Go from Here? [J]. Review of Income and Wealth，1995，Ser. 4，459-469.

[115]　国家统计局. 中国国民经济核算体系（试行方案）[R]. 国家统计局，1992.

[116]　国家统计局. 中国国民经济核算体系—2002[M]. 北京：中国统计出版社，2002.

[117]　Tjahjadi，B. etc. Material and Energy Flow Accounting in Germany—Data Base for Applying the National Accounting Matrix Including Environmental Accounts Concept[J]. Structural Change and Economic Dynamics，1999，10(1).

[118]　王军. 物质流分析方法的理论及其应用研究[J]. 中国人口资源与环境，2006(4).

[119]　BP 世界能源统计年鉴 2011[EB/OL]. [2011-06-01]. www. bp. com/statisticalreview.

[120]　国家环保部. 2010 年中国环境状况公报[EB/OL]. [2011-06-05]. http://www. mep. gov. cn/gzfw/xzzx.

[121]　国家统计局. "十一五"经济社会发展成就系列报告之一：新发展　新跨越　新篇章[EB/OL]. [2012-02-26]. http://www. stats. gov. cn/tjfx/ztfx/sywcj/t20110301_402706119. htm.

[122]　国家统计局能源统计司. 中国能源统计年鉴—2011[M]. 北京：中国统计出版社，2011.

[123]　国家发展和改革委员会. 千家企业评估体系研究[EB/OL]. [2010-09-02]. http://wenku. baidu. com/view/16ff2f0203d8ce2f00662373. html.

[124]　陶全. 中国能源统计概况[EB/OL]. [2010-09-02]. http://www. kier. kyoto-u. ac. jp/coe21/symposium/2004/JCpdf/C07. pdf.

[125]　权贤佐. 转轨时期中国统计的矛盾、冲突与出路[J].《统计研究》，2001(9).

[126]　周松强. 民营化：政府统计信息体制改革的路径选择[J]. 中共浙江省委党校学报，2006(2).

[127]　王式跃. 关于加强县域基层统计建设的思考[J]. 浙江统计，2007(6).

[128]　叶长法. 政府综合统计与部门统计关系[J]. 统计研究，2005(6).

[129]　王式跃. 当前能源统计工作的现状与对策[J]. 统计与决策，2007(21).

[130]　王军. 完善能源统计体系的思考[J]. 中国统计，2009(2).

[131] 统计数据发布标准化体系研究课题组. 统计数据发布标准化体系研究[J]. 统计研究, 2010(7).

[132] 彭立颖, 贾金虎. 中国环境统计历史与展望[J]. 环境保护, 2008(2).

[133] MBA 智库百科. MECE 分析法[EB/OL]. [2009-05-20]. http://wiki. mbalib. com/wiki/ MECE％E5％88％86％E6％9E％90％E6％B3％95/.

[134] Zhao, Y. etc, Soil Acidification in China: Is Controlling SO₂ Emissions Enough? [J]. Environmental Science and Technology, 2009, 43 (21).

[135] 国家统计局工业交通统计司. 能源统计实用手册[EB/OL]. [2009-07-19]. http://www. cstj. gov. cn/html/2007/12/20071217155945-1. htm.

[136] 何晓萍, 刘希颖, 林艳苹. 中国城市化进程中的电力需求预测[J]. 经济研究, 2009(1).

[137] Ang, B. W. Zhang, F. Q. A Survey of Index Decomposition Analysis in Energy and Environmental Studies[J]. Energy, 2000(25).

[138] 赵芳. 中国能源政策: 演进、评析与选择[J]. 现代经济探索, 2008(12).

[139] 国家节能减排政策全收录及点评[EB/OL]. [2010-07-25]. http://wenku. baidu. com/ view/e9d4513610661ed9ad51 f3fe. html.

[140] 王艳元. 当代中国环境保护政策研究[D]. 河北师范大学硕士学位论文, 2003.

[141] 美国确保能源安全的政策及启示[EB/OL]. [2010-10-02]. http://www. chinapower. com. cn/article/1022/art1022807. asp.

[142] 熊良琼, 吴刚. 世界典型国家可再生能源政策比较分析及对我国的启示[J]. 中国能源, 2009(6).

[143] 德国能源立法和法律制度借鉴[EB/OL]. [2010-10-02]. http://q. sohu. com/forum/12/ topic/47993606.

[144] 李琼慧, 等. 日本能源政策演变的经验[J]. 电力技术经济 2009(2).

[145] 赵娇. 国外能源发展政策对我国的启示及我国能源政策选择[J]. 河南社会科学, 2010(3).

[146] 中国的能源状况与政策[EB/OL]. [2010-10-02]. http://www. chinaenvironment. com/ view/viewnews. aspx? k＝20071227093949890.

[147] United Nations, European Commission, Food and Agriculture Organization, International Monetary Fund, Organisation for Economic Co-operation and Development, World Bank. System of Environmental-Economic Accounting-Central Framework[R]. New York, 2012. http://unstats. un. org/unsd/envaccounting/White_cover. pdf.

[148] Matihews, E. etc. The Weight of Nations: Material Outflows From Industrial Economies [R]. Washington, DC. World Resources Institute. http://pdf. wri. org/weight _ of _ nations. pdf.

[149] 许宪春. 中国国民经济核算体系的建立、改革和发展[J]. 中国社会科学, 2009(6).

[150] 杰里米·里夫金. 第三次工业革命[M]. 北京: 中信出版社, 2012.

[151] 吕铁, 贺俊, 黄阳华. 如何应对第三次工业革命的影响[N]. 中国经济时报, 2012-07-26.

[152] 李克强. 把服务业打造成经济社会可持续发展的新引擎[N]. 新华网, 2013-06-01. http://

news. xinhuanet. com/2013-06-01/c_115997289. htm.

[153] 吉密欧. 产能过剩随处可见中国经济现隐患[N]. 金融时报(英国),2013-06-27.

[154] 秦京午. 节能创新打造中国经济升级版[N]. 中国能源网,2013-06-14. http://www. china5e. com/news/news-341770-1. html.

[155] 习近平. 再不能简单以 GDP 论英雄[N]. 新京报,2013-06-30.

索　引

后　　记

　　光阴似箭，日月如梭。转眼之间，我从事可持续发展研究工作至今已经整20年了。

　　可持续发展(Sustainable Development)概念的明确提出，最早可以追溯到1980年由世界自然保护联盟(IUCN)、联合国环境规划署(UNEP)、野生动物基金会(WWF)共同发表的《世界自然保护大纲》。1987年以布伦兰特夫人为首的世界环境与发展委员会(WCED)发表了报告《我们共同的未来》。这份报告正式使用了可持续发展概念，并对之做出了比较系统的阐述，产生了广泛的影响。至今，有关可持续发展的定义有100多种，但被广泛接受影响最大的仍是世界环境与发展委员会在《我们共同的未来》中的定义。该报告将可持续发展定义为："能满足当代人的需要，又不对后代人满足其需要的能力构成危害的发展。它包括两个重要概念：需要的概念，尤其是世界各国人民的基本需要，应将此放在特别优先的地位来考虑；限制的概念，技术状况和社会组织对环境满足眼前和将来需要的能力施加的限制。"

　　1992年6月，联合国在巴西里约热内卢召开环境与发展大会(里约环发大会，又称地球首脑会议)，讨论环境与发展问题。大会通过了3个文件：《里约环境与发展宣言》、《21世纪议程》、《关于森林问题的原则声明》和2个公约：《气候变化框架公约》和《生物多样性公约》。《里约宣言》发表了27项原则，在许多方面对《斯德哥尔摩宣言》作出了重要的发展。该宣言明确了发展权；规定了一些具体的措施，如环境影响评价和污染影响通知等；特别强调妇女和青年在环境管理和保护方面的作用；排除科学不确定性对采取环境保护措施的影响。《21世纪议程》再次提出了解决人类环境与发展问题的行动计划。可持续发展主要包括社会可持续发展、生态可持续发展和经济可持续发展。

　　2012年6月20日，联合国可持续发展大会首脑会议在巴西里约热内卢开幕。120多个国家的国家元首或政府首脑时隔20年后再度聚首里约热内卢，商讨如何消除贫困、促进社会公平并确保环保，为人类未来发展指明新的道路和方向。此次大会距1992年在巴西里约热内卢举行的联合国环境与发展大会正好20周年，因此，这次峰会又被称为"里约＋20"峰会。

　　根据联合国大会决议，"里约＋20"峰会围绕"可持续发展和消除贫困背景下的绿色经济"和"促进可持续发展的机制框架"两大主题展开讨论，全面评估1992年里约环发大会以来全球在可持续发展领域取得的进展和存在的差距，并就应对可持续发展面临的新挑战、新问题做出新的承诺。"里约＋20"峰会是自1992年联合国环发大会以及2002年南非约翰内斯堡可持续发展世界首脑会议后，国际社会在可持续发展领域举行的又一次规模大、级别高的国际会议,为国际社会共谋可持续发展战略提供又一重要契机,其成果将对全球可持续发展进程产生重大而深远的影响,受到国际社会的广泛重视和普遍关注。大会的主要成果是通过了一份高度聚焦于重点问题的政治文件——《我们憧憬的未来》。文件包括前言、重申政治承诺、在可持续发展和消除贫困的背景下发展绿色经济、建立可持续发展的体制框架、行动措施框架 5 部分内容。"重申政治承诺"重申了世界各国对《里约环境与发展宣言》、《21 世纪议程》、《约翰内斯堡宣言》等地球峰会和后续可持续发展峰会的主要成果文件,以及对发展筹资问题国际会议的《蒙特雷共识》等发展筹资机制文件的承诺。会议评估了目前各国在实现可持续发展方面取得的进展,在实施可持续发展主要峰会成果方面存在的差距,以及需要解决的新问题,并提出了行动框架。"在可持续发展和消除贫困的背景下发展绿色经济"论述了绿色经济对于可持续发展的重要作用,提出了发展绿色经济的政策手段与具体行动,包括建立有关经验分享的国际机制、制定绿色经济发展战略、增加投资、支持发展中国家等,同时提出了评估绿色经济发展进程的时间节点。"建立可持续发展的体制框架"论述了推动可持续发展体制框架改革的方法。在机构强化方面提出了加强联合国系统内原有机构能力和建立新机构两种措施。强调国际金融机构对可持续发展的责任,尤其是提供资金支持方面的责任,并提出了针对不同层面的实施要求。"行动措施框架"列举了需要采取行动的优先(重点和交叉)问题和领域及相应行动。提出应确定可持续发展目标和相应评估指标的建议,并从资金、科学与技术、能力建设、贸易 4 个方面提出了具体实施措施。

在我国,20 年来,党和政府高度重视可持续发展,将可持续发展战略确立为基本国策。在 1992 年联合国环境与发展会议之后不久,中国政府就组织编制了《中国 21 世纪议程——中国 21 世纪人口、环境与发展白皮书》,首次把可持续发展战略纳入我国经济和社会发展的长远规划。《议程》共 20 章,可归纳为总体可持续发展、人口和社会可持续发展、经济可持续发展、资源合理利用、环境保护 5 个组成部分,70 多个行动方案领域。该《议程》是世界上首部国家级可持续发展战略。它的编制成功,不但反映了中国自身发展的内在需求,而且也表明了中国政府积极履行国际承诺、率先为全人类的共同事业做贡献的姿态与决心。

1994 年 7 月,来自 20 多个国家、13 个联合国机构、20 多个外国有影响企业的 170 多位代表在北京聚会,制定了"中国 21 世纪议程优先项目计划",用实际行动推进可持续发展战略的实施。

1995 年 9 月,中国共产党十四届五中全会通过的《中共中央关于制定国民经济和社会发展"九五"计划和 2010 年远景目标的建议》明确提出:"经济增长方式从粗放型向集约型转变"。正式把可持续发展作为我国的重大发展战略提了出来。此后中央的许多重要会议都对可持续发展战略作了进一步肯定,使之成为我国长期坚持的重大发展战略。

1997 年 9 月,中国共产党十五大报告指出:"我国是人口众多、资源相对不足的国家,在现代化建设中必须实施可持续发展战略。坚持计划生育和保护环境的基本国策,正确处理经济发展同人口、资源、环境的关系。做到资源开发和节约并举,把节约放在首位,提高资源利用效率。统筹规划国土资源开发和整治,严格执行土地、水、森林、矿产、海洋等资源管理和保护的法律。实施资源有偿使用制度。加强对环境污染的治理,植树种草,搞好水土保持,防治荒漠化,改善生态环境。控制人口增长,提高人口素质,重视人口老龄化问题。"

1998年10月,中国共产党十五届三中全会通过的《中共中央关于农业和农村工作若干重大问题的决定》指出:"实现农业可持续发展,必须加强以水利为重点的基础设施建设和林业建设,严格保护耕地、森林植被和水资源,防治水土流失、土地荒漠化和环境污染,改善生产条件,保护生态环境。"

2000年11月,中国共产党十五届五中全会通过的《中共中央关于制定国民经济和社会发展第十个五年计划的建议》指出:"实施可持续发展战略,是关系中华民族生存和发展的长远大计。"

2002年11月,中国共产党十六大报告把"可持续发展能力不断增强,生态环境得到改善,资源利用效率显著提高,促进人与自然的和谐,推动整个社会走上生产发展、生活富裕、生态良好的文明发展道路"作为"全面建设小康社会的目标"之一,并对如何实施这一战略进行了论述。

2003年10月,中国共产党十六届三中全会提出了科学发展观,并把它的基本内涵概括为"坚持以人为本,树立全面、协调、可持续的发展观,促进经济社会和人的全面发展",坚持"统筹城乡发展、统筹区域发展、统筹经济社会发展、统筹人与自然和谐发展、统筹国内发展和对外开放的要求"。科学发展观的理论核心,紧密地围绕着两条基础主线:其一,努力把握人与自然之间关系的平衡,寻求人与自然的和谐发展及其关系的合理性存在。同时,我们必须把人的发展同资源的消耗、环境的退化、生态的胁迫等联系在一起。其实质就体现了人与自然之间关系的和谐与协同进化。

2007年11月,中国共产党十七大报告提出:"坚持生产发展、生活富裕、生态良好的文明发展道路,建设资源节约型、环境友好型社会,实现速度和结构质量效益相统一、经济发展与人口资源环境相协调,使人民在良好生态环境中生产生活,实现经济社会永续发展。"

2012年11月,中国共产党十八大报告指出:"建设生态文明,是关系人民福祉、关乎民族未来的长远大计。面对资源约束趋紧、环境污染严重、生态系统退化的严峻形势,必须树立尊重自然、顺应自然、保护自然的生态文明理念,把生态文明建设放在突出地位,融入经济建设、政治建设、文化建设、社会建设各方面和全过程,努力建设美丽中国,实现中华民族永续发展。"

1993年9月,我考入厦门大学经济学院,追随著名统计学家和经济学家、中国国民经济核算之父钱伯海先生攻读博士学位。在先生的指导下,同学们的博士论文选题聚焦于国民经济核算体系理论、方法及其应用。鉴于当时通货膨胀形势严峻,先生将我的博士论文题目确立为"金融调控与资金流量核算",旨在发展中国国民经济核算体系,为中央银行宏观金融调控提供决策依据,提高宏观经济调控的水平与能力。我的一位师兄的博士论文题目为"环境核算研究",旨在推动中国资源—环境—经济综合核算体系建设,服务于中国可持续发展。由于可持续发展受到国内外理论界和实际部门高度关注,我在研究博士论文的同时,也花费了不少时间和精力学习研究可持续发展理论和联合国发布的研究报告—《综合环境与经济核算体系》(SEEA),并撰写了几篇关于可持续发展与环境核算的论文。

　　1996 年 7 月,我在博士毕业后到上海财经大学从事博士后研究工作,将金融调控和环境核算作为两大研究领域。1997 年《国家哲学社会科学规划课题指南》中列有"我国可持续发展评估指标体系与测算方法的研究"和"可持续发展统计指标体系和评估方法的研究"两个选题。我欣喜若狂,便以前一个选题申报国家社会科学基金项目,以后一个选题申报中国博士后科学基金项目。由于有一定的前期研究积累,加之课题论证较充分,两个课题都获准立项。经过近两年的努力,我顺利完成两个课题,取得预期成果。全国哲学社会科学规划办公室将我的研究成果以《成果要报》的方式呈报国家领导人和国家领导机构阅批。在施锡铨教授的关心与支持下,国家社会科学基金项目研究报告由上海财经大学出版社出版为专著——《可持续发展评估》。随后,这本著作获得了上海市第五届哲学社会科学研究成果著作三等奖(2000)和第三届中国高校人文社会科学研究成果著作二等奖(2003)。

　　1998 年到上海交通大学工作后,我继续从事可持续发展和综合环境与经济核算的研究,不断申请上海市课题、国家发改委课题、教育部课题和国家社会科学基金课题,并获得立项。我在 2004 年申报的项目"绿色 GDP 核算制度研究"获得国家社会科学基金立项,研究成果受到鉴定专家的好评,全国哲学社会科学规划办公室以《成果要报》的方式呈报国家领导人和国家领导机构阅批。之后,这份研究报告由上海交通大学出版社出版为专著——《绿色国民经济核算论》。我在 2008 年申报的项目《节能减排统计指标体系研究》获得国家社会科学基金立项,2011 年申报的项目《中国能源—环境—经济综合核算体系研究》被国家社会科学基金立项为重点项目。回顾 20 年来的研究工作,我主持的课题和发表的论文,虽然题目各异,但都是围绕一个主题——可持续发展。

　　这本著作是在国家社会科学基金项目研究报告《节能减排统计指标体系研究》的基础上修改完善而成的。在课题研究过程中,我安排博士研究生吴开尧、郑丽琳和于江宁参与课题的讨论、资料收集和研究报告部分章节初稿的写作,让他们得到学术研究的锻炼,提高他们的研究水平、研究能力,丰富他们的研究经验。吴开尧和郑丽琳已经完成学业,取得博士学位,并且在各自的教学和科研工作中不断取得新成果,我为此而感到欣喜,祝他们取得更大进步!

学术著作出版难是当今社会一大难题。上海交通大学在迈向世界一流大学伟大进程中高度关心和支持教师从事科学研究,成立出版基金资助教师学术成果的出版。在申请上海交通大学 2011 年度学术出版基金资助时,厦门大学国民经济与核算研究所所长、博士生导师杨灿教授和中共中央党校经济学部主任、博士生导师赵振华教授专门为这本著作撰写了推荐信。2012 年 2 月 10 日,上海交通大学学术出版基金召开度评审会议,参加评审会的专家学者来自于上海交通大学船建学院、人文学院、机动学院、医学院、安泰经济与管理学院、上海交通大学"211/985 工程"办公室和上海交通大学出版社等院系机构。令人欣喜的是,本著作获得出版资助。

书稿交出版社的时间较晚,主要有两个方面的原因:一是按照全国哲学社会科学规划办公室的制度,项目研究成果的出版必须在完成课题鉴定之后。二是我的工作变动,任务繁重。2012 年 5 月,我被安排负责"上海交通大学——麻省理工学院低碳能源领导者项目"工作。这个项目是中组部"182 计划"的重要组成部分,我们要在中组部领导下和国家能源局支持下,联合麻省理工学院举办省部级领导和能源企业高管低碳能源专题研究班。这项工作涉及的部门多、环节复杂,我必须过问每个细节。我接手这项工作以来,成功举办了 5 个班,产生了显著的社会影响,受到中组部和国家能源局的好评。这项工作要求高,占用了我的主要时间和精力,从而影响了我修改完善书稿的时间。上海交通大学出版社提文静博士经常与我联系,了解书稿修改完善的进度,并以极大的热情和耐心等待我,在此,我向她表示深深的感谢!

这本著作的出版得到包括家人在内的许多人的关心、支持与帮助,在此,我向他们表示衷心感谢!

《世界自然资源保护大纲》中有句名言:地球不是我们从父辈那里继承来的,而是从后代那里借来的。任何人都没有权力为了满足自己的需要,让别人或者后代承担过度使用资源和破坏环境的恶果。迄今,人类只有一个适宜生存与发展的地球,可持续发展是全球憧憬的未来,每一个人都有责任为可持续发展添砖加瓦。

20 年在历史的长河中只是瞬间,但对人生而言就显得弥足珍贵。我将一如既往、无怨无悔地研究可持续发展理论、方法及其应用问题,希望能作出自己微薄的贡献。

朱启贵

2014 年春节